近世武蔵の農業経営と河川改修

黒須　茂　著

さきたま出版会

近世武蔵の農業経営と河川改修　目次

第一部　近世武蔵の農業経営

第二部　近世武蔵の河川改修

第一部　近世武蔵の農業経営

一　武州の紅花

1　紅花の歴史

紅花はエジプト、あるいは中近東の原産といわれ、日本では古くから藍とならんで親しまれてきた染色原料である。万葉集では「久礼奈為」「末摘花」などと記され、二十数首におよぶ紅花に関する歌が詠まれている。記紀の中にも紅花の記録があり、大宝令の中には「染師」がおかれているので、かなり古く大陸から伝来したものとみられる。古代の貴族たちには、染料としてだけでなく、化粧品としても広く愛用されていたことも知られている。

平安時代につくられた「延喜式」には、中男の貢納の中に紅花が記されている。紅花が輸作物として指定されている国は、全国で二十四ヵ国もある。この中に武蔵国も含まれているので、当時この地方で紅花が栽培されていたことを知ることができる。関東地方は全部の国々があげられているが、後年全国第一の生産をほこった羽州は、この二十四ヵ国の中には入っていない。

中世においても織物の発達とともに、紅花の生産はさかんに行われたと考えられる。京染などの発展はそのことを示している。しかし、紅花の生産が飛躍的に増大し、染料・化粧品として一般庶民の間にまで普及していったのは近世である。元禄期の産地としては、相模、伊賀、上総、出羽、筑後、薩摩があげられている。「最上紅花」として知られる羽州も、この頃から生産が増大していったといわれる。幕末期に、関東地方では武蔵とならんで生産の多かった常陸、下総も、ここでは生産地の中にあげられていない。

紅花は最上地方では春蒔で、「半夏一つ咲き」といわれるように七月の上旬に開花する。ところが武州では、前年の秋に蒔付けて、翌年の初夏に開花している。須田家文書[1]には「年々八九月頃蒔付置、翌年五月に至り摘取製干之上売物ニ致候品ニ御座候」とあり、最上地方と異なった栽培時期を示している。開花した紅花は摘取りされるが、あざみのように刺のあるものなので、朝露にぬれて刺がやわらかいうちに行われたという。

摘取りした紅花は、農民の手によって紅餅（花餅）にされる。餅のように臼でついて、「せんべい型」のうすい円形にされたものが、莚の上で天日に干される。この「干花」が、紅餅とか花餅とかいわれるものである。農民の手になるのはここまでで、この紅餅が商人たちにより取引きされるものである。紅餅はふつう紙袋に五百匁ずつ入れられ、十六袋が一つにまとめられ荷づくりされる。この十六袋分が、取引の時「一つ」とか「一丸」とかいわれる単位になっている。さらに四丸あわせたものが「廿一駄」で、三十二貫の重量になる。

紅餅から紅をとりだすのは、伝統的な技術をもった職人たちで、京都では紅染屋といっていた。紅づくりはそれぞれの紅染屋の秘伝とされ、門外不出で代々うけつがれてきたものである。このように紅の製法は、伝統的な職人たちのいる京都地方に発達したため、紅花の取引は京都が中心であった。近世の織物などの生産が上方中心であったことにも関係があるが、紅花を扱う問屋も京都に集中していた。最上地方や武州の紅花も、在地の商人を通じて京都の紅花問屋に集められたわけである。

2　武州の紅花

古代の武州の紅花は、その後どのような変遷をたどったのか不明であるが、商品作物として大量に生産されるようになったのは、近世も後期になってからである。諸問屋再興調[2]によると、寛政の頃江戸の紅花問屋柳屋五郎三郎の召仕の太助、半兵衛が、上村（現上尾市大字上）の七五郎に、羽州の種をもたらし栽培させたという。「寛政度之頃、私共仲間之内通弐丁目庄次郎地借柳屋五郎三郎召仕太助・半兵衛と申者、羽州最上辺之紅花種を仕入武州桶川宿近村ニ而上村百姓七五郎と申者江相渡、蒔附候」と記されており、また同書の江戸奉行所の伺書の中には、「月番惣代之もの江も相尋候処、七拾年程以前より作附候儀之由、古老之申伝ニ候旨申之、全天明・寛政年間より之儀と相聞、申口符合仕候」と書かれている。安政二年の紅花訴訟一件に関する文書であり、七十年以前とは天明年間のことになる。はっきり「何年」と記されてはないが、近世の武州紅花の栽培の始まりは、「天明・寛政」の頃とみられる。

七五郎によって栽培されはじめた紅花は、その後急速に広がったようである。享和元年（一八〇一）には、京都の紅花問屋伊勢屋理右衛門は、南村（現上尾市南）の須田治兵衛あてに代金百五十五両余、紅花二駄分の仕切書をだしている。[3]このことは、上尾・桶川地方を中心に紅花がかなりたくさん栽培されていたことを示しており、同時に在方の上層農民の中から買次問屋が現われたことを裏づけている。文化二年（一八〇五）には、京都の吉文字屋が仕入れのために武州に下っており、それより早く若松屋は武州に手代を派遣している。[4]このように上方商人が多数下ってきたことは、武州紅花の生産が増大していたことを示している。

諸問屋再興調には、文化九年（一八一二）の紅花相場が記されている。この相場の中には、最上、庄内、仙台、水戸とならんで武州・下総の紅花は「飛切五拾五両、中五拾両、下四拾五両」とあり、上物、中物、下物とも最高値の相場になっている。このことは七五郎が紅花の栽培をはじめて二十年余、武州の紅花の生産量が増大し、相場表にのせられるまでになったことを表わしている。同時に品質が上等であり、上方の取引市場においてもさかんに取引されたことの証左でもある。同様のことが、京都の紅花問屋最上屋の文書の中にも記されているので、ほぼ間違いはないとみられる。

江戸時代も後期になると、全国第一の生産地最上の紅花も品質が低下し、仙台、水戸、武州のものより劣ってしまった。大量生産が連作をまねき、しかも紅餅製造に不正が行われ、京都などの問屋の評判をおとしてしまった[5]。それに対して後進の仙台や武州では、栽培にも注意をし、先進地に対抗する意味からも、紅餅製造に商人たちの強力な指導があったとみられる。

　若寝ニ而しとり多く、行々欠目相立候間、捌ケ方悪敷由、三都ゟ度々申参候、呉々も洗寝せ方干方等御吟味可被下候[6]

この文書はいつ頃のものであるか不明であるが、幕末期に上尾・桶川の買次仲間たちが、栽培農民たちに配布したもので、品質について気をつかっていることを知ることができる。武州の紅花は最上紅花と異なり、初めから商品作物としてつくられたものであり、当初から商人たちの強力な指導があったとみられる。このことが、武州紅花の評価を高めたと考えられる。また、「早場物」として最上よりも一ヵ月早くできたことも、取引値を高めたと思われる。江戸や京都への交通の便もよく、冬季の輸送のとざす最上地方よりは有利な条件にあったことはいうまでもない。

3　武州紅花の栽培地

諸問屋再興調によると、上村の七五郎によって栽培され始めた紅花は、「其頃者作方手馴不申、少分の荷高ニ御座候処、桶川宿、上尾宿、大宮宿、浦和宿最寄在々江蒔付、逐々作増いたし」と記されており、中山道筋の台地上に栽培されていたことを知ることができる。既述のように、京都の吉文字屋は早くから武州に下って買付を行っているが、その時「買宿」にした商人は、桶川宿の八百屋半兵衛、熊谷宿在石原の万屋儀兵衛などである。(7) 熊谷在に買宿があったことは、この付近にも紅花が栽培されていたことをあらわしている。

鶴間といふ村をすくるに、女とも畑に作りおけるくれなゐの花をつみありく、何そとたつぬれハ、へに（紅）の花なりといふ、これやすゑつむ花なるへしとて、ひとふさをこふに、たやすく折てえさせぬ。(8)

右の文は嘉永六年に秩父に旅をした人の記録であるが、これをみると現在の東上線沿いの鶴間村にも紅花がつくられていたことがわかる。もっともこの地方の紅花については、須田家の日記帳(9)にも記されており、「六月二日、旦那様万藤道（同）々ニ而引又辺へ行」「六月十日つるまより紅花一駄来り」などと、このあたりより買付をしていたことが書かれているので、紅花の栽培も相当なものであったと思われる。

須田家の紅花仕入帳(10)の中には、栽培地を示すものが多い。仕入帳であるから必ずしも正確ではないが、連年買付をしたり、村在住の農民が少量売っているところをみると、仕入地がほぼ栽培地とみてもよいと思われる。天保十年の仕入帳によると、仕入先はほぼ近在の村である。久保村、南村、門前村、上尾村、上尾宿、上村、中平塚村、下平塚村（以上現上尾市）、桶川宿、町谷村（現桶川市）、吉野原村、大成村（現大宮市）、駒崎村（現蓮田市）などが記載されている。嘉永二年の仕入帳によると、岸村、中丸、針ケ谷村、浦和宿などが記され、現浦和市方面から仕入れをしている。安政二年五月には、与野、与野下、上峯村、鈴谷村などから仕入れをしている。須田家の仕入帳によると、諸問屋再興調に記されてある桶川、上尾、大宮、浦和宿近在だけでなく、中山道筋では北部の現鴻巣市、北本市、伊奈町などもあげられている。それに東部の現白岡町、菖蒲町方面からも買付をしている。

須田家の仕入地の中には、川越・坂戸方面も記されている。この方面の紅花は「西山」の名で総称され、良質で値段も高く取引されている。紅花問屋の要望も強かったためか、須田家でもこの方面から多量の買付をしている。安政三年の仕入帳によると、石井村、石井新田、広谷村、戸宮村、笠幡村、坂戸一丁目、小沼村、下新田村、坂戸三丁目より買付をしている。また安政四年の仕入帳によると、三ツ木村、浅羽村、臑折新田の名も見えている。これらの村々は、現在の川越市、坂戸市、鶴ケ島町に属するものである。先に鶴間村の例を記したが、この方面でもほかに藤久保村、南永井村、藤馬村、並木村、上富村、竹間沢村、大井村、駒林村などから買付けている。現在の所沢市、富士見市、上福岡市、大井町、三芳町に属する村々である。

以上武州紅花の栽培地をあげたが、主として須田家の仕入帳から記したもので、実際にはもう少し多くの村々で栽培されていたとみられる。それにしても武州の紅花栽培地はかなり広大なもので、現埼玉県の中央部、南部一帯を含んでいたものと考えられる。武州の紅花は、年間約四・五百駄の生産量で、最上地方の千駄についで多かったことは、栽培地域の広さにもあらわれている。

4　紅花商人

紅花の生産地で、紅餅を買集めるのは在方の買次問屋である。買次問屋は、直接生産者から買付をしたり、小仲買人を使って買付けたりして、紅花を集荷する。集荷された紅花は荷造りされ、京都の紅花問屋に売られていく。買次問屋は自己資金で購入する場合もあるが紅花問屋の資金により買入れをする場合も多い。買次問屋の手先になり活躍する小仲買人の場合も同様で、自己資金の多い半独立的な小仲買人もいる。

既述のように上尾・桶川地方においては、紅花の生産が始まってまもなく買次問屋があらわれている。享和元年の伊勢屋の須田治兵衛あての仕切書などは、その例になるであろう。紅花の先進地最上地方でも、近世も後期になると城下町商人とならんで、在方商人の活躍がめざましい。おくれて栽培地になった武州では、当初生産地に城下町商人がいなかったためもあり、紅花商人は在方の人たちであった。紅花問屋は、産地で直接買付けたり、資金の多い城下町商人と取引するより、在方の上層農民に買次をしてもらった方が有利であった。このように紅花問屋の商業方針と、在地の商品作物生産とが結びついて、上尾・桶川地方にも多数の在方商人を発生させた。

買次問屋には、紅花の開花する時期になると、紅花問屋から多額の資金が送られてくる。紅花問屋は在方の買次問屋に、紅花の買付を依頼するわけである。須田家の例では、年によって三千両もの資金が送られている。(11)勿論この買付時期になると、紅花問屋は手代などを産地に派遣して、買次問屋と充分な打合せをする。

五月廿三日　京都㊉孝七殿八ツ時頃ゟ御出府ニ而大宮迄文蔵供ニ遣し、

六月朔日　京都清左衛門様代茂兵衛様今日八ツ時下り着相成

右の須田家の日記は、京都の紅花問屋伊勢屋源助の手代孝七、西村屋清左衛門の手代茂兵衛が、買付の打合せのため武州に下ってきたことを示している。

買次問屋は武州にどのくらいあったのか、明確な数はつかみにくいが、おそらく二十軒ほどはあったとみられる。取扱いの紅花代金の大小や、買付方法などにより買次問屋の性格のうすいものもあるが、武州の総生産量からみても相当多かったと考えられる。最も多いのは桶川宿で、木嶋屋源右衛門、木嶋屋浅五郎、宮田屋源七、伊勢屋次郎兵衛などである。そのほか南村の須田治兵衛、久保村の須田大八郎、上尾宿の武蔵屋治左衛門、大宮宿の武蔵屋代二郎、松坂屋初五郎、加茂宮村の川鍋幸左衛門、与野町の綿貫太郎右衛門、浦和宿の大松屋勝助などがあげられる。ここでは買次問屋の全てを記せないが、そのほか熊谷、岩槻、菖蒲などにも買次問屋があった。

買次問屋は多くの小仲買人を使っているが、須田家の例でみると安政五年には三十人余が取引をしている。勿論この中には半独立的なものもあるので、須田家から資金を借りたり須田家とともに買付にでかけたりするものはそんなに多くはない。

　五月十七日　大茂来り、中妻長右衛門来り、何れも金子借用ニ来り候ゆへ夫々貸渡し申候

この例でみると、下上尾村の大黒屋茂三郎と中妻村の長右衛門が、紅花買付資金を借りにきている。買次問屋は、紅花問屋から前渡しされた資金と、自己資金を使って小仲買人に買付資金を貸している。このような例は須田家ばかりでなく、他の買次問屋でも同様であったとみられる。いずれにしても武州紅花の生産地はかなり広大で、生産量も多かったので、相当多くの小仲買人が活躍したことと思われる。

5　まとめ

以上武州紅花の概略を記したが、武州の紅花の生産はわずか百年ほどの期間で終っている。しかし生産地域は広大で、その総売上高も相当なものであった。この紅花生産の中に、当時の商品作物の普及と、農民たちがいやおうもなく貨幣経済の中にまきこまれていったようすもみることができる。ここには記さなかったが、安政二年の紅花訴訟事件はこのような状態の中におかれた農民や在方商人のようすを示す典型でもある。

埼玉県においては、紅花関係資料はいたって少ない。今後資料の発掘をすすめるとともに、一時は全国第二の生産

額をほこった作物でもあるので、当時のようすを解明する必要があろう。

〔注〕

（1）久保村（現上尾市）の紅花買次問屋須田大八郎家文書、現上尾市図書館蔵
（2）大日本近世史料『諸問屋再興調四』東京大学出版会（一九六二年）所収
（3）同（2）
（4）同（2）
（5）今田信一『最上紅花史の研究』井場書店（一九七二年）
（6）矢部弘家文書、上尾市中分矢部弘氏所蔵
（7）高橋屋忠助文書、宮城県大河原町高橋忠助氏所蔵
（8）「秩父日記」県立浦和図書館蔵
（9）紅花商人須田家日記「日記帳」上尾市図書館（一九七六年）
（10）同（1）
（11）同（1）

二　武州における紅花の生産
―幕末の商品作物生産の事例―

1　はじめに

近世における紅花の生産は、早くから栽培され、全国の大半を生産した「最上紅花」が有名である。紅花の生産地は全国各地に散在しているが、その中心となった地域は、近世全期を通して、「最上紅花」の産地羽州の村山地方である。しかし、近世も後期になると関東地方、特に武州でも生産され、一時は生産量でも最上に次ぐほどであった。そればかりでなく、最上紅花が質的にも低下したのに比して、仙台、水戸とならんで良質な紅花の産地となった[1]。

近世における武州紅花の生産は、天明・寛政期からといわれる。「諸問屋再興調四」[2]に、次のように記されている。

> 寛政度之頃、私共仲間之内通弐丁目庄次郎地借柳屋五郎三郎召仕太助・半兵衛と申者、羽州最上辺之紅花種を仕入、武州桶川宿近村ニ而上村百姓七五郎と申者江相渡、蒔附候

また、同書の別項に、

月番惣代之もの江も相尋候処、七拾年程以前より作付候儀之由、古老之申伝ニ候旨申之、全天明・寛政年間より之儀と相聞、申口符合仕候

と記されている。

このように、武州の紅花は近世も後期になってからの生産であるが、先進地羽州の村山地方とは、いくぶん異なった生産の端緒と特徴をもっている。本稿では、武州の紅花生産の特徴を、主として最上紅花との比較の中で明らかにしていきたい。同時に、近世も後期になると全国各地で商品作物の生産がさかんになり、武州紅花もちょうどこの時期にあらわれた一典型である。江戸近郊の商品作物の生産・流通には、いくつかの類型的な面があげられるだろうが、紅花は他の作物とは異なった特殊な面ももちあわせている。このような視点にたって、武州紅花の特質をも考察していきたい。

2 商人指導の生産

前出の『諸問屋再興調四』によると、武州紅花の生産は、江戸の商人柳屋五郎三郎の召仕が種をもたらしたことに始まる。柳屋五郎三郎は、江戸の小間物問屋である。『諸問屋再興調四』には、「丸合組小間物問屋之内、紅白粉重ニ取扱候もの、通弐町目柳屋五郎三郎」と記されており、紅を扱っていた問屋であることが知られる。商人が種をもたらして栽培させたことは、きわめて特徴的なことで、最上紅花とはまったく異なる点である。

柳屋五郎三郎が、どんな理由で武州に紅花の種をもたらしたのか、前掲書の記述の中にはその理由を見いだし得ない。しかし、当時の江戸商人がこのような行動にでた背景については、二つの面からたどることができる。

明和二年（一七六五）七月、勘定奉行所はそれまで公認されていた紅花問屋株仲間を廃止した。(3) このことは、紅花

の取引が自由化されたことを意味し、直買い制、相対売買の復活である。この問屋制廃止にともない、京都の有力な紅花問屋は自家の強力な集荷機構をつくりあげるべく、手代等を生産地に派遣した。一方江戸の紅花取扱問屋は、京都の紅花問屋仲間の結束の乱れに乗じて、自己の勢力拡大をはかった。これまで紅花の取引は、京都を中心とした上方商人が独占しており、江戸商人の割りこむ余地はなかった。ところがこの頃になると、江戸という大都市の需要も徐々に増大したとみられ、なんとか取引の拡大をこころみようとした。そのあらわれが、江戸近郊の新たな紅花生産地の開発である。(4) 江戸問屋にとっては、近くに生産地をもつことが、最も確実な取引の拡大であったと考えられる。

もう一つの理由に、農民側からの要求があったと考えられる。当時の農民達は金肥の購入など、いやおうもなく貨幣経済の渦の中にまきこまれていた。そのため、換金化できる作物の栽培が切望されていた。ところが、桶川宿・上尾宿付近は畑作中心地帯で、当時最大の商品作物であった米の作付地は少なく、これといった換金作物もなかった。後年の訴願文書の中に、「私共村々随一之作物」「別而小株困窮之百姓ハ年中諸賄紅花代料ニ而相続罷在候」(5)とあるように、耕作地の少ない農民達は、紅花のように換金性の高い作物を求めていたものと思われる。なお、柳屋と桶川宿・上尾宿地域とのつながりについては、古くから栽培されていた紫根の取引という関係があったのではないかと推定される。しかし、この点については明確な資料があるわけではないので、あくまでも推定の域をでるものではない。

柳屋がもたらした紅花種は羽州のものであり、そのまますぐに武州の地になじまなかったのではないかと考えられる。それは、羽州では春蒔で夏六月初旬頃から収穫されるが、武州では前年の秋に蒔付けられ、翌年の五月に開花している。栽培技術のなかった武州で、前掲の上村の七五郎たち農民はどんな努力を重ねたのであろうか。紅花の生産が急速に増大したところをみると、この新しい作物の導入は大きな成功をおさめたわけである。ただ、この生産増大のかげに、商人たちの栽培技術の情報提供が相当あったのではないかと推定される。栽培技術のない土地への新作物であるから、農民たちにとっても商人の情報提供にたよるよりほかに、方法がなかったのではないかと思われる。

享和元年（一八〇一）に、京都の紅花問屋伊勢屋理右衛門は、足立郡南村（現上尾市大字南）の須田治兵衛あてに、二駄一七袋分の仕切書をだしている。[6] この仕切書に示された紅花は、合計で七二貫五〇〇匁という大量のものである。享和三年には、京都の紅花問屋山形屋八郎兵衛が、岩槻町の長嶋作兵衛あてに同様の仕切書をだしている。[7] 文化二年（一八〇五）には、京都の問屋吉文字屋が仕入れに下り、若山屋喜右衛門代忠助は、それよりも早く直接仕入れに下っている。このように京都の紅花問屋との取引がさかんになったことは、武州の紅花生産が着実に増加していったことを示している。このことは別な面からみると、紅花問屋の取引機構の中に武州の産地が組入れられたものであり、同時に商人指導の下に生産が行われたことを示している。

関東では、武州よりも早く一部の地域で紅花が栽培されていた。元禄期の相模、上総（『日本鹿子』、元禄四年版）、正徳期の相模、上総（『和漢三才図会』、正徳二年版）などである。武州に近い下総地方でも、近世初期の段階から紅花が作られている。寛文三年（一六六三）の水海道村の年貢の中に「紅花三十匁」の記録があり、天和四年（一六八四）の辺田村（現岩井市）の皆済目録の中にも「くれない」の文字が見えている。[8] このように、関東の一部の地域で早くから紅花が栽培されていたが、武州には普及してこなかった。それは紅花が特殊な商品作物であったことと、栽培技術のむずかしさがあったためと考えられる。商品作物の通例にみられるごとく、取引機構の中に組込まれなければ作付が無意味に終ってしまう。また栽培技術の困難さも、何らかの外部からの指導がなければ、克服できなかったのではないかと考えられる。

商人が生産の指導をした例に、次のような文書がある。[9]

乍憚口上

一紅花製方前々当所者相互に吟味いたし候故三都之請も宣敷候処、近来品劣り候に付近頃外場製方吟味稀物出来候風聞故、三都紅花問屋中外場江注文多自然土地之衰微ニ可相成候哉、上場之甲斐相立不申候間、以来製方別段入念被下候上者、仲買之者とも年柄之高下者勿論直段出精買入可仕候、尤桶川最寄三都不向之訳若寝ニ而しとり多く行々欠目相立候間、捌ヶ方悪敷由三都ゟ度々申参候、呉々も洗寝せ方干方等御吟味可被下候、全仲買共之利欲に拘り候儀ニ者無之、行々当所産物上品ニ相成候ハヽ、御為筋与奉存候間、一際ハ製方御念入被下候様御頼ミ申上候、
以上

桶川最寄

月日　　紅花仲買

右の文書は年月日が明記されておらず、年号を推定することはできない。木版で印刷されたもので、在郷の紅花商人仲間が生産地の農民に配布したものである。この文書の出所が、紅花を大量に栽培した農家であることがそのことを証している。この文書では、紅花買次問屋たちが武州紅花の品質の低下を訴えている。特に「外場製方吟味稀物出来候」と、他地方の紅花が良質なので、三都の商人から見はなされることを心配している。摘取った後の「若寝」で、「しとり多く」「欠目」のできてしまう紅（花）餅なので、三都の問屋からも度々注意をうけていると記している。今後「洗寝せ方」「干方」を充分吟味してほしいと要望している。このように、この文書では主として紅餅の製造法について、生産者側に指導を加えている。

　他の商品作物でも同様であるが、あくまでも収穫された作物は商品である。より高価で販売されることが、生産者の望む第一の条件である。武州紅花が、最上紅花に比して高価であったことは、生産者の努力もあったであろうが、商人の力が大であったことも、既述のいくつかの例で明らかであろう。他の地方の紅花が、決して商人の力が及ばな

表1　須田家の紅花買入村名

弘化3年（1846）		嘉永6年（1853）	
南村（現　上尾市）	下新田村（同）	南村（現　上尾市）	高尾村（同）
久保村（同）	広谷村（同）	久保村（同）	針ケ谷村（現　浦和市）
門前村（同）	仲道（同ヵ）	上村（同）	領家村（同）
上村（同）	笠幡村（現　川越市）	須ヶ谷村（同）	大戸村（現　与野市）
菅谷村（同）	的場村（同）	上尾宿（同）	吉野原村（現　大宮市）
上尾宿（同）	南吉田（同ヵ）	柏座村（同）	実ヶ谷村（現　白岡町）
上尾村（同）	広谷村（同）	谷津村（同）	閏戸村（現　蓮田市）
原市村（同）	天沼新田（同）	沖ノ上村（同）	栢間村（現　菖蒲町）
平方村（同）	坂戸村（現　坂戸市）	井戸木村（同）	菖蒲町（同）
藤波村（同）	赤尾村（同）	小泉村（同）	鯨井村（現　川越市）
堤崎村（同）	紺屋村（同）	中妻村（同）	上戸村（同）
桶川宿（現　桶川市）	横沼村（同）	藤波村（同）	藤金村（現鶴ケ島町）
町谷村（同）	小沼村（同）	領家村（同ヵ）	三ツ木村（同）
中丸村（現　北本市）	入谷（同）	平方村（同）	臑折村（同）
吉野原村ヵ（現　大宮市）	塚越村（同）	原市村（同）	坂戸村（現　坂戸市）
東大輪村（現　鷲宮町）	関間新田（同）	桶川宿（現　桶川市）	横沼村（同）
古河町（現　古河市）	石井村（同）	町谷村（同）	関間新田（同）
騎西町（現　騎西町）		川田谷村（同）	片柳村（同）
閏戸村（現　蓮田市）		竹ノ内（同）	並木（現富士見市）
入曽村（現　狭山市）		大針村（現　伊奈町）	
三ツ木村（現鶴ケ島町）		小室村（同）	
太田ケ谷村（同）		中丸村（現　北本市）	
藤金村（同）		宮内村（同）	
戸宮村（同）		荒井村（同ヵ）	

須田家文書より作成。
＊不確かな村名は、(……ヵ)とした。

かったわけではない。しかし、武州の紅花の場合は新興の産地ということで、特に商人の指導が大きかったのではないかと考えられる。

3　生産地と生産規模

全国第一の生産高をほこった羽州村山地方は、最上川が貫流する山形盆地で、土性はきわめて肥沃である。村山地方は、地形や気象条件が最も紅花栽培に適した地域といわれ、特に開花期は早朝に霧が発生し、紅花の生育に好条件であったといわれている[10]。ところが、この村山地方と、後進的な産地である武州とでは、いくつかの自然条件の相違がある。

表1は、武州の買次問屋須田家が買入れをした宿村で、紅花の生産地と考えられる地域である。これをみると、武州の生産地

表2　久保村からの紅花買入高

売渡人	天保10年		天保11年		持　高
	重　量	代　金	重　量	代　金	
	貫　匁	両分朱貫　文	貫　匁	両分朱貫　文	石　合
彦次郎	1. 172	1. 3.　1. 956	3. 030	7. 1.　955	9. 335
紋九郎			180	. 1.　1. 062	1. 624
平左衛門	210	. 1.　658	400	. 3.　554	7. 408
伝吉	280	. 1. 2　664			. 890
新右衛門	2. 050	3. 2.　633	1. 510	3. 2.　72	10. 236
太右衛門			170	. 1.　749	7. 215
喜太郎	1. 860	3.　1. 877	2. 365	5. 2.　1. 068	8. 881
源右衛門			1. 530	3. 2.　949	9. 011
嘉兵衛	1. 918	2. 3.　4. 007	2. 043	4.　2. 549	4. 322
八十吉	900	1. 2.　1. 082	455	. 3.　1. 833	7. 678
平兵衛			495	1.　509	10. 025

須田家文書1232より作成。見切分の重量はふくまず。

は大きく二つの地域になっている。一つは中山道筋の上尾・桶川宿を中心とした地域である。ここは低平な大宮台地と、同様ないくつかの支台地からなっている。もう一つは坂戸村・川越町を中心とした地域で、武蔵野台地、入間台地の一部をなす地方である。これらの台地は、ともに関東ローム層におおわれた地域で、土質も赤土で、肥沃とはいいがたい土地である。また武州のこの地域は、盆地状の村山地方とはまったく異なった、広大な平野の一部をなすところである。開花期に村山地方では霧が発生し、摘取りにも好都合であったが、武州では特に早朝霧がでるわけではない。このように両地域の自然条件は、いくつかの点で異なりを示している。

次に武州紅花の生産の実態を、足立郡久保村（現上尾市）の例で明らかにしてみる。同村は天保十年（一八三九）の年貢割付状によれば、村高一五六石六斗七升一合の小村である。[11] 反別は二三町六反九畝一三歩、内水田は三町一反余、畑は二〇町五反余の畑作中心の村である。天保十一年の人別帳によれば、家数は二一軒、人口九六人である。一軒あたりの持高平均は七・五石である。この小村である久保村に、紅花買次問屋の須田大八郎がいる。

表2は、須田家が村内から買入れた紅花量（干花）と、持高を表わし

表３　矢部（弘）家の紅花の生産

項目	天保６年	天保７年	天保８年	天保９年	天保10年	天保11年	天保12年
耕作総面積	3町　3反	3・3	3・4	3・4			
紅花作付面積	7反	7・5	7・	7・		7・	9・
紅花収量	10貫　500匁	13・290	12・233	17・250	13・590	10・147	11・037
紅花収入高	19両　582文	31・1・　70	30・1・　90	26・0・2 612	24・2　1065	24・　470	32・3　1331
年間総収入高		79両1分494文	76・2・　625	92・0・2	75・3・3 323		

矢部弘家文書「万作物取高覚帳」より作成。

たものである。村内各戸の紅花生産量を示した資料ではないが、買次問屋と同村という関係から、比較的須田家に売っている量が多いのではないかと推定される。各戸の売上量と生産量が、やや近いのではないかと考えられる。なお、持高が不明の農民名は表には記さなかったが、天保十年の総買入高は一二貫五匁、天保十一年は一五貫三九六匁である（見切分の重量は含まず）。

この表によると、持高の多い彦次郎・新右衛門・喜太郎・源右衛門は、比較的多く須田家に売っている。嘉兵衛は必ずしも持高は多くはないが、紅花の売上量は多い。概して、村内で耕地面積の多い農民がたくさんの売上高を示している。もっとも中には平兵衛・平左衛門のように、上位の高持でありながら少量しか売上げていないものもいる。一方、伝吉は持高八斗九升、紋九郎は一石六斗余りで耕地も少ないとみられるが、紅花の売上高もわずかである。この資料だけからでは断定できないが、概して耕地の少ない農民は、紅花の生産量も少なかったと考えられる。

表3は、足立郡中分村（現上尾市）の矢部家の生産高を示したものである。表に示したとおり、矢部家は三町三反ほどの耕作地をもち、この地方では大規模経営の農民といえる。紅花の栽培面積七反～九反は、このような大規模経営を基にした作付である。紅花はたくさんの肥料を必要とし、耕作に要する労働力も大きい。それに輪作の関係から、栽培面積をふやすにはどうしても広い耕地が必要である。前掲の久保村の伝吉や紋九郎のような小農民では、いくら紅花が高収入になるとはいえ、作付面積をふやすことはできなかったと

考えられる。それにしても、矢部家の紅花による収入は、たいへん高い割合をしめている。表に示されるように、約四割の収入の年もある。紅花は商品作物として有利な作物であったといわれるが、上層農民にとってなお一層有利なものであったことを、この例は示している。

以上二つの例から、武州紅花の生産の実態を示したが、最上紅花と比較すると、ほぼ同様であったことを知ることができる。成生村（現天童市）の細矢家では、慶応元年の総収入七七両二分三朱のうち、紅花の収入は二七両で約三分の一の割合をしめている[12]。細矢家は二町歩余の田畑をもつ精農であるが、矢部家と同様安定した経営規模であったから、これだけの高い紅花収益をあげ得たと考えられる。一方小規模農民の生産量は、武州同様に少なく、慶応二年の松橋村（現河北町）の場合平均三七三匁の売上量、柴橋村（現寒河江市）も平均三七二匁の売上量である[13]。平均の売上量であるからこの中に大量に売上げた農民を含むが、一般には小規模経営の農民の生産量は少なかったことがわかる。

4　流通機構と生産

農民の生産した紅花は、武州と最上とではやや異なった集荷機構で紅花問屋に買入れられていく。近世中期の最上では、農民→さんべ・目早→仕入宿→問屋（荷主）のルートで買集められていく[14]。もっとも近世も後期になると、それぞれの商人の性格や働きがちがってきて、集荷機構に変化がみられる。大きな変化の一つに、花市場の衰退がある。これは在郷商人の進出、京都紅花問屋の生産地への進出などと密接な関連をもっている[15]。上層農民たちが、生花の買入れだけでなく干花加工業にまで手を広げ、城下町の特権商人ではない在郷の商人と結びつく。そこへ京都の紅花問屋が、仕入宿を足場にして集荷機構をつくりあげようとする。このように最上でも後期になると、紅花の流通機構は複雑化してきている。

一方武州の場合、農民→仲買人→買次問屋のルートで買集められていく。両者には多くの共通する面もあるが、いくつかの点で大きく異なっている。

㈠　在方の商人（農民）が集荷業者になり、最上のような城下町商人はみられない。

㈡　花市場が成立していない。仲買人、買次問屋が直接農民から買入れをしている。

㈢　加工と流通の分離がなされていない。最上では生花を買入れて花餅をつくる加工専門業者がいたが、武州では農民が花餅をつくり、干花にして売っている。

㈣　買次問屋と仲買人の分離が、やや不明確である。

武州では最初の生産の中心地が、桶川・上尾宿地方という天領・旗本領の混在した地域であった。村山地方のように、山形・天童のような城下町はない。最上では城下の特権的な大商人が、仕入宿や問屋を営んでいた。武州では宿場やその近在の小商人、上層農民たちが買次問屋へと成長していく。初めから大資本をもった商人が参加したのではない。しかし、武州でも西山紅花の産地である入間地方には、川越という城下町がある。川越の商人たちは、なぜ紅花の取引をしなかったのか、疑問がないわけではない。これについては明確な資料に欠けているが、武州の紅花商人の性格や機能と、深い関係があるのではないかと考えられる。すなわち、武州の買次問屋などの紅花商人は、京都の紅花問屋の取引機構の中にがっちりと組み込まれてしまっていた。武州の買次問屋は、京都紅花問屋の仲買人であり、特別資本をもった城下町商人でなくてもよかったのである。むしろ資本をもった大商人では、機能的に集荷するには不都合であったのではないかと考えられる。川越の城下町商人の参加する余地はなかったようである。

一面城下町商人の参加しなかったことは、武州紅花の生産の規模が小さかったことに関連している。紅花は利益になる作物といわれるが、個々の農民にとってはそうであっても、取引量が多く、しかも利益にならなければ商人は手をださない。取引機構ができあがっている中へ、冒険をするほど利益にならないと判断したのかもしれない。反面、京都問屋の集荷機構が固まっていたともいえる。武州の買次問屋は、京都紅花問屋の仲買人的存在であり、京都問屋の資本により紅花を買入れている。表4は、嘉永五年（一八五二）の須田家の買入資金を示したものである。これによると買入資金の七割ほどが、京都商人の送金によるものである。須田家は紅花買次問屋の中では、ほぼ普通の規模の商人である。その須田家が、七割の外部の資金を入れていることは、武州の他の商人にもあてはまると思われる。安政二年の訴願文書の中にも、「年々五月中旬頃ゟ六月ニ至り京都ゟ紅花買人下向致し、最寄村々ニ者中買商人有之(16)」とあり、武州の買次問屋が仲買人的存在であったことを示している。このような性格と機能の買次問屋に、城下町の特権商人が進出することは相当困難であったと考えられる。

表4　須田家紅花買入資金表（嘉永5年）

月日	買入金出所	金額	
5・11	西村屋清左衛門	500両	
5・12	奥（自己資金）		100貫
5・13	伊勢屋源助	300両	
5・25	奥	300両	
5・27	奥	200両	
5・27	奥		50貫
5・27	奥	250両	
5・28	伊勢屋源助	300両	
6・1	西村屋清九郎	300両	
6・1	西村屋清九郎	350両	
6・1	奥	100両	30貫
6・5	西村屋清左衛門	100両	
6・5	奥	300両	
6・10	奥	225両	
6・10	店（自己資金）		1貫600文
6・15	西村屋清左衛門	200両	
6・15	西村屋清九郎	350両	
6・15	西村屋清九郎	200両	
6・24	西村屋清左衛門	20両	
6・24	西村屋清九郎	200両	
6・27	西村屋清左衛門	100両	
7・21	西村屋清左衛門	100両	
小計	西村屋清左衛門	1020両	
	伊勢屋源助	600両	
	西村屋清九郎	1400両	
	奥・店	1375両181貫600文	
合計		4395両181貫600文	

須田家文書より作成。

　花市場が成立していなかったということは、生産の規模が大きくなかったということと、前記の京都紅花問屋の配下にあった流通機構ということが理由になるであろう。しかし、最上とは違って農民が加工してしまって、花餅にして商人に売渡したことも理由の一つである。最上では「さんべ」たちが生花を買い花市場にだす。ところが、武州では農民が花餅をつくる加工までしてしまうので、仲買人が生花を買入れて市場にだすことはなかった。もっとも、宿場の六斉市などでは紅花の取引も行われ、花市場的なものも一部にはあったようである。[17]

花市場のできなかったもう一つの理由に、武州では仲買人、買次問屋の区別がはっきりせず、それぞれの機能が分化していなかったのではないか。須田家のように買次問屋でありながら、独自に生産地に買入れにおもむき、仲買人と行動をともにしたりする商人もいる。須田家の日記の中に次のような記述がある。

六月十日　旦那様羽貫村花を買御出被成候
六月十五日　旦那町谷へ紅花を買御出被成候

このように、武州では仲買人と買次問屋の区別があいまいである。商人の機能が分化していないため、花市場が育たなかったとみられる。

武州と最上紅花との流通上の相違は、武州紅花が幕末になってさかんに生産されるようになったことと関連がある。最上でのこの期になっての流通機構の変化にみられるように、特権的な京都紅花問屋の統制がくずれ、取引が自由化された。この自由化の中で、在郷の商人たちが育てられていく。まさにこの時期に武州紅花の生産が始まったので、その点新しい取引機構が武州にもちこまれた。ところが最上では、新しい取引の芽はでてきてはいるが、城下町の商人群はまだ大きな力をもっていた。幕末の最上と武州ではたいへん似ているが、旧商人群の強い力がのこっている最上とはまた異なった機構になったのである。

5　在郷商人と生産者

武州の紅花生産は、最上紅花に比すれば生産量も少なく、また買次商人たちも小規模な在郷商人たちが多い。これらの商人たちは、前節でみてきたように仲買人な面が強い。また同時に、生産者と強く結びついた存在でもあった。買入側と販売側の利害の不一致もあり、しばしばトラブルもおきてはいるが、都市商人のような生産者からはなれた存在ではなかった。武州の紅花商人は都市商人とはちがい、権力と結びついた特権商人化してはいない。しかしこれは反面からみれば、武州の紅花生産がまだ期間も短く、発展が未熟であったためである。生産が拡大し、年月がたつにしたがい、特権的商人はやがてあらわれたであろうが、武州のこの段階ではまだそれはみられない。

安政二年（一八五五）の紅花訴訟事件は、紅花商人と生産者が強く結びついていた例になるであろう。この事件は、江戸の紅花問屋が問屋再興を期に江戸打越禁止を主張し、それに対し武州の商人たちが反対運動をおこした事件である。当所武州の商人の中には、江戸問屋の主張に対して同調したものもいた[18]。しかし、在郷商人の一部はこれを無視したため、上方行の荷物を差押えられてしまう。江戸問屋は町奉行所に訴えをおこすと同時に、実力を行使したのである。これに対し武州側では江戸問屋へ掛けあい、埒があかぬとみるや勘定奉行所に訴えをおこす。裁判は後に町奉行所で一括して行うことになるが、田舎の商人たちが江戸の問屋を相手に戦いをうけてたったのである。この商人たちの動きに対して、武州の農民たちは積極的に協力して、歎願書を奉行所に差しだしている。この時だされた歎願書は二通で、一つは柏座村（現上尾市）外四一ヵ村、大宮宿（現大宮市）外二一ヵ村、計六六ヵ村のものである。もう一つは桶川宿（現桶川市）外三八ヵ村、合せて一〇五宿村からだしたものである。

生産地一〇五ヵ村の歎願書は、安政二年の三月にだされたものであるが、訴訟の審理が手間どるうちに紅花が咲く季節になってしまう。農民たちにとっては、生産した紅花が売れるのかどうか心配になってくる。武州商人の紅花荷物が江戸で差止められては、商人も買入れをひかえるからである。このことは、かえって江戸商人に対する怒りになって表面化する。江戸の審理に出かけている武州商人の代表に、村方の代表は次のような手紙を送っている。(19)

（前略）陳者一件之儀者何様ニ相成候哉、兎角示談御整被成下置事ニ寄村々百姓共大変之事出来可申哉ニ御座候、訳者一件相始り居候ゆへ新花追々干揚り候得共、売方差支候儀ゆへ此間百五ヶ村歎願いたし候得共、只今片付不申間百姓共惣代ヲ願え置事ニ而者面倒ニ思い、此度者村数も追々余分ニ相成、都合百七拾ヶ村斗ニ相成、右え内村々ゟ壱ヶ村ニ而両三人ツ、自身ニ村田宗清殿方へかけ合ニ可参様申居、左候得者人数三百人斗ニも可相成哉、右様大勢ニ而参り候上者百姓共何様ヲ申出候哉も難斗、万一之事有之候ハ、私共迄迷惑仕候間、百姓ゟ不出故何様ニも済方ニ相成候様御工夫可被下候、先者右申上度、早々以上

鈴木茂平
儀右衛門
四郎兵衛

五月八日

武蔵屋治左衛門様
大坂屋佐五兵衛様

頼ニ此書状極内々ニ御座候間、御覧之上火中可被下候

この手紙によると歎願書をだした一〇五ヵ村だけでなく、江戸問屋の不当に反対する村数が一七〇ヵ村にもなったと伝えている。それればかりでなく、農民側は強硬手段にでようとさえしている。右の文中の「村田宗清」は江戸問屋の名前であるが、各村から三人ずつだして、三〇〇人ほどでかけ合いをしようというのである。村方の代表もこのよ

うな不穏な動きに対して、驚いて江戸に常駐している代表に手紙をだしたものであろうか。「火中可被下候」と最後に記されたことばも、単なる慣用的なことばとしてではなく、村方の緊迫した空気を伝えている。

右の鈴木茂平らの手紙や、一〇五ヵ村の歎願書に示されているように、ここでの在郷商人たちは生産者である農民の代表である。利害が一致したから、このような動きになったとも考えられるが、武州紅花商人の性格にも起因しているとみられる。既に記したように、武州の在郷商人は都市的特権商人ではなく、村方の小商人にすぎなかった。そのために、農民たち自身もこれらの商人群をつつみこむことができたし、又商人たちも農民たちと行動が共にできたのではないか。武州の紅花商人の中には、この訴訟事件に加わらなかったものもいた。これらの商人は、どちらかというと古くからの商人で、しかも取引量の多い商人である。江戸問屋と争った商人は、小規模な新興商人である。この点から見ても、先に述べたことは実証されるであろう。

この訴訟事件は、安政二年九月に両者の示談となって終る。紅花一箇につき、当初要求された二匁の口銭より低い一匁六分は納めることにはなったが、江戸問屋の独占は阻止された。今まで行ってきたように、京都の紅花問屋との取引は自由にできることが保証されたのである。この事件は、反面江戸問屋と京都の問屋の抗争であり、武州の商人は代理に仕立てられた面もあるが、支配の領域をこえて、広範囲の農民たちが参加したことにも大きな特色がある。

6　おわりに

以上述べてきたように、武州の紅花生産は最上紅花と相違したいくつかの特徴をもっている。これらの特徴は、武州紅花の生産が開始された天明・寛政期から、その時代的背景を強く反映したものである。また、武州の生産地が江戸の近郊であったことも、最上紅花とは相違した特徴をもたせている。

武州の紅花は、大きくは近世後期の商品作物の発展という波の中で誕生した。武州でもこの期になると、各種の商品作物が生れた。しかし武州の紅花は、京都の紅花問屋仲間解散後の流通機構再編成の中で生産が始められた。ここに既存の生産地とは違った特色が生じ、また他の商品作物とも違った面をもつことになった。

武州の紅花は、江戸の近郊の生産でありながら、他の商品作物と違った特殊な面をもっている。一般に武州の商品作物は、江戸の商人と強いかかわりをもって生産されている。ところが、紅花はその生産の端緒はともかくとして、京都の問屋の支配機構の中におかれた。この点、紅花のもつ特殊な面が他の商品作物との相違をみせている。

武州の紅花は、紅花の生産の中では後進的である。反面後進的であることは、最もその時代の影響をうけた生産となった。商人指導型の良質な生産となり、新しい流通機構の網の中に組み込まれた。一方、紅花を扱う在郷商人たちが数多く発生したが、いずれも小商人で、都市の大商人の単なる集荷業者的な位置を脱することはなかった。生産者である農民にとっては、恰好な商品作物ではあったが、上層農民と小農民の較差を広げる結果に終った。

武州の紅花生産の特徴を、いくつかの点について述べてきたが、江戸近郊で生産された他の商品作物との比較によって、一層明確になるであろうが、今後検討を加えていきたい。

この小論は、上尾市教育委員会編『武州の紅花』（昭和五十三年一月発刊）を筆者が担当する中でまとめたものである。

〔注〕

（1）今田信一『最上紅花史の研究』井場書店（一九七二年）

（2）大日本近世史料『諸問屋再興調四』東京大学出版会（一九六二年）所収

（3）沢田章『近世紅花問屋の研究』大学堂書店（一九六九年）
（4）前掲『最上紅花史の研究』
（5）上尾市図書館蔵「須田家文書」No.一三七七
（6）前掲所収「諸問屋再興調四」
（7）前掲所収「諸問屋再興調四」
（8）今井隆助『北下総地方史』崙書房（一九七四年）
（9）上尾市矢部弘氏蔵「矢部弘家文書」No.二一五九
（10）今田信一「最上紅花の歴史」（『染色と生活』No.2）（一九七三年）
（11）前掲「須田家文書」No.一〇三
（12）伊豆田忠悦「青苧と最上紅花」（『日本産業史大系東北地方篇』）東京大学出版会（一九七〇年）
（13）前掲『最上紅花史の研究』
（14）伊豆田忠悦「紅花」（『体系日本史叢書産業史Ⅱ』）山川出版社（一九六四年）
（15）前掲『最上紅花史の研究』
（16）前掲「須田家文書」No.一三七七
（17）上尾市図書館編『日記帳』（須田家日記）（一九七六年）
（18）拙書「江戸紅花問屋と在郷商人の抗争について」（『埼玉地方史』第三号）埼玉県地方史研究会（一九七七年）
（19）前掲「須田家文書」No.一三八九

三　上尾紅花問屋の仕入れ地について

1　はじめに

近世の武州の紅花栽培は、寛政年間に上村（現上尾市大字上）の七五郎によって始められたといわれる。その後上尾、桶川地方を中心にして、紅花の栽培地域は急速に広がったとみられる。武州に初めて上方から直接仕入れに下ったのは、京都の若山屋喜右衛門代忠助であるが、文化二年（一八〇五）には、同じ京都の紅花問屋である吉文字屋も仕入れに下っている。このことは紅花の栽培が始まって何年もたたずして、かなり栽培地域や生産量があがってきた証左とみられる。すでに享和元年（一八〇一）には、南村（現上尾市大字南）の須田治兵衛あてに、京都の紅花問屋伊勢屋理右衛門は紅花二駄の仕切をだしている。このように、江戸の問屋によってもたらされた紅花の種は、急速に栽培地を拡大して、上方商人が仕入れに下るまでになった。この頃の武州の紅花生産量を示す正確な資料はいまだ見あたらないが、およそ幕末期に四、五百駄といわれている。この生産量は羽州の最上の千余駄についで多く、全国二位をほこっている。

本文では武州における紅花の生産地を、仕入方法などと関連させて、久保村（現上尾市緑丘三丁目）の須田家文書を中心にして記してみる。全国第二の生産地であった武州の紅花ではあるが、現在関係文書も少なく、須田家文書のみで当時の栽培地を速断するわけにはいかないが、だいたいの地域を推定することはできると考える。須田家は紅花の在地問屋であり、近在はもちろん武州の各地から紅花を買付けている。現在残されている須田家文書の中に、紅花仕入れ関係のものは五十点余である。

2　天保十年の仕入れ

現存する仕入帳の中で最も古いものが天保十年（一八三九）五月のものである。（須田家は天保年間に南村須田治兵衛家から分家した比較的新しい家である。）この文書に記された買付先は近在の村ばかりである。南村、久保村、門前村、上尾村、上尾宿、上村、町谷、中平塚村、下平塚村（以上現上尾市）、駒崎村（現蓮田市）、神山、吉野原村、大成村（現大宮市）、桶川宿、町谷村（現桶川市）などが記されている。

この文書によると、五月二十三日から仕入れを始め六月二十七日で終っている。ふつう武州の紅花の開花は、旧暦の五月初旬であり、農家で摘取りして紅餅にするまでそんなに長い日数を要していない。そこで商人たちは新紅の買付を始めるわけであるが、その年の作柄などにより買付の時期はちがうようであるが、だいたい五月中旬から下旬にかけて買付を始めている。

紅花の買付の最盛期は六月頃であるが、必ずしもこの時期だけが取引期間ではない。少し誇張したいい方をすれば、一年中取引が行なわれている。製干して紅餅にしてしまったものは、長く保存もできるので、収穫期だけが取引期間ではない。特に相場との関係もあるので、仲買人や在地問屋間などはかなりおそくなって取引をしている。

天保十年のこの仕入帳によると、買付の総額は約百七十五貫四百二十一匁である。ここで「約」と記したのは、買付けの時「見切」という買方をしており、だいたいの見当でいくらと値段をきめて取引をするものがあるからである。この場合、買付量がどのくらいか帳面には記してないので、合計の正確な数字がでてこない。ただ「見切」の場合の金額は少ないので、合計した量もそんなに多いものではないと考えられる。

この仕入帳により買付先を村別にみると、上村三十九貫六百二十七匁、門前村十二貫四百六十六匁、久保村十貫七百十五匁、南村十二貫百四匁、原村（南村の内の原か）二十五貫八百九十七匁、桶川宿十二貫二百三十五匁等である。

ここで記した村別の買付量は、その村で生産された紅花の量を示してはいない。その一つの理由は、生産している農家は須田家のみに販売しているわけでなく、紅花商人はたくさんおり、農家により異なった商人に売っていると考えられるからである。須田家にとって久保村は地元であるが、それさえ全部が須田家に売るとは考えられない。もう一つの理由は仕入帳に記された買付期間が、一年を通して記録したものでないことである。農家にとっては、とれた紅花を早く現金化することも多いだろうが、中にはゆとりのある農家もあり、前にも記したように相場をみて売るものもあったと考えられるからである。第三の理由に、この仕入帳に記された買付先の中に、仲買人も含まれていると考えられるからである。仲買人のうちには、自分の村で買付をするものもあるであろう。しかしとなりの村から買付をしているかもしれない。この文書の中にも、桶川の幸蔵は十一貫余、上村の兵三郎は五貫余、下平塚村の市郎右衛門は六貫も売っている。当時大きな農家だと、七反歩も作付して十数貫も生産している記録もあるので、自分の家でこのくらいの量を生産することは考えられないことではない。しかし、ここにでてくる兵三郎などは、他の文書にもでてくる紅花仲買人であり、その点自己の生産している紅花とばかり考えるのは早計である。以上の点からみると、仕入帳のみから各村別の生産量を推定することは困難である。ただここにでてくる村々で、ほぼ紅花が栽培されていたとは考えられるであろう。

序でに紅花の買付値段のことを記しておくと、紅花の相場はその年々によりちがうが、この文書によると一両で五百六、七十匁から六百匁くらいが多いようである。中には八百匁とか、九百匁とか、品質が悪いのかどうかたいへん安い値段で買われているものもある。なおこの文書による合計の買付金は二百八十三両二分一朱と百二十五貫五百八十六文である。（銭貨の換算率の正確なものは不明であるが、ここでは一両約六貫六百文くらいと考えられる。）

3　西山紅花の仕入れ

武州の紅花の産地は、上尾、桶川を中心にした足立郡があげられるが、川越・坂戸を中心にした入間郡地方も多量の生産をあげていたとみられる。いつ頃からこの地方に作付されるようになったか不明であるが、須田家の場合この地域から買入れている量はかなり多い。この地域でとれた紅花を「西山」と総称していたようであるが、どういう由来にもとづく名称なのかどうもはっきりしない。紅花の相場表などをみると、「西山」の名が単独で記されており、武州一般の銘柄でもある「早場」とは区別されている。須田家の買付けの場合近在の足立地方よりややおそく仕入れを行なっている。

須田家の仕入帳の中から、この地域に関するものをいくつかひろってみる。安政三年七月の「西山英士録」によると、買付けしている村は石井村、石井新田、広谷村、戸宮村、中村、笠幡村、坂戸一丁目、小沼村、下新田村、坂戸三丁目などである。以上は現鶴ケ島町、坂戸市、川越市に属する地域である。石井村で最初二十一貫七百六十九匁を買付けし、代金は五十七両三分と六百八十七文支払いをしている。石井新田では九貫六百四十五匁、代金二十四両三分一貫百十九文、広谷村では三十六貫三百十四匁、代金九十四両三分二朱と三百三十七文である。戸宮村以下を合計すると、百四十七貫五十七匁、代金は三百七十九両三分と二貫九百二十三文である。（この中に石井とのみ記した村が含まれている。）

安政四年の「西山紅花仕入帳」によると、買付けをした村は三ツ木村、浅羽村、臑折新田、上戸村、坂戸一、二、三、四丁目、下新田村である。この時の買付金は三百十七両一朱と九百三十四文である。なおこの帳面には売上金まで記されているので参考にあげると三百六十四両である。諸入用金を引いて、残りは四十二両一分二朱と三百二文で、これがこの買付けの時の粗利益とみられる。

安政六年の「西山紅花仕入帳」によると、買付けをしている村は五味ケ谷戸村、下新田村（以上鶴ケ島町）である。この時五味ケ谷戸村で八十一貫七百十匁の紅花を買付けている。この代金は百九十二両一分三朱と三百二十四文である。平均一両で四百二十五匁くらいの買付値段である。これをみると一村からの買付量がかなり多量である。

慶応二年の仕入帳によると、川越市や坂戸市だけでなく現富士見市、大井町方面から買付けている。買付地の村名をあげると藤久保村、小室、南永井村、綱新田（砂新田か）、松原、藤馬村、並木村、上留村（上富村）、竹間沢村、大井村、鶴馬村などの村である。この地域には須田家に出入りしていた仲買人の庄左衛門が亀久保村の人でもあり、毎月の買付量も多かったとみられる。

以上いくつかの仕入れ地の例を示したが、そのほか文書にでてくる村名をあげてみる。鯨井村、片柳村（現坂戸市）、下広谷村、駒林（鶴馬村分）、小堤村、鹿飼村、中郷（出丸か）、紺屋村、小坂村、塚越村、天沼新田、的場村、横沼村、南吉田、藤金村、太田ケ谷村、赤尾村、関間新田などである。

4　中山道筋からの仕入れ

嘉永二年五月の仕入帳には浦和方面からの買付が記されている。岸村、中尾村、針ケ谷村、浦和宿などの村々である。この時は五月十二日から十七日にかけて買付けしたものであるが、買付量は四十六貫二百五十三匁である。代金は駄賃、袋代を含めて九十六両一分と七百八十八文であった。（ふつう紅花は五百匁くらいを単位にして紙袋に入れる。須田家ではこの紙袋を常陸太田などから購入している。）

嘉永六年の文書によると針ケ谷村、領家村（現浦和市か）、大戸村、吉野原村から買付けている。現在の浦和市、与野市、大宮市に属する村々である。この時の惣買高は七十五両三分と六百十五文である。このように浦和方面からの買付けもさかんであったが、特に浦和宿には須田家と取引関係にあった大松屋勝助なども おり、相互の情報交換などもあったとみられる。

安政二年五月二十日には、須田家当主大八郎と仲買人とみられる千吉、藤左衛門がこの方面に出向いている。買入れ先の村は与野、与野下、上峯村、鈴谷村、与野上、中村等である。惣買高は三十四貫八百二十六匁であり、代金は全部で五十七両と十九貫六百八十八文であった。この例のように紅花の買付けには共同で仕入れに行くことが多い。このことを「のりあい」といっていたようである。

須田家には多くの仲買人が出入りしているが、その一人である新右衛門の安政三年の買付日程を記してみる。新右衛門は久保村の人で村役などにもついているが、長く須田家の仲買人として各地に出張して買付に従っている。

六月十日—本郷村（現浦和市か）、大田久保、六月十二日—本郷村、六月十三日—上町（与野か）、大戸村、針ケ谷村、六月十五日—下平塚村、六月十七日—春日谷津村、六月十八日—小室本村、六月十九日—柏座村、古谷上村、下老袋新田、六月二十日―下老袋、六月二十一日―古谷上村、下老袋、六月二十四～六日―戸崎村、七月五日―紺谷（屋）村、七月八日―小堤村、七月十日―片柳新田（現坂戸市）

ここでは現浦和市から買付を始めて与野、上尾、伊奈方面と下り、再び上尾から川越市、坂戸市方面へと足をのばしている。これをみると一日に三つの村で買付をしていることもあるが、戸崎村（現上尾市）のように三日間もついやしている所もある。なおこの時新右衛門は須田家から百九十両と五十貫文の金子を預り買付に従っている。このように仲買人の中には、在地紅花問屋から資金を借りて買付をしているものも多い。

安政五年の仲買人新七の買付けの例を記してみる。新七はもと須田家にいた奉公人であるが、この頃は独立して桶川に住んでいる。しかし毎日桶川から久保村に来て仕事をしているので、半独立といったほうがよいかもしれない。新七のこの時の買入れをした村は、根金村、野田村、中閏戸村、平塚村などである。新七が使用した元金は四百五十両余で、もちろんこの資金は須田家からでているものとみられる。なおここにでてくる村の中で根金村、中閏戸村は現在の蓮田市であるが、この方面の村々は安政二年の訴訟事件の時も歎願書に署名している村も多く、かなり紅花の栽培量もあったと推定される。

以上いくつかの中山道筋の買付例を示したが、この方面で他の文書にでてくる仕入れ先の村を次に記してみる。

高尾村、中丸村、荒井村、下石戸村（以上北本市）、鴻巣宿、馬室村（以上鴻巣市）、大針村、内宿村、羽貫村、小貝戸村、芝村（以上伊奈町）、川田谷村、加納村、坂田村、倉田村（以上桶川市）、蓮田村、井沼村、黒浜村（以上蓮田市）、白岡村、実ケ谷村（以上白岡町）、御蔵村、堀内村、内野本郷村、加茂宮村、清河寺村、砂村、今羽村、奈良瀬戸村、中釘村（以上大宮市）などがあげられている。ここで上尾市分の村を記さなかったが、上尾市の村は全部買付地域で、須田家が買付をしてない村はないほどである。なおこのほかの村として栢間・古河・騎西なども記されている。

5　まとめ

以上いくつかの文書をもとにして、武州の紅花の仕入れ地を述べてきたが、先にも記したようにこれだけで当時の紅花栽培地を論断するのは少し無理であるかもしれない。しかしここにあげた具体的な仕入れ地から、ある程度の紅花栽培地の輪郭は推定できると考える。幕末期の武州の紅花の栽培地域は、大きく二つにわけて考えられる。一つは浦和から鴻巣までの大宮台地を中心にした地方である。これにつながる地域に蓮田地方も含まれる。もう一つは川越、坂戸を中心にした入間地方である。この中には南は大井・三芳地方から、北は川島地方も含んだものとする。以上二つの地域であるが、これら二つを合せると武州の中でもかなり広大な地域となる。この広大な地域に、わずか百年ほどではあったにせよ、紅花が栽培されていたのである。仕入値に記したように紅花は高価なものであり、当時の農家にとっては代表的な換金作物であった。このように重要な作物であった紅花について、その栽培地域すらまだ不分明なところが多い。本文ではその栽培地域についてのおおよその輪郭を提示したものである。

〔参考文献〕

今田信一『最上紅花史の研究』井場書店、一九七二年
東京大学史料編纂所編『諸問屋再興調四』（大日本近世史料）東大出版会、一九六二年
上尾市図書館蔵「須田家文書」
上尾市中分、矢部弘氏蔵「矢部家文書」

四　江戸紅花問屋と在郷商人の抗争について

1　はじめに

十八世紀の末頃から、後進地域といわれていた関東、東北、東山地方にも地方産業が勃興し、日本の農業はまがり角にきたといわれている。地方産業の勃興は、農村での商品作物生産の増大とあいまって、流通機構変革への動きとなった。それまでの大都市の問屋支配の商品流通から、在郷商人の増大にともない、多様な流通路の開拓がみられるようになった。これら多様な流通路の開拓は、しばしば大都市や城下町大商人との抗争の中からなされたものである。(1)

本稿では、武州の上尾宿・桶川宿付近の在郷商人と、江戸の紅花取扱問屋との抗争を論述し、後進地といわれた関東の農村において、紅花という商品作物の生産が、どのような流通機構の変化のもとにおこなわれていたかを記してみたい。

もともと武州の紅花は、最上地方の紅花と異なり、大都市商人の手を経て栽培され始めたものである。以前からその土地に栽培されて、後にそれが商品作物化したものではない。初めから商品作物として栽培されたものである。寛政の頃、江戸の紅花取扱問屋柳屋五郎三郎により最上地方の紅花種がもたらされ、生産が始まったといわれる。(2)紅花種をもたらした江戸の問屋は、どのような意図のもとに栽培をすすめたのか不明であるが、生産された紅花は大都市の商品流通の中にくみこまれていったとみられる。当初は江戸商人の上方商人への対抗の中から、新規の栽培地育成となったのかもしれない。しかし結果としては、この紅花の新規栽培が在郷商人の増大をまねき、種をもたらした江戸問屋自身が、これら在郷商人と抗争しなければならなくなってしまった。

ここでは、主として大都市商人と在郷商人の抗争を、安政二年（一八五五）の紅花訴訟事件を通して述べることにより、これら二者の争いのようすを明らかにしたい。

2　訴訟事件の発端

嘉永四年（一八五一）三月、江戸の十組問屋外株仲間の再興が許可された。これを機会に江戸の紅花取扱商人たちは、株仲間禁止以前のように、小間物問屋丸合組という問屋仲間を結成した。丸合組を構成した問屋は、蛭子屋金蔵、柳屋五郎三郎、玉屋善太郎、村田屋久蔵、丁子屋吟次郎である。ところが、株仲間禁止期間中は自由取引を基本としていたため、武州をはじめ関東地方などでは上方商人が多数入りこみ、栽培農民や在郷商人たちと直接取引をさかんに行なっていた。

一方嘉永四年の問屋再興許可は、以前のような問屋の特権を認めたわけでなく、取引の自由などはある程度許されたものであった。そこで前記の五軒の問屋側は、旧特権の復活をめざした。その一つが、江戸打越荷の禁止の願書となってあらわれてきた。

江戸の十組問屋は株仲間禁止以前、江戸を経て上方等に送られる商品を掌握するため、荷主と荷受人の間にたって口銭をとる特権をもっていた。ところが問屋再興はなったけれど、江戸打越荷は自由であった。そのため、江戸問屋はなんとか以前のような打越禁止を復活させたいと望んだ。嘉永七年（一八五四）六月二日、玉屋善太郎等四人は、江戸町年寄に願書を提出した。(3)

この願書は、大きく二つの要求からなっている。一つは「打越荷禁止」の要求であり、もう一つは「素人直売買禁止」である。江戸問屋のこれら二つの要求の理由は、直段「引下方差障」ためであり、問屋再興の「御触面ニ相背」からである。しかも、京都・大坂の商人たちが関東や奥州へ下って直接仕入れをする紅花は「通荷物」であり、ぜひ取締をしてほしいという要求であった。江戸問屋が願書で述べている「素人直売買禁止」は、どんな商人をさしているのかはっきり示していないが、広く在郷の商人も「素人」の中に含まれているとみられる。在郷商人の中にもいろいろな型の商人がいるが、そのことは置くとして、別な面からみればこの段階で農村地帯に多くの商人群が発生し、活躍していることを示している。

江戸問屋側は、町年寄喜多村役所へ願書をだす一方、生産地の商人に対して自分たちの主張に賛成するよう呼びかけている。

一兼而御承知被下候通今般諸問屋株御再興被仰付諸用御産物たり共御当地打越通荷物不相成其向問屋江御売捌ニ相成候様御触面も有之候ニ付追々諸品打越通荷物も同様之儀ニ御座候間此段御承知被下若他国ゟ各々様方江紅花注文御座候ハヽ、私共方江篤与御示談之上御買方可被成候頼入御当地売者決而不相成候間私共仲間并ニ仮組紅屋共張札相渡し置候右張札有之候方江者御売捌可被成候張札無之紅屋江者御売捌不相成候是又御承知可下候

此度議定左ニ

一従往古紅花壱袋目方五百匁袋目廿五匁定法之処近来不足目沢山猶又袋目不同有之迷惑ニ候間仲間申合在来懸目不足袋目過分等有之候ハヽ直段ニ不拘厳重ニ取引仕候事

一紅花交物有候之品は一切取拵致間敷候事右之通取極候間諸国仲買衆ニも此段御承知可被下候様御風聴申上候家毎ニ可申も出来不申候間其御宿内ニ而者各々様方旧来紅花仕入人買宿も被成候此方江為念御通達申上候此段御府内ニ而紅花御取扱人御衆中江御苦労早々御通達候様御頼み申上外猶又諸方ゟ紅花直仕し御人御座候は丶一卜先御出府私共江御示談可被成候様御伝言仕頼申上候御用ひ無之早速直買被成候御人有之候ハヽ無拠御出訴ニ及可申候此段御承知被下候委敷御伝達可被下候先は右之段申上度如此ニ御座候以上

（嘉永七年）
寅五月廿九日

紅花問屋行事

木嶋屋源右衛門様
同　浅五郎様
いせ屋茂右衛門様
綿屋幸二郎様
西村宗三様
宮田源七様
油屋八郎右衛門様
須田治兵衛様
同　大八郎様

外ニ最寄取扱之御方江も乍御面倒此段早々御進達御頼申上候(4)

江戸問屋が、全国の産地の商人にどの程度呼びかけたか詳細は不明であるが、右の文書が示す木嶋屋源右衛門以下九人の商人は、上尾・桶川地方の代表的な紅花商人である。このような江戸問屋の要請に対して、在郷商人はどのように反応したのだろうか。同年七月に、一部の商人とは示談が成立し、規定書に調印をしている。(5)

規定書の内容は、素人直売買をやめ、江戸の問屋に売捌く。海上の難破の節は万端問屋側で世話をする。口銭として荷物一箇につき、銀二匁を徴収するなどであった。この規定書に上尾・桶川地方の商人で調印したのは、桶川宿の木嶋屋源右衛門、宮田屋源七、木嶋屋幸介、西村屋庄左衛門、加茂宮村の川鍋幸左衛門等九人であった。ところが、これら江戸問屋の調印要請に対して、在郷商人の多くはすぐには同調しなかったようである。江戸問屋側は何回かにわたり要請をしたが、前出の文書に記されている木嶋屋浅五郎、須田治兵衛、須田大八郎等は最後まで示談を拒否した。

規定書への調印を拒否した商人が多かったことが、江戸問屋側をして、本格的な訴訟事件をおこす発端となった。ただここで注意しなければならないのは、江戸問屋のあまりにも性急な、安易ともみられる動きである。六月に町年寄に願書をだして、七月には示談の成立である。前々から呼びかけを行なっているとはいえ、急いで示談にこぎつけようとしたふしもみられる。それとも、規定書作成の後から追加調印をさせようとしたのだろうか。しかも、紅花最大の産地である最上地方の商人の調印者はわずかである。在郷商人たちが、問屋再興の御墨付をもった江戸問屋の前に、簡単にひれふすと思っていたのだろうか。もっとも最上商人の調印者が少ないことは、江戸との関係が少ないことにもよる。(6)このことは別な面からみると、江戸問屋の要請が打越荷の多い関東などの在郷商人を、重点的な対象にしていたとも考えられる。

3　在郷商人の主張

上尾・桶川の在郷商人の一部は、江戸問屋の要求に屈し示談に応じたが、多くの商人たちは規定書に調印しなかったとみられる。江戸問屋の要求をまったく無視して商いをつづけたのではなく、この間「紅花取扱候もの共寄々相談之上、私共之内幸次郎惣代に罷出、始末承」(7)などして、要請内容を検討している。ところが、この江戸問屋の要請はとうてい受け入れないとして、何回かにわたる掛合を行なったが、結局不調印に終った。

掛合がものわかれに終った後、在郷商人の紅花取引はそのまま継続されていた。六・七月は、「早場物」の武州では新花の取引の最盛期であり、多量の取引が行なわれていたとみられる。この間、上方送り荷物の差留はなされていない。在郷商人は訴状の文中にもあるように、「安心仕」という状況であった。ところがこの年七月、久保村の大八郎が大坂大文字屋宛の紅花四個を、江戸廻船問屋井上重次郎方に送ったところ、「相手之者共右送状引上ケ、無沙汰ニ大坂高麗橋西詰松坂屋小八と申積問屋名宛ニ送状認替、同人方江積為登」てしまった。同じく同月中、上尾宿次左衛門が京都伊勢屋理右衛門に送った紅花も、同様に大坂松坂屋小八方に差留められてしまった。(8)江戸の問屋側は、実力で「打越禁止」をはじめたのである。

これらの江戸問屋の措置に対して、在郷商人たちはどんな対策をこうじたのか詳細は不明であるが、何回かにわたる掛合を行なったようである。後にだした訴状の中にも「無余儀登り、同人江掛合候所」と記されており、在郷商人たちのようすが示されている。

一方武州の在郷商人だけでなく、他の地方からも打越荷を送ってくる商人もあらわれてきた。その例に、仙台の紅花商人がある。問屋側は、その荷に対しても差留の措置をとってしまう。奥州大河原宿の高橋屋忠助の荷が、廻船問屋井上重次郎に送られたところ差留められたものである。(9)差留にあった商人は、この訴訟中ほかにも例がみられる。浦和宿善助、桶川宿伊左衛門の紅花合せて三拾五個が、京都明荷屋吉兵衛方へ送られる途中差留にあっている。(10)この場合、紅花取扱人が呉服問屋・木綿問屋両家業の者であったので、紅花三拾五個は丸合組へ渡され入札払いになっている。

上尾・桶川の在郷商人はこのような状況の中で、訴訟をおこしてでも江戸問屋に対抗せざるを得ないと、判断をしていったようである。訴訟をおこしてまで江戸問屋と争おうとした理由には、次のようなことが考えられる。㈠、在郷商人の多くが最初の示談要請を拒み、打越禁止に強く反対していた。㈡、当時在郷商人は数も多くなり、株仲間禁止中上方商人とも取引きして、大きな力をもちはじめていた。㈢、上尾・桶川地方においては、紅花が重要な換金作物であり、農民にとって江戸問屋に独占されることは不利と考えられ、生産者と在郷商人の利害が一致していた。㈣、上方商人たちも打越禁止に反対で、事実安政元年の十二月に、江戸問屋の要請に反対することをきめていた。

以上の理由のほかに、武州の在郷商人たちは、江戸問屋の足なみが必ずしもそろっていないと判断していたふしもみられる。それは江戸五軒の問屋のうち、村田久蔵の養父は京都の吉文字屋彦市という紅花問屋であり、丁字屋吟次郎は京都に店をもっているからである。上方の紅花問屋と深いつながりのある右の二軒と、他の三軒は必ずしも利害が一致しているとは考えられないからである。がしかし、この点については資料も不足で、あくまでも推測の域をでるものではない。

在郷商人側は、安政二年（一八五五）正月二十四日、桶川宿佐五兵衛、上尾宿次左衛門の二人を惣代にして、勘定奉行田村伊予守のもとに訴えをだした。(11)訴状に名を連ねた在郷商人は、右の二人の外に桶川宿浅五郎、伊右衛門、幸次郎、上村兵三郎、久保村大八郎、大宮宿初五郎の六人である。

一方江戸問屋側は初め、桶川宿浅五郎代滝次郎、南村《久保村》大八郎代兵三郎、大宮宿初五郎等が支障を申立てているので、「問屋再興之廉奉承伏候様、御利解被為仰付被成下置候様」願書を提出した。しかし、右に記したようにすでに勘定奉行所に訴えがだされたと知り、同年正月二十八日、蛭子屋金蔵等五人は町奉行所に訴状を提出した。(12)

桶川宿佐五兵衛、上尾宿次左衛門が勘定奉行所に提出した訴状の要旨は、およそ次のようなものである。㈠、上尾・桶川地方は土地も悪く、紅花が唯一の地味相応の作物である。㈡、京都商人が来て紅花を買うが、江戸では「遣方薄く、手広ニ紅商売致シ候もの無之」、売捌きにも差支える。㈢、問屋側の要求を認めれば商売も一層せまくなり、年貢上納や夫食の足合になる紅花売捌に差支え、現金収入源を奪われ村方は困窮する。㈣、江戸問屋は口銭を貪り、「〆買、〆売可致心底」である。㈤、紅花の取引は従来通りの方法で行なうべきである。

これに対して、江戸問屋側の主張は次のようなものである。㈠、株仲間禁止中より、上方の商人たちが関東、奥州に出買い致し、元値をせり上げてしまった。㈡、去る嘉永七年、商法を相立、正路の商いをし、問屋再興の趣意にそうため町年寄に願書をだした。これには桶川宿源右衛門外廿壱人が同調した。㈢、佐五兵衛等が、勘定奉行所に逆訴したのは不当である。

なおその上に、江戸問屋は町奉行所のお尋ねに対し答える形で、同年二月十五日次のような主張をしている。(13) 打越禁止をしたのは、享保十一年（一七二六）に大坂の和泉屋から水戸の駿河屋へ荷物が送られた時、大岡越前守に訴え荷物は差戻され、その時以来天保十二年（一八四二）（株仲間禁止の年）まで打越禁止の規則が成立していた。奥州の紅花も近年は江戸廻りが多くなり、私共問屋がひきうけてきた。武州の紅花は、江戸の問屋が種をやり栽培が始まった。武州ではその後栽培も拡大し、上方商人も買付けに下ったが、江戸問屋と示談におよんで仕入れをしていた。打越禁止をするのは、商取引を「手狭窮屈と申廉ニ者無御座」、江戸上り下りの荷物の取締りに支障があるからである。

吟味が進行しているこの間の大きな出来事に、裁判所の変更があった。既述のように、江戸問屋は町奉行所に訴え、在郷商人側は勘定奉行所に訴えをだした。そこで町奉行所は、前年の江戸町年寄への願書のこともあり、しかも商法に関することは町奉行所の扱いという考えから、勘定奉行所への訴えを当方に引渡し願いたいと申入れた。この要請は南町奉行池田播磨守より、勘定奉行の田村伊予守に安政二年正月になされているので、問屋五軒の訴えの後すぐなされたとみられる。この町奉行所の要請に対し、何回かの両奉行所のやりとりがあったが、町年寄喜多村彦右衛門の上申もあり、同年三月町奉行所で一括吟味することが決定された。時を同じくして問題になっていた高橋屋忠助の紅花差留の件、それに後からだされていたものであるが、武州の紅花栽培地百五ヵ宿村の歎願の件の三件が、町奉行所でたばねて吟味されることになったのである。

4　生産地の動向

佐五兵衛たちの訴えが町奉行所にまわされると同時に、安政二年三月、上尾・桶川地方の農民たちは二通の歎願書を奉行所にだしている(14)。一つは柏座村外四十二ヵ村、大宮宿外二十二ヵ村、都合六十六ヵ村惣代大成村組頭浅右衛門、もう一つは桶川宿外三十八ヵ村、惣代笠原村組頭新蔵のものである。合せて三宿百三ヵ村の歎願がだされたのである。（後に惣代は変更されている。久保村茂平、小泉村政右衛門、土手宿村四郎兵衛が、惣代や惣代煩のため代兼になっている。）

この歎願で農民たちが主張していることを、桶川宿外三十八ヵ村の歎願書(15)（惣代久保村名主茂平、菅谷村組頭保右衛門）で要約すると次のようなものである。㈠、紅花は地味にあったものである。㈡、紅花の栽培は老人、子供の仕事で、「専農業相励候者之手費無之」作物である。㈢、年々、京都の商人が仲買商人の家毎廻り買付ている。㈣、口銭、雑費もかからず、わずかの土地より利益のあがる作物で、夫食や年貢上納の足合になっている。㈤、打越禁止は、府内商人の〆買になり販路をせばめる。以上のような理由から、是非佐五兵衛たちの訴えをききとどけてほしいという内容である。

農民たちの歎願と、在郷商人たちの訴状ではほぼ内容は同じである。ただここで注意すべきことの一つに、問屋の主張する「素人直売買禁止」については、両者ともふれてないことである。農民の歎願は、あくまでも生産者という立場であるから当然かもしれないが、問屋側の二大訴因の一つがどこにもでてこないのである。「素人直売買禁止」は自明のこととして、在郷側もうけ入れたのかもしれない。

この歎願書の中で主張されていることが、当時の栽培農民の真の主張であるかどうか、疑問点がないわけではない。いくつかの例をあげると、紅花栽培は老人、子供の手業だというが、収穫期の短い紅花が老人と子供だけでできたとは考えられない。まして、当時有力な換金作物で、農家によっては作付の五分の一も紅花にしている例[16]もあるくらいだから、一家をあげて栽培に力を入れたと考えられる。京都の商人が買付に下るだけだというが、栽培地の村々では必ず一人か二人の仲買人がいたとみられる。そしてその上に集荷の問屋があり、上方に多量に出荷していた。京都商人が、すべての村々の仲買人の所へ立寄るのでなく、一部の集荷問屋より買付けているのである。

紅花の取引は直取引であるが、京都の商人と農民たちで相対で値段をきめていたとは考えられない。江戸や京都の市場相場を参考にして、在郷の集荷問屋と上方商人の間できめていたのではないか。当時の集荷問屋の日記[17]などをみても、上方商人の手紙による相場の記入もみられるので、「市立」のない商品である紅花の値段はそんなきまり方をしたのではないかと推測される。

以上あげたいくつかの点からも、この歎願は在郷商人的な立場のものともみられる。事実、打越禁止で最も打撃をうけたのは、農民たちよりも在郷商人たちであった。商品経済の網の目の中にいる農民たちなので、一面では訴訟をおこした在郷商人たちと利害は一致していた。しかし、生産農民のすぐそばに、示談調印した木嶋屋源右衛門等の別の在郷商人もいたのである。農民たち自身の発想の中から、「歎願」のことばはでてこないのではないか。歎願の署名者の中に、集荷問屋の下で働く仲買人の名があり、どうしても在郷商人指導型の歎願にみえるのである。

訴訟吟味中、村方と在江戸惣代との関係はどうであったろうか。江戸にいる惣代は、ひんぱんに手紙で村方と連絡をとり、吟味の動きなどを村方代表に知らせている。次の文は、安政二年三月十九日、佐五兵衛・治左衛門が在方の仲間に送った手紙の一部である。(18)

昨十八日六ツ半時御呼出しニ而御懸り様替り宮田彦太郎様御糺有之候高柳小三郎様同様御糺ニ御座候尤別御糺之儀は陸路ならバ江戸表江荷物不差出候而も差支無之哉与被仰御答乍恐陸路ニ而ハ格別之駄賃相掛岡荷物ニ而不都合故自然与百姓方ニ而紅花作り薄く相成左候得ハ御年貢御上納差支永続相成兼候間何卒先例之通り直積直売被仰付被下置候様奉願上候

陸路上方輸送の件が手紙の中で述べられているが、この手紙がだされた時は、前記のように百五ヵ村の歎願が提出された時で、それについて佐五兵衛たちは同文の手紙でふれている。

其外ニも尋も有之候得共御面会之上可申上候仰之通り京都ニも十八日御糺之次第本六日限ニ而さし出申候又々此度三ヶ宿在々歎願万端之儀種々骨折御心配之段実以難有仕合ニ奉存候

また、同文の追文の中で次のような報告もしている。

宮田彦太郎様

御糺被仰候義者宿方ニも源右衛門与申者調印いたしたでハないか与御尋

乍恐源右衛門義者村田久蔵親彦門与申者紅花買継キ宿ニ而同意之者ニ御座候故調印致し候哉与御答申上候

桶川宿で示談調印した木嶋屋源右衛門の件でお尋ねがあり、それに対する惣代の答が記されている。吟味の段階で、武州在方の訴願は二種類あったため、両者の連繋は重要なことであった。両者の申立に相違があっては、在郷側の敗訴ともなりかねない。この点は吟味の途中においても問題になったようで、吟味中の申渡と思われるものが残されている。(19)

（前略）右百五ヶ村歎願惣代久保村茂兵衛外壱人義帰村致度申立候得共佐五兵衛外壱人申立与齟齬致居銘々如何之心得ニ候哉何分相分リ兼互ニ弁利を考江中買惣代不伏ニ而者作元而已取極者難出来亦者中買之方ニ而者作元不伏ニ而者取極当惑ニ候抔何連を元ニ致候而も区々ニ而者難相成候間双方示談之上佐五兵衛他壱人方ニ而答方引受候義ニ候（後略）

吟味中の村方のようすを伝える資料は少ないが、久保村の茂平（茂兵衛）が在江戸の惣代治左衛門等にあてた次の手紙がある。(20)

薄暑之砌ニ御座候得共先以御一統様御揃益御壮栄被遊御座珍重之御儀ニ御座候陳者一件之儀者何様ニ相成候哉兎角示談御整被成下置事ニ寄村々百姓共大変之事出来可申哉ニ御座候訳者一件相始り居候ゆへ新花追々干揚リ候得共売方差支候儀ゆへ此間百五ヶ村歎願いたし候得共只今片付不申間百姓共惣代ヲ願之置事ニ而者面倒ニ思い此度者村数も追々余分ニ相成都合百七拾ヶ村斗ニ相成右之内村々ゟ壱ヶ村ニ而両三人ツヽ、自身ニ村田宗清殿方へかけ合ニ可参様申居左候得者人数三百人斗ニも可相成哉右様大勢ニ而参リ候上者百姓共何様ヲ申出し候哉も難斗万一之事有之候ハヽ、私共迄迷惑仕候間百姓ゟ不出故何様ニも済方ニ相成候様御工夫可被下候先者右申上度早々以上

鈴木茂平

五月八日

儀右衛門

四郎兵衛

武蔵屋治左衛門様

大坂屋佐五兵衛様

頼ニ此書状極内々ニ御座候間

御覧之上火中可被下候

この手紙によると村方はかなり動揺し、騒動にでもなりかねない状況である。五月は新花のできる季節でもあり、訴訟事件で取引が停滞したのか、生産者は困惑しきっていたようだ。そんな状態の中で、物代の茂平は三百人もの農民たちが掛合にでて行きそうだと心配している。文中の村田宗清は、江戸の問屋村田屋のことである。「火中可被下候」などと、物代たちの苦労もしのばれる手紙である。

5　上方商人の援助

上尾・桶川の在郷商人が訴訟にふみきれたのは、上方商人たちの援助があったからと考えられる。(21)

一当地義者先便二日出ヲ以仲間ゟ申上候紅屋衆紅花屋共段々手堅規定ニ相成申候間定而右書状相達夫々御承知被
成下候哉奉存候

一当地御奉行所ゟ過ル二日夜私方本人年寄五人組共病気たり共押而本人翌三日可罷出旨御呼出ニ付何事成と存罷
出候処江戸小間物問屋ゟ願立ニ付紅花取引一条ニ付御吟味之義在之候間早々病気たり共皆本人出府
池田播磨守様御役所へ可罷出旨当地御役所へ御呼廻しニ付早々出府被　仰付奉罷受候何分江戸表ゟ御吟味筋ニ
而厳重ニ御呼廻しゅへ支度之日延も五七日ゟ御猶予無之町役本人共ニ而当惑千万ニ御座候

一伏見麻屋安次郎方ニも昨夜同様御呼廻し相成候様子依之双方共来ル十二三日頃ゟ出立罷下リ候間さ様御承知被下候尚其砌者万端御添心之程偏ニ奉御希申上候先者右之段申上度如此御座候事已上

三月五日

布屋彦太郎

武蔵屋治左衛門様

其外御衆中様

今回の吟味では、たまたま奥州の高橋屋の件と一括審理であったため、それと関係のある布屋彦太郎が、上尾宿の治左衛門に書簡をだしたものである（手紙の前文は省略）。この手紙では、江戸の町奉行所から連絡をうけた京都町奉行所が、彦太郎、麻屋安次郎に出頭を命じたので、両人が上京すると記してある。このように、上方商人たちも吟味のようすなどを、武州側へ細かく書きおくっていたようである。

本来この訴訟事件は、生産地である武州の在郷商人だけの不利益からおこったものではない。江戸打越禁止は上方商人への打撃となり、多くの紅花問屋が困惑していたとみられる。そこで上方側は、安政二年二月二十七日、江戸を通さないで陸路の輸送を奥州や関東の荷主たちに指示した。(22) しかし既述の資料でも記してあるように、陸路では荷いたみも激しく、しかも運賃がたいへん高いものについてしまう。上方問屋の指示に従い陸送されたものがどの程度あったのか、詳細な資料を欠いているが、あまり多量ではなかったと考えられる。

ただここで考慮しなければならないことに、武州では上方商人に紅花の大半を売っていたが、上方商人には最上という大量の仕入地があったことである。最上の紅花はほとんど日本海廻りの海上輸送で、江戸を通す荷は多くない。最初の江戸問屋の調印要請に対して、最上の紅花商人の同意者が少なかったのはそのためでもある。上方商人に生産のほとんどを売っている武州の商人と、上方商人とは必ずしも利害がぴったり一致していたわけでなく、微妙な相違があったとみられる。

資料の調査が不足なので極言はできないが、後述する和解の資料などをみても、この訴訟事件には上方商人の指導援助があったと考えられる。これだけの訴訟をおこし、しかも大きな江戸問屋を相手とした争いである。仙台や水戸の商人たちは、国産品ということで藩権力をたのむことができる。その点武州側は旗本領や天領である。たのむところは上方商人だけであったのではないか。

6　和解の成立

町奉行所の吟味には古い取引証文もだされて、商法の旧慣があらいだされた。その結果今まではっきりしなかった点もわかり、主張のゆきすぎ等も指摘されることになった。在郷商人側では、何といっても新興の産地ということが不利となった。旧慣にもとづく商法ということになれば、当然の結果といえる。吟味の中であらいだされた取引の旧慣は、およそ次のようなものであった。[23] (一)、元来奥羽関東の上方への積荷は主に陸送で、定飛脚問屋が扱ったが丸合組に打合せがあった。文化頃から船積輸送がさかんになったが、これも丸合組に員数等知らされていた。(二)、文政七年（一八二四）海難事故より飛脚問屋嶋屋佐右衛門が手を引いた後、廻船問屋重次郎と荷主との直交渉になり、積方が乱れるようになった。(三)、問屋組合停止後上方商人が直買に下り、ますますみだれるようになった。

以上の取引の経過を、佐五兵衛、次左衛門、それに高橋屋忠助も「奉承伏」よりほかなかった。がしかし、訴訟にまでもちこんだ新興の在郷商人たちの意向も無視できなかったとみえ、結局は和解の方向で結着をみたのである。問屋側にしても、打越禁止は享保年中にみえるというが、これは奉行所の触書にあるものでなく、あくまでも慣例である。他の商品の例にしても、紛争があった後示談内済で結着をつけている。他の諸問屋の取引も参考にしなければならず、丸合組の規定だけで在郷商人をしばることはできない状況にあった。それに何よりも示談内済にこぎつけた方が、今後の取引も円滑にいくと判断された。

示談の方向がいつ頃からだされたのか、詳細な資料に欠くが、須田家文書の中に次のようなものがある。

飛脚以申上候然者一件之義利助様江戸五軒之もの相談ニ而明廿八日亀屋ニおゐて立合議定之相談御座候と申来り候得共私共義ニ而ハ承知相成兼候間談合之上兵三郎夜中相談ニ差上可申とケ（結）着仕候得共兵三郎義ハ証拠物之義ニ而二本ばし泉屋勘兵衛方江掛合之義有之何連明九ッ時迄ニ者其地江惣代一同ニ而着致し候間御一同様方立場主人方江御寄合居リ可被下候尤利助殿一同ニ而書面認メ候一通添差遣し候間為取替議定之文面も差遣申候間能々御勘考罷成下置候何連ニ而も双方文面之廉々者何連貴殿方と慥と御相談申上候尤大宮宿松初殿ハ私共へ明日立寄同道仕候間御沙汰ニ者無及此段取急キ早々申上候已上

四月廿七日夕方出

次左衛門
佐五兵衛
外弐人

須田大八郎様
同　次兵衛様
木嶋屋浅五郎様
綿屋幸二郎様

外ニ御相談合之御人方江お話し申へく御願申上候

文中の「利助」とは、布屋彦太郎代利助のことで、「江戸五軒」とは、訴訟相手の江戸問屋をさす。「立場主人」とは久保村大八郎のことで、「松初」とは松坂屋初五郎のことをさしている。この資料からすると、早い段階から示談の動きがあったことになる。最終の示談内済は九月であるから、ある程度早くから両者の間に示談の話がでていたのかもしれない。

示談が成立したため、訴訟の取下げ願は、安政二年九月二十七日に行なわれている。しかし、ここまでいきつくまでにいくつもの曲折があったとみられる。前出の茂平の手紙も、示談の話がでていた時点での村方のようすを記しており、曲折のほどを示している。

示談の内容はおよそ次のようなものである。(24) (一)、丸合組行事が荷物の送り状に裏書し海上輸送する。(二)、荷主は紅花一個につき、関東筋は銀一匁六分、奥羽筋は銀一匁二分ずつ口銭を納める。その他の費用は一切とらない。(三)、陸送の場合、送り状に裏書はするが口銭はとらない。(四)、海難事故の場合、荷主・廻船問屋立合船法を守る。

示談書の調印は江戸五軒の問屋、武州側の佐五兵衛等七人と、歎願をだした村方惣代として土手宿村四郎兵衛、その外上方の商人によってなされた。なお、追加として後から調印する下総古河の商人などもでてくることになる。この調印により、安政元年の江戸問屋の規定は反故になり、以後この示談をもとにして取引がなされることになった。

示談書の内容をみると、当初江戸問屋が主張した「江戸の問屋に売捌き、ひきあいのない場合のみ上方に送る」という項目はない。単に「右荷物と送状引合、相違無之候ハヽ、丸合組行事江裏書致シ、早速出帆相成候事」と記されている。江戸問屋はチェックする権限は留保したが、紅花を独占する権限は放棄したのである。在郷商人側は銀一匁六分の口銭は納めることになったが、江戸問屋の独占を阻止したことで、この訴訟に勝利することになった。

7　おわりに

以上安政二年の武州の在郷商人と、江戸紅花取扱問屋との訴訟事件の経過を記し、当時の在郷商人たちの取引のようすについて論述した。

武州の在郷商人たちが訴訟にふみきったのは、あくまでも株仲間解散中に得た既得権の擁護にあった。だが、ここまで在郷商人たちをおしあげた力は、それだけであったろうか。それは一つには、紅花という商品作物の生産量の上昇であった。これはまた、当時の農村、特に江戸周辺の農村が商品作物なしには生活が成立しえない、当時の経済のなさしめた結果ではなかったか。たまたまこの地方では、紅花が「地味にあう」唯一の作物であったにすぎない。生産の上昇にともなう農民の力は、既述の鈴木茂平の手紙にも示されているとおりである。第二には、上昇した生産力は在郷商人の利益の増大とあいまって、新しい販路を求めざるを得なかったことである。江戸問屋によってもたらされた武州の紅花ではあったが、「御府内ニ而者……遣方薄く……売捌方差支候」という状態にあっては、販路の拡大は必須の条件であった。たまたま株仲間解散中京都の商人の進出が増大した。しかし上方の商人の進出は、この期間から始まったわけでなく、その前の享和・文化の頃からあったわけである。諸問屋再興の機会がなくても、早晩上方商人・武州在郷商人と江戸問屋の衝突はさけられなかったであろう。

在郷商人側に観点をうつしてみれば、この訴訟事件は在郷商人側の弱さと未成熟を披歴した。初めの江戸問屋の規定の調印要請に対して、二つに分裂してしまった。これは問屋支配の在郷商人の体質の弱さであり、また新興の産地という在郷商人の成長の未熟さによる。概してこの初回の要請には、比較的大商人である木嶋屋源右衛門などは妥協して調印してしまった。古くからの在郷商人ほど江戸問屋とのつながりも強く、妥協せざるを得なかったのではないか。これに対して、中小の新興在郷商人は訴訟側に加わったとみられる。久保村の大八郎や上尾宿の治左衛門が、その例となるであろう。いずれにしてもこの訴訟事件は在郷商人団の結束をみだしたことになる。

訴訟事件に関する在方の資料も少なく、須田家文書のみでは判断に苦しむ点もある。特に生産者農民側の資料は皆無に等しいので、農民側からみた事件のようすが不鮮明である。今後機会をみて再考したいと思う。

〔注〕

(1) 例一、甲州郡内織の生産地商人と江戸問屋の争い　岡光夫
「農村の変貌と在郷商人」『岩波講座日本歴史』12近世4岩波書店（一九七六年）
例二、桐生の織物買次商と江戸問屋との争い　市川孝正
「桐生の織物」『日本産業史大系』関東地方篇、東京大学出版会（一九七〇年）

(2) 大日本近世史料「諸問屋再興調四」東京大学出版会（一九六二年）四九頁

(3) 同（2）三八頁

(4) 須田家文書（上尾市図書館蔵）No.一四〇四（数字は文書番号。以下同じ）

(5) 同（2）五二頁。須田家文書No.一四〇〇、一五一二

(6) 今田信一『最上紅花史の研究』井場書店（一九七二年）五―六頁

(7・8) 同（2）七三頁

(9) 同（2）七七頁。須田家文書No.一三九四、一三九五

(10) 同（2）一〇三頁

(11) 同（2）六八頁。須田家文書No.一三七九

(12) 同（2）四二頁

(13) 同（2）四七頁

(14) 同（2）六五頁。須田家文書No.一三七七、一三八〇、一三九〇

（15）須田家文書No.一三七七
（16）矢部弘家文書（上尾市矢部弘氏蔵）
（17）「日記帳」上尾市図書館（一九七六年）
（18）須田家文書No.一三九六
（19）須田家文書No.一三九二
（20）須田家文書No.一三八九
（21）須田家文書No.一三八七
（22）同（6）五一八頁
（23）同（2）一二三頁。須田家文書No.一三七八
（24）同（2）一四三頁

五　宝暦期南村須田家の経営改革

1　はじめに

近世期の南村須田家の経営については、既に「上尾市史調査概報」第8号で、農業分野については記されている。[1]また『上尾市史』第六巻通史編（上）では、一章にわたり須田家の各種の営業活動について述べられており、そしてここでは同家の経営改革についても若干触れられている。[2]しかし在郷商人としての経営改革に、焦点を合せて記したものではない。

歴史学上でのこれまでの在郷商人や豪農の経営改革は、天明期以降の農村荒廃現象と関連されて報告されている事例が多い。[3]所在する農村の荒廃現象が、在郷商人や豪農の経営を行き詰らせ、否応もなく経営の改革を促進したためである。この経営の仕法替は、それぞれの在郷商人や豪農の置かれた営業の基盤に制約されることになるが、結果としてはその方途は多岐にわたり、概して経営規模の縮小・事業からの撤退・事業の特化・新規事業の開拓ということになる。

下野国芳賀郡小貫《おぬき》村（茂木町）小貫家では、文化五年（一八〇八）に農書「農家捷径抄」を著し、篤農的技術を盛り込んだ手作地経営を行うが、これは天明期以降の農村荒廃下で経営の適正規模を摸索したためといわれる。結果としては小作化が不可という状況の中で、やや経営規模を縮小させている。[4] 常陸国那珂郡下江戸村（那珂町）那珂家では、安永・天明期（一七七二〜八九）を境にして手作地経営を変化させているが、寛政中頃（一七九四〜九五）より集約化の方向を示し、商品生産にも積極的に対応している。一方この期から在郷商人としての動きを活発化させるが、これも農村荒廃現象下での経営転換を図ったものといわれる。[5] 三河国設楽郡稲橋村（稲武町）古橋家では、文政十一年（一八二八）に家政改革を開始している。ここでは家中での先代当主の死亡など経営を脅かす事象との重複もあるが、農村の荒廃現象が限界に達した中での改革である。同家が天保二〜四年（一八三一〜三三）に打ち出した経営方針の大転換は、結局は事業の縮小と家計の圧縮であったといわれる。[6] このように天明期以降の農村荒廃下では、各地で豪農・在郷商人たちの経営改革が頻発していたことになる。

ところで本稿で紹介する南村須田家では、宝暦十年（一七六〇）に経営改革を開始している。農村荒廃下の経営改革開始でないことが、まず注目されることになる。そして同家に、当主の急死など、家政上特別な変事があっての改革でもない。このことは須田家の経営改革の特質を示すことになり、当主の恣意的な考えから改革が行われたわけではないので、当然経営を進める上でそれなりの理由があっての改革となる。いずれにしても、宝暦十年という早い時代に改革が開始されたことは、当時の在郷商人としては稀有な事例ということになる。

須田家は改革の深浅はあるが、近世中、後期に三回の経営改革を試みている。宝暦十年に続くのが、化政期（一八〇四〜三〇）の改革である。この改革は、当主が俳句などに凝る文雅の徒となり、ほとんど江戸暮しをするという家政上の問題が一つの契機になっている。[7] ここでは叔父の大八郎（後に久保村に分家）が幼主の後見人となり、経営の改革を進め難局を乗り切っている。[8] そして最後が安政期（一八五四～六〇）の改革であるが、ここでは家運が再上昇した中で、事業の再編を摸索している。[9] もっともこの最後の改革は第二二代治兵衛の時代であり、幼年期に叔父大八郎たちによる改革を経験している。その意味では、第二回の経営改革の延長線上にあるともいえる。安政期の改革が、化政期の改革の集大成という視点に立てば、同家は二回の改革を試みたことになる。

本稿は三回の経営改革のうち第一回をとりあげるが、必ずしも資料が充分に遺されているわけではない。改革を論証する過程で、既述の資料・論述を借りることになるが、これも遺された資料が限定されているためである。いずれにしても宝暦期という早い段階の経営改革事例として、若干の考察を試みるものである。

2　享保期の経営

宝暦期の経営改革を理解するためには、それ以前の経営全般を把握しておく必要があり、以下若干記してみる。既に『上尾市史』第六巻通史編（上）でも記しているが、南村須田家は戦国期以来の系譜を持ち、[10] 近世初期には多くの下人を使って大規模な手作り地の経営をしていたとみられる。寛永三年（一六二六）領主の岩槻藩が出した年貢割付状には、「次兵衛分南在家」とあり、近世村成立以前の南村が次兵衛（当主名、治兵衛とも）の配下にあったことを示している。[11] 同家は新しい支配者である藩権力と結びつくことになるが、延宝八年（一六八〇）には年貢納入に苦しむ藩領の村々に貸付金を出している。[12] この村貸しの証文には、岩槻藩の役人が裏書・署名をしているので、藩が介在した貸付金ということになり、一種の年貢の肩代わり納入である。当主の次兵衛は藩政の下部機構ともいえる「触元」役に就いているが、年貢の河岸積出しには「改役」を勤め、[13] 年貢納入の責任を負わされている。当時岩槻藩は、所領地を「筋《すじ》」ごとの地域に分割して支配体制を整えていたが、南村を含む近在の藩領は「平方筋」にあたり、[14]次兵衛はこの地域の年貢の改役に就いていたものである。同家の当主が藩政の下部機構に組み込まれていたことは、同家が藩権力と結びついていたことを示している。そして同家が他村の年貢を肩代わりするほど財力を保持していたことは、戦国期から続く大規模な手作り地経営が、新しい支配者になっても維持されていたことを傍証することになる。

ところで須田家には、享保二年（一七一七）六月十七日付の「勘定帳」という資料が遺されている。[15]標題は「勘定帳」であるが、第一七代治兵衛治吉が作成したもので、この年二月三日に没した第一六代の治兵衛安秀から引継いだ遺産相続の目録である。資料中に「大あらまし」と記されており、概算の財産目録であるが、この記録によって享保二年以前の同家の営業内容を知ることができる。当主の世代からみると第一六代安秀時代の営業内容ということになるが、安秀がいつ家督を受け継ぎ治兵衛を襲名したかは不明である。ただ安秀の父治兵衛氏秀は正徳三年（一七一三）に没しており、祖父の第一四代の治兵衛吉秀は正徳二年に没している。[16]正徳二年から享保二年までの五年間に、三代にわたる当主が死亡しているところをみると、安秀は若年で家を継ぎ、自身も早世したものとみられる。死没年齢が不明なので推定を含むが、安秀が当主であった時代は、正徳から享保二年までの数年という短い年数と考えられる。従ってこの「勘定帳」は、正徳から享保二年までの須田家の営業内容を写し出したことになる。

「勘定帳」には二四項目にわたる相続財産が記されているが、これをまとめたのが表1である。なお、この表を含め本稿に掲げる表は、既に「上尾市史調査概報」第8号、『上尾市史』第六巻通史編（上）等で掲出済みのものである。敢えて再掲したのは、須田家の経営改革の論述に不可欠なためである。

表1にみられるように、ここでは現金のほかに貸付金残額・商品在庫額（金額表示）は記されているが、不動産・その他の動産・手作地農業収入額・小作収入額は記されていない。表の記載から享保期初めまでの須田家の営業部門

表1　相続財産勘定帳（享保２年）

No.	項目	金額（両・分・朱）	割合
1	現金	406・1・　程	24.5%
2	穀物在庫分	274・　程	16.5
3	真綿・ざる在庫分	10・　程	0.6
4	立木・薪・萱	110・1・　程	6.7
5	酒在庫分	70・3・　程	4.3
6	貸付金	589・1・　程	35.6
7	質地貸付金	67・3・2	4.1
8	御用金分貸付・年貢立替金	49・1・　程	3.0
9	酒売掛金	71・2・　程	4.3
10	その他（馬金）	7・	0.4
合計		1.656・　・2　程	100.0

注（1）南村須田康子家文書「勘定帳」（享保２年６月17日　No.4404）より作成。
（2）「内容」の項目名は原資料の記載に準じた。
（3）穀物類は自家生産分は含まない。
（4）貸付金・立替金は古証文分は含まれていない。

をまとめると、㈠穀物・薪などの商品取引、㈡酒造・酒販売取引、㈢貸付金などの金融業の三部門となる。これに表には記されていない手作地経営・地主経営が加わり、大きく五部門が同家の営業活動ということになる。

商品在庫の中で、小麦の一六三両二分、薪の八二両一分が多額なことで注目される。在庫額の多寡は取引量と一致するわけではないが、これだけの在庫額があることは、その商品の取引をさかんに行っていたことの傍証になる。小麦・薪とも、南村周辺が台地の畑作地帯で、かつ平地林が多かったことと無縁ではない。両者とも地元の消費は考えられないので、おそらくは江戸向けの商品であったとみられる。[17] 小麦は大麦と異なり、主食品というより副食品・醸造用など用途が多彩である。江戸での小麦需要拡大を推定させることになるが、これは当時都市の食生活が変化してきたことを窺わせるものである。[18]

小麦に次いで多い穀物在庫は米であるが、糯米を含めると七七両一分ほどの在庫額である。在庫額から米取引もさかんに行っていたことになるが、米の買入れには個々の農民からの買付のほかに、領主の地払米の買入れ分も含まれていると推定される。正徳五年（一七一五）には、近在の門前村・上尾村が蔵米一〇〇俵を売渡しており、代金五六両一分余の領収書が治兵衛宛に出されている。[19] 翌年の正徳六年正月には、上尾村の領主である旗本伊藤喜内の用人白沢彦左衛門が、一三両を治兵衛から借金している。[20] 証文の文面に「旦那方ニ不叶入用」とあり、上尾村名主も署名しているので領主の借金ということになる。借金の返済は「物成」で名主方から支払う約束なので、この借金証文も広義には蔵米取引の性格をもつとみられる。古くは元禄七年（一六九四）に、遠方の埼玉郡道地村（騎西町）の旗本の地払米三七俵を買入れており、[21] またいくつかの事例が享保期までみられるので、米の在庫分の中に蔵米も含まれていたと推定される。

穀物の在庫分には、ほかに大豆分が三四両一分ほど含まれている。大豆も古くから取引されていたとみられ、元禄十四年（一七〇一）の大豆前金の借金証文も遺されている。[22] 大豆は連作はできないが、やせ地でもよくでき、しかも高値で取引されるので近在でもさかんに作られていたと考えられる。後年のことになるが、延享三年（一七四六）の南村の夏作では、大豆は畑地全体の一二・七パーセントと高率の作付である。[23] このような背景もあり、同家でも主要な穀物取引の一つであったとみられる。

立木・薪・萱等は一一〇両一分ほどの在庫額であるが、うち立木は二一両、薪は八二両一分、萱が七両である。立木は、材木・薪にするために買入れたもので、まだ伐採されていないものとみられる。木種・本数・単価等が不明であるが、金額も多額なのでさかんに取引していたことになる。南村は大宮台地に位置し、近在に平地林が多かったことに関連する商取引である。

薪の在庫は八二両一分と高額であるが、金額からみて穀物と並ぶ主要な取引商品ということになる。この薪も近在では消費されないので、おそらく江戸向けであったと推定される。資料原本には、薪の項に「是ハ駄賃共ニ積り」と記されているのが注目される。薪は嵩張《かさば》る商品なので、河岸までの搬送に彪大な馬匹《ばひつ》を要する。そのため敢えて駄賃を見積もったものとみられるが、財産としての勘定には特別会計として現金を計上したのか、商品の一部を駄賃分としたのかその点は不明である。いずれにしても、経費の一部が予め計上されていたことは極めて珍しい事例である。

萱の在庫は僅か七両であるが、一項を設けて記されているので商品として取引されていたことになる。萱の用途は屋根材や、加工して簾や筵のようなものにしたと考えられるが、詳細は不明である。これも近在の農民等は自家調達しているので、おそらく江戸向けであったとみられる。江戸にも萱葺屋根が多く、需要が大きかったことを窺わせるものである。

須田家の酒造業は、既に元禄十年（一六九七）の酒造吟味の時、「古来より造り来り候高」として五〇〇石の酒造株が確定している。[24]「古来より」とあるので、元禄十年以前から酒造業を営んでいたことになる。当時の酒造は「寒造り」の言葉が示すように年一回の酒造で、十月から十二月の冬季に造られる。酒の在庫額七〇両三分ほどは、前年暮の造酒と、それ以前の古酒が入っているとみられる。七〇両三分の金額が、どの程度の酒量なのかその点は不明である。また、毎年酒造株と同額の酒量を造っていたわけではなく、幕府の米の不作による減石造酒量の指示もあり、販売の予想もあるので株高以下の造酒量となる。因みに元禄十年の酒造高は六六石二斗五升、正徳五年は二一石八斗である。[25]これらの例からみると、前年暮の造酒量も酒造株高以下とみられるが詳細は不明である。

酒の売掛金は七一両二分ほどで、極めて高額である。酒は近在の小売商人に売るが、現品を先に渡しておき後で勘定するのが普通である。勘定は年二回の盆・暮になるが、屢支払が遅延したり、焦げ付く例も多い。これらを含めた酒の納品分が売掛金であるが、金額からみて代金の回収は容易ではなかったようである。後年のことになるが、元文二年（一七三七）の「酒売掛古貸書出帳」には、売掛古貸小売人の中に潰れ商人が九人もおり、売掛金の回収ができなくなっている。[26]このことは酒小売人が、ほとんど資金を持たない零細な営業をしていたことを示すが、享保二年の段階でも同様であったとみられる。一方表中の貸付金の中に、酒取引に関連した貸付と思われる「酒間ニ合金」が、二九一両二分と多額に記載されている。この中には酒小売人も数多く含まれていたとみられ、酒の販売の難しさを顕している。

貸付金は表1では三項に分けているが、一般貸付金には「証文貸し」と「帳面貸し」があるので、機能や貸付先からみると四項目に分類される。即ち、㈠証文貸し、㈡帳面貸し、㈢質地貸付金、㈣御用金貸付・年貢立替金である。これら四項目にわたる金額は七〇六両一分二朱となり、相続遺産の約四割三分という高率を占めている。資料中には「古かしハ不定候間勘定ニ入不申」とあるので、古い貸付金は除かれていたことになる。また、「川田谷之御用金、或ハ畔吉の御用金、其外一家内之かし金ハ勘定ニ入不申」とあるので、御用金貸付の一部と親類への貸付金は含まれていない。

貸付金のうち㈠の証文貸しは、担保を証文に明記し、かつ保証人が認印した貸付けである。この場合に質地証文は別に分類されているので、土地の担保でなく、別な動産・不動産を担保にしたとみられる。もっとも一般の農民にとって、土地以外にめぼしい担保がそうそうあるわけでなく、屋敷の裏山の立木などが担保にされていたとみられる。証文貸しは原資料では二項にわたって記され、一口は二〇〇両ほどで、この中には「酒間ニ合金」が一〇五両二分含まれており、ここに「去年勘定無之金子」と記されている。昨年利子も支払われていない分で、焦げ付きの可能性のある貸付金である。もう一口の証文は一五〇両二分で、これは注記もないので順調に推移した分と推定される。なお、貸付金の中に、村名や名前を記した特別な貸付金も若干あり、これは明記されていないが証文貸し同様とみられる。

㈡の帳面貸しは、㈠の証文貸しと異なり金額が小口の貸付金とみられる。一般には「時貸《ときがし》」と称されるもので、一時的な貸付金である。時貸では返済期間も定められない例が多く、担保も保証人も要さない小額な貸付金である。ここでは一件当りの貸付額は不明であるが、証文なしに貸付ける側が帳面に記すだけとみられるので、時貸に相当するとみられる。この帳面貸しは総額二〇〇両ほどであるが、ここでも一五二両三分が「酒間ニ合金」である。おそらく零細な酒小売り人たちが、酒仕入金として小口の金額を借用したものとみられる。

㈢の質地貸付金は、近世期の農村金融を特徴づける貸付金で、土地を担保にしたものである。総額六七両三分二朱であるが、他の貸付金に比し高額ではない。同家は貞享三年（一六八六）の質地証文も遺されているので、[27] 比較的古い時代から質地による貸付活動をしていたことになる。しかし証文貸しや帳面貸しより金額が少ないことは、同家が土地の集積に積極的でなかったとも考えられる。一方質地証文の多寡は、近在村々の小農の没落と平行することになるが、その意味では南村と周辺村々は急速には小農が没落していなかったともいえる。

㈣の御用金貸付・年貢立替金は、総額四九両一分で、貸付金全体の中では大きな割合ではない。それでもこれらの貸付金が所在するということは、同家が時の権力と結びついていたことを示している。既に本稿の冒頭で岩槻藩領村々への年貢肩代わりの例を示したが、享保の初期の段階でもいくつかの村の御用金の貸付を行い、年貢を肩代わりしている。御用金の貸付は上尾村・門前村の二村で、金額は合せて二〇両である。年貢の立替金は南村で、金額は二九両一分ほどである。なお資料中には鳥羽井村（川島町）貸金が四〇両あり、性格が不明なので一般貸付の項に分類したが、村への貸付金ということになれば、この項目に分類されることになる。

手作り地や地主経営については遺産としての記述はないが、資料末尾に「頭」のほかに男一五人・丁稚一人・女一四人・馬三疋を譲られたと記している。この三一人の奉公人は、商取引・酒造方の担当を含むが、多くは手作り地担当のものであったとみられる。同家の延宝八年（一六八〇）の奉公人は男女二一人、元禄二年（一六八九）二二人、享保十四年（一七二九）三〇人、同二十年は男一七人・女一一人である。[28] また元禄二年の村内所有地は五町八反六畝余で、これは全て手作り地であったとみられる。[29]後年のことであるが、享保十年の同家の持高は四七石三斗七合、同十四年は四九石六斗一升七合である。[30]そして同二十年の作付帳によると、田方は一町四反八畝歩、畑方は七町八反二畝一〇歩、合計九町三反一〇歩の手作り地である。[31]享保期も後年になると耕作面積が増加した傾向にあるが、初期においてもかなり広い面積の手作り地があったものとみられる。

地主経営については資料中に記載はないが、村外にも土地を所有し小作収入を得ているので、主要な営業活動の一つであったと思われる。小作地の詳細は不明であるが、享保元年の南村明細帳によると門前村・久保村・上尾宿に「越石分」合せて六町五反一畝五歩があり、いずれも「地主治兵衛」と記されている。[32]「越石」は誤った用語の使い方であるが、ここでは南村の者が他村に土地を所有している意である。越石は出作分として耕作している事例が多いが、須田家の場合は全て小作地にしていたとみられる。六町五反余の田畑・山林の内訳面積は明らかでないが、一部屋敷地も含まれている。後年の享保十四年の村明細帳によれば、越石所在村は門前村・上尾村・久保村で、面積は八町七反六畝四歩である。[33]ここでは二町二反四畝余増加しているが、享保期には村外の所有地を徐々に殖やして行ったことになる。

勘定帳に記された総遺産は、現金の四〇六両一分・馬買入準備金七両を含めて、一六五六両二朱である。現金の割合はほぼ全体の四分の一、残りは商品在庫と貸付金になるが、商品在庫は約二八パーセント、貸付金は売掛金を含めて約四七パーセントの割合である。資料の末尾に「古かしハ入不申」とあるので、実際には貸付金はもう少し多かったことになる。

全体の遺産をみて注目されることは、借入金が見当たらないことである。これだけ手広な商品取引をしていると、商品の仕入れ等に借入金がでるのが普通であるが、ここでは全く記されていない。このことは、同家が商品仕入れをすべて現金決済していたことを示している。現金残額が四〇六両余もあることがこれを傍証することになるが、総体として同家は堅実な営業活動をしていたと評価される。

この資料では明らかでないが、自己資金による堅実な経営という姿からみて、江戸などの都市大商人の配下となり、商品仕入資金を導入する仕法がなかったことになる。同家は後年になると上方から繰綿・酒を仕入れ、近在から紅花を買付け京都商人と取引をするという、より手広な商業活動をしている。この段階では地方の在郷商人は、買宿・仲買人として都市大商人の配下にあり、仕入金が大量に導入されている。享保二年の時点では、穀物・木材・薪などを都市商人に売っているが、これはあくまでも自己資金による仕入品であったことになる。

「古かし」を帳消しにする財務状況は、至って健全であるといえる。貸付金の割合が多いこと自体は問題になるわけでなく、むしろ同家の自己資金が豊かであったことを示している。しかし酒の売掛金が七一両余もあり、貸付金の中に「酒間ニ合金」が多いことは一つの課題とも考えられる。商況の変化によっては、これらが不良債権化する危険もあるからである。全体としては順調な経営状態にあるが、多様な商取引は多くの在庫品を抱える危険もあり、多数の奉公人は経費の増大を招く危険もある。享保初期の須田家の経営は、順調な中にもいくつかの課題が内蔵されていたことになる。

3　宝暦十年の経営改革

須田家の宝暦十年（一七六〇）経営改革の基本資料は、㈠（宝暦十年）「身上格替仕用帳」[34]、㈡宝暦十年七月二十九日「表ニて身上入用大積り留書帳」[35]、㈢宝暦十年七月「酒方・作方諸掛り相改帳」[36]の三点である。㈠の「身上格替仕用帳」は年月日を欠くが、内容的には他の二点と一体のものであり、同時期に作成されたものと推定される。㈠では改革の基本方針等が記されているが、(二)と(三)は改革の具体的な内容を記したものである。

「身上格替仕用帳」は第一八代治兵衛政成の記述で、四二歳という壮年時に書いたものである。治兵衛政成の父第一七代治兵衛治吉は、享保十九年（一七三四）三月に死亡しているので、[37]おそらくその時点で治兵衛政成が家督を継いだものと思われる。父は四二歳という壮年での死亡であり、後を継いだ治兵衛政成は一六歳という若年である。[38]資料は文章の重複もあり下書とみられるが、内容的には家を継いで二六年を経ており、家業を知りつくした年齢での執筆である。

「身上格替仕用帳」は、標題は「身上格替」となっているが、内容的には身上格下げ・家政規模の縮小を図ったものである。資料の記述は、前書・改革方針の箇条書・後書と、三部分の構成となっている。前書の部分では、経営改革をしなければならない理由や、原因となっている家政上の課題が記されている。改革方針の箇条書は一七項目で構成されているが、一部重複や類似・繰返があり、必ずしも練れた文章にはなっていない。後書は当主の経営改革の決意が記されており、改革の必要性も繰り返されている。そして改革を実現するため、家中の人々の協力が呼びかけられている。

資料の冒頭には、「近年商等薄罷成申候ニ付、身上年々金子等遣込等多罷成、段々暮方難儀罷成申候」と、経営改革に追込まれた状況が記されている。そして「近年ハ何ニ而も徳用ニなり候義ハ無之、物入候義ハ出来申候」「只今ニ而ハ利徳百両有之候得は、遣方ニ百五拾両入申候身上」とも記している。前段で近年の商況や取引の状況を記していることになるが、「商等薄」に示されているように、近年商売の儲が少なくなったと述べている。また、「何ニ而も徳用ニなり候義ハ無之」の言葉も同様で、近年利得になる商いが少なくなった状況を記したものである。このような商売状況に対して、家政上では「金子等遣込多罷成」「物入候義ハ出来」という状態となる。結果としては一〇〇両の収入に対して、一五〇両支出する家計状況であると結論づけている。「商等薄」の直接的な理由はここでは記されていないが、当時の国内景気動向も同家の商いに大きく影響していたとみられる。当時の諸物価の状況は明らかではないが、京都の小売米価は寛保・延享期（一七四一～四八）に比して宝暦期は下落の傾向にある。[39] 江戸も同様であったとみられるので、米を有力な商品取引としていた同家には、少なからず影響があったものとみられる。

　当主治兵衛はここで経営改革を決意することになるが、改革の理由は近年商売不振で利益が上がらず、年々出費が増大して財政破綻の危険があるということになる。ところが当主の改革の視点は、商いが薄くなったことに向けられず、専ら支出の削減の強調となっている。「此度拙者存付候儀は、菟角金子出方相応ニ暮候ハヽ、金子等も出込ニも不罷成候、家内之者共気も遊ニ（不）罷成候ハ、不過之儀と奉存候得共、只今迄皆前《毎》度遊節《ママ》之心を用候而は、何ほと《程》かんりゃく《簡略》等致候而も、只今迄之心ニ而は金子入方より遣方多ク罷成申候ニ付、身上暮方合不申儀ニ御座候」と記している（「（　）」内は筆者の補正）。続いて「尤只今迄之通り致シ申候得は、世間むきニハ能御座候得共、一両年之間其儀も成兼申候節ハ、おのつから《自ら》諸事共ニ出来不申儀ニ御座候」と、財政が破綻するという認識を表明している。ここでは家中に「遊び心」があるので、財政支出が多くなるという当主の判断であるが、同時に「遊び心」をもっていては、主人が「簡素化」を試みても出費は減少しないとも述べている。「金子出方相応ニ暮」は、今日でいう「収入に応じた暮し方」であるが、「遊び心」があるため支出も「出込」になるという認識である。当主がここで問題にしているのは、家の中の人々の「心」の持方で、これを改めなければ支出削減は出来ないという考え方である。具体的な支出削減策は記されていないが、まず家中の人々の「意識改革」から始めるというのが、この改革策の特徴ということになろう。

　ここで当主は「身上格替」を宣言することになるが、「菟角向四、五年も、五、六年も格替ニ致置申候ハヽ、勝手合之儀も致能罷成候半と奉存候」と記している。「勝手合」は生計の遺繰のことであるが、ここでは四、五年から五、六年もすればよくなるという予測をしている。そして「身上之儀は、家中皆一つ心ニ無之候而は、中々廻も兼申候儀ニ御座候様拙者は存候」と、家中が一つになることが肝要であると強調している。そして、前項の意識改革を受ける形であるが、「物入候儀は……此儀油断よりおこり申候様ニ奉存候」とも記している。「油断」は、「遊び心」同様に不注意なお金の支出とみられるが、ここでも精神的な面を強く訴えていることが注目される。

当主治兵衛は、家中が心を一つにしても、親類の者共が改革にブレーキをかけるのではないかという、家中の人々の心配の声にも配慮をしている。「致苦キ儀は親類之者斗りと奉存候」と記しているのがそれにあたるが、「親類内之義は、相咄し置候得は此義も如何様ニも罷成可申儀と奉存候」と、既に親類へは話をしているので、この件はどのようにでもなるので心配はいらないとも述べている。そして「前書」の最後には、「其他ハ能キ事もあれは、又あし《(悪)》き事も御座候様ニ申候ニ付、成程只今之通ニ致シ、了簡致申候義ニ御座候、先拙者存寄り之儀左ニ書出申候」と記して前書を結んでいる。今後良いこともあれば、また苦しい事態に直面することもあるとみられるが、只今迄述べてきたように実施することを思案したので、先ず自分が思いついたことをこれから記してみるというのが大意である。この「身上格替仕用帳」は、主人が書いたものにしては文章がソフトで、家中の人々に気を遣っている文体であるのが特徴である。「奉存候」と敬語的な言葉を連発しているのも、家中の人々だけでなく、親類などの人々にも見てもらうことを予測した文体とも考えられる。

既に記したように経営改革の中核をなす部分は、一七項目にわたる箇条書きの文体で綴られている。一部重複や繰返の文章もみられるが、改革の内容からまとめると次の六項目となる。㈠人馬の削減。㈡経営規模の縮小。㈢経費の削減。㈣組織の再編成・仕事の効率化。㈤会計の仕法替。㈥家中の人々の意識改革。これら六項目は、当主の意図の上では軽重はあるが、独立してあげられたものではなく、相互に関連した一体のものである。一つの項目を実現するには、他項目も同時に進行されなければならないという性格をもっている。以下、それぞれの項目の概略を記してみる。

改革仕法の第一は、奉公人や馬の削減である。これは第三の経費の削減・第四の組織の再編成・仕事の効率化とも強く結びつくが、具体的に述べている。まず、居宅の上座敷《うえざしき》担当の女奉公人三人を一人にすると提言している。そして最終的には、男四〜五人・女三〜四人にまで減らすことを提示している。この年の同家の奉公人は、男一七人・女六人の合計二三人である。[40] 奉公人一人につき、給金・仕着・飯米を含めて男は六両・女は五両はかかると記しているので、合計では一三二両となる。これを男五人・女四人まで減らすと、経費が五〇両に削減されることになる。もっとも常雇いの奉公人を減らし、一部の仕事は臨時雇いに任せたりするので、経費の削減は額面通りというわけではない。

奉公人を減らした後の業務の処理は、三つの仕法をあげている。一つは、臨時雇いに仕事をさせる仕法で、家の垣根の繕いなどは村の人を雇ってさせればよいと具体例をあげている。第二には仕事を外部に発注する仕法で、酒袋の繕いの例をあげている。そして第三の仕法は、それぞれの奉公人の分担に柔軟性を持たせ、分担間で繁閑に応じて人を融通し合うことを提言している。例として上座敷の女奉公人は三人から一人にするが、その一人も上座敷の仕事だけでなく、酒方の御飯炊きなどもさせ、茶を入れるのも双方できるとしている。馬も同様に三疋から二疋にするが、作方ばかりでなく分担間で融通し合って使うことを提言している。

改革仕法の第二は経営規模の縮小である。同家の事業分野は多岐にわたるが、ここでは手作り地の規模縮小をあげている。なお手作り地の経営改革については、後の項でも述べるので概略を記すこととする。

当主治兵衛は、「表ニ而も作大分致し申候而も、金子等斗り懸り申候而徳用無之候故、只今迄よりハ半分程減シ申候」と記し、山芋は「徳用有之候」作物で近年大分作付しているが、「外作之方ニ而損相立申候」と、具体的事例まで引いている。そして「奉公人置申候而作致申候而も、皆飯米ニ斗りなり段々ニかかりまけ致シ、こやし等其外給金等皆弁物ニ罷成申候」と断じている。手作り地の経営には多くの人手を要するが、収穫物が皆奉公人の飯米となり、収入も肥料代や奉公人給金で費えてしまうという経営診断である。手作り地経営は不採算なので、経営規模を半減させるというのが結論であるが、その処理として「此義も、随分小作ニいたし申候様ニ致度存し候」と、新しい仕法を打ち出している。ここでは自家経営するより、小作に出して小作料を得た方が、利得になるという計算が働いていたことになる。

第三の改革仕法は経費の削減であるが、この項目も他の改革仕法と関連することは論を俟たない。特に第一の人馬の削減は、最大の経費の削減ということになる。人馬は各分担間で相互に融通し合うことで削減を図っているが、奉公人の役割そのものも検討し、場合によってはその役割を廃止する決定さえしている。「門番下番等之儀、只今迄之通りニ而ハ悪敷御座候而、損相立申候事ニ御座候間、此義も相直シ申候つもりニ御座候」と、門番・下番等の廃止を図ろうとしている。馬は表方と酒方で分担して飼育することにしているが、これも経費に対する認識を各担当者がもつことをねらったものとみられる。分担して飼育すると酒方では飼葉《かいば》に困るが、これは表方（作方）の土地を小作する形で飼葉を賄えば、経費の節約になると述べている。作方・酒方の経費削減については、後の項でも記すのでここでは詳細は省くが、粕・粉糠等の肥料は、「引分申候而勘定、其上相立申候つもり」と改革案を示している。これは今日でいう予算を立てる仕法で、耕作物ごとに使用する肥料の計画をたて、一括して購入する仕法とみられる。予算を立てることで、無駄な出費をしないことを目論んだことになる。なお予算作成は、第五の改革仕法である会計の仕法替と関連することになる。

第四の改革仕法は、組織の再編成・仕事の効率化である。これは人馬の削減とも強い関連をもっているが、既述のようにこれまで奉公人がしていた仕事を日雇人に置き替えれば、当然奉公人集団の再編成が必要なことになる。この組織の再編には、当主治兵衛が奉公人の働きぶりの現状に、強い不満をもっていたこともその背景となっている。作方の例であるが、「今日拾人と存候而も、朝飯後より七人ニなり、或ハ昼時より四、五人ニなり申候様ニ而は、中々世話出来女《（如）》在ニ罷成、殊ニ手も廻り不申義ニ御座候」と記している。このような締りのない現状に対して、作業の計画化・分担の明確化を説くことになる。「作致シ候儀も人何人と相立、不残人足揃申候而作致シ申候得は、作致能罷成」「人馬共ニ蔵ニ而入用次第、只今迄ハとり候而遣イ申候様ニ御座候得共、此儀も蔵之者何人何疋とわけ置申候而、蔵ニ而も表之ものハむさと遣イ不申、殊ニ表ニ而も蔵之ものハ遣イ不申候様ニ致候得は、此義分り申候義ニ御座候」と記しているのがその例である。この記述での「表」は作方、「蔵」は酒方を示すが、分担を明確化し計画的に作業を進めれば、仕事の効率も上がると提案したものである。一方「蔵之者共儀も、働キ候ものハ働申候而、又ゆふ《（遊）》なものハゆふニ御座候、此儀ハとうし《（杜氏）》より致ン、得心より致し候義ニ候得は、何分ニ而も糀や共ニ諸事出来申候」とも記している。やや不分明な言葉遣いもあるが、酒方は杜氏が責任をもって能率的に仕事をさせ分担を明確化するが、時には臨機応変に作業することを期したものとみられる。

第五の改革仕法は、会計の仕法替である。既に「前書」の部分でも「蔵表と分け申度相咄し申候」と記しているが、これは仕事の分担を明確にするだけでなく、会計の上でも分割して、独立採算制をとろうとしたものである。「蔵とうし《（杜氏）》之儀は随分諸事心を付、貸方其外売方共無油断心を付申候得は、大分違イ申候事ニ御座候」と記しているのがその例である。杜氏は酒方の責任者であるが、奉公人を督励して仕事をさせるだけでなく、酒の売方にも注意を払い、売掛金などの収支にも目を向けるべきであるという意である。酒方の経営については後の項でも述べるが、営業の独立だけでなく会計の独立採算を意図していたことになる。営業分野別に独立させた上で、先に「粕・粉糠」の例を記したように、分野別予算の成立も図ったことになる。「蔵ニ而人遣イ申候義ハ、何程遣申候とも皆諸入用ニ相立、飯米等其外味曽（噌）等迄も皆入用ニ相立申候義ニ候得は、此義ハ表ニて構不申儀ニ御座候」と記しているのが、当主の意図を端的に示していることになる。このように会計まで独立させることは、意識の変革を促すことになり、また担当者が利益を生み出すことに目を向け、経費の削減にもつながるという判断があったためとみられる。

第六の改革仕法は、家中の人々の意識改革である。既に当主治兵衛は、「前書」の部分でも心の持方を最重要視しているが、本論の箇条の部分でも随所に記している。「表之もの蔵之者并ミ平生致シたかり（集）申候、此義能々相改可申候」などは、その例ということになる。前項でも記したように大勢の中には怠者もおり、あるいは朝食の時はいるけれど、その後の作業の時には見当らない者がいるようでは、心の入れ替えを強調せざるを得なかったと思われる。当主治兵衛には友五郎という弟がおり、既に延享三年（一七四六）に嫁を貰い別家しているが、働き者ではなく家中の人々の顰蹙ものであったようである。当主としては家中の人々の意識改革を進める上で、解決しておかなければならない課題であったとみられる。「菟角其日〳〵ためニ成り申候様ニ相働申候様無之候而ハ、中々出来不申儀ニ御座候、其儀相談ニより出来申事之様ニ奉存候」と記しているのは、反面からみれば家中の意識改革を重視していたことになる。第五項で記した「貸方其外売方共無油断心を付」も、大きな意識転換である。日常利徳を生み出すよう心掛けることは、これまでただ惰性で働いてきた人々に、大きな転換を迫ったこととして注目される。

資料の「後書」の部分で当主治兵衛は、「諸事ニ気を付、目付同前（然）に心を持チ相働申候つもり」と決意を表明している。「目付同前（然）」は、目付《めつけ》のように厳しい心を持っての意とみられるが、並々ならぬ決意をもって改革に当たろうとする姿勢が窺われる。そしてこの改革を進めるには、「殊ニ皆一同ニ罷成不申候而ハ、諸事片付不申故出来兼申候」と、家中の人々の一致協力がなければ改革は実現しないと訴えている。改革を進める上で、「今日相極メ申候事、日十日廿日も過候得は、又前度之様ニ罷成」と、直ぐ実行に移すことが肝要だと述べている。また、「菟角足元より格相直シ不申候而ハ、下々共ニなをり不申事ニ御座候」と、身近なところから改革を始め、率先垂範しなければ下の人々も靡かないと説いている。

　今後の見通しについても記しているが、「右書付致し申候様ニ成り候得は、馬草場・其外薪山・田畑共ニよほと《（余程）》金子ニ成り、其外男女給金等・日雇等ニ而ハ大分金子之違御座候」と比較的楽観的な見解を述べている。「馬草場・其外薪山」まで収入になるのは、手作り地を削減すれば自家消費も少なくなり、外部へ売る萱・薪の収入が得られるという意である。また、「大分金子之違」は、奉公人を削減するので、支出金が少なくなる状態を示している。続いて「今日より右之わけニ致シ、直ニ徳用金相見申候儀ハ無御座候得共、来年八月・九月之頃ニ罷成候得は大気《（ママ）》ニ相知レ申候」と記している。「今日から実行すれば」という但書付であるが、直ぐには利益がでるわけではないが、来年の八、九月頃には必ず結果がでると主張している。「菟角一両年も先、右之わけニ致シ、又夫々ニ而も出来不申候ハ、、相談之上致替イ申候様ニ仕度候、跡より了簡思イ申候而ハ、身上なをり《（直）》申候義ハ無御座候」。ここでは一両年改革仕法を実行し、結果がうまく行かなかった場合は、また相談し仕法替すると述べている。そして後から意見を出しても、身上はよくならないと断言している。先にも記したが、当主治兵衛の提言は大変ソフトであるが、次のようにも記している。「菟角互相談之心を持チ候様相はけみ《（励）》不申候而は、中々壱人之力ニは、拙者共之きりやう《（器量）》ニは出来不申候」。大変遠慮した言動であるが、一人の力ではできないので、家中の人々の協力が必要であるという提言になる。

　当主治兵衛は結びの言葉で、「併シ段々身上おとろい《（衰）》申候事ニ御座候間、身上なをり《（直）》候義ハ無心元《（許）》奉存候」と記している。経営改革を掲げた当主にしては大変悲観的で、しかもやや投遣り的な言葉でもある。しかし視点を変えてみると、全てを家中の人々に投げ出して、そこから改革のエネルギーを引き出そうとする深慮が、裏に隠されている言辞とも考えられる。

第一八代当主治兵衛が、「身上格替仕用帳」で記した経営改革の大略は以上の通りである。改革仕法や具体的な事例を数多く記したが、まとめとして次のような特徴があげられる。

改革の主眼は支出の削減・奉公人の削減・事業の縮小などであるが、いずれも家の内部で解決を図ろうとしている。組織の肥大化に伴う運営の不適切など、内部に問題がないわけではないが、人件費の高騰など外部要因から改革を迫られたものである。組織の再編は図ろうとしているが、これも事業の縮小路線に沿ったものである。この点からみると、やや内向きな消極的な改革仕法ということになる。一方当主治兵衛は、この改革を独力でなし遂げようとしている点が注目される。親戚は改革にブレーキをかけるだけであり、相談に乗る親しい友人もいない。当主が指導権を発揮するのは当然であるが、それにしても「拙者存寄」を宣言し、孤独な闘いを開始している。当主が独力で改革を進めるには自ずから限界があることになり、ここで示された改革内容が事業の全分野にわたっていないことがそれを例証している。経営改革が部分的である点も、この改革仕法の特徴である。

4　家計支出の削減

須田家の経営改革に伴う家計支出を示した資料が、先にもあげた「表ニ而身上入用大積り留書帳」である。ここでは「表ニて」と記されているが、「身上格替仕用帳」で記されている「表方」ではなく、私宅を含めた「店」の意である。同家の営業分野からは商取引・金融業が入ることになるが、これらの記述は皆無に等しく、一般的な「家計」

の内容である。なお「身上格替仕用帳」での「表方」は、「作方」の意に使われている。この資料は宝暦十年（一七六〇）七月二十九日に作成されたもので、末尾に「此度蔵表三ヶ所共ニわけ申候ニ付、如此ニ御座候」と記されているので、前記の「身上格替仕用帳」の経営改革方針を承けて作成されたことになる。「蔵表三ヶ所ニわけ」は、会計を「酒方・作方・家計」に三分割する意である。「此度」と記されているので、それまで会計が一つであったものが、ここで初めて分割されたことになる。在郷商人として、しかも宝暦十年という早い段階に、会計を三分割したこと自体注目されることになる。在郷商人とはいえ身分的には農民である同家は、年貢や夫役等の諸負担を支払わねばならない。そこでこれらの支出が家計の項目中にあるのが普通であるが、この資料中には記されていない。ただ資料末尾に、「此外ニ御年貢・諸役銭之儀は、小作取申候高ニ而相済申候」と記している。年貢等の支出は小作料収入で相殺されるので、改めて記す必要はないという判断とみられ、そのためこの家計の中には計上されなかったことになる。

「表ニ而身上入用大積り留書帳」は、家計の入用を記したもので、「収入」は記されていない。そのため家計の「歳入・歳出」の予算の形式にはなっていないが、これは前記の経営改革の指針の中で支出削減が唱えられ、それを承けて作成されたためである。また標題に「大積り」と記されているように、「おおよそ」の入用を記したもので、詳細に項目があげられているわけではない。そしてまたこの年の入用の実態を記したものでもなく、むしろ当主治兵衛が「斯くありたし」と考えた机上のプランである。もちろん当主は家計の実情をあれこれ見ながら作成したと思われるので、全くの想像上のプランではない。当主の願望を含めた「入用計画」であることが、この資料の特徴でもある。

資料での入用項目は、全部で三九項目にわたって記されている。これをまとめたのが、表2の「身上入用大積り内訳表」である。資料での記載例は、次のようなものである。「米三拾俵、四斗入、飯米、石六斗かへニて代金七両弐分也」「そうり《（草履）》、代弐貫四百文」「ちやうちん《（提灯）》・からかさ、代壱貫文」。ここでは入用の金額は記されているが、入用

表２　身上入用大積り内訳表（宝暦10年）

No.	項目	金額（両・分・朱　文）	割合
1	食料費	16・1・3　25	22.8%
2	衣料費	2・1・3　175	3.4
3	住宅・営繕費	5　250	7.0
4	日用品費	5・2・2　250	7.9
5	酒　代	5・	6.9
6	たばこ代	1・	1.4
7	薬　礼	3・2・	4.8
8	小　遣	10・	13.9
9	奉公人仕着	3・	4.2
10	無尽掛金	20・	27.7
合計		72・0・2　150	100.0

注1．南村須田康子家文書№4713－2「表ニ而身上入用大積り留書帳」宝暦10年７月より作成。
　2．合計金額は著者の計算による。原資料の合計記載は、72両１分700文で、計算上不整合である。
　3．資料では１両4400文の換算。
　4．紙類の中に足袋があるが、これは日用品とした。
　　足袋として独立した項目は衣料品に含めた。
　5．水油２両分の使用は不明であるが、ここでは日用品に入れた。

量については記されている項目もあれば、全く記されていないものもあり区々である。また、入用量・入用額の算定に基礎となった単位額は、どの項目でも記されていない。先にも触れたように、当主治兵衛の「大積り」の計画案ということになる。

表にみられるように、最大の支出は「無尽掛金」である。この掛金は本質的には貯蓄の要素があり、生活上や経営の上での入用金ではない。しかしここでは支出金を入用金に置き替えており、全体の中に含めたものとみられる。資料では金額は記されているが、加入している講の名称や口数などは記されていない。しかしこれだけ多額な掛金を出していることは、同家の財力の大きさを示すが、同時に同家の交際の広さを示すものである。一般に無尽の掛金は、月一朱・二朱の小口の例が多い。(42)しかも一つの講で、一人が何口も掛金を出すこともない。このような例からみると、掛金二〇両という総額は多数の無尽講に加入していたことになる。後年の安政二年（一八五五）の経営改革では、「無尽遣し候義も可成ハ断度、無余儀時ハ多少とも半口ニ限度候」と当主は宣言しているが[43]、宝暦の改革での無尽に対する考えは不明である。二〇両の金額は、当時既に加入していた講の掛金額と、加入予定の講の掛金額を合したものとみられるので、無尽への支出金は「是」としていたと考えられる。

次に入用額の大きいのは食料費で、全体の二割三分ほどを占めている。自家で生産されたものであるが、ここでは入用金として計上していることが注目される。一般に農民たちは、家計での自家生産食料費は計上しないのが普通であるが、ここでは野菜まで計算にいれており、特筆されるべきことといえる。穀物は近隣の市場相場から入用金額が計算できるが、野菜の場合は種類も多く、近隣市場での取引が皆無なので算定が困難である。そこでとられたのが、需要野菜を生産する畑地面積から換算する仕法である。資料には「せんさい《前栽》畑壱反分、代金三分也」「大根五畝分、代金弐分也」と記されている。この畑地面積から代金への換算法はここでは記されていないが、畑地での穀物生産をした場合の売上高か、小作に出した場合の小作料の収入か、あるいは質入した時の値段か[44]、いずれかの収入金額であったとみられる。いずれにしても、野菜の入用金額を生産する畑地面積に置き換えたことは、珍しい事例ということになる。後年の事例であるが、大間村（鴻巣市）の福島貞雄は、天保期（一八三〇〜四四）に農書「耕作仕様書」を著している。[45]優れた農書であるが、それにはモデル的な生計費が三例記されている。そこには穀物は支出金として計上されているが、野菜の記載はない。これらの事例からも須田家の事例は大変稀有な例ということになる。なお、自家生産する食料を家計に計上したこと自体、先に記した会計の分割・営業部門の独立採算方針など、経営改革の指針を具体化したものと考えられる。

食料費一六両一分三朱余の内訳は、㈠飯米・餅米八両三分、㈡味噌・醤油用の穀物・塩二両二分、㈢小麦・小豆・そば等の雑穀二両三分、㈣野菜一両一分二朱、㈤塩・酢・かつおぶし一両一朱二五文である。なお表では「水油」二両は日用品に入れたが、食用の油とすると㈤の調味料代金が増額されることになる。

㈠の飯米・餅米代金は八両三分で、食料費全体の約半分を占めている。この年の同家の家族は男二人・女四人の六人であるが、孫娘の「たき」はまだ三歳の幼児である。[46]これだけの家族数で飯米四斗入り三〇俵・餅米四斗入り四俵は、量的にも非常に多いことになる。家族は麦飯ではなく米を常食していることが注目されるが、ほかに小麦・そばなどの雑穀もある。とても家族だけで食べ切れる数量ではないので、家の行事や客人へのもてなし分が入った数量と思われる。このことは同家の交際の広さを示す数量ということになるが、また不時に備えての備蓄分も含まれていたとも考えられる。

味噌・醤油代金の二両二分も高額であるが、うち大豆が半分の一両一分を占め、残りは「こうじもの」二分・塩二分・麦一分である。味噌用の大豆は二石、醤油用の大豆は五斗と記されているので、消費の上からは味噌が多かったことになるが、一方醤油も大量に使っていることが注目される。醤油は高価なものであり、都市の上層民には近世初期から使われているが、一般庶民や農村では余り消費されていなかったとみられる。[47]先にあげた福島貞雄の「耕作仕様書」のモデル生計費でも、一例には「味噌半樽、但醤油を兼」の記述はあるが、他の二例では「味噌半樽」「味噌壱樽」とあるが、醤油の記述はない。天保期という幕末期の状況を示すことになるが、その点須田家では近世中期という時代に、これだけ大量に消費していたことは珍しい例といえる。味噌・醤油代と並んで、調味料代一両一朱二五文も高額である。既述の油代二両を含めれば一層高額となるが、内訳は塩一分・かつおぶし二分二〇〇文・酢三朱一七五文である。かつおぶし代が約半分であるが、酢の三樽分も異常に多い。なおここでは、砂糖は記されていないので他の方法で甘味はとっていたとみられる。

雑穀類は小麦・そば・ごまであるが、ここでは稗・粟・大麦は記されていない。稗・粟は当時の農民の常食であり、後述の表4で示されているように、同家でも奉公人は大量に消費している。家族は少人数でもあり、米飯主体であったことになる。なおそば・小麦は五俵で一両と見積っており、米代に比してやや高額である。

食料費は、全体の入用金の中で二二・八パーセントを占めている。当時の一般農民が、家計の中でどの程度の食料費を出していたのか不明であるが、後年の福島貞雄の著わした「耕作仕様書」では、約三一・一パーセントである。その点で須田家の示す食料費は、その割合や内容において一般農民のものではないことになる。それは単に上層農民の食生活というより、在郷商人の食生活と結論づけられる。米や調味料などの量的な多さが、これを証することになる。

次いで多いのは小遣の一〇両で、全体の一三・九パーセントを占めている。一〇両という金額は、幕末期ならば一般庶民の一年間の生計費に相当し[48]、この時代では少し余裕のでる金額である。これだけの小遣額を計上していることは、当主・家族の交際費を含めたものとみられる。資料中には贈答に関する記述はなく、当主用とみられるたばこ代は記されているので、いわゆる純然たる小遣ではない。なお、酒代が五両計上されているが、これも比較的高額で、来客接待用として計上したものとみられる。当主や家族が、日常酒を愛好していたかどうか不明であるが、当時の農村には飲酒の慣習はない。酒を飲むのは祭礼や家の行事に関連した時で、都市の住民は別にして、日常飲酒をするようになったのは近世も後期になってからである。このように考えると、酒代五両は接客や家の行事用であったとみられる。

全体の家計費の中で高い割合を占める項目を記したが、金額が少ない項目では衣料費が極端に低額なことが注目される。衣料費は総額で二両一分三朱余であるが、表にみられるように僅か三・四パーセントの割合である。資料中には、「きぬ切レ、代金壱両也」「足袋、代弐貫四百文」などと記されているが、袷一枚・帯一筋の代金も計上されていない。この年同家には、当主の妻・母親・娘（聟の妻）・孫娘（三歳）と四人の女性がいるが、単物一枚・布子一枚の代金も入用金として計上されていない。前出の「耕作仕様書」の事例では、衣料費は約三三パーセントと高率である。この事例に比しても極端に少ないことになるが、果たしてこの金額で家族が一年を暮らせるのかどうか疑問の残る金額である。当主が衣料費について意を注がなかったとは思われないので、経費の削減という改革仕法が、この数値に表されたと考えられる。

奉公人の給金・仕着は、資料中には「しきせ、夏・冬共、代二両也」と記されている。ここでは、「給金」の言葉がないので単なる「仕着」のみとも考えられるが、やや不分明な記載である。既述のように年間の奉公人の給金・仕着・食費で、男一人六両・女一人五両もかかるので、「三両」は女一人の給金・仕着代とも考えられる。いずれにしてもこの金額は、奉公人を大幅に削減したものとみられる。なお作方・酒方の奉公人は、別会計で計上されることになる。

少額の入用金であるが、薬礼の三両二分が計上されていることが注目される。資料には「医師薬礼、平方・原市共ニ、此代金三両弐分」と記されているので、かかりつけの医者が平方村と原市村にいたことになる。「薬礼」とは薬代だけでなく医者の診察代金を含んでいるが、三両二分は大金である。この年須田家では当主やその妻は壮年であるが、六四歳という当時としては老年の母親のさわがいる。母親のさわは安永七年（一七七八）に没しており、八二歳という当時としては長寿を全うしたことになる。[49] 母親も長寿で亡くなっているところをみると、この年には病弱であったとは思えないが、不時の出費を予測して薬礼を計上したものと考えられる。一般に農村では医者の診療を受けられるのは上層農民で、中、下層の農民は死亡する時の大病に診てもらう程度であったとみられる。それほど、医者の薬礼は高いものであったことになる。[50] いずれにしても、医者に診てもらうことが珍しい時代に、予め薬礼を家計費の中に計上していることは、稀有な事例ということになる。なお平方・原市は遠方で、しかも当時は往診が主体であったので、医者を呼びに行くだけでも大変であったことになる。

入用金に計上されていること自体が珍しい項目に、住宅・営繕費の五両余も同様である。一般に農民の生活では小破の場合は自分で繕い、家計の中に予算を組むという考えはなかったとみられる。後年のことであるが、前掲書の「耕作仕様書」の三つのモデルでも記されてないことがその例である。入用金五両二五〇文のうち高額なのは大工・桶屋等の手間代で、これは飯米を含めて三両を計上している。ほかに杉皮代が一両二分、釘代が一分二朱、垣根用の竹代が二朱二五〇文である。杉皮は屋根材に使われたとみられるが、比較的高額である。また釘はどの程度の量か不明であるが、現代の価格からみると大変高額である。

日用品費には、水油・ろうそく・広紙類・つけぎ・燈芯・もとゆい・髪油・提灯・傘・ぞうり・麻など雑多のものがある。このうち金額の高いのは、水油二両・広紙等の紙類一両三分・もとゆいと髪油二分二〇〇文・ぞうり二分二〇〇文等である。「水油」は荏油・菜種油等とみられ、灯火用に使われたと推定される。既に記したが、菜種油は食用にもなるが表2では日用品の項目に入れた。広紙等は一両二分の代金であるが、資料にはここに「たひ弐十四」の記載があるが、「たひ」は足袋と思われるが詳細は不明である。

入用の総額は七二両余であるが、これが経営改革に伴い削減した家計費の総額ということになる。しかし前年の家計支出額が不明なので、どの程度圧縮したのか明らかでない。「身上格替仕用帳」では「利徳百両」に「遣方百五拾両」の記述があるが、これは譬の言葉で実際の家計支出が一五〇両であったわけではない。ただ改革指針に基づく入用の大積りが七二両余であることは、前年の実際の支出額はこの金額以上であったことになる。

当主治兵衛は、標題に示されているように「大積り」として作成している。資料末には、「当八月より来ル八月迄、壱年相立申候ハ、勘定致見可申(「ト」脱)存候」と記している。この記述からは試案として作成したもので、来年の八月になったら勘定をして見直しをするということになる。積年の放漫な家計支出の改革がいかに大変であるのか、この記述からも窺うことができる。

当主は「身上格替仕用帳」で、「足元より格相直シ」という強固な方針を打ち出している。その意味では家計という最も身近な支出から削減を始めたと思われるが、全体としては改革の跡は不分明である。衣料費など思い切って削減したと思われる項目もあるが、どちらかというと、比較的ゆとりのある項目も多い。飯米などの食料費、小遣・酒・たばこ代などがその例である。このような見方からすれば、ややばらつきのある入用試案ということになる。いずれにしても家計の支出のみの予算でやや変則的であるが、宝暦十年という早い段階の作成であり、埼玉県域でも例のない大変珍しい事例ということになろう。

5 酒造の経営改革

酒造部門の経営改革は、既に記したように「作方」と並んで宝暦十年七月の「酒方・作方諸掛り相改帳」に記されている。「酒方」の部分には「酒方諸掛り入用之分ケ」と標題があり、酒造に必要な諸入用が項目別に記載されている。この標題が示すように、酒造に関する入用項目が記されているのみで、収入である酒の売上額は全く記されていない。その点は、前項で記した家計の入用大積帳と同様の記述である。

またこの資料では、この年予定されている酒造石高が全く記されていない。このことは、当然酒造原料である「酒造米」が記されていないことになる。酒の主産地である灘地方の例に比ぶべくもないが、この地域の嘉納家前蔵の総入用額中の酒造米の割合は、寛政八年(一七九六)六割五分余、文化十一年(一八一四)六割六分余という高率である。(51)

この例にみられるように、最も高率を占める酒造米入用金額が記されていないことは、この資料が極めて限定された内容ということになる。

酒造高・酒造米金額が記されなかった明確な理由は不明であるが、この資料の末尾に「酒方之儀は其年ニ而違イ申候間、わけ知不申候」と記されている。同家は五〇〇石の酒造株を持っているが、酒造高はその年の米作の作柄により幕府が減石令なども出すので、この資料作成の七月では確定できないとも解せられる。一方資料中には、酒販売の経費や売掛金・貸借金も記されていない。これらは別な会計になっており、そのためこの資料中には記されなかったとも考えられる。いずれにしても、「酒方諸掛り入用之分ケ」に記されたことは部分の記載であるということになる。

資料には三二項目にわたって入用金額が記されている。「一金壱両ハ、むろ入用」「一金壱両弐分ハ、新袋入用」「一金三拾四両ハ、真木（薪）代た（駄）賃共ニ、両ニ三百束位の直段ニ而、当年相庭ニて如此ニ積り」と記されているのがその例である。記載は区々であるが、概して簡潔な記述である。そのため入用項目によっては、数量・単価などの記載がないものが多く、やや不分明なところもある。ここでも前出の家計費と同様、「大積り」の入用金額ということになる。

表3は、酒方の諸入用金額をまとめたものである。表にみられるように最も高率を占めるのは蔵方の給金で、四五両という高額で全体の三割七分余である。このうち純然たる給金は三四両であるが、支払対象の蔵方の人数は記されていない。残りの一一両は蔵方の食費であるが、内訳は味噌一両二分・黒米四両二分・挽割麦五両である。味噌は一〇本を予定し、一本の樽に大豆二斗・塩一斗を見積っている。黒米は玄米のことで、白米にすると一割は減石されると記しており、単価は一両一石四斗の計算である。挽割麦の中には馬方三人分も含まれているが、単価は一両で二石四斗なので、全部で一二石を見積っていることになる。蔵方人件費の中で、食費分は約二割四分という高率である。ところで、酒造米金が計上されていないので比較に無理があるが、既出の灘の嘉納家前蔵での人件費は六・七〜七・

表３　酒方入用金額の大積り表（宝暦10年）

No.	項目	金額（両・分・朱　文）	割合(%)	備考
1	諸道具・営繕代	16・3・　800	14.0	桶屋・大工手間代・袋代・杉皮代
2	薪代（駄賃共）	34・	28.2	１両300束
3	米つき代（飯料共）	14・2・　700	12.1	手間６人で延620人
4	蔵方給金（飯料共）	45・	37.3	給金は34両
5	馬代・駄賃	6・	5.0	駄賃１両・馬入用金５両
6	日用品代	4・　400	3.4	紙・水油・つけ木
計		120・2・2　250	100.0	
雑収入・貸方分金額		26・		粕収人・馬糠・米貸方分代金
差引金額		94・2・2　250		

注１．南村須田康子家文書「酒方・作方諸掛り相改帳」（宝暦10年７月）「酒方」の部分より作成。
　２．合計金額・差引金額は著者の計算による。資料記載の合計金額は119両１分1900文であるが、計算上不整合。
　３．1両は4400文の換算とした。
　４．蔵方の飯料の中には、一部馬方の分を含む。
　５．馬糠・米の貸方分は、「表方」に貸した分である。
　６．備考欄は主要なものを記した。

八パーセントである。仮に嘉納家前蔵の例にならって、全支出額の六割五分に当る酒造米金二二〇両を加え、総額を約三四〇両と仮定しても蔵方人件費は高率ということになる。表中の「米つき代」も人件費であるが、これらを加えると人件費支出は一層高率となる。

次いで高率を占めるのが、薪代の三四両である。この中には駄賃も含められているが、一両で三〇〇束の単価なので、単純には一万二〇〇束を要したことになる。この薪の中には酒方の日常生活用も含まれているとみられるが、それにしても大量に消費していたことになる。薪代の割合は全体の二八・二パーセントと高率であるが、前出の嘉納家前蔵の例では一・六〜二・六パーセントと低率である。仮説の酒造米代を含んだ三四〇両の入用総額に比しても、約一割という高率である。須田家の酒方が、なぜ大量に薪を消費していたのか、その点はこの資料からは不明ということになる。

諸道具・営繕代金は一六両三分八〇〇文で、全体の一割四分の割合である。この中で大きな入用金は、桶屋手間代四両・木挽手間代三両・新袋代金と同修繕代二両二分・明樽代一両二分等である。職人の手間代の中には、蔵方職人同様飯米代金が含まれたものもある。ここでは明樽代金は記載されているが、新規の樽代金は記されていない。「壱両ハ竹代、たが《（箍）》に致候」の記述があるところをみると、樽は自家で製造したり、明樽を修繕して使っていたものとみられる。木挽職人の手間代も高額であるが、この項には「并ニ木ノ代共ニ」と記されているので、樽用の木材の木挽をしていたとも考えられる。もちろん樽にも種々あり、酒造用の大樽もあれば販売用の四斗樽などの小樽もある。数量的には販売用の小樽が多かったと思われるが、ここでは新規の樽は購入しないで、自家で製造したり修繕して使っていたことが注目される。ところで酒造高の規模が違い、また全国を取引相手にしている灘の酒造業者とは比較にならないが、前記の嘉納家前蔵では樽代金は一割二～三分という高率である。須田家の場合は桶屋手間代・空樽代・竹代、それに木挽手間代を含めても全部で九両二分、その割合は約八パーセントほどである。これは先にも記した仮説の酒造米を含めた総額からみれば、一層その割合は小さい数字になる。樽代金の少なさは、同家の酒の販売が近在に限られていたためである。[52]若し、江戸や遠方への酒の販売ならば樽の消耗は激しく、このような少額では済まなかったと考えられる。なお酒造用の袋は一部購入し、「袋さし手間代」として一両を計上している。既述の「身上格替仕用帳」では、当主は袋の繕いなどは奉公人にやらせないで、近在の臨時雇いに頼むべきだと主張しているが、早速ここでは手間賃を計上したことになる。

　米つき代金は飯料・自家用米つき代を含むが、合計で一四両二分七〇〇文である。この米つき代金は本来は酒造米代金に含まれるものであるが、同家では酒造米代金は計上されず、また米つき職人を別途に雇っているので、独立した項目として記されたものとみられる。総額一四両二分七〇〇文のうち、手間賃は八両で、六両二分七〇〇文は食費である。飯料の計算の項に、「米舂六人、但惣日数合六百弐拾人」と記されている。この米つき延人数は酒造米量を推定させることになるが、残念ながら一人一日の米つき量は記されていない。この年のものでなく寛保二年（一七四二）の同家の「米舂通帳」によると、一日の米つき量は四斗～一石二斗と大変幅がある。酒造米は精白率が高いので仮に一日四斗とすれば、延六二〇人の手間で、二四八石の酒造米をつき上げたことになる。今日では玄米の五割精白するということであるが、当時の精白率は不明である。先にも記したように食用の白米は一割の減石であるが、酒造用にはもう少し精白して約二割の減石とすると、玄米が三一〇石ほど要したことになる。三一〇石の玄米代金は、この年の米相場が両に一石四斗なので、二二一両二分ほどになる。あくまでも仮説の計算ということになるが、この酒造米代金を表3の金額に加えると約三四二両となる。この総額からみると、酒造米代金はおよそ六割五分に相当し、先にあげた嘉納家前蔵の数値と類似したものとなる。

馬代・駄賃の入用は六両計上しているが、この中に馬の損金二両が含まれていることが注目される。これは馬を購入する時の積立金とみられ、既に記した享保二年の勘定帳にも「馬金」七両が計上されている。この減価償却という損金の積み立ては、当時の農民には稀有な発想で、因に既出の「耕作仕様書」にも記されていない事例である。損金を含めた馬の入用金は五両で、この中には荷縄・麻代等が含まれている。駄賃として一両を計上しているが、これは外部の馬方を頼んだ代金とみられる。当時酒の搬送は一疋の馬に四斗樽二本をつけるのが普通であるが、酒の小売商人は小口に仕入れることが多く、それだけ搬送の頻度も高いことになる。後年の事例であるが、文久二年（一八六二）の内牧村（春日部市）酒屋文蔵の売上げをみても、「酒片馬」「酒小半樽」の事例がみられる。[53]「酒片馬」は一駄の半分の四斗樽一本にあたり、「小半樽」は四分の一樽分である。四斗樽一本といっても中味は三斗七、八升が普通で、これらの例からも小売商への酒卸は小口であったことになる。酒造元にとっては、それだけ馬の使用回数が多くなり、搬送費の占める割合は高率となる。

日用品代は四両四〇〇文で、大変少額である。資料中には、「張紙・巻紙、惣而紙代也」として一両二分、水油代が二両二分、燈芯・つけ木代が四〇〇文と記されている。このうち紙類は使用方法が不明であるが、酒屋は樽の「目張」に紙をよく使っている。樽の目張用とすれば、日用品費ではなく諸道具・営繕代に含めるべきとも考えられる。それにしても日用品費の項目は少なく、これだけの金額で酒方の人々が生活できたのか、大変疑問のでる数値である。酒方は表の店からは独立しており、煮炊きも自分たちで賄うことになっている。独立して生活するには、日常雑多なものを必要とし、また消費している。ところが、ここで計上されているのは水油と燈芯・つけ木だけである。これは反面からみれば、改革の仕法がここに表わされたともいえる。日用品費は削減しやすかったともみられるが、できるだけ手作りで賄えるものは酒方で賄い、購入以外に入手できないものだけを計上したと考えられる。酒方の入用項目の中で、経費削減が明らかな唯一の項目ということになる。

　入用金の合計額は表3にみられるように二一〇両二分二朱二五〇文であるが、酒粕・小糠代が収入となるので一四両一分が差引かれている。酒粕は一二両二分であるが、「当年之酒高ニ而粕百四拾壱俵御座候、両ニ十一俵かへニ見て」と、その算定が記されているが計算に少し誤りがある。小糠代金は一両三分であるが、これは酒造米の精白時にでるもので、酒方の馬の飼料分を差引いた残りの代金である。また米代金の貸方になっている分が一一両三分あり、これも入用金から差引かれている。ここでは「是ハ米遣イ出し候分拾五石程御座候、此分一石四斗之割合ニ致申候而ハ、如此御座候」と記されているが、ここでも計算に少し誤りがある。合計で収入分が二六両となるので、酒方の総支出分は九四両二分二朱二五〇文になる。

　酒方入用金の概略は以上の通りであるが、全体として経営改革の全貌が極めて不鮮明である。前年の入用金額が不明なので、比較ができないことが第一の理由であるが、この資料にもいくつかの欠落事項があり一層拍車をかけている。既に記したように酒造高・酒造米金額の記載はなく、酒販売の収入・販売経費・全体の損益の状態も不明である。

当主治兵衛の改革方針は、既に「身上格替仕用帳」で記されているが、「一日も早ク諸事格替イ之義は致度存候」と、大積りを記したのがこの「酒方諸掛り入用之分ケ」ということになる。資料の末尾に「右蔵入用之儀大積り致如此ニ御座候得共、此上ハ諸事ニ心を付申候ハヽ、又大分減り申候事も可有御座候、又少々ハ多ク懸り申候も可有御座候、其儀は其節々委細帳面ニ付申候て相改見可申候、先ツハ如此ニ御座候」と記しているのが、当主の意図の全てとみられる。

入用金の削減策は日用品費の低額さで推定されるが、その他の項目では不明である。灘の酒造例との比較は無理があるが、敢えて推定すれば人件費や薪代など異常に高率である。酒造用袋など外部に発注するなど、細かい点では改革の跡もみられるが、全体としては不充分な改革仕法ということになる。当主は文末にも記しているように、今後も「相改見可申」と、一つの試案として作成したものといえよう。

6　手作り地の経営改革

手作り地の経営改革は、「作方」として「酒方」と同一の資料に記されている。資料での記述構成は三部から成り、最初に「作方諸掛り之覚」、次いで「石物取り候懸」として作付反別・施肥料・収穫高・予想収入が記され、最後が収支勘定となっている。ここでは記述の家計費・酒方の二例とは異なり、作方の収入が記されている点が特徴である。この年の経営規模は資料中にも記されているが、水田一町八畝歩・畑七町六畝歩（うち長芋地一反五畝歩）、合計八町一反四畝歩である。作方の奉公人は男八人・女五人、計一三人で、「作頭」の下で運営されている。

作付反別・収量・売上高の予想は、表4に示した通りである。資料の作成はこの年七月のものであり、収穫・販売を終えていないものもあるので、予想を含む大積り表である。収穫した作物の販売価格は、小麦の例では「両ニ壱石四斗かへニ而八、代金七両ト六百文、両ニ弐石三斗かへニ而八、代金四両壱分也」と記され、山芋の例では「壱駄ニ付中直段ニ而金弐分ツ、之積り、此代金高三拾弐両弐分也、金弐分弐朱位ニ積り候得は、代金四拾両弐分弐朱也」と記されている。大まかな計算で不整合もあるが、作物によって高値・中値・低値の価格が示されている。一通りの価格しか記されていないものもあるが、複数価格が記されている場合は、表4では中値・低値を選んで記入した。

表にみられるように、作付の上では主穀生産の形態である。畑地の冬作は大麦・小麦であるが、夏作でも稗・粟・大豆などで五町六反歩を作っており、畑地面積の約八割は穀物栽培という高率である。近世期の埼玉県域では穀物主体の生産形態が主流を占めるが、[54]畑作中心の須田家でも同様ということになる。しかし収入面からみると、穀物の割合は作付面積ほど高くはなく、むしろ芋類の売上高が目立っている。これには広い面積を作付けしている稗・粟が、販売されず全部自家消費に廻されているので、一層穀物売上げの割合を低下させている。稗・粟の作付は二町歩で、ここでの生産は全て奉公人の飯米にあてられている。既に記したように、「身上格替仕用帳」で「奉公人置申候而作致シ申候而も、皆飯米ニ斗りなり」と当主治兵衛が嘆いているが、この例がそれを示していることになる。

売上高のうち最も高率を占めるのは、山芋・長芋である。山芋の作付は一町五反歩、うち七反歩は種芋の育成地であるが、売上高は三二両二分という高額である。長芋はわずか一反五畝歩の作付で、八両という高収入を得ている。両者合わせる売上高は四〇両二分で、全売上高の四割八分余という高率である。この金額からみると、穀物類は別にして、同家の換金作物の中心は山芋・長芋ということになる。また畑地の夏作は、山芋・長芋を主体にして展開されていたことになる。これらは地元での消費は考えられないので、全量江戸向けであったとみられる。[55]この点からみると、江戸向けの商品作物に傾斜した経営仕法をとっていたといえる。

ところで山芋・長芋の栽培は、商品になるまで年数・手間・肥料が多くかかり、実に厄介な作物である。最初の種

表４　作付反別・収量・売上高の大積り表

耕作区分	種　類	作付面積	収　量	販売量	単　価	売上高	備　考
水　田	米	町 反 畝 1・・8	石 斗 13・5		両1石6斗	両 分 文 8・2・	
畑冬作	大　麦	5・	100・	81石８斗	両5石	16・1・	飯米13石、糀５石２斗
	小　麦	1・	10・		両2石3斗	4・1・	
畑冬作小計		6・				20・2・	
畑夏作	稗	1・	30・				飯米用
	粟	1・	15・				飯米用
	大　豆	2・	20・	17石４斗	両2石	8・2　800	みそ用２石６斗
	苅大豆	・9・	50俵		1俵400文	4・2・	
	そ　ば	・7・	7石	（７石）	両4石	1・3・	
	穀物小計	5・6・				14・3・800	
	山　芋	1・5・	(65駄)	65駄	1駄2分	32・2・	７反歩は種芋分
	長　芋	・1・5				8・	種ともに
	里　芋	・5・	60駄(土芋)				
	芋類小計	2・1・5				40・2・	
	大　根	・1・5					自家用か
	菜	・1・3					自家用か
	野菜小計	・2・8					
畑夏作小計		(8・・3)				55・1・800	
合　計						84・1・800	他に大豆から・わら代は３両１分の収入

注１．南村須田康子家文書「酒方・作方諸掛り相改帳」(宝暦10年７月)「作方」の部分より作成。
２．(　) 内、小計・合計額は著者の記入。１両4400文の換算とした。
３．夏作の合計作付面積は、耕作面積と不整合。
４．未記入欄は原文書に未記載。
５．単価は中値段・低値段で記入。
６．１両の銭相場は原文書では区々であり、計算上は不整合である。
７．資料では低値で84両１分800文、高値で119両１分２朱2000文の収入と記している。

である珠芽《むかご》から育てるには数年を要し、(56)良い商品に仕上げるには時には土壌を入れ替えるという手間もかかる。これは連作を嫌うためであるが、(57)これを避けるには他の作物との輪作を考慮する必要があり、多くの耕地がなければならない。当主治兵衛が「身上格替仕用帳」で、「山芋之儀も近年大分作申候而徳用有之候……此儀も中々了簡と違、作大分致シ不（申）候而ハ、山芋大分作り申候儀成り不申、左様致シ候而ハ外作之方ニ而損相立申候」と記しているのは、この間の事情を述べたものである。既述のように、一反五畝歩の種芋育成の特別地を設け、輪作のために多くの耕地を要し、その上他の作物へも影響がでるということでは、必ずしも経営上有利な作物でないことになる。山芋・長芋栽培が経営規模の拡大をもたらしているという文言は、高収入の商品作物が生みだした一つの隘路を示した鋭い指摘である。

予想の売上高の合計は、販売価の中値・低値で八四両一分余、高値では一一九両三分余である。売上高の差額が大きいことが注目されるが、このことは経営上の一つの不安定要因でもある。後述するが、高値の時は収支が黒字になり低値の時は赤字ということは、手作り地経営が不安定な状況下にあることを示し、商品作物栽培が一層これを助長しているといえる。

作方の諸掛りは一九項目にわたり記されているが、これをまとめたのが表5である。金額上多いのは肥料代・奉公人給金であるが、注目すべきことは二番目に多い「田畑小作金」の三二両三分五〇〇文である。既に「身上格替仕用帳」で、作方の規模を「只今迄よりハ半分程減シ申候」「此儀も随分小作ニいたし申候」と記して、耕作面積の縮小を計画しているが、作方会計の支出に小作料を計上することには触れていない。ただ馬の飼葉入用の項で、馬を作方・酒方に分離すると酒方は飼料の調達に困るが、自家内で賄うために作方から飼葉生産の畑地を借りることを提唱している。そこでは「畑少々も小作之心得に作り、夫ヘ飼料仕付申候得は、此義も出来申候義ニ御座候」と記し、酒方

表5　作方支出金額の大積り表（宝暦10年）

No.	項　目	金　額（両・分・朱・文）	割合(%)	備　考
1	男女奉公人給金	30・3・2	27.9	男8人・女5人、仕着共
2	日雇い2人給金ほか	7・1	6.5	1年分飯米共、ほかくずかき代
3	田畑小作金	32・3・　500	29.7	田1町歩、畑7町歩分
4	肥料代	33・1・	30.0	木灰・糠・粕・ほしか・堆肥
5	諸道具代	5・	4.5	縄・むしろ・ざる・馬掛り金外
6	その他	1・2・	1.4	水油・塩代金
合　計		110・2・2　500	100.0	

注1．南村須田康子家文書「酒方・作方諸掛り相改帳」（宝暦10年7月）「作方」の部分より作成。
　2．割合の計算には1両4400文の数値を用いた。
　3．備考は主要事項のみを記入した。
　4．奉公人食費の主食・野菜等は生産物を充当し、支出金には含まれていない。
　5．水油は灯火用とみられるが、不明。

が小作料を払うことを提言している。この提言に倣ったものとみられるが、作方会計の小作料計上は議論の呼ぶところとなる。作方が独立した経営体となり会計も独立したものとなれば、土地は借りて耕作していることになる。須田家の元方会計からみれば、作方に小作させている形になる。そこで小作料は元方会計に入るという仕法となるが、作方にとっては小作料の支出は大きな負担を負わされたともいえる。いずれにしても、自家所有地の経営に小作料を計上した例は埼玉県域にはなく、極めて稀有な経営仕法ということになる。この経営仕法は、土地を他家へ小作させれば当然小作料が入るという素朴な考えが前提になるが、一面では土地を投下資本として、そこから生み出される配当を計上するという発想ともみられる。

資料での小作料算出は、田方は総額九両を見積っているが、「壱石七升かへ、九石七斗之割合ニて」と記されているので、一反当り八斗九升八合余となる。畑方は総額二三両三分五〇〇文で、「是ハ七町歩之小作金也、壱升蒔百五拾文ツ、ニ平均見テ」とあるので、反当一五〇〇文の小作料である。この年作成の村明細帳では、上田の小作料は反当五斗五、六升〜六斗・中田五斗ほどで、質入値段は上田一両〜一両一分・中田三分二朱〜一両である。[58] 反当約九斗の小作料は高い見積りとなり、予想収量一三石五斗の七割二分という高率である。村明細帳の中田の小作料の一・八倍にもなるが、九両という数値は質入値段に匹敵することになる。村明細帳での畑方の小作料は、上畑一反壱貫文位・中畑七、八〇〇文位である。質入値段は、上畑一両二～三分位・中畑一両一分位と記されている。畑方の場合も田方同様高額な小作料の見積りをしたことになるが、ただ田方と異なり質入値段よりは低額な小作料の算出である。小作料をこのように高く見積った理由は不明であるが、作方にとっては重い負担を負わされたことになる。

肥料代三三両一分のうち最も高額なものは木灰であり、一九両二分を計上している。木灰の単価は一〇〇文で三笊なので、二、五七四笊の購入となる。実際の使用には自家製の三〇〇笊がこれに加わるので、厖大な使用量ということになる。木灰の多用はローム台地農業の特色でもあるが、資料中にも稗一町歩灰三〇〇笊・山芋一町五反歩三〇〇笊・小麦一町歩二〇〇笊・大麦五町歩一二五〇笊・田方一町八畝歩に二五〇笊と、大量に使っている事例が記されている。木灰の大量使用とともに、堆肥に五両計上していることが注目される。堆肥は普通自家生産なので費用を計上しないのが普通であるが、ここでは「つくてこやし代也、大積り也、駄賃共ニ」と記されている。これをみると自家山林の苅敷でも支出金に見積り、手間代もかかるので作方の費用に計上したものとみられる。ここにも、作方が独立経営体になっていることが顕われている。そのほかに干鰯が三両二分、小糠三両一分、荏粕一両と、金肥にも大金を計上している。

奉公人の給金・仕着代は総額で三〇両三分二朱であるが、そのうち二一両二分が男奉公人分、九両一分二朱が女奉公人分である。男奉公人は八人なので一人につき二両二分三朱、女奉公人は五人なので一人につき一両三分二朱を要したことになる。「身上格替仕用帳」では、奉公人の給金・仕着・食費で男は六両、女は五両かかると記しているが、仮に年間の食費を一両二分ほどを加えてもその額に達しない金額である。「身上格替仕用帳」での金額が、ややオーバーな表現であったのか、あるいはこの金額が削減したものなのか、いずれかということになる。当主治兵衛は改革方針の中で奉公人数削減は提唱しているが、給金・仕着の削減にまでは触れていない。また「奉公人請状」での契約もあるので、給金の削減は簡単にはできない事情もある。とすると、先の五両・六両かかるという記述は、やや大袈裟な表現であったことになる。しかし合計三〇両三分二朱という金額は大きな割合を占め、作方収入からみて重い負担であったことに変りはない。

作方の総支出は一一〇両二分二朱余となり、前記予想収入と照合すると、作物販売価格が高値の場合は一二両一分一朱余の黒字、低値の場合は二三両余の赤字となり、不安定な経営であったことになる。山芋・長芋で高収入を得ているが、当主が「身上格替仕用帳」で記しているように、「段々とかゝりまけ致シ」という状況下にあったことになる。一方同家の元方会計からみれば、「小作料」三二両三分五〇〇文は先取りしているので、これはある意味では投下資本の配当を既得していたことになる。その点収支が均衡していれば、収益は確保されるという図式になる。いずれにしても商品作物主体の経営では、売り値の高下に翻弄される状況下に置かれる。

作方の収支を一覧して明らかなように、ここでも経営改革の具体的な仕法が出されているわけではない。臨時の雇傭費は計上されているが、奉公人は削減されているわけではなく、その他の費用も切り詰めたようすは不明確である。ただ小作料の計上は、作方の経営独立という点からは一つの前進である。当主治兵衛は、「一日も早ク諸事格替」「兎角足元より格相直シ」と提言しているので、まず収支を明らかにする必要があり、その点この作方収支の予算作成は、経営改革の第一歩が踏み出されたことを示している。

7　おわりに

本稿で取り上げた須田家の経営改革は、改革の指針が示されてその第一歩が標された宝暦十年の資料によるものである。改革の全容は、その後の推移をみなければわからないことになるが、その点本稿での論述は改革の第一段階の内容ということになる。それにしても、宝暦十年という近世中期に在郷商人の経営改革が行われたことは、全国的にも珍しい事例として注目される。

須田家の経営改革は、享保期以降のいわゆる「米価安の諸色高」という、全国的な経済変動に強く影響されたものである。「諸色高」は職人や奉公人の手間賃上昇の結果でもあるが、この人件費の高騰が経営を著しく阻害することになる。同家でも奉公人削減を改革の第一にあげているが、これは人件費の高額出費から経営が危ぶまれたためである。同家では多い時は三〇人余も奉公人を抱え、その給金・仕着代は莫大なものとなる。この高額な人件費に、経営の危機感を抱いたことが改革の始まりである。

人件費の高騰という外部からの要因とともに、同家のもっている経営組織が破綻に瀕していたことが、改革着手の最大の理由である。「身上格替仕用帳」で、「作致シ候儀も……只今迄之通り今日拾人と存候而も、朝飯後より七人ニなり、或ハ昼時より四、五人となり申候様ニ而は、中々世話出来女《（如）》在ニ罷成」と記しているが、この当主の言葉がそれを象徴していることになる。組織が肥大化し、十分に機能しなくなっていたのである。このことは作方だけではなく全分野にわたることになるが、「皆一同ニ罷成不申候而ハ、諸事片付不申」と、当主が家中へ意識改革を強く訴えていることは、このような状況を示している。

組織が肥大化し充分機能しないことは、同家のそれまでの営業方針や営業案内に大きく係っている。一つは大規模な手作り地経営、もう一つは「勘定帳」に示されているように多種多用な商品取引が、組織を肥大化させたことになる。この商品取引の拡大路線は寛保・延享期（一七四一～四八）にも一層助長され、上方から仕入れた繰綿の販売、[59]近傍で生産する茶の取引[60]というように、扱い商品の拡大をみせている。このように多種多様な商品の取扱いが諸色の肥大化を招き、そこで改革は縮小路線を打ち出すことになる。

大規模な手作り地経営と多様な商品の取扱いは、反面では地主経営が未熟であったことを示している。既述したが享保十四年（一七二九）村明細帳では、「越石分地主治兵衛」として、上尾村・門前村・久保村に田畑八町七反六畝四歩・山林永一一三六・六文分がある。[61]他村への所有地は、全部小作地になっていたとみられる。また宝暦四年の「小作帳」では、田畑・山林三町八反余が記されている。[62]これらをみると、手作り地の経営に比して極めて小規模である。当主が「身上格替仕用帳」で、利益のでない手作り地経営より、「随分小作ニいたし申候様ニ致度存候」と述べているのは、小作の有利さが認識され、大きな転機を迎えていたことを示している。

須田家の経営改革の全貌を明らかにするには、同家のとっていた経営の拡大路線の実態と、宝暦十年以降の経営改革の結果を追究する必要がある。その点本稿では、改革開始時の資料を中心に論述したために、改革の一面を明らかにしたに過ぎない。享保初期に同家の経営で大きなウェートを持っていた商品取引・金融業は、ここでは全く触れていない。欠落した部分も多いことになるが、これらを含めて今後の課題としたい。

なお本稿は、平成十三年一月地方史研究協議会の研究会（会場駒沢大学）で発表したものを、一部標題を改めてまとめたものである。

〔注〕

（1）拙稿「近世中期南村須田家の農業経営―畑作地の農業経営事例―」

（2）「第五章在郷商人須田家と紅花取引」（筆者執筆）

（3）乾宏巳『豪農経営の史的展開』雄山閣（昭和59・10刊）・長野ひろ子『幕藩制国家の経済構造』吉川弘文館（昭和62・6刊）・阿部昭『近世村落の構造と農家経営』文献出版（昭和63・4刊）など

（4）前掲阿部氏著作、第一編第一章第三節二「地主経営の集約化」の項

（5）前掲長野氏著作、第二編第一章第三節「十八世紀後半の経営構造」の項

（6）前掲乾氏著作、第五章2「家政改革」の項

（7）須田家の第二一代治兵衛は俳人鈴木荘丹の教えを受け、天保五年（一八三四）に江戸深川で没している。荘丹との関係は『上尾市史』第三巻第十章「俳人鈴木荘丹著作集」参照。

（8）南村須田康子家文書No.三九五七「須田翁墓銘」（大八郎墓銘碑文）

（9）安政二年（一八五五）三月、第二二代治兵衛が「家相続心得書」を記している。同家文書No.二五一七

（10）同家文書No.八二―一（須田家略系図）

（11）同家文書No.一二六四「寅十月晦日」の年貢割付状

（12）同家文書No.二〇三六ほか。貸付先は下蓮田村（蓮田市）ほか

（13）同家文書No.七九二六、元禄元年（一六八八）十二月「差上ケ申一札之事」

（14）岩槻藩の地方支配については、『上尾市史』通史編上の「岩槻藩阿部家の支配」（重田正夫氏論稿）参照

（15）同家文書No.四四〇四

（16）前掲須田家略系図参照

（17）年不詳の資料であるが、近世中期荒川の平方河岸問屋の江戸向積荷の請取に、米・酒・山芋・小麦四〇〇俵がある。同家文書No.八四一八

（18）渡辺実『日本食生活史』吉川弘文館（昭和59・4刊）ほか

（19）同家文書No.四〇四六、正徳五年十月二十九日「売渡シ申御蔵米之事」

（20）同家文書No.九七〇〇

(21) 同家文書No.五九一七、元禄七年十二月六日「請取申金子之事」
(22) 同家文書No.六〇五六、元禄十四年十一月二十日「預り申大豆前金之事」
(23) 同家文書No.一〇六三、延享三年八月「畑方作反別書上帳」
(24) 同家文書No.六五三七、正徳五年十二月「酒造り米之覚」
(25) 前掲文書
(26) 同家文書No.二〇二
(27) 同家文書No.一九〇四七、貞享三年極月二十七日「しち地手形之事」
(28) 同家文書No.二三二一九、延宝八年閏八月「南村宗旨御改之帳」ほか
(29) 同家文書No.五七四、元禄二年二月「巳之歳人別宗旨改一札」
(30) 同家文書No.五七五「南村宗旨人別改帳」・No.四八七「百姓持高覚」
(31) 同家文書No.九三〇一「享保二十年秋作仕付覚」
(32) 同家文書No.八五五、享保元年八月「南村明細帳」
(33) 同家文書No.八四九、享保十四年八月「反別差出明細帳」
(34) 同家文書No.二三七九
(35) 同家文書No.四七一三―二
(36) 同家文書No.四七一三―一
(37) 前掲同家文書（略系図）
(38) 同家文書No.五二四、享保十五年三月「宗旨御改人別帳」より算定
(39) 『角川日本史辞典』所収「近世米価表」
(40) 同家文書No.四九七、宝暦十年四月「宗旨御改人別帳」
(41) 同家文書No.七四〇八、延享三年十月二十一日「祝儀請取留帳」
(42) 同家文書No.二四〇七、元文三年十月六日「頼母子帳」では、一年に三分の掛金で、月額にすると一朱の積立金である。
(43) 前掲（9）の文書による。
(44) 同家文書No.一〇九二―一、宝暦十年十月「村鑑明細帳」では、中畑一反の質入値段は一両一分ほど、小作入上げ値段は銭七

～八〇〇文となっている。
(45) 福島貞雄「耕作仕様書」『日本農書全集』二二（昭和55年10月刊）
(46) 前掲（40）の人別帳
(47) 宝暦五年の下平塚村「歳中諸色入目控帳」には、「しやうゆ壱升代七拾弐文」とある（『上尾市史』第三巻資料編3所収№一四三）。金額の価値が不分明であるが、七二文は一人前の職人一日の手間賃相当とみられる。なお宝暦五年の醤油の記録は、この地域では古い記載である。
(48) 前記「耕作仕様書」のモデル生計費では、年間約九両一分～一二両二分二朱ほどの支出である。
(49) 前掲（10）の須田家略系図
(50) 『蓮田市史』近世資料編Ⅰ所収の下蓮田村医師三井玄修の資料中に、文政から天保初年の薬礼の文書があるが、金額は二分・金三〇〇疋などと高額である。
(51) 柚木学「酒」（『体系日本史叢書』「産業史Ⅱ」所収）山川出版社、昭和39年12月刊
(52) 時代は少し違うが、同家文書№一〇二、元文二年七月「酒売掛古貸書出帳」によると、同家の取引先の酒小売人は近在の六〇か村に限られている。宝暦十年の段階でも、ほぼ同様であったとみられる。
(53) 『蓮田市史』近世資料編Ⅰ第七章第五節「酒の取引」所収「三浦弘家文書」
(54) 拙稿「近世中・後期埼玉県域における畑作地の作付形態」『埼玉地方史』第26・27号、平成2年・3年3月刊。
(55) 前掲注の（17）に同じ
(56) 前掲の「耕作仕様書」の長芋の項では、「三年作たるハ種ニ成ル」と記している。
(57) 前記の長芋の項では、「作たる跡七、八年忌ム」と記されている。
(58) 前掲（44）の村明細帳
(59) 同家文書№八六九、寛保三年十一月「綿売揚代差引帳」
(60) 同家文書№八八〇、延享元年六月「新茶売買帳」ほか
(61) 前掲（33）の村明細帳
(62) 同家文書№九一二三、宝暦四年正月「小作帳」

六　近世中・後期埼玉県域における畑作地の作付形態

1　はじめに

関東地方の近世中、後期の農業は、先進的な関西地方の商業的農業に比して、後進的で自給的農業構造をもったものといわれている。水田は貢租の対象物であったので、畑地の穀物が自家消費の食料となり、あとは地力の維持と、農業再生産のためのわずかな種類の作付をする生産形態が、畑作中心の関東地方の農業の典型であったという。この論旨によると、畑作地では麦大豆などの穀類が中心で、残りはこれらの輪作の間隙の中で、少量ずつ作付されることになる。(1)

このような生産形態は、地方に残されている多くの村明細帳でも徴証することができるという。(2)確かに資料的には不充分であるが、埼玉県域に遺る村明細帳でも、ほとんどの村で農産物として穀類をあげており、あとはわずかな種類の野菜と、わずかな商品作物名を記すのみである。近世後期になると、商品作物の栽培は各地でさかんになるが、村明細帳の産物記載は相変らず穀物中心である。これらの記載は、畑地の作付が穀物主体であったことを証し、埼玉県域の農業形態が後進的であったことを明らかにしている。(3)

ところで県域のこのような農業の実態について、これまで明らかにされた事例は必ずしも多くはない。(4)このことは、主としては資料的な制約もあったと思われる。耕作農民は、自己の累年にわたる経営状況を記録に残すことはまれであるし、村役人層も、貢租対象物以外の農産物については、関心の埒外にあったからである。このような理由で残存資料が少なかったことが、分析事例の少なさにつながっていたと思われる。

一方、近世後期以降県域の作物の種類は増大するが、これは多くの商品作物が栽培されるようになったためである。だがこれらの商品作物の作付実態はどのようなものであったのか、またこれらの新作物の導入によって、従来と作付体系がどのように変化してきたのか、実態を示す分析は必ずしも多くはなされていない。このことは、これまで新作物の流通機構の中での動向や、支配・村落機構の中での役割りに関心が集中されていたことと無縁ではない。従来江戸に近い県域では、ともすると為政者側より早くから新作物がもたらされ、それが定着して広がったという事例が数多く伝えられている。だが甘藷や菜種の例をあげるまでもなく、これらは必ずしも実態を伝えたものではない。(5)いずれにしても、多くの作付事例を示す中で、当時の農業の実態を解明しなければならない。

本稿では、一村あるいは個々の農民の作付状況を例示する中で、当時の畑地の耕作実態を概観しようとするものである。そして商品作物導入後の作付状況がどのようなものであったのか、資料的な制約もあるが、いくつかの事例から明らかにしようとするものである。そして、後進的といわれる県域の農業の変遷が、いくつかの事例の中からたどることができればと考える。

2　穀物中心の作付

元禄二年（一六八九）の足立郡宿村（現浦和市）の「宿村小物成差出帳」には、「畑作者大麦・大豆・粟・稗・芋・大角豆・木綿・蕎麦・かふな此九色を作り申候、中ニも大麦・大豆・稗ヲ多ク作申候事」と記されている。(6) 支配者へ提出した文書なので、必ずしも正確に実態を示したものでないかも知れないが、ある程度当時の畑地作付状況を明らかにしたものとみられる。宿村は荒川左岸の低地帯で水田の多い村落であり、台地上の村々のように畑作中心ではないが、それでも全耕地の約三八％が畑地なので、この付近の村々の当時の畑地の作付状況を示したものと考えられる。

この資料で注目すべきことに、畑作物の種類が豊富で、特に木綿が作付されていることがあげられる。木綿はどの程度作られていたのか不明であるが、同資料中の農民の耕作の余業として、「女ハ木綿布を致候事」と記されているので、一部商品作物化されていたものとみられる。だが、もっとも注目すべきことは、作付の中心が大麦・大豆・稗の穀類であったことである。畑地の作物は近世初期においては穀物中心で、残りは自家消費的な野菜を作るのが一般的であったとみられるが、宿村では木綿の作付が一部になされているとはいえ、この時期には穀物主体の作付状態にあったことを示している。この穀物の中で大麦は冬作物であるが、大豆・稗は夏作物である。ところが夏作の大豆は連作を嫌うので、最大限耕地の五〇％までの作付割合、また稗も六、七年旧地を嫌うので、作付割合は限定されたものであったとみられる。

表1は、正徳六年（一七一六）の葛梅村の畑作物作付面積を示したものである。(7) 葛梅村は水田は一一町六反余であり、耕地の六六％が畑地なので、畑作中心の農業形態といえよう。この表は「注」に記したようにやゝ不整合な点もあるが、冬作は大麦・小麦、夏作は大豆・粟・稗を作付する穀物主体の耕作状況を示している。夏作の作物種類は多

表1　埼玉郡葛梅村の畑方作付面積（正徳6年）

作物名	面積(畝)	割合(%)
大麦・小麦	1,932	84.7
粟・稗	238	10.4
ささげ	200	8.8
いも	250	11.0
木綿	182	8.0
小豆	100	4.4
苅大豆	62	2.7
大豆	900	39.4
菜・大根・たばこ	少々	
大小麦不毛地	350	
うち　粟・稗	300	13.1
うち　木綿	50	2.2
畑総面積	2,282.02	100

◦『武蔵国村明細帳集成』の「葛梅村村差出高反別明細書帳」より作成。

◦冬作は大小麦の不毛地を含めると大小麦の作付で100%、夏作は「菜・大根・たばこ」以外で100%の作付となり、やや不整合な記載である。

◦木綿の平均作付は1軒当り8畝17歩余（戸数は27戸）

いが、それでも大豆は全体の三九・四％、粟・稗は大小麦の不毛地の作付を含めると二三・五％である。いも・木綿以外は穀物であり、これらを合せると七八・八％という高い割合となり、穀物中心の農業形態をとっていたことを明らかにしている。葛梅村の作付で注目すべきことに、宿村同様に木綿の栽培があげられる。この頃になると埼玉郡・葛飾郡下で木綿栽培が徐々に増加したと思われるが、葛梅村では畑地の一〇・二％で、それほど高い数字ではない。この村個々の農民の木綿作付面積は不明であるが、平均すると一軒当り八畝一七歩余となり、商品作物を少量生産する形態が暗示される。同資料中には「木綿之儀百姓衣類ニ仕、相残候分木綿織申候而売申候、代金大積拾壱弐両程ニ御座候、代納壱端ニ付三百五六十文ツヽ」「男女耕作之あいニ、男ハ縄むしろ、女ハ木綿織仕候」とあり、右の暗示を裏付けてくれる。木綿代金十一、二両は、一軒当りにすると一分三朱程であるが、当時の農民にとっては貴重な収入であったとみられる。それにしても、一軒当り平均耕地一町二反七畝余のうち木綿はわずか八畝余であり、当時の輪作の中での栽培の限界が示されている。

表2・3は、時代は異なるがいずれも台地上の村で、夏作物の作付面積とその割合を示したものである。[8] 両村にいく分の相違はあるが、作付の中心は穀物である。南村（現上尾市）では大豆の作付割合は少ないが、苅大豆・荏油・小豆・大角豆などの豆類を合せると約二九％余となり、決して低い数字ではない。粟・稗は全体の三三％余でかなり

表２　足立郡南村夏作物の作付面積（延享３年）

作　物　名	作付面積	割合
	畝　歩	%
大　　豆	325.09	12.7
莇　大　豆	166.29	6.5
荏　　油	117.15	4.6
粟	485.13	18.9
稗	373.01	14.6
陸　　稲	96.00	3.7
そ　　ば	76.00	3.0
小　　豆	45.25	1.8
大　角　豆	92.00	3.6
木　　綿	25.29	1.0
芋	428.02	16.7
菜	85.17	3.3
大　　根	245.24	9.6
計	2,563.14	100

◦須田さち子家文書「畑方作反別書上帳」より作成。
◦南村の寛保３年の家数は35軒。

表３　埼玉郡上平野村畑作地の夏作作付反別（享和２年）

作　物　名	反　別	割合
	反	%
大　　豆	150	47.4
小　　豆	7	2.2
稗	40	12.6
木　　綿	15	4.7
粟	40	12.6
陸　　稲	3	0.9
荏	15	4.7
芋	46.4	14.7
計	316.4	99.8

◦篠崎家文書「田畑仕付反別凡書上帳下書」より作成。
◦反別は原資料では「凡〇〇程」と記載。

高い割合を示しており、陸稲・そばを含めた穀物全体は約七〇%の作付率を占めている。南村の場合芋と大根の作付面積の多いことが特徴で、これだけの割合は自家消費のみでなく、商品作物として栽培されたことを示すものであろう。[9]

　上平野村の場合、伝統的な大豆の作付割合が高いことが特徴で、連作限度額に近い割合となっている。稗・粟の割合は合せて二五%余で、陸稲・荏・小豆を含めた穀物の作付は八〇%余で、極めて高い割合となっている。一方、南村と同様に芋の作付割合が高いことも特徴で、自家消費の域をでているものと思われる。しかし木綿の場合は全村で一町五反歩なので、一軒当りにすると微々たるものである。ここでも商品作物としての木綿の栽培が、穀物主体の輪作体系の中で、自ずから限界があったことを示している。

3　商品作物栽培発展期と藍の作付

近世後期になると、県域内各地で商品作物がさかんに作られるようになるが、榛沢郡下手計村（現深谷市）の場合もその例にもれない。この地域は藍の栽培で知られているが、中瀬河岸の資料によると、「藍葉作之儀、安永之頃より作り候哉、天明・寛政追々此在々作り方多分ニ相成」（河田家文書）と記されているので、比較的遅れて発展した地域である。[10] 表4は、藍がさかんに作られている文政七年（一八二四）の作付面積を示したものである。[11]「水押畑付書上候分」という資料の制約もあるが、藍作地の作付状況を表わしているとみられる。

この表で注目されることに、大豆の作付割合が高いことがあげられる。この年は大豆の無毛地が一八町余もあるので、これを合せると連作限度五〇％を超える高率となってしまう。翌年の大豆栽培を縮小する前提に立った作付と思われるが、それにしても大変な高率である。一方商品作物の藍は、全体の一三・五％で、「藍作地帯」と称される村にしては決して高い割合ではない。化政期の家数は一七五軒なので、一軒当りにすると平均八畝余の作付面積となる。ここでも先に示した葛梅村・南村・上平野村と同様、商品作物の作付割合は限定されたものとなっている。

下手計村では稗が作られていないのが特徴であり、粟・陸稲もわずかな数を示している。先に記したように稗も連作を嫌うので、長期にわたる輪作のサイクルの中で作付されてい

表4　榛沢郡下手計村の畑方作付面積（文政7年）

作物名	作付面積	割合
	畝	%
大豆	5,183.23	49.4
小豆	109.27	1.0
粟	396.10	3.8
陸稲	265.00	2.5
藍	1,415.22	13.5
芋	570.20	5.4
牛蒡・大角豆	97.23	0.9
小物品々	333.05	3.2
計	10,496.02	

◦『深谷市史』（追補編）の「水押畑付書上候分」より作成。
◦作付面積の「計」は資料記載の数を示す。合計と一致せず。
◦上記の他に大豆無毛地1869畝３歩がある。
◦下手計村は『武蔵国郡村誌』では耕地は畑のみで109町４反１歩である。
◦『新編武蔵風土記稿』での家数は175軒。

たのかも知れない。この表には「注」にも記してあるように、一、八六九畝余の大豆無毛地がある。これは全体の約一八％にもなるが、おそらく無毛が決定的になった跡地は他の作物を作付したと思われるが、これがどんな作物であったのかは不明である。それにしても下手計での夏作が、大豆を中心にした穀物主体の作付であったことはこの表でも明らかである。

ところで、藍の反当生産量や販売単価はどのようなものであったのだろうか。寛政元年（一七八九）に阿波国で記された「藍作始終略書」では、豊作年の中畑上の土地で、反当三五貫の生産量を一つのモデルとして記している。[12] 一方葛飾郡西大輪村の白石家では、安政二年（一八五五）に三反五畝を作付して、四〇〇貫の藍葉を生産している。反当り一一四貫余という、先記の阿波の例の三倍余の生産額である。[13] この生産額は、豊作年にしても驚異的な量を示し、資料的には今後検討を要する数である。

一方、明治十六年から五か年の埼玉県の藍葉平均反当生産量をみると、豊作年の十六年が約六八・二貫、不作年が十七年の三七・六貫、五か年平均では四八・六貫余である。[14] 時代の相違や土地条件もあるので推定しがたいが、先の論文で佐々木氏も反当五〇貫を標準にしているが、下手計村でも約四〇〜五〇貫が平均的な反当収量であったと推測される。この推定値から計算すると、下手計村の全生産量は五六六三〜七〇七八貫余となる。明治初年の下手計村の生産量は、藍玉にして四〇〇〇貫とあるので、藍葉に換算すると五七一四貫余となり、文政期とほぼ同程度の生産であったとみられる。[15]

西大輪村では、文政七年に藍葉が一両で三四〜三六・五貫で販売されているので（前掲佐々木氏論稿）、一反五〇貫の生産量であれば反当約一両二分の売上高となる。一反四〇貫の生産量であれば、反当約一両三朱ほどである。藍葉の価格は、他の商品作物同様年により相場の変動が激しいが、白石家の例では嘉永元年一両で三四・八貫、同二年五三・七貫、同六年三四・二貫で購入している。下手計村と西大輪村では必ずしも同一の相場ではないと考えられるが、近接した地域でもあるのでほぼこれに近い価格で取引きされたものとみられる。これらの藍葉の販売価格からみると、反当りの生産高にもよるが、凡そ一反一両～一両二分余の収入であったと推測される。この収入は、先に記した「藍作始終略書」のモデル例と比較すると、著しく低い収入となっている。寛政元年という時代の差異もあるが、この農書では三五貫の藍葉を藍玉に製してはいるが、代金は銀二四〇匁（約四両一分一朱）となっている。諸経費を差引いても銀九三匁余が手取金になっており、商品作物としての有利さを示しているが、西大輪村を含めた関東の藍作地帯では、まだこの時期には極めて低い収入であったといえよう。

下手計村の個々の農民の藍作付反別は不明であるが、おそらく耕作地の少ない中小農民にとっては、極めて狭い面積の栽培であったとみられる。その理由の一つとして、藍は多量の肥料を要し、中小農民にとっては広い面積の耕作は不可能と考えられるからである。先に示した阿波の農書では、一反に銀一二七匁の肥料代を費している。このことからも下手計村の一戸当り平均八畝余を超えて作付する農民は、上層の農民であったとみられる。この推測を証するものに、西大輪村の白石家の例がある。先に記したように、同家は安政二年に三反五畝という広い藍作地を耕作しているが、元治元年（一八六四）には藍葉を七〇〇貫も手作生産しており、反当五〇貫の生産に換算すると一町四反の栽培面積となる。[16]まさに驚異的な面積であるが、これは、白石家の藍玉売買、地主経営等から生ずる資力を背景にした手作栽培であったとみられる。

藍作地の拡大を阻むもう一つの理由に、藍玉製造には多量の手間を要することがあげられる。西大輪村の白石家では、嘉永六年（一八五三）から年雇・日雇の人数が増大しているが、これは藍の手作地の拡大と一致している。もちろん手作地全般の経営、在郷商人としての労働力確保もあったと思われるが、嘉永六年には年雇四人、日雇一〇五人、賃金は合せて二四両余、元治元年には年雇七人、日雇一二一人、賃金三五両余と高額な支出となっている。[17] これらの例からみると、資力のない中小農民は藍玉に製しての販売でなく、藍葉としての販売になったとみられるが、加工していない原料としての販売は、それだけ低収入であったことは明らかであろう。下手計村他一六か村では、文化五年（一八〇八）に既に日雇賃金の取極をしており、それには「藍つき一駄一五〇文」とあり、中小の農民たちが藍玉製造業者に雇われている状況を裏付けてくれる。[18]

以上二つの理由からも、藍の一戸当りの作付面積が狭小であったことがうかがえる。いわゆる多数農民による少量生産の経営が、藍作の一般的な形態であったとみられる。一方白石家のように、一部大量に生産する農民があったことは注目に値する。後述の他の商品作物の例にもみられるが、資力もあり、流通組織と結びついた一部上層農民の中に、かなり大規模な商品作物栽培がみられることは、この時期の埼玉県域の一つの特徴でもある。

4　木綿栽培地の作付例

埼玉県域の東部低地で、木綿栽培がさかんになったのは宝暦・明和期からである。寛政二年（一七九〇）の「白木屋文書」の中に、「武州岩槻木綿之儀前々より少々宛織出し候所、当時出方差而過分之儀も無御座候得共、廿ヶ年以前より当時外々ニ順し余分織出し申候儀ニ御座候」と記されている。[19] 二〇か年以前とは明和七年（一七七〇）にあたり、この前後の頃より江戸問屋のもつ流通機構と強く結びついて、商品作物としての栽培がさかんになったものと考えられる。

表5は、埼玉郡小久喜村の寛政三年の水損地を書上げたものである。[20] この村は台地の村で、寛政一〇年の村明細帳によると耕地は全て畑地で、面積は四三町九反三畝余である。表に示された耕地は、水損地のみの記載なので村全体

表５　埼玉郡小久喜村水損地の畑方作付表（寛政３年９月）

項目＼作物	稗	粟	大　豆	油	木　綿	い　も	2種以上作　付	その他不　明	計
面　積(畝)	371.225	172.01	871.095	127.04	470.005	79.145	111.195	24.28	2228.095
割　合(%)	16.7	7.7	39.1	5.7	21.1	3.6	5.0	1.1	100

◦鬼久保家文書「当亥水損ニ付畑方小前帳」より作成。
◦原資料には一部不備な点があり、２種以上記載、不明な記載がある。
◦「油」は、夏作なので「荏油」と推定されるが、原資料記載のままとした。
◦水損地の耕作者数は79人。畑の等級は上畑〜新下畑にわたっている。
◦小久喜村の畑地の面積は4393畝5.5歩（寛政10年明細帳）である。

の耕作状況を示すものではないが、この年の水害は甚大で全耕地の五〇%余が水損地として記されているので、小久喜村の作付状況をある程度示しているものと思われる。

表に示されているようにこの村でも大豆の作付が多く、ほぼ四割の作付となっている。そして稗・粟・油（荏油か）等を含めると、穀物主体の作付形態をとっていたことは明らかである。ところが先の葛梅村と異なり、木綿の栽培が二〇%を超えていることが大きな特徴である。旧大間村福島家で所蔵する「耕作仕様書」では[21]、木綿は「地の高きハ悪し。先湿地深きをよしとす」と記されているので、小久喜村でも比較的低湿な畑での栽培が多かったため、水損地として高い割合を示したとも考えられる。しかし寛政期のこの頃になると、このあたり一帯が綿作地として発展していたとみられるので、かなり高い作付割合を裏づける資料となるであろう。

表６は、小久喜村の木綿作付水損地を耕作者別に示し、合せてそれら耕作者の持高を掲げたものである。既述のように制約された資料であり、一部不備な点もあるが、木綿がどのような農民階層によって作付されていたかを示すものである。

この表が明らかにしているものとして、まず第一に多数農民が木綿作付に参加していることがあげられる。水損を受けた全農民は七九名（入作者を含む）、うち木綿作付者は五〇名という多数となり、全体の六三%余に達している。そして各戸の作付面積の上下はあるものの、比較的小規模の栽培であることも特徴の一つである。最高は表が示すように友吉の三反一畝二三歩、最低は嘉右衛門の九歩であるが、三反以上の耕

表6　埼玉郡小久喜村の木綿作付と持高（寛政３年）

No.	耕作者	木綿(畝)	持高	No.	耕作者	木綿(畝)	持高
			斗				斗
1	庄八	2.00	20.64	26	儀左衛門	7.145	17.41
2	伝次右衛門	4.15	12.69	27	清八	20.14	56.45
3	権之助	10.00	21.43	28	還右衛門	1.20	48.18
4	庄左衛門	1.15	34.86	29	伴助	3.015	24.65
5	惣右衛門	3.00	16.38	30	新八	10.00	51.83
6	五兵衛	5.195	57.33	31	清左衛門	7.075	57.47
7	与右衛門	27.19	−	32	清七	4.215	11.71
8	友吉	31.23	237.95	33	兵蔵	10.10	千駄野村
9	忠左衛門	23.20	63.12	34	治右衛門	3.00	43.66
10	藤七	5.18	−	35	新蔵	1.26	13.70
11	五郎右衛門	9.185	43.64	36	惣助	31.12	64.03
12	定右衛門	7.17	151.29	37	茂左衛門	2.21	54.08
13	幸八	4.16	46.35	38	忠蔵	10.06	30.27
14	兵右衛門	3.10	−	39	伝内	8.10	千駄野村
15	庄右衛門	4.17	62.94	40	武兵衛	7.14	35.56
16	喜右衛門	12.00	37.88	41	平吉	4.03	−
17	富五郎	0.16	24.70	42	甚八	17.09	16.67
18	源七	19.24	164.73	43	利八	27.06	−
19	吉右衛門	8.03	9.39	44	磯右衛門	1.21	12.69
20	幸蔵	30.03	216.00	45	林蔵	3.05	37.60
21	小平次	6.09	26.02	46	伴七	3.105	24.15
22	定八	12.20	27.48	47	幸次郎	14.23	50.61
23	弥七	4.27	28.06	48	元右衛門	5.18	10.82
24	喜三郎	13.18	90.17	49	百助	6.20	水呑
25	伝右衛門	3.00		50	嘉右衛門	0.09	−

◦鬼久保家文書「当亥水損ニ付畑方小前帳」（寛政３年９月）・「宗門人別御改帳」（寛政３年３月）より作成。
◦表中の「千駄野村」は入作の者。
◦持高の不明者は、原資料の作成時期の相違と、他村からの入作者があるためと思われる。

作者は三人、二〜三反が四人、一〜二反が一〇人で、一反以下が三二人という多数となっている。平均的には九畝余の作付となるが、全体の六六％が一反以下の作付である点は注目すべきことであろう。一方二反以上という、大規模栽培者がいたことも留意すべきことで、この表からも大多数の小規模作付者と、一部の大規模作付者の二つの様相をうかがうことができる。

次に持高との関係をみると、比較的大高持の綿作地は広く、小高持の作付面積は小さい傾向にはあるが、必ずしも全てがこの傾向に沿っているわけではない。作付地の全貌を示した資料ではないので速断はできないが、小高持の中にもかなり広い面積を作付している農民がいることは、注目に値することである。例えば、三反以上の作付者で幸蔵は名主で二一石余の持高、友吉は二三石余で村一番の大高持であるが、惣助は六石四斗余の持高で三反一畝一二歩の木綿を栽培している。また二反以上の作付者をみても、忠左衛門は六石三斗余の持高で二反三畝余を作り、清八も五石六斗余の持高で二反余の作付をしている。この傾向は一反〜二反の作付者の中にもみられるので、一面では木綿作付面積は必ずしも持高に比例していないともいえる。この村全体の各戸の持高と経営規模は明らかでないが、おそらく持高五、六石は耕作地五、六反とみられるので、その中での二反前後の栽培は、木綿収入に重点をおいた経営がなされていたことを示すものである。

それにしても県域の木綿栽培地は、西国の大和や河内地方と異なり特産地化するほど高い作付率を示していない。河内国においては、一国全体でも綿作地が四〇％を超えるほどであったといわれるが[22]、県域においては木綿作がさかんな東部地方でも小久喜村と同程度であったとみられる。このように特産化されなかった理由はいくつかあげられるが、その一つに個々の農民の資力の低さがあげられる。木綿も藍と同様に多くの肥料を要するが、資力のない中小農民にとっては作付の拡大は困難である。その結果が、小面積の栽培にあらわれたものとみられる。また何より重要なことの一つに、木綿は生産地で加工されて商品化されるが、繰綿や木綿織物にする地域の分業形態が確立されていなかったことが、特産地化できなかった大きな理由になるであろう[23]。

5 紅花栽培地の作付

表7は、幕末期の紅花栽培のさかんな足立郡中分村（現上尾市）の作付反別・収量・施肥量等を示したものである[24]。作付反別は全ての作物を記したものではないが、台地の畑作地の作付状況を明らかにしている。表中の冬作物は麦・紅花・菜種・小麦で、合計四七町歩になるが、陸稲以下の夏作物作付合計は三七町歩で、一〇町歩が他の作物を作付

していることになる。

中分村の作付の特徴の一つに、冬作物の多様化があげられる。これまでの例では冬作物は麦類に限られていたが、ここでは紅花・菜種が比較的広い面積を占めている。菜種は、享保期に幕府の勧めでこの地域に試作されているが、この時は完全に失敗に終っている（前掲須田さち子家文書）。この地域にさかんに作られるようになった時期は不明であるが、「耕作仕様書」にはその栽培法が記されているので、おそらく「耕作仕様書」の記された天保期以前にさか

表7　足立郡中分村の畑作物反当収量と施肥量（慶応三年）

作物名	作付反別	反当収量	総収量	反当収入額	反当施肥量	反当施肥金額	作付割合
麦	二五〇（反）	一五（斗）	三七五（石）	四両一分　余	灰二〇笊・油粕三枚・外に下肥	二両二分　外に下肥代	五三・二％
紅花	六〇	一〇〇〇（匁）	六〇（貫）	三・二・　余	糠六斗・干鰯四斗・油粕二斗・灰二〇笊	三・　三、〇〇〇文	一二・八
菜種	八〇	六（斗）	四八（石）	二・	灰二〇笊・大豆二斗・糠三斗	一・　一〇、五〇〇	一七・〇
小麦	八〇	五（斗）	四〇（石）	一・三・　余	灰一五笊・糠二斗	・三・　三、〇〇〇	一七・〇
陸稲	三〇	五（斗）	一五（石）	三・〇・二	灰一五笊・干鰯三斗・糠二斗	一・三・　三、〇〇〇	六・三
大豆	一二〇	六（斗）	七二（石）	二・〇・三余	灰一五笊・	・三・	二五・五
小豆	四〇	五（斗）	二〇（石）	二・	灰一五笊・	・三・	八・五
さつま芋	五〇	一九五（貫）	九七五〇（貫）	五・	糠五斗・粕三斗・	一二、〇〇〇	一〇・六
稗	八〇	二〇（斗）	一六〇（石）	―	灰二〇笊・	一・	一七・〇

○矢部弘家文書「畑方作物豊作収納凡取調帳」より作成。
○収量は平年作、作付反別は原資料では「積り」と記載。
○反当収入額は慶応二年の相場を基準としている。
○冬作総反別は四七〇反・夏作総反別は三二〇反。

んに作られるようになったものであろう。一方紅花は天明寛政期に江戸商人がこの地域にもたらしたもので、化政期には有力な商品作物になっている。(25)

夏作物の作付では、さつま芋がかなり作られていることが注目される。さつま芋も菜種同様に享保期に勧奨された作物ではあるが、この試作はこれまた菜種同様に失敗に終っている。さつま芋については後述するので詳細は省くが、幕末期にはこの地域で有力商品作物になりつゝあったことは明らかである。しかし、近代になりこの地域の夏作物の大半がさつま芋であったことに比すれば、まだそれほど高い作付割合ではない。むしろこの村においては、まだ夏作の中で伝統的な大豆・稗の作付割合が多いことが注目される。大豆は二五％余、稗は一七％になり、麦類と大豆が畑作地の基幹作物であったことを明示している。

表7の原資料は領主に提出したものの控なので、反当収量は過小評価されているかも知れない。「耕作仕様書」の作付モデルでは、大麦は反当二石、大豆は反当一石となっており、自然条件の似た中分村にしては収量が低くおさえられており、他の作物も同様であると推定される。一方反当収入・反当施肥金額は、幕末の諸物価の高騰もあるので比較が困難であるが、概して高い金額を示している。麦が一両で約三・五斗、小麦が約二・九斗、菜種が三斗であるが、これはこの年の物価高を表わしたものといえよう。肥料については、それぞれの単価は不明であるが、反当施肥金額をみるとかなり高額になっているので、やはり価格の高騰があったものと推測される。

表7の示す特徴の一つとして、施肥量が多く、しかも購入肥料がさかんに使用されていることがあげられる。干鰯・油粕・糠のみでなく、灰も購入されていたとみられるので、耕作者の負担はかなり重かったと推定される。値段の高騰もあるが、紅花の場合反当施肥金額は三両余という高額であり、この例では反当収入と同額となっている。麦の場合も反当二両二分余、菜種の場合も二両余となり、どの作物も高い肥料代を投入している。もっとも作物によっては、

紅花と同様に反当収入と同額の施肥金額となり、採算が合わないということになるが、これは原資料が領主に提出したものであることと、この年の物価騰貴によるものとみられる。それにしても、この時代になると畑作地ではかなり金肥を投入していることは明らかであり、一面では耕作者の負担が重くなっていたといえよう。

ところで、幕末期に上尾宿・桶川宿付近でさかんに作られていた紅花は、個々農家においてはどのような規模で作付されていたのであろうか。表8は、天保一〇年・一一年の足立郡久保村（現上尾市）での作付状況を推定したもので、一村で作付状況を記した資料がないため、商人の買付量から作付面積を算出したものである。(26)紅花の買付商人は同じ久保村の須田家であるが、村内の栽培農民が全ての量を同一商人に売ったわけではない。また栽培者の販売時期もさまざまであるので、収納期の五～六月の買付量では限定されたものになるが、同一村の商人が、ほぼ大半を買付けしたことを前提にしての推定値である。なお、紅花の買付けでは何人かの商人が共同で買付けする「のりあい」買付の例を含めて、個々の栽培者からの買付量は、ほぼ久保村同様に少量の場合が多い。

表8で示されているように、紅花買上量は上下の差はあるものの概して少量である。村によっては大量に作付して販売するものもあるが、久保村では多くても二、三貫である。一方少ない例も多く、表に示されているように二〇〇匁以下の量を販売している農民もいる。このことは売上金額も同様で、多い人で天保一〇年には三両余、天保一一年には七両余であるが、少ない例では一〇年に一分余、一一年では一分二朱余という少額となる。

「推定作付歩数」は、表にも記したように同年の中分村矢部家の収量を基準にして算出したものである。この表によると、天保一〇年では最大が新右衛門の三一五歩余、最小が半六の二五歩余で一畝に満たない栽培面積である。この年の平均作付面積は、「見切分」のみの一人を除くと約一五四歩（五畝余）である。天保一一年の最大は彦二郎の六三一歩余（約二反一畝）、最小は太吉の三五歩余で、平均は二二九歩余である。これらの推定値からみると概して作

表8　久保村の紅花売上額と持高

天保10年

売上人	量　(匁)	金額 両分朱	文	推定作付歩数 歩	持高(石)
喜太郎	1,860	3・	1,877	286・2	8・881
嘉兵衛	1,918他に見切分	2・3・	4,445	295・1	4・322
伝吉	280	・1・2	664	43・1	・890
八五郎	580	1・	118	89・2	
吉蔵	900他に見切分	1・2・	1,082	138・5	7・678
半六	165	・1・	164	25・4	
彦二郎	1,172	1・3・	1,956	180・3	9・335
捨五郎	1,140	2・		175・4	9・011
平左衛門	210	・1・	658	32・3	7・408
新右衛門	2,050	3・2・	633	315・4	10・236
巳之八	740	1・1・	468	113・8	
升重	990	1・3・	116	152・3	6・080
□□□	見切分		200		
計　13人	12,005他に見切分	19・1・2	12,381	1,847・0	

天保11年

売上人	量　(匁)	金額 両分	文	推定作付歩数 歩	持高(石)
喜太郎	2,365他に見切分	5・2・	1,068	492・7	8・881
嘉兵衛	2,043	4・1・	2,549	425・6	4・322
紋九郎	180	・1・	1,062	37・5	1・684
八五郎	355	・3・	377	74・0	
吉蔵	455	・3・	1,833	94・8	7・678
半六	318	・2・	1,377	66・3	
彦二郎	3,030	7・1・	955	631・3	9・335
捨五郎	1,530	3・2・	949	318・8	9・011
平左衛門	400	・3・	554	83・3	7・408
新右衛門	1,510	3・2・	72	314・6	10・236
巳之八	1,000	2・	849	208・3	
升重	1,545	3・2・	622	321・9	6・080
勇蔵	495	1・	509	103・1	10・025
太吉	170	・1・	749	35・4	7・215
計　14人	15,396他に見切分	33・3・	13,525	3,207・6	

◦須田家文書（上尾市久保）「仕入帳」より作成
◦「推定作付坪数」は、矢部弘家文書「万作物取高覚帳」の天保10年・11年の収量を基準に推定する。天保10年は坪当り6.5匁、天保11年は4.8匁を基準収量とする。

◦売上高は全て自家で栽培したものとみなして計算する。

◦「見切分」は量的に不明なので計算外とする。

◦「持高」は須田家文書天保11年3月「宗門人別改帳」より記入。

付は小面積で、天保一〇年では一反以上の栽培は一人、同一一年は六人という少数である。それに比して一反以下の栽培者が多く、全体的に小規模な栽培であったといえよう。

作付面積と持高の関係であるが、表8では一部不明な耕作者もおり資料としては不完全であるが、概して持高の大きな農民の耕作面積は広く、持高の小さい農民の耕作面積は少ない。しかしこれは必ずしも比例しているわけではなく、比較的小持高でもかなり広く栽培している例もある。例えば嘉兵衛は四石三斗余の持高で、村の中では下層農に属するが、天保一〇年には約一反、天保一一年には一反三畝余という広い面積を栽培している。一方平左衛門は持高七石四斗余で中位の農民であるが、天保一〇年に一畝余、天保一一年に二畝余しか栽培していない。また勇蔵は一〇石余の持高で、村内二位の大高持であるが、天保一一年に三畝余の栽培という小面積である。このように平左衛門・勇蔵のような農民がいる一方、伝吉や紋九郎のように無高に近い極小高持である農民が、わずかではあるが商品作物を栽培していることは注目に値しよう。伝吉は八斗九升、紋九郎は一石六斗余の持高であるが、それぞれ一畝余の栽培をしている。これは商品作物の有利さを示すとともに、一面では極小高持だからこそ商品作物を作らざるを得なかった、当時の農業経営の実態を顕わしたものといえよう。

6　武蔵野台地の作付と甘藷栽培

県域の武蔵野台地の作付については、これまでいくつかの事例が報告されているが、文化七年（一八一〇）の入間郡北永井村（現三芳町）の「麦作小前牒」によると、凶作状況の記録という限定されたものではあるが、冬作の大半は大麦と小麦である。[27]ところが注目すべきことに、「辛子」が相当量栽培されていることがあげられる。この辛子は、「辛子菜」とみられ、種油の採取を目的にしたものと推定されるが、冬作物の作付種類がこれまでの大麦小麦から変化してきたことを示している。この村での正確な作付割合は明らかでないが、秋山伸一氏の指摘によると、近傍の上富村（現三芳町）の武田家では、文政元年（一八一八）以降大麦より小麦の作付割合が高くなっている。[28]このことは同じ穀物栽培の中でも、より商品価値の高いものを栽培する傾向の顕れとみられる。小麦の需要の高まりは当然江戸と結びついたものであるが、新座地方の水車による製粉業の隆盛とも期を一にしており、注目すべき事象であろう。

幕末期の武蔵野台地の重要な夏作物に、甘藷の栽培がある。先に記した武田家の作付帳によると、文政初年の段階でかなりさかんになっているが、県域内での栽培がいつ頃から発展したのかは不明である。県域に初めて甘藷栽培が導入されたのは享保期であるが、この時期の栽培法は種芋を直接畑にふせて挿し苗を採っており、この幕府の勧奨策は完全に失敗している。大門宿の享保七年（一七二二）の記録では、「薩摩芋弐拾植候内、弐ツ先達而御訴申上候通生へ、め（芽）壱尺ほと罷成、段々つる切植付申候」とあり、後にみられる苗床での挿し苗の育成はなされていない。[29]また高麗郡小瀬戸村・小岩井村（現飯能市）での享保十五年の報告では、「枝葉計ニ而実成不申」とある。[30]これらの事例では、まだこの時期には苗床で晩春までに苗を生産する技術が確立されておらず、直接畑地に種芋を植えて挿し苗をとる方法なので、霜の降りる陽暦十一月以前の収穫は不可能である。

埼玉大学の葉山禎作教授の教示によると、甘藷生産を飛躍的に高めたのは、苗床で早期に苗を生産する技術革新があったからだという。既に同氏は天保期に執筆された「耕作仕様書」で、苗床で甘藷苗を育てる方法が記されており、この段階では近代以降にみられる栽培方法が確立されているので、それ以前の時代に苗床で苗を育てる方法が発明されたと指摘している。ところでこの苗床法は、天保十二年（一八四一）に下野国河内郡の田村仁左衛門によって著わされた「農業自得」にも記されている。[31]この農書の甘藷の項によると、「野州辺へ渡りし事、寛政の初の頃より作り」とあり、また「近頃漸々作方、貯方を覚」と記述されている。「耕作仕様書」と「農業自得」は同じ時期の著作であるが、既にこの時期に関東の寒地でさかんに栽培されており、苗床法は定着していたものとみられる。

ところで県域への甘藷導入例として、南永井村（現所沢市）吉田家の記録がある。寛延四年（一七五一）に、同村の弥右衛門が江戸の商人を通じて上総国から種芋を仕入れ、それから栽培が普及したというものであるが、この弥右衛門の栽培法は不明である。[32]寒地での甘藷栽培拡大の技術的な壁として、「農業自得」に記されているように冬季の種芋の貯え方と、それに春早く苗を育てることがあげられるが、南永井村での事例では一切そのことは不明である。享保期の失敗例からみて、もう少し後にこの二つの技術的な壁が克服されたのかも知れない。

前掲の上富村武田家の作付帳では、文政初年から甘藷が大量に生産されていることが記されている。[33]これは、前記の技術的な二つの壁が克服されていることを推定させ注目に値する。秋山伸一氏の分析によると（前掲）、武田家の夏作での甘藷の作付割合は、文政元〜五年二一％、同六年〜一〇年二四％であり、文政一一年〜天保三年に三〇％を超え、天保四〜八年には三七％となっている。以後三〇％代が幕末まで続き、明治初期に四〇％を超えている。武田家は五町歩前後の経営規模で、新しい作物へも充分な投資ができたと思われるが、それにしても文政期以降かなり甘藷栽培がさかんであったことを示している。

甘藷栽培の隆盛は、夏作での穀物栽培を減少させることになるが、武田家の場合穀類はそれでも文政期に四〇％代を占めている。ところが年によっての増減はあるものの、幕末期になると漸減し三〇％となっている。そして明治初年には二〇％代となり、甘藷栽培の拡大と反比例する傾向をみせている。このことは秋山氏も指摘しているが、甘藷がこの地域一帯の特産物となったことを示すものであろう。

ところで、一つの新しい商品作物が導入される場合、当然そこには生産物を買上げる商人が介在している。自家消費できない工芸作物はもちろんであるが、穀類・蔬菜など自家消費可能な作物でも同様で、流通機構を無視した新作物の栽培は、近世以降の農業生産ではあり得ない。甘藷の場合も、販売ルートがあって初めて作付が拡大したとみられ、幕府の勧奨策で普及したものではない。享保期の代官による試作の奨めは、甘藷栽培の一つの契機にはなったかも知れないが、既述のように失敗していることがこれを証している。

武蔵野台地の甘藷生産地域では、天保二年（一八三二）に江戸商人と争論を起している。[34] 江戸神田多町の青物御役所納人が、甘藷の不正な取扱いをしたことに端を発したものであるが、生産地の川越藩領二四か村の村々では議定を結んで訴えを起している。この争論は、下総国千葉郡の生産地村々と手をくんで行ったものであるが、「前々の通、山方勝手次第売捌候様仕度」と議定文にある通り、生産地の村々が流通ルートを握っている商人に抵抗を示したものである。一面ではこの天保二年の争いは、甘藷が江戸青物商人を通じて販売されていたことを証しており、文政期から天保期の栽培の拡大が、流通機構の中に取りこまれたものであることを明らかにしている。[35] 既に記したように、寛延四年に南永井村の弥右衛門は上総国より種芋を仕入れているが、この時は江戸商人が介在しており、この点からみると甘藷も商人達により栽培が拡大したものといえよう。

7　大規模経営者の作付

表9は、既に紅花の作付例で示した足立郡中分村の矢部家の作付反別を記したものである。[36] 矢部家は畑作中心のこの地域の経営規模としては比較的大きく、天保六〜一二年には水田五〜七反七畝、畑二町八反、合せて三町三反〜三町五反七畝と広い面積を耕作している。近世後期には代々名主を勤め、質屋を営んでいる上層農民でもあるので、他の農民達と異り投下できる資本にも恵まれた立場にあったとみられる。

矢部家の冬作物の作付の特徴は、前述の中分村全体の傾向と同じく、麦類の外に菜種・紅花が栽培されていること

表９　足立郡中分村矢部家の作付反別（畝）

作物名	天保６年	天保７年	天保８年	天保９年	天保10年	天保11年	天保12年
菜種	30	30	36	29	30	32	40
はだか麦・わせ麦	70	72	68	66	45	55	35
かわ麦・大麦	10	10	28	30	40	25	40
小麦	105	95	85	90	70	100	85
紅花	70	75	70	70	(不明)	70	90
大豆	40	60	57	70	75	(不明)	(不明)
小豆	21	18	30	35	28	(不明)	32
大角豆	2	0	0	0	0	0	0
黒大豆・黒豆	30	25	26	29	26	25	30
粟	50	38	58	45	35	38	40
陸稲	23	20	15	22	20	0	0
稗	26	33	20	20	28	30	30
胡麻	3	2	3	2	3	3	3
荏	12	10	12	5	12	16	12
そば	55	30	67	57	(不明)	50	40
もろこし	3	2	1.15	1	2	0	0
芋	8	8	10	8	10	12	8
さつま芋	20	30	28	30	25	23	20
やまと芋	(不明)	0	0	0	0	0	0
木綿	16	12	5	12	16	18	14
紫根	0	19	10	0	0	0	0

◦矢部弘家文書「万作物取高覚帳」より作成。

◦「わせ麦」「大麦」は天保８年より作付、それ以前は「はだか麦」「かわ麦」を作付。

◦「黒豆」は天保７年・９年・11年に作付、それ以外は「黒大豆」の作付。

◦（不明）は収量が記されているが作付反別が不明なもの。

◦矢部家の経営規模は水田５反～７反７畝、畑２町８反歩である。


があげられる。菜種は三反～四反なので、必ずしも大きな割合を占めているわけではないが、毎年これだけの作付をしていることは、商品作物として有力な収入源であり、栽培もこの地域で既に定着していたことを示している。一方紅花の作付面積が多いことが注目され、七反～九反の栽培は畑地の二五～三二％に達している。先に例示した慶応三年の中分村全体の作付割合は一二％余であり、また久保村の推定作付面積などに比しても驚異的ともいえる高い数である。紅花は多くの肥料を要し、また収穫期が麦と重なるため労働配分にも苦労する作物であるが、大規模経営者であったからこそ、このように広い反別の栽培ができたものと考えられる。なおここでは経営収支については詳しくは触れないが、天保七～一〇年の矢部家総売上げは約七〇～九〇両であるが、紅花はそのうちの約三〇～四〇％という高い割合を示しており、大きな収入源となっている。(37)

矢部家の夏作は、種類の上で多様化していることが注目され、穀類・芋類・工芸作物など変化に富んだ作物群があげられる。しかし大豆・陸稲を含む穀物の作付割合は高く、大凶作の年を含んではいるが、天保七～九年には約八〇％の作付割合となっている。これらの数字からみると、矢部家においては伝統的な穀物栽培の経営であったといえる。だが細かくみると、大豆の割合は必ずしも多くはなく、小豆などの商品価値の高い作物をたくさん作っており、穀物中心の中にも変化してきていることがうかがえる。なお陸稲の栽培は天保六年～一〇年は二反前後で、一一年・一二年には皆無であるが、水田の少ない台地農村であっても、輪作の関係や地力の保持の点からも限界があったものとみられる。

夏作の作付作物の中では、木綿・紫根などの工芸作物が作られ、さつま芋の面積が多いことが注目される。木綿は大凶作の翌年の天保八年には五畝の作付であるが、平均一反余の作付になっており、ある程度の割合で矢部家での栽培がパターン化していたことを示している。また紫根は二か年の栽培であるが、天保八年が無毛のためか以後作付されていない。一方さつま芋は二反～三反の栽培で、約一割程の作付割合となっている。天保六年の収量は二反で一四駄、売上高は約四両なので比較的高収益である。しかし先に例示した慶応三年の中分村全体の例と同じく、作付割合が一割ほどであることは、まだ武蔵野台地の村々と異なり、産地化の進行がそれほどでもなかったといえよう。矢部家では夏作の中心は穀類であり、このことが輪作や労働配分の関係からも、さつま芋や工芸作物の作付割合の上昇を、阻んでいたとみられる。

表10は、新田村落の入間郡上富村武田家の作付を示したものである。(38) 既に記したように武田家の作付については、

表10　入間郡上富村武田家の作付反別（反）

作物名	文政元年	2年	3年	4年	5年	6年	7年	8年	9年	10年
さつま芋	12.1	8.8	14.3	12.1	8.8	12.1	12.1	15.4	12.65	13.2
芋	8.8	6.6	5.5	5.5	5.5	3.3	7.7	5.5	5.5	4.4
粟	9.9	8.8	8.8	7.7	6.6	4.4	6.6	6.6	6.6	7.7
稗	0	2.2	2.2	2.2	3.3	2.2	2.2	1.1	3.3	1.1
そば	3.3	5.5	6.6	4.95	7.15	9.35	6.05	8.8	9.35	6.05
陸稲	3.3	5.5	3.3	5.5	4.4	4.4	3.3	4.4	4.4	5.5
大豆	4.4	5.5	4.95	6.05	4.95	4.95	4.95	2.75	3.3	4.95
小豆	1.1	1.1	1.1	0	0	1.1	1.1	1.1	0	1.1
ささげ	0	0	0	0	1.1	0	0	0	0	0
ごま	1.1	0	0	0	0	0	0	0	0	0
油	1.1	0	0	1.1	1.1	1.1	1.1	1.1	1.1	1.1
紫根	3.3	3.3	1.65	2.2	3.3	2.2	3.3	2.2	2.2	3.3
藍	0	0	0	1.1	0	2.2	0	0	0	0
茄子	1.1	2.2	1.1	1.1	2.2	2.2	2.2	1.65	2.2	2.2
すいか	1.1	1.1	1.1	1.1	1.1	0	0	0	0	0
うり	1.1	0	0	0	1.1	0	0	0	0	0
かぼちゃ	0	1.1	1.1	1.1	1.1	2.2	1.1	1.1	1.1	1.1
大麦	7.7	6.6	8.8	6.6	9.9	7.7	4.4	7.7	6.6	9.9
小麦	18.7	20.9	19.8	19.8	18.7	18.7	22.0	19.8	20.9	17.6
からし菜	7.7	9.9	5.5	5.5	3.3	4.4	4.4	3.3	4.4	5.5
冬作休耕地	17.6	14.3	17.6	19.8	19.8	20.9	20.9	20.9	19.8	18.7

◦武田家文書(『三芳町史』史料編Ⅰ）より作成。
◦作付面積は新田地割りの１耕地を１反１畝（15×22間）として換算。
◦冬作の無記入は休耕地として換算。
◦武田家の耕作総面積は47耕地で５町１反７畝歩。

秋山伸一氏の分析があるので詳細は省くが、[39]いくつかの特徴的な点について視点をかえて記してみる。武田家の冬作で注目すべきことに、休耕地が多いことがあげられる。多い年で二町余、少ない時で一町四反余の休耕地があり、これは全耕地の約二八〜四〇%にあたる。この休耕地は、表に示した文政期だけでなく幕末の慶応元〜三年でもほぼ同様である。この休耕地がどのような理由から置かれたのか不明であるが、地力の維持と労働力配分のためとも推測されるので、この地域の生産性の低い後進的な農業経営の形態がうかがえる。

冬作では辛子を栽培している点が特徴であるが、量的にこれだけの反別で、しかも葉菜類としては江戸にあまりにも遠いので、採油作物としての栽培であったとみられる。それにしても多い年は約一町歩も作付していることは、商品的にも有利な作物であったことが推測される。一方、秋山氏も指摘しているが、大麦よりも小麦をたくさん作付していることが注目され、値段の高い穀物に重点を置いた経営をうかがわせる。小麦は大麦の二～三倍の作付で、多い時には五倍にも達している。文政七年の二町二反歩の作付は全耕地の四二％余となり、小麦作付の多いことが特色となっている。

夏作では芋類が多いことが注目され、約三〇～四〇％の作付割合を占めている。特にさつま芋の作付割合は多く、少ない年で八反八畝、多い年で一町五反余となっている。このことは、この地域でさつま芋が重要な商品になっていたことを示し、栽培技術の進歩のほどをうかがわせる。しかし芋類が多いとはいえ、まだこの時期では穀物の割合は決して低くはない。栗・稗・そば・陸稲・大豆の五品目で、四〇～五〇％の作付割合を占めており、まだ伝統的な栽培形態が残されている。秋山氏の指摘によると、天保期から穀類の地位は徐々に低下し、文久三～慶応三年には陸稲を含めて三八％、明治初年には三〇％前後に落ちており、さつま芋の上昇と反比例の傾向をみせている。

夏作のもう一つの注目すべきことに、なす・すいか・うり・かぼちゃのような、いわゆる蔬菜類が多く作付されていることがあげられる。なす・すいかを一反以上栽培していることは、当然自家消費を目的にしたものでなく、商品としての栽培であったとみられる。武田家がどのような販路をもっていたか明らかでないが、おそらく新河岸舟運を使っての江戸への移出であったとみられる。それにしても上富村は江戸からの距離は八里、かなり遠方にあたる村でこれだけの蔬菜類が作られていることは、当時の江戸周辺の野菜生産地帯の拡大を示すものであろう。一方留意すべきこととして、武田家の経営規模が大きかったからこそ、これだけ広い面積の作付ができたことがあげられる。蔬菜類は多くの肥料を要し、天候に左右され虫害をうけやすいため、リスクの多い作物である。そのため、経営規模の大きな農民でないと、これほどの広い面積の栽培は無理であったと考えられる。

8　まとめ

これまで記した埼玉県域の作付事例から概観するに、畑地の作物の基軸は穀物である。この穀物中心の輪作体系は、幕末になっても変化せず、近代に受継がれていくことになる。冬作は大麦・小麦、夏作は大豆・稗・粟が輪作の基本である。しかし冬作は二種類の作物で耕地の大部分を占めているが、夏作物は連作をきらう大豆・稗等があり、一～二種類の作物が耕地の全てに栽培されるということはない。ここに夏作の場合、当初から多種類の作物を栽培せざるを得ない条件があったともいえる。

穀物中心の作付形態は、近世中期以降いく分かの変化を見せる。いわゆる商品作物が、徐々に導入されてきたからである。しかし既に事例でみてきたように、県域の商品作物の普及は比較的遅く後期になってからであり、しかもその作付の割合はかなり低いものである。相変らず最も有力な換金作物は、穀物であったのである。

県域の商品作物栽培の基本形態は、多数の農民が少量生産していることにある。そのため一村あるいは一つの地域でみた場合、全耕地に対する作付比は極めて低い。既に大規模経営者の例で、商品作物の割合が高い経営をみたが、これはむしろ例外で、その地域全体としてはかなり低い割合である。

商品作物栽培の上昇を阻んだ理由はいくつか考えられるが、その一つとしてこれらの作物が売上値段に比して多くの肥料を要し、しかも多くの労働力を必要とした点があげられる。そのため経営規模の小さい農民は、高収入が得られるとわかっていても作付の拡大はできないでいる。このことは、大規模経営農民が、思い切って商品作物をたくさん栽培している事例からみても明らかである。

県域の作付形態は、特定の一作物に専門化する方向は示していないが、このことは「その地域の農業が社会的分業の一環に組込まれ、全面的な商品生産に巻き込まれていなかった」ことを明らかにしている。[40]しかし、既にこれまでの事例でみてきたように、穀物主体の自給的農業を基本にはしているが、幕末には一部の地域で「小規模な特産物地帯」が成立している。[41]これは、県域の中で全面的な商品生産への萌芽があったことを示しており、自給的穀物主体農業に終始していたわけではなかったことを証するものである。

なお、作付状況を明らかにすることは、農業経営の重要な一面を示すものであるが、農業収支の実態を解明しなければ完結したものにはならない。これらの問題については、商品流通とも深く結びつくものでもあり、今後の課題としたい。

追記—この小論は、平成元年六月四日、地方史研究協議会と埼玉県地方史研究会の共催による研究発表会で、発表した一部の要旨に、新たに資料を書き加えてまとめたものである。

〔注〕

（1）古島敏雄『日本農業技術史』

（2）前掲書

（3）小野文雄編『武蔵国村明細帳集成』

（4）埼玉県域の畑作作付状況に触れたものに、秋葉一男「近世後期の畑作地帯における農家経営の展開—本太村吉野家の経営諸帳簿の分析から—」（『浦和市史研究余録』第三号）、長谷川正次「近世西関東農村における農業技術」（『所沢市史研究』第七号）等がある。

（5）「甘藷」については後述する。「菜種」は享保十四年に幕府は作付を勧奨したが、上尾市須田さち子家文書によると、試作はことごとく失敗している。

（6）『浦和市史』第三巻近世資料編Ⅱ

(7)「葛梅村、村差出高反別明細書帳」(前掲『武蔵国村明細帳集成』)より作成。
(8)表2は、須田さち子家文書「畑方作反別書上帳」(上尾市教育委員会蔵)より作成。表3は、篠崎家文書「田畑仕付反別凡書上帳下書」(県立文書館収蔵)より作成。
(9)近村の下日出谷村明和元年の村明細帳でも「畑方こやし大分入り申候付、農行《業》御役の間ニ大根作り、又ハ真木枝ニて年中忍領へ付出し、灰ニ取替へ肥ニ仕候」(『桶川市史』第四巻近世資料編)とある。
(10)河田文質家文書「船問屋業躰御裁許状并申伝書」(『新編埼玉県史』資料編15近世6交通収録)
(11)『深谷市史』追補編「水押畑付書上候分」より作成。
(12)寛政元年「藍作始終略書」(『日本農書全集』第三〇巻)
(13)佐々木陽一郎「武蔵国東部における藍業—武蔵国葛飾郡西大輪村白石家の場合—」(『三田学会雑誌』五四—八)
(14)『新編埼玉県史』別編5統計「工芸農産物」
(15)『武蔵国郡村誌』(下手計村の項)
(16)前掲佐々木陽一郎論稿
(17)前掲佐々木陽一郎論稿
(18)前掲『深谷市史』追補編
(19)白木屋文書「木綿元直段書上写」(東京大学経済学部蔵)
(20)鬼久保家文書「当亥水損ニ付畑方小前帳」(県立文書館収蔵)
(21)福島貞雄著「耕作仕様書」(『日本農書全集』第二一巻)
(22)前掲『日本農業技術史』
(23)葉山禎作「耕作仕様書解題」
(24)上尾市矢部弘家文書「畑方作物豊作収納凡取調帳」より作成。
(25)上尾市教育委員会刊『武州の紅花』
(26)久保村須田家文書「天保十年五月『仕入帳』」「天保十一年五月『仕入帳』」「天保十一年三月『宗門人別改帳』」(上尾市教育委員会蔵)より作成。
(27)船津千代家文書「麦作小前牒」(『三芳町史』史料編Ⅰ)

(28)秋山伸一「武蔵野台地における特産物地域の形成過程―薩摩芋の生産をめぐって―」(『立教大学日本史論集』第三号)
(29)会田家文書「会田落穂集六番」(『浦和市史』第三巻近世史料編Ⅰ)
(30)野口家文書「乍恐以口上書を申上候御事」(『飯能市史』資料編Ⅹ産業)
(31)田村仁左衛門「農業自得」(『日本農書全集』第二一巻)
(32)吉田家文書「覚書聞書覚帳」(『所沢市史』近世史料Ⅱ)
(33)武田信夫家文書「畑方仕付反別覚帳」(『三芳町史』史料編Ⅰ)
(34)船津千代家文書「天保二年二月『議定』」「天保二年六月『乍恐以書付奉願上候』」(『三芳町史』史料編Ⅰ)
(35)甘藷取引争論についての論稿には、佐藤隆一「薩摩芋取引をめぐる在方荷主と江戸商人」(『日本歴史』四〇一号)、井田実「川越在方と江戸商人との薩摩芋の出入り―化政期より天保期にかけて―」(『埼玉地方史』第一四号)などがある。
(36)矢部弘家文書「万作物取高覚帳」より作成。
(37)前掲文書
(38)前掲「畑方仕付反別覚帳」より作成。
(39)前掲秋山伸一論稿
(40)前掲葉山禎作論稿
(41)大舘右喜『幕末社会の基礎構造』

七　近世後期関東への甘藷栽培の普及と上尾地方

1　はじめに

上尾市域を含む大宮台地は、近世後期から昭和三十年代まで、埼玉県域では有数の甘藷の生産地であった。冬になると雑木林から落葉が集められ、農家の庭先に苗床がつくられるのが通例で、この地域では「さつま床」などと呼んでいた。

一方、上尾や桶川・鴻巣の町場には甘藷商も数多く営業しており、明治三十五年の『埼玉県営業便覧』[1]によると、甘藷商が上尾町に三軒、桶川町に三軒、鴻巣町に五軒という盛況ぶりである。これらの甘藷商人は、もちろん収穫された甘藷を扱うが、もう一つ特筆されるべきことに「甘藷苗」を扱っていたことがあげられる。甘藷苗は、苗床の造成に不向きな地域に送られているが、この地域は甘藷苗の生産でも特産地化していたのである。

ところが昭和三十年代の後期以降、高度経済成長の波とともに、この地域から甘藷畑は消えていくことになる。当然農家の庭先にあった苗床もなくなり、それはこの地域から雑木林が減少していくことと期を一にしている。

甘藷の栽培は、埼玉県域では享保期（一七一六～三六）に始まっている。それは青木昆陽が江戸で試作する以前のことであるが、その後の栽培の拡大については、必ずしも明らかにされていない。断片的にはいくつかの資料が紹介されてはいるが、いつ頃から栽培が拡大されたのか、またその栽培法はどんなものであったのか、その大略さえも不分明である。もちろん上尾地方も同様で、甘藷について記した資料もほんのわずかである。これは栽培した農民たちが資料を遺さなかったためもあるが、何よりもまだ資料の発掘が不充分なためである。(2)

埼玉大学の葉山禎作教授の教示によると、甘藷栽培の関東への普及には、栽培法の革新が不可欠であるという。それは寒冷な冬季の種芋の保存と、春の遅い地域での早期に移植苗を育てることにつきるという。即ち、苗床で甘藷苗を育てる方法の発明が、関東で生産が拡大する契機になったと述べておられる。現在、この苗床での育成法を誰が発明したのか不明であるが、おそらく多くの農民たちの試行錯誤の中で完成されていったものとみられる。

小稿では、関東での栽培の発展は栽培法の革新にあったという視点から、これまで公表されている資料を検討し、その発展のすじ道をたどってみたいと思う。栽培法という視点からみると、どうしても昆陽の試作の検討から入らなければならないが、あわせて既刊の農書も題材にして、関東への栽培拡大のすじ道を考えなければならないであろう。

甘藷栽培の歴史については、既に多くの先学たちが論文を発表している。古くは古島敏雄氏の『日本農業技術史』(3)があり、その中で馬鈴薯と甘藷がとりあげられており、その栽培の普及に多くの示唆を与えてくれる。また戦後日本学士院によって、『明治前日本農業技術史』(4)が刊行されているが、ここでは筑波常治氏によって甘藷がとりあげられている。一方甘藷をめぐる取引についてもいくつかの論文が発表されており、その中に佐藤隆一氏(5)や秋山伸一氏(6)の論稿がある。これらは天保期（一八三〇～四四）を中心にした甘藷栽培の隆盛に伴う取引の争論や、特産物としての取引の地域形成の問題をまとめたものであるが、甘藷栽培発展の状況を側面から論証するものである。

武蔵国での甘藷栽培については、既に筆者は『新編埼玉県史通史編』[7]や『埼玉地方史』26号・27号[8]で小稿を記したが、これらは畑作農業の一つの形態として論じたものである。甘藷は上尾地方や埼玉県域にとっては重要な作物であるが、これまでその栽培の歴史が充分に解明されたわけではない。近年いくつかの市町村史の中で甘藷がとりあげられているが、比較的狭い地域での栽培を論じており、全国的視野で栽培の歴史にふれているわけではない。そこで県域への栽培の歴史を、もう少し広い視野に立って考えてみたいと思う。

それにしても限られた資料の上からは、充分にその発展の道をたどるのは困難が予想される。しかし甘藷王国であった埼玉県域にとって、一つの作物の栽培の発展過程をたどることは、この地域の農業全体の状況を知るためにも重要なことと思われる。以下、既存の資料を基にして、埼玉県域、そして上尾地方の甘藷栽培の発展をたどってみたいと思う。

2　昆陽の栽培法の課題

大宮市の氷川神社に隣接する大宮公園内に、青木昆陽の業績を称える石碑が建っている。昭和四年八月に「埼玉県甘藷商同業組合」が建立したもので、碑文は衆議院議長までつとめた粕谷義三がなしたものである。その碑文には「昆陽青木先生ハ…（中略）…徴サレテ幕府ニ仕、甘藷栽培ノ普及ヲ図リテ民生ヲ済フ所多ク、甘藷先生ノ名遠近ニ高シ、我県亦其恵沢ニ欲《ママ》シ、遂ニ特産地トナレリ、我組合ハ先生ノ遺徳ヲ敬慕シ…（後略）」と記されている。[9]

青木昆陽は、一般の歴史書では甘藷栽培の普及に功績があったとしその名が喧伝されており、教科書にまで登場するほどである。この昆陽の功績は大方の認めるところなので、このような甘藷商組合の石碑の建立になったものとみられる。ところが実際に昆陽の甘藷栽培記録をみると、この方法ではたして栽培できたのかどうか、大きな疑問が生ずることになる。以下昆陽の栽培法について若干の検討を試みるが、この結果如何によっては、わが埼玉県はその「恵沢」に浴さなかったことになってしまうといえよう。

青木昆陽を幕府に推選し、かつ甘藷試作に助力した加藤又左衛門の上申書である『蕃薯起立』[10]には、昆陽の栽培法を次のように記している。

㈠うゑる法は、砂地を十二月に耕しこやし置、春の彼岸すき植へし、灰又は牛馬の糞を土にませ、和かに深さ二尺程にして、諸種を二、三寸に切てうへ、土を五寸斗かけ、山の芋を植る如くにして、間広く植へし、

㈡茎はびこる時茎を切って別にさしても、藷を植ると同然に藷出来る、又藷長さ一寸五分に切て、皮目を上にして土をかけ、蔓四、五尺斗になる時、節を四ツ付て切、節三ツは土をかけ、一ツの節は土の上へ出し植るもよし、堅にさすはあしく、小雨降に植ゆるは別てよし、茎延る程は根も延る故、其心得にて肥しすへし、

㈢彼岸過植る時種半分残し置、若し植へて後霜にて腐れば、残したる種を又植へし、七、八月迄植てよし

㈣諸種は日に干し乾し、西風当らす東南の日当り能所へ、藁つとにして雨風当らさる様に囲ひ置てよし、里芋を囲ひ置と同前にてよし、北国にては土穴蔵へ入て囲ひてよし

㈤種をとり収むるには九月中にてよし、寒気つよき所にては、早く種をかこひ置へし、暖なる所は十月の節まて土に置てもよし、冬中土に置は、冬至の後実なくなる

文中の番号は、筆者が便宜上付したものであるが、㈠は種芋の植え方、㈡はさし苗（茎）の畑地への植え方、㈢は予備種芋、㈣は種芋の貯蔵、㈤は種芋の収穫を示している。

甘藷は暖地性の作物なので、寒地の栽培でもっとも苦心を要するのは、移植苗である「さし苗」をいかに早く畑地

に植えるかであり、また「種芋」を寒い冬季にいかに貯蔵するかの二点である。後述するが、下野国の田村吉茂はその著『農業自得』(11)の中で、この二点について重点的に記しているが、関東などの寒地の栽培では、この二点の克服が栽培の成否をなしているからである。移植のさし苗を遅く植えると、根に芋が熟成しないうちに降霜となり、栽培は徒労となってしまう。また種芋を冬季に腐らせてしまっては、翌年の栽培が不可能となってしまう。このような栽培の成否をにぎる二点について、昆陽の試作例を考えてみたい。

昆陽の試作では、引用文(一)に示されるように、種芋は直接畑地に植えられている。前年十二月からの準備はあるが、春彼岸頃植えられている。ここで注目されるのは、灰や牛馬糞を土にまぜ、二尺ほどの深さにしている点である。牛馬糞などの腐熟熱で、種芋を温くして早く発芽させようとする方法である。この方法で何日後に発芽したのか詳細は不明であるが、昭和三十年代まで県域でさかんに行われていた「苗床法」に比べると、かなり遅い発芽となることは明らかである。

ところでこの昆陽の種芋の植え方は、宮崎安貞が元禄九年（一六九六）に著わした『農業全書』(12)と全く同じである。同書には、「細沙《こま》地の極めて肥たるを、臘月に至り深さ二尺ばかりに掘うちにし、人糞を多くうち、二月中旬になりて牛馬糞、灰あくた、いかにも土の和らぐ物を多く入、犂おほひ熟し置て、藷の根を二、三寸にきり、間を二、三尺もをきて、一つ宛うへ、土を二寸ばかりにおほひ置、其後草あらバぬきさり、旱《ひでり》せバ水をそゝき、つる生じて長くしげるを待て、其茎を切て、わきに又糞地を作り置てうゆるなり」と記されている。細かく比すれば、種芋にかける土の厚さや、植える種芋の間隔などの記述の相違はあるが、基本的には畑地に牛馬糞を入れて、そこに種芋を植える方法である。

宮崎安貞は、『農業全書』の自序や甘藷の項でも記しているように、中国の農書である『農政全書』などを参考にしている。一方青木昆陽の栽培法も、『蕃薯起立』の中で「閩書農政全書其外の書物を考、作様功能の肝要を識るす」とあるので、全く同一の農書を参考にしているので、当然そこに記されたことは同じ栽培法となる。ただここで留意すべきことは、宮崎安貞は西日本の暖地の栽培作物として紹介しているのに対し、昆陽は関東などの寒地へ栽培を広めるために『蕃薯考』を著わしたという点である。同一の農書の翻訳で、暖地での栽培法が寒地でも適用されると考えたのであろうか、当然の疑問が残ることになる。

『農業全書』と同様な栽培法が、対馬の農書にも記されている。陶山訥庵が享保七年（一七二二）に著した『老農類語』(13)には、甘藷を「孝行芋」の名で、同国伊奈郷久原村六郎右衛門の談として紹介している。

孝行芋ノ地コシラヘハ、日当テ好ク湿気ノ無キ所ヲ、年内ニ一番カヤシ仕置キ、居糞・馬糞ニテ随分養ヒ置キ、春ニ成リ正月末比《頃》カ、二月初比《頃》ニ二番カヤシヲシテ、二月ノ彼岸過キ十日目、十五日目ホトニ畦ヲ立テ、一尺二、三寸ツツ間ヲ置キテ、種子芋ヲ浅ク種ヘ付クルナリ。

生ヒ出テツルノ延ヒタル時ニ種ヘ付クル所ハ、畠ニテモ木庭(14)ニテモ、東向キ南向キノ日当ノ好キ、片タ下カリナル地面(15)ニ宜シ。湿気アル所ト日陰ノ所ハ、畠ニテモ木庭ニテモ宜シカラス。ツルヲ種フル時分ハ、梅雨ノ内ニ種ヘテ宜シ。六月ノ土用マテ二番苗ヲ種フレトモ、梅雨ノ内ニ種ヘサルハ、芋小サク出来少ナシ。是レニ由リテ、苗芋ヲ余分ニ種ヘ付クルナリ。

ここでも『蕃薯起立』『農業全書』と同様、畑地に牛馬糞を入れ種芋を植えることを基本としている。ただ「梅雨ノ内ニ種ヘサルハ、芋小サク出来少ナシ」の記述は注目され、早く種芋を発芽させ、さし苗を梅雨までに畑地に植えないと収穫が少ないと記している。甘藷栽培の最重点の一つは、やはりさし苗を順調に成育させることにあったようである。

青木昆陽が享保十九年（一七三四）に江戸で甘藷試作をする以前に、埼玉県域では代官の勧めで栽培が行われている。既に『埼玉地方史』第27号の小論でも紹介しているが、その一例は大門宿の栽培で、「会田落穂集」[16]では享保七年の試作報告を次のように記している。

薩摩芋弐拾植候内、弐ツ先達而御訴申上候通生へ、め（芽）壱尺ほと罷成段々つる切植付申候、残之義此間之長雨ニ而腐申候哉め生へ不申候、仍之御訴申上候、以上

大門宿年寄源左衛門が七月二日に報告したものであるが、また高麗郡小瀬戸村・岩井村（飯能市）では、享保十五年（一七三〇）に次のように報告している。

唐薩摩先御代官様より作り候様ニ被仰渡候哉と御尋被遊候処ニ、伊奈半左衛門様より作り候様ニ被仰渡候共、近村ニ而作り候を見申候処ニ、土地不相応ニ御座候哉、枝葉計ニ而実成不申、殊ニ空地も無御座候而外作之さわりニ罷成、百姓難儀ニ奉存、半左衛門様御役所江御願申上候得は御免ニ被仰付候、穀類之障ニ罷成候間、乍此上御免奉願上候（以下漆・桑の項略）

二つの事例とも代官所への報告で、栽培の概略を述べたものであるが、栽培が失敗しているという報告となっている。大門宿では、種芋二〇個のうち発芽は二つで、わずか一〇％の発芽率である。しかも報告した「七月二日」頃畑地にさし苗を植えており、七月は陽暦の八月なので、おそらくこの状況では枝葉ばかり繁り、そのうちに降霜期を迎え、実はならなかったと推定される。小瀬戸村・岩井村の例でも、「枝葉計ニ而実成不申」とあるので、さし苗の植える時期が遅かったものと推定される。

二つの事例とも種芋の植え方については記されてないが、「め生へ不申」「枝葉計ニ而」の記述から、おそらく昆陽の試作と同様に、直接畑地に植えられたものと推定される。また大門宿では、余りにも発芽率が悪いところをみると、

この年の長雨という悪条件もあるが、種芋そのものが痛んだものであり、冬季の貯蔵の悪さを示しているとも考えられる。

以上、いくつかの事例で記したように、寒地での甘藷栽培のポイントは、いかに早く種芋を発芽させ、丈夫な「さし苗」を作るかにかかっている。種芋をそのまま畑地に植えれば遅い発芽となり、つるを切りとり移植の「さし苗」を他の畑地に移植するのは、陽暦七、八月になってしまう。これではある程度のつるは延びるが、根に芋が熟成しないうちに秋を迎えることになる。結論的に言えば、昆陽の栽培法では寒い関東地方では成功しないことになる。ただ対馬の例にもあるように、畑地への牛馬糞などの適当量の投入によって、早期に発芽させるという可能性はある。しかし、直接畑地へ種芋を植えることは、晩霜などもあるので発芽後の管理もむずかしく、成功率は低いものと推定される。

埼玉大学の葉山禎作教授の教示によれば、甘藷栽培の関東への普及は、苗床での移植の「さし苗」育成の成功にあるという。確かにこれまで述べてきたように、直接種芋を畑地に植える方法では、その年の気候にもより不成功の割合が高い。そこで考えられるのが苗床であるが、この方法はいつ頃から行われるようになったのか、史料の上では未だに不分明である。いずれにしても甘藷栽培の発展では苗床法の発明が画期になるが、いくつかの農書などからその栽培法を跡づけてみる。

3　農書にみる苗床法

足立郡大間村の福島貞雄は、天保年間の末期に農書『耕作仕様書』を著わしている。自己の経験と、実験的な手法で栽培法を考究した本格的な農書である[18]。この『耕作仕様書』では、甘藷の栽培を次のように記している。

春ひかん前、人はだ位あたゝたまり有馬屋ごへを壱尺斗に積、其上へ土を壱、弐寸置、種いもを三、四寸置ニ並べ、又土をいもの見へざる位にかけ置べし。馬屋ごへいき強けれハいも腐る。やかて芽出して、床かわきたらば水を打べし。つる弐斗（尺脱カ）にも延たる頃、元より切て、二タふしツ、付ケてきり、さくをさくり、ためを曳、壱尺弐、三寸間ニ葉を出してふしを埋べし。麦・小麦の中抔よし。其ふしよりつる出て這なり（後略）。

『耕作仕様書』の著作年は記されていないが、葉山禎作教授の推定によると、天保十一～十三年頃（一八四〇～四二）と比定される。[19] ここに記された苗床での「さし苗」の育成は、筆者の見聞によると、まさしく昭和三十年代まで大宮台地の村々で行われた方法である。ただいく分異なるのはさし苗にする蔓の長さで、近代の上尾地方では約二〇～二五cmに種芋から切っているが、『耕作仕様書』では「二尺ほど」に成長させて、それを何本かに分けている。そのほかの手法は全く同じで、馬屋ごえを積む時期や厚さ、土を入れる量、種芋を並べる間隔、さし苗を植える間隔等、いずれも皆同じである。

一方『耕作仕様書』と同時期の天保十二年（一八四一）の著作である、下野の田村吉茂の『農業自得』にも、甘藷の栽培法が記されている。田村家は河内郡下蒲生村（上三川町）の旧家で、武蔵国とは隣接した地域で、しかも畑地の多い耕作形態もよく似た農業を行っている。少し長くなるが、その要点は次のようなものである。[20]

甘藷、さつまいもと言薯有。此薯ハ徳分甚多し。然しなから日本へ渡る事甚遅し。故に作方を知らぬ国々里々多し。野州辺へ渡りし事、寛政の初の頃より作り、近頃漸々作方、貯方を覚、早く作り始メたる人に尋問べし。

左に苗の仕立方、貯方の大略を記す。

○苗の仕立方ハ、寒暖によって相違有ものなれハ、先寒気はげしき所ハ、代の拵ひ方、土を深さ七八寸位四方へほり上ケ、其中へ牛馬の敷こひ、又ハ庭の敷こひ多く入、其上に古き敷こひに土を少しまぜて置、又籾糠を少し入、いもの疵なきを能ゑらミ、壱尺余間を置櫂、其上にわらくず、又ハ木の葉抔、其所の有合品を多くかけ、双方より押附置、一日に二三度手を入て、冷暖の様子を試へし。あた〻か過れハいも損じ、冷気なれハ生立す。人はだを程として、五七日過れハ根葉を出ス。莫(蔓)弐三寸斗りの時、上のふたを取り、霜よけをして、始終暖なる様に手入専要也。先洗足水を時々沃、初の培にハ〆粕か又ハ干鰯なりともせんじ、葉にかゝらさる様に沃べし。水蓋(糞)とても同様なり。葉にかゝりたる時ハ、洗足水を多く沃き、雨降にハ葉にかゝりても吉。若シ生立ても、代ひへて茂り兼る時ハ、いもの間だ〳〵に上濃を沃けバ、代あたたまりて早く茂る物なり。

春の彼岸に代に種を櫂、五月はんげ前に畑へ櫂べし。尤四月末に櫂れバ、たね多くいれとも手廻能実入よし（以下略）。

『耕作仕様書』よりも詳細な記述で、特に苗床の適温や発芽後の苗の育成を詳しく記している。ここで注目すべきは、下野地方への栽培の伝播の時期が記されていることである。下野へは「寛政の初の頃より作り」とあるので、昆陽が江戸で試作してから三五、六年もたってからである。先にも記したように埼玉県域では、既に享保期（一七一六〜三六）に栽培の事例があるが、それに比べると遅い導入ということになろう。

ところで、寛政（一七八九〜一八〇一）の初めに下野に伝播した栽培法はどのようなものであったのか、『農業自得』は何らの記述も遺していない。ただ、文中に「近年漸々作方、貯方を覚」とあるので、『農業自得』に記された栽培法がこの地域で確立したのは、せいぜい天保期（一八三〇〜四四）、あるいはその前代の文政期（一八一八〜三〇）ということになろう。このような記述からみると、寛政の初めには苗の育て方、畑への移植、その後の施肥、種芋の保存など、すべてにわたって不充分であったとみられる。著者はわざわざ「貯方を覚」と記しているが、これは種芋の保存を示しているとみられ、寒地での冬期の保存が、甘藷栽培の一つのポイントであったことが知られる。農業の継続性という点から考えると、当然克服されなければならないことといえる。

江戸時代は農書の時代といわれるほど数多くの著作がなされているが、特に後期になると農民の手により著わされたものが多い。これらの農書の中で、甘藷の栽培法はどのように記されているのか、特に苗床法の記述はどのようになっているのか、いくつかの農書の中から拾ってみる。

表1は、先にあげた『老農類語』と『農業自得』を前後に掲げ、享保から天保期の栽培法を比較しようとしたものである。表に記した『農家業状筆録』以下は、いずれも苗床法を用いている。この表でも明らかなように、既に文化期（一八〇四～一八）には西国では苗床法が定着していたことが証されるが、注目されるべきことに、関東での例として『農業要集』がある。『農業要集』は、文政九年（一八二六）に下総国香取郡松沢村（干潟町）の宮負定雄が著わしたものであるが、ここでは苗床法が記されており、『農業自得』や『耕作仕様書』より早い時代の著作となっている。

宮負定雄の住む香取郡松沢村は、房総半島の先端の冬季温暖地とは異なり、武蔵などと同様冬の寒さの厳しい地域である。その点、ここで苗床による栽培が行われていたことは、関東の平野部全般に可能性があったことを示している。『農業要集』の栽培記述は実に簡略なものであるが、二つの点で注目される。一つは、「夜ハわらにて蓋をすべし」とあるように、日中暖められた苗床を保温し、あわせて夜明け前後の急な降霜対策がとられている点である。既に記したように『農業自得』にも「霜よけ」対策は記されているが、寒い関東では苗床の保温と、晩霜対策は不可欠である。そのため、苗床にはどうしても「覆い」をして、朝晩の開閉が必要になってくる。

第二の注目されるべきことは、「蔓の出るをかきとりて、麦畠の中にさすべし」の記述である。この点は『耕作仕様書』でも記されており、「麦・小麦の中抔よし」とあるが、輪作形態を念頭においた栽培法が記述されていることは重要である。畑作の場合、水田と異なり多種類の作物を作る輪作形態をとるが、作物によっては連作を嫌う忌地性

表1　農書にみる甘藷栽培（享保七年～天保十二年）

No.	農書名	著作年	著者	栽培地	栽培法と苗床の記述	備考
1	老農類語	享保七年	陶山　訥庵	対馬伊奈郷	畑地に下肥・馬糞を入れ種芋を植える。切苗を他所にさす。	
2	農家業状筆録	文化年間	井口　亦八	伊予大洲	三月節種芋を苗床に植え、梅雨時につるを切り植える。	
3	合志郡大津手永田畑諸作根付根浚取揚収納時候之考	文政二年	（著者未詳）	肥後大津	春彼岸頃苗床に種芋を植え、四月立夏の頃つる芽を切り植える。	
4	農業要集	文政九年	宮負　定雄	下総香取郡	苗床に二月中旬種芋を植え、夜はわらで覆う。苗は麦畑にさす。	
5	砂畠菜伝記	天保二年	（著者未詳）	筑前地形	二月彼岸頃苗床に種芋を植え、つるを切り半夏生前に植える。	
6	農要集	天保六年	宗田　運平	肥前唐津	二月彼岸頃苗床を作る。苗床は廐肥を入れる。半夏生頃苗を植える。	享保七年頃より普及。
7	農業自得	天保十二年	田村　吉茂	下野河内郡	春彼岸頃苗床に種芋を植え、五月半夏生前に畑地に定植。	寛政の初め頃作り始め。

○農山漁村文化協会刊『日本農業全集』本より作成。

の強いものもあるので、農民は大変苦心するところである。甘藷は連作のできる作物であるが、麦畠の中に苗をさしたことは、近代になり埼玉県域で数多く見られた光景で、この方法が既に下総で文政期に確立していたことを示している。一方麦の中にさしたことは、この時期にさし苗が成育していたことを示し、苗床での苗の育て方の技術が高かったことを証している。『農業要集』では時期の明示はないが、おそらく近代になり行われている陽暦五月下旬までに、苗は植えられていると推定される。麦の苅り入れは陽暦五月下旬から六月初旬なので、五月下旬までに苗を植えることは、労働配分からも好都合である。このように、輪作形態を考慮して甘藷苗が育てられたことは、大変技術が進歩していたことの証左である。

以上、いくつかの農書の中での栽培法をみてきたが、関東での苗床法の栽培は文政期には確立されており、天保期には北関東を含めてより広範に普及していたことが証される。しかしこれだけの事例では、栽培普及の端緒を跡づけるには、まだ明確さを欠いているといえよう。

4　埼玉県域への栽培普及

既に記したように、埼玉県域では享保期の大門宿と小瀬戸村・岩井村の例が最初の甘藷栽培であるが、それに近い寛延四年（一七五一）に南永井村（所沢市）で栽培が始まっている。同村の弥右衛門が、上総から種芋を仕入れて栽培したものである。弥右衛門の記した「覚書聞書覚帳」[21]には、四つの項にわたり甘藷の記述がみえる。

(一)
さつまいも作り初メ之事
一、当二月廿八日ニ江戸木ひき町川内屋八郎兵衛殿世話ニ而、かつさ国志井津村長十郎殿方へ「年廿六」（異筆）弥左衛門参、さつまいも弐百ニ而代五百文買落、銭共壱分弐朱懸り申候、九日目ニ帰り申候

弥右衛門

寛延四年未三月吉日

(二)
さつまいも作り初め之事
一、家内にてさつまいも作り初めたのハ、寛延四年二月廿八日、江戸木挽町川内屋八郎兵衛殿世話にて、御公儀

様願ひ廿八日御渡し相成、此時うやくと申薬の木を貰ひ、九日めて内へ帰り、御礼や小つかいにて壱分弐朱相かゝり候

寛延四年未三月吉日　　弥右衛門

㈢

覚

享保六年丑九州さつま国より天下様江

一、さつまいも去ル未年、かづさ国志井づ新田と言所、長十郎殿方へ弥左衛門遣シ、種を調作り初メ、隣郷へ広メ申候

作り初メ申候　　弥右衛門

宝暦四年戌六月

是ハ内間木村半左衛門申事

㈣

一、相州田村江西大神村半右衛門・内間木村半左衛門宿さツ《(ママ)》芋種致可キ所也

天明八申ノ七月十八日　　弥左衛門書ク

簡略な記述なので不明な点が多いが、いくつかの点で注目される。まず㈠の資料では、江戸の川内屋八郎兵衛という、商人とみられる人の紹介という点が注目される。享保期の事例では、二つの例とも代官という支配者側の勧めであったが、商人の紹介や勧めということは、当然その商品の流通機構との結びつきを想定させ、成功率は極めて高い。上総国志井津村は現市原市であるが、昆陽は前記『蕃薯起立』によると下総国馬加村（千葉市・習志野市）・上総国不動堂村（九十九里町）にも試作しており、この地方には早くから伝播していたとみられる。志井津村に種芋購入に行ったのは、㈢の資料から息子の弥左衛門で、異筆で「年廿六」とあるから、当時二六歳であったとみられる。

㈡の資料では、「御公儀様願ひ」とあるが、『蕃薯起立』では元文二年（一七三七）に試作地で生産した甘藷を農民などに分けており、幕府の勧めで普及させたということから、公儀に断りを入れて分与してもらったものとみられる。㈢の資料では「隣郷へ広メ申候」の字句が注目され、弥右衛門の栽培が近郷への伝播の契機になったことを示している。㈣の資料は、これだけでは簡略なので不分明であるが、この時代になると栽培が広がっていることをうかがわせる。

昆陽試作後の関東などへの伝播を記したものに、『塵塚談』[22]がある。同書下には、「同年《ママ》（享保二十年）三月文蔵《昆陽》に植立候様被仰付、小石川養生所内へ圃をこしらへ造り、元文元辰年御止になり、同二巳年三月三日養生所勤役の者へ芋割賦し、芋畑引払被仰付、其後諸国へ流布して人毎に食し、朝夕の助となれり、宝暦年間に至りては、上総・下総・銚子・岩槻・伊豆大島其外諸所より多く作りて江戸へ運送す、銚子を上とし、大島より出るを島芋といふて絶品なり、近歳に至り大なる国益といふべし」と記されている。『塵塚談』は小川顕道の著作で、成立は文化十一年（一八一四）という後年であるが、宝暦年中（一七五一〜六四）に「岩槻」という栽培地が見えるのが注目される。先の南永井村の例と同じく、この時代になると岩槻台地でも栽培が始まっていたものとみられる。

ところで、南永井村や岩槻地方での栽培法は不明である。比較的昆陽の試作時期に近い時代なので、直接種芋を畑地に植える方法をとったと推定されるが、各地へ伝播という状況からみると、栽培法の革新があったとも考えられる。しかし、現在遺された資料からは一切不明ということになろう。

埼玉県域で栽培がさかんになるのは化政期からで、この時代になると栽培の隆盛をうかがわせる記述が散見される。その一つに、文化十五年（一八一八）に独笑庵立義によって記された『川越松山之記』[23]がある。著者立義が神谷新田（所沢市）のあたりを訪れた記事に「さゝやかなる家の有に立入、甘藷のむしたるを調茶うちのみて息ふ。老女と童とのみ居たり。いも味良しければ、是は此地にて作るにやといへば、いかにも富と申所にて作り候。富のいもとて専ら賞翫いたし候と云」とある。「富」は三富新田をさすとみられ、このあたりには既に甘藷栽培がさかんであったことを知ることができる。またこの時代に編さんされた『新編武蔵風土記』にも記述がみられ、山口領城村（所沢市）の項に「この辺すべて甘藷を種へ」とあり、この地域一帯が栽培地となっていたことをうかがわせる。

栽培がさかんになったことを示す資料に、上富村（三芳町）武田家の作付帳がある。表2は、武田家文書の「畑方仕付反別覚帳」[24]より作成したものであるが、表にみられるように文政元年（一八一八）から広大な面積の作付をしている。しかもその面積は文政後期から天保期にかけて上昇しており、天保六年（一八二三）には二町歩を突破し、同九年には二町四反歩余、全耕作地の夏作の四割余も作付するほどの上昇ぶりである。天保後期から弘化期にかけては、作付面積の高下があるが、それでも一町五反〜二町歩ほどの栽培をしている。

武田家の場合、上富村という新田村で耕作総面積も多いが、それにしても甘藷の作付面積が多い。これだけの面積の栽培をしたことは、それだけ甘藷栽培が有利な作物であるという背景があったとみられるが、栽培法の点からみれば、昆陽の栽培法とは違った技術の革新があったことを傍証している。農業においては、当然のことであるが、栽培法が確立し、しかも安定した生産ができなければ、その作物の栽培が広がることはあり得ない。農民たちは冒険をきらうが、それは工業製品とは異なり、自然を相手にして、しかも収穫するまで長期の日数を要するという、農業の宿命的といえる条件が課せられているからである。このような視点に立てば、この時代になると甘藷栽培法が確立し、生産が安定したものになったと思われる。

一方、表には示さなかったが輪作関係をみると、甘藷を麦類の跡地に作付している例も多い。このことは、麦類の収穫前後に「さし苗」ができていたことを示し、おそらくこの時期までに苗を育てるには、苗床法でなくてはできなかったとみられる。また作付面積の多いことからみて、短時日にさし苗を植えるには、当然それだけの準備が必要であり、労働力配分などから考えても、安定した苗の栽培法が確立していなければならない。以上直接の資料ではないが、武田家の作付帳はこの時期の苗床法の定着していたことを推定させてくれる。

直接苗床を記した資料に、天保十五年（一八四四）という遅い時代ではあるが、宗岡村（志木市）の石原家文書があ

表２　上富村武田家の甘藷栽培面積と割合

年	作付総反別	甘藷作付反別	甘藷の割合	備　　考
文政元年	51.7反	12.1反	23.4パーセント	
〃 2年	51.7	8.8	17.0	
〃 3年	51.7	14.3	27.7	
〃 4年	51.7	12.1	23.4	
〃 5年	51.7	8.8	17.0	
〃 6年	51.7	12.1	23.4	
〃 7年	51.7	12.1	23.4	
〃 8年	51.7	15.4	29.8	
〃 9年	51.7	12.65	24.5	1枚そばと並行作
〃 10年	51.7	13.2	25.5	
〃 11年	50.6	15.4	30.4	1枚夏作休耕
〃 12年	51.7	16.5	31.9	
天保元年	51.7	17.6	34.0	
〃 2年	51.7	17.6	34.0	
〃 3年	51.7	18.7	36.2	
〃 4年	51.7	17.6	34.0	
〃 5年	51.7	18.7	36.2	
〃 6年	52.8	22.0	41.7	粟・芋と並行作各1枚
〃 7年	52.8	20.9	39.6	
〃 8年	53.9	19.8	36.7	
〃 9年	53.9	24.2	44.9	金時・大根と並行作各1枚
〃 10年	53.9	20.9	38.8	
〃 11年	53.9	22.0	40.8	
〃 12年	53.9	15.95	29.6	1枚陸稲と並行作
〃 13年	53.9	17.05	31.6	1枚ごぼうと並行作
〃 14年	53.9	14.85	27.6	1枚ごぼうと並行作
弘化元年	53.9	18.7	34.7	
〃 2年	52.8	19.25	36.5	1枚休耕、1枚大根と並行作
〃 3年	53.9	23.65	43.9	1枚そばと並行作
〃 4年	53.9	14.85	27.6	不明1枚、1枚金時と並行作

注①武田信夫家文書「畑方仕付反別覚帳」(『三芳町史　第一巻史料編Ⅰ』)より作成。

注②畑耕地は新田地割で、1枚畑はすべて1反1畝として計算。

注③1枚畑に2種の作物を並行して作付している場合、各0.55反として計算。作物名は備考欄に記す。

注④夏作で休耕している場合、総反別からその分を差し引く。

る。「農業耕作之心得（25）」という著者不明の資料ではあるが、それには各種の作物の栽培の記述とともに、甘藷の項として「琉球芋《サツマイモ》、春ノヒガン床ニ伏、四月頃畑ヱ植ル」とある。簡略な記述ではあるが、まさしく甘藷の苗床の記述で、近代以降の栽培法と同様である。

苗床は甘藷栽培だけのものではないが、江戸時代も後期になると各種の「前栽物」が苗床でつくられている。特に、茄子や胡瓜を苗床に種をまいて育てる方法は、早くから行われているが、江戸後期には「苗屋」といわれる専門家もあらわれている。埼玉郡後谷村（八潮市）の藤波祐資が文政四年（一八二一）に著わした農書『行旋記（26）』にも、この苗屋の記述がある。ここでは甘藷はつくっていないが、茄子・南瓜の項では苗を購入する記事がみえる。このように早期の育成のむずかしい前栽物の苗床法が普及していたことは、甘藷の場合にも適用されたことが考えられ、甘藷栽培拡大の傍証にもなると思われる。

5　上尾地方の栽培

上尾市域を含む大宮台地でも、天保期になると栽培の例が資料の上でも数多くみられるようになる。既述の大間村福島家の例がその典型であるが、『耕作仕様書』にみられるように、苗床法による甘藷苗の安定生産が、作付の拡大を促したとみられる。

足立郡本太村（浦和市）の吉野家の天保二年（一八三一）の「万売上覚帳（27）」によると、山芋や里芋類と並んで甘藷も有力な商品作物として登場している。しかも売上げの記録をみると、冬の正月の販売もみられ、寒い冬の売上げは値段もよいこともあるが、冬季の越年の保存法も確立していたことを示している。また天保十三年（一八四二）の三室村（浦和市）の村明細帳（28）をみると、農産物の中に甘藷の名がみえる。村明細帳は、代官への差出帳で村方の不利な記載がないのが普通であるが、ここに記されていることは、甘藷の栽培がかなり普及したことを示すものであろう。

上尾市域の作付例としては、中分村字袋の矢部家の例がある。既に『埼玉地方史』27号の小論でも紹介しているが、天保六年（一八三五）から同十二年まで記した作付記録は当時の実態を示す貴重な記録である。(29)

表3は、矢部弘家文書「万作物取高覚帳」より甘藷の項を抜きだしたものである。収量や販売量等については、年により記載されてないものもあるので不完全ではあるが、上尾地方のおおよその栽培傾向が把えられる。

表にみられるように、矢部家の甘藷作付面積は二反から三反歩である。矢部家の経営規模は畑地二町八反歩、水田五反～七反七畝歩という、この地域にとっては大規模経営であるが、畑地のうちの七～一〇％ほどが甘藷作付ということになる。この割合は、前記の上富村の武田家には及ばないが、高い作付割合となっている。中分村では、慶応三年（一八六七）に領主に村内の作付状況の書類を提出しているが、その文書によると夏作総反別三二町歩のうち、甘藷は五町歩である。(30)この作付割合は約一六％であるので、矢部家の七～一〇％の割合は村内平均にも及ばないが、天保期という時代からみると、かなり甘藷作付の割合が高くなっていたといえよう。矢部家では夏作の商品作物として、紅花を七～九反歩も作っているので、甘藷の割合は村内平均よりもいく分低くなったものとみられる。

矢部家の反当収穫量は、不完全な記述ではあるが一〇～一四駄である。甘藷の一駄の重量はここでは記されてないが、既述の中分村慶応三年提出の「畑方作物豊作収納凡取調帳」には、おおよそ四〇貫の記述があるので、反当収穫量は一三三～二八〇貫ということになる。年により豊凶の差があるが、平均すると一八〇～一九〇貫の収量となる。

慶応三年提出文書では、これは豊作の場合ということになるが、中分村で反当収穫量一九五貫とあり、同じく小敷谷村では「七拾八貫目より弐百貫目位迄」と記されている。これらの数字からみると、矢部家の収穫量は平均的な数を示すものであろう。ところで明治中期になり、埼玉県の統計数字が明確になった頃の収穫量をみると、明治二十年

表３　中分村（袋）矢部家の甘藷栽培と売上額

年	作付面積	収量	販売量及び販売金額
天保６年	２　反	14駄	売上　３両３分　２朱　324文
〃　７年	３	約10駄	１駄２分600文の単価
〃　８年	２．８		売上６駄　３両１分　800文
〃　９年	３		売上　４両　300文
〃　10年	２．５	約10駄	売上６駄　約２両　１朱
〃　11年	２．３	10駄	
〃　12年	２		売上　１両１分　１朱　170文

○矢部弘家文書「万作物取高覚帳」より作成。

（一八八七）から二十八年の県内甘藷生産量の平均は、二〇〇～二七〇貫である。(31) 明治期になると、生産技術の進歩から反当収穫量も上昇しているが、これらの平均数量からみても、矢部家の生産量はかなり高いものといえよう。

矢部家の甘藷への肥料は明らかでないが、同家では年々多額の金肥を購入している。天保七年（一八三六）の購入肥料代は、干鰯・粕・糠等で総額一五両余、同八年一七両二分余、同九年一五両余という高額な数を示している。これらの金肥は、水田をはじめ畑作の諸作物栽培に施されているが、甘藷へもある程度の金肥が使われたものとみられる。

前記の慶応三年（一八六七）の差出帳には、各作物ごとに使用肥料の平均的なものが記されている。それによると、中分村の甘藷の肥料は、一反につき「糠五斗、代七貫五百文、粕三斗、代四貫五百文」と記されている。肥料は、外に堆肥や灰などもあったとみられるが、ここでは自家生産肥料は除き、購入肥料のみを記している。慶応三年は諸物価が上昇しており、当然肥料代や金相場も上ったとみられるが、一反当り一二貫文の肥料代は農民にとって高額な数字であったと思われる。

甘藷の販売金額は、資料の不完全さからやや不分明であるが、表３によると天保七、八年は一駄二分余である。この計算を基礎にすると、反当りの売上高は五駄の収量で約二両二分ということになる。天保八年の矢部家の大麦生産高は五石一斗、九月相場は九斗が一両なので総額は五両二分二朱余である。この年の作付面積は二反八畝なので、反当りの収入は約二両ということになる。冬作と夏作では比較は無理であるが、反当収入としての約二両二分は高額な数といえる。もっとも天保六年の添え書に「壱分弐百文ツ、五駄壱」との記録もあるので、その年により落差はあったものとみられる。なお慶応三年の差出帳では、「両ニ三十九貫め」とあり、この年の中分村平均反当生産量一九五貫、一反当り五両の収入となる。先にも記したように、この年は諸物価上昇の折なので天保期とは比較にならないが、甘藷の収益は高かったとはいえるであろう。

ところで一駄二分余の金額は、他の物価に比してその値段はどんなものであろうか。天保期の銭貨はおおよそ一両が六貫四〇〇文ほどであったので、二分余は三貫二〇〇文余りということになる。[32]この計算からすると、甘藷一貫目は約八〇文となる。当時江戸の大工などの職人の手間賃は二〇〇〜三〇〇文である。埼玉県域などでは、堤防工事の人足などは一〇〇文くらいにしか換算されていない。これらの手間賃から計算すると、一日の収入で甘藷が三貫目くらいしか買えないことになる。もっともこの計算の基礎は、農民の販売価格なので、実際に八百屋から買うともっと少なかったであろう。いろいろまわりくどいことを記したが、当時の甘藷の値段からみると、庶民は簡単には購入できなかったとみられる。

甘藷は、救荒作物として栽培が勧められた。確かに、享保十七年（一七三二）の西国の蝗害の時甘藷のみは被害にあわず、この時の調査が契機になったともいわれる。[33]しかし以上記したような値段からみると、はたして救荒作物たり得たのかどうか、甚だ疑問である。一般に救荒作物になるには、生産が容易で、大量に安価に生産でき、販売価格が低廉でなければならない。ところが甘藷については、西国はともかくとして、少なくとも江戸後期の東国においては、救荒作物の条件に欠けていたといえるであろう。

6　まとめ

甘藷は本来亜熱帯の作物であり、冬季の寒冷な関東での栽培は、西国と同じ方法では無理が伴う。享保期の大門宿や高麗郡での失敗例が、農民側の栽培に対する熱意の問題もあるとはいえ、これを証しているといえよう。

一方、青木昆陽は関東へ甘藷を普及した人物として知られているが、昆陽の栽培法は大門宿等の試作法と同様であり、失敗の可能性が高い。上総や下総で一部成功して、栽培が定着したと記録されているが、これは温暖な耕地と農民の手間ひまをかけた細心の努力によるもので、これが一般農民に適応されるとは考えられない。昆陽の試作は、一つの契機になったとはみられるが、栽培法の面で容易さと、安定した生産結果が得られるという点で、基本的な条件に欠けている（生産物の販売条件については、ここでは論及しない）。

関東での甘藷栽培のネックは、春早く移植苗を育てられなかったことであり、種芋を冬季に完全に保存できなかったことである。特に種芋からの早期の発芽と、発芽率の上昇は農民にとっては至難なわざであったとみえ、大門宿等の失敗例がそれを示している。

これらの栽培上の課題を克服したのが苗床で、この苗床で移植苗を大量に生産されるようになり、はじめて甘藷生産が拡大できる条件がそろったといえる。この苗床法の技術の発明者は不明であるが、この技術の確立と普及にはかなりの時日を要している。またこの技術の確立期は、現在遺された資料からは文化期、あるいはそれ以前のあまり遠くない時期と考えられる。

埼玉県域の栽培は、武蔵野台地では文化期末にはさかんになったと思われるが、大宮台地の地域での始まりは不明である。しかし天保期には農書『耕作仕様書』に示されるように栽培が普及しており、上尾市域でも同様である。

一方、幕末期の上尾市域の反当生産量はかなり高いものであるが、販売値段からみると高価なものとなっている。このように値段の高いものが、はたして救荒作物であったのかどうか、甚だ疑問である。享保期に、西国で蝗害をうけなかったことは事実であるが、関東では救荒作物の条件が満たされていたとは考えられない。救荒作物としての一般の認識は、近代になってからのものである。

甘藷の栽培技術発達史からみた今後の課題の一つは、苗床の技術の確立がどこまで遡れるかであろう。これには、農民たちの記録の幅広い発掘が必要である。また、小稿では数少ない農書しか参考にしなかったが、今後多くの農書を検討の対象にして、栽培技術の伝播の道を探る必要がある。そして本稿では余りふれなかったが、施肥や畑地への移植後の栽培仕法なども残された課題といえよう。

〔注〕

（1）『埼玉県営業便覧』明治三十五年刊
（2）昭和五十年代になり、川越市の井上浩氏などにより「川越いも」の研究が進められ、昭和五十七年には川越いも研究会により『川越いもの歴史』などの冊子が刊行されている。
（3）古島敏雄『日本農業技術史』の「近世後期の農業技術」の項
（4）日本学士院編『明治前日本農業技術史』の「畑作」の項
（5）佐藤隆一「薩摩芋取引をめぐる在方荷主と江戸商人」
（6）秋山伸一「武蔵野台地における特産物地域の形成過程―薩摩芋の生産をめぐって―」
（7）『新編埼玉県史通史編』近世2、「農業の発展と経営の変化」の項
（8）『埼玉地方史』26号・27号「近世中・後期埼玉県域における畑作地の作付形態について」
（9）『大宮市史調査概報』昭和四十一年
（10）『近世地方経済史料』第三巻。同書にはほかに加藤又左衛門の記した「甘藷申上其外書付」が収められている。

(11)『日本農書全集』第二一巻
(12)土屋喬雄校訂『農業全書』岩波文庫
(13)『日本農書全集』第三一巻
(14)焼畑の耕地（前掲書山田龍雄氏解題）
(15)傾斜地（前掲書解題）
(16)『浦和市史』第三巻近世史料編Ⅰ
(17)『飯能市史』資料編Ⅹ産業
(18)『日本農書全集』第二三巻「耕作仕様書」葉山禎作氏解題
(19)前掲書、及び『埼玉県史研究』第一号の同氏論稿
(20)前掲『日本農書全集』第二一巻
(21)『所沢市史』近世史料Ⅱ
(22)『古事類苑』植物部二
(23)『埼玉叢書』第二
(24)『三芳町史』第一巻史料編Ⅰ
(25)志木市史編さん室蔵「石原健二家旧蔵文書」
(26)『八潮市史研究』第七号
(27)『浦和市史』第三巻近世史料編Ⅲ
(28)武笠寛家文書、天保十三年「明細帳」（埼玉県立文書館収蔵）
(29)上尾市中分字袋矢部弘家文書、天保六年「万作物取高覚帳」
(30)前掲矢部弘家文書、慶応三年「畑方作物豊作収納凡取調帳」中分村・小敷谷村
(31)『新編埼玉県史別編５』統計
(32)上尾市教育委員会蔵、久保村「須田家文書」の紅花仕入帳より概算
(33)『有徳院御実紀』附録巻17

八　上金崎村の家守小作

1　はじめに

下総国葛飾郡の地に、いつ頃から家守小作が生じたのか定かでないが、江戸時代の初期の段階で、すでに特殊な小作慣行の方法として存在したようである。天和元年（一六八一）の下金崎村（金崎村）の年貢割帳によれば、百姓戸数二四戸中五戸が家守小作人になっている。[1] 天和元年は、上金崎村が金崎村と分離して一村をなした延宝二年に近い時期のものであり、この資料から推して、村落成立の頃から家守小作が行なわれていたといってもよいと考えられる。戦前埼玉県経済部が調査し刊行した「埼玉県に於ける家守小作」にも、家守小作の発生については推定を記すのみであるが、江戸川開削後、新田開発等がさかんに行なわれた際生じたとしている。

このように家守小作は埼玉県域の東部地方を中心に古くから行なわれ、しかも広範囲に、また近代にいたるまで継続されてきた慣行である。[2] 江戸川沿いの平野部にある上金崎村でも、後述するように家守小作のしめた役わりは大きく、しかも名主である土生津家の経営やその変遷を知る上でも留意しなければならないと考える。以下、家守小作に関するいくつかの資料を紹介し、私見を述べてみたい。

2 埼玉県域内の家守小作

「地方凡例録」によると、家守小作とは「田畑反別多く、小作人入るゝとき地主世話届き兼るゆえ、小作の世話人を立て、之に附置世話を致させ、小作地の内何反歩とか極め家守給に作らせ、年貢諸役は地主にて勤む」と記されている。ここでいう家守小作の第一の機能は「小作人の世話をする」ことで、そのため世話料として地主は「家守給」を支給している。もちろん家守小作人も、あくまでも小作人の一人であるから、小作料は地主に払うが、年貢諸役はここでは地主が負担することになっている。

ところで家守小作の分布は全国におよんでいるが、その形態も様々なようである。[3] 埼玉県域内の下総国葛飾郡を中心とする家守小作は、既述の地方凡例録に記されているものとは、やゝその働きを異にしている。後に詳述するので略記するが、小作人の世話するためではなく、諸役を負担させるために家守小作人を置いている例がほとんどである。[4]

しかし、埼玉県域内でも近世の初期の段階から種々の家守小作があったようである。発生から系統的に、しかも県域内を網羅的に示すことはできないが、次にいくつかの例をあげてみる。

〈資料1〉[5]

家守手形之事

一此助五郎と申者慥成者ニて御座候ニ付我等請人ニ立駒寺野伊勢宿新田御屋敷家守ニ指置申所実正也御預ケ被成候畑方儀六町弐反歩之所当丑ノ年より卯ノ年まで三年之内開発いたし其内壱町歩ハ永代我等ニ被下候相定ニ御座

候残て五町弐反歩ハ入念畑ニ仕立辰ノ正月相渡し可申候我等ニ被下候壱町歩辰ノ年より御年貢御役等相勤可申候此者御公儀様御法度之儀不及申何様之六ケ敷出来候とも我等罷出埒明可申候宗旨之儀は代々より真言宗ニて寺ハ朝場《(浅羽)》村長久寺旦那ニて御座候御法度之宗門ニて無御座候為後日仍て如件

寛文十三年　　　　高倉上新田村
丑ノ六月廿一日　　　家守　助　五　郎㊞
　　　　　　　　同所
　　　　　　　　　請人　八右衛門○
伊せ屋
　庄兵衛殿

この事例は入間台地（現日高町）の開発に関するもので、東部低地の場合とやゝ性格を異にすると思われるが、近世初期の例としてとりあげた。ここにみられる助五郎は、新田開発請負人であり、預かった六町二反歩の土地を三年のうちに開発し、そのうちから一町歩を、開発人である助五郎に与えるというものである。助五郎は「御屋敷家守」であり、永代所有となった一町歩は、三年後は年貢・諸役を勤めるべき対象となっている。ここでは助五郎は家守ではあるが、家守小作人ではない。家守としての助五郎の役割はどのようなものであったのか、この資料だけでは不分明であるが、新田の開発がさかんに行なわれた近世初期の段階で、家守が新田開発に関係していたことを示している。

〈資料2〉(6)

屋守手形之事

一壱本木村之貴様御屋敷ニ名主やく致罷有候筈ニ屋守ニ罷有候間万事御公儀より被仰付候名主やく之儀相つとめ可申候次ニ屋敷ニて竹木あらし申間敷候我等儀何方よりもかまい無之者ニて御座候左様之儀候は加判之者申分貴様江御苦労ニかけ申間敷候勿論御気ニ入不申候か又ハ右之屋敷御用ニて罷立申様ニと御申候は何時成共無違乱罷立可申候

此者御法度之宗門ニて無御座候

田地入さた之儀は貴様より御仕はい可被成候仍て如件

寛文四年たつの《たつの》三月廿八日　屋守　重右衛門㊞

請人　小右衛門○

戸塚村　同　七郎右衛門○

三右衛門殿参

右の資料も資料1と同じく寛文期のものであるが、ここでは屋守（家守）重右衛門は「名主やく」を請負っており、家守の役割は明示されている。ただここで言う「名主やく」が、名主の職務のみをさすのか、名主個人にかかる課役を含めてさしているのか不明である。重右衛門は「御屋敷ニ名主やく致」とあるので、屋敷内に居住し、江戸の町地の家守のごとく屋敷地の管理などはしていたと考えられる。しかし、家守小作的な性格をもっていたのかどうか、「田地入さた之儀は貴様より御仕はい可被成候」だけでは不明確であり、役給面についても記されていない。

〈資料3〉(7)

請負申家守手形之事

一貴殿当所ニ所持被成候田地半軒前之御役儀我等請負勤申所実正也御役為給分と畑奥田耕地ニて中畑壱反弐歩屋敷三畝拾歩合壱反三畝拾弐歩御水帳面之場所改請取田地預り作り申候此田地御年貢御成ケ并諸色入目等之儀ハ貴殿より年々御勤被下筈ニ相定申候其外御役義ハ人馬何ニても昼夜を不限無遅滞惣百姓衆なミニ立寄相勤可申候役家之儀ハ我等方より給分地之内ニ家造致妻子共ニ住居申候惣別他之夜之宿一円仕間敷候事

一御公儀様御法度之御条目之儀ハ不及申惣百姓衆なミノ御作法何ニても違背申間敷候惣て御公儀様江指上ケ候御用帳面判形ハ我等名判致上ケ可申候事

一拙者共宗旨之義ハ代々立野村西福寺旦那ニ紛無御座候惣て我等義何ニても請人等之判形ニ相立申間敷候自然脇より構申者有之候ハヽ、請人拙者共ニ何方迄も罷出申訳仕埒明ケ少も貴殿御苦労ニかけ申間敷候事

右之通り相定当酉ノ極月より年々御役儀之田地預り候て御役義勤申筈ニ御座候然上ハ田地壱歩之所も荒し申ましく候畠廻りニ有之候竹木伐採申間敷候惣て我等義何ニても貴殿御指図違背申間敷候若相背候か又ハ御気ニ入不申事出来候ハヽ、何時成共我等役御取放可被成候請人方へ引越可申候其上余人御召抱被成候共少も御恨申間敷候弥相定之通り無恙御役等相勤我等立退申度□□□御役給預り置申候田地改相違なく相返し候て則我等居宅こほし取請人方へ早速引越可申候為後日請人を立家守役証文入置申候仍て如件

享保弐年

酉ノ十二月

長蔵新田
家守役人　三左衛門㊞

戸塚村
証人　才兵衛○

同村
長太郎殿

右の資料は、家守小作が行なわれていることを明確に示すものである。三左衛門は長太郎の「半軒前」の諸役を請負っており、役給として「壱反三畝拾弐歩」の土地を給されている。長太郎の持高が不明なので、半軒前の諸役がどの程度のものか、この資料だけでは明らかでないが、役給の中には屋敷地の三畝拾歩もあり、半軒前という条件と合致したものであろう。役給面の壱反三畝拾弐歩の年貢や諸入用は、地主である長太郎が納めており、三左衛門が勤める諸役は「其外御役儀」であり、「惣百姓衆なミ」に勤めることになっている。家守の義務や責任が明確に示されており、この時期になると家守小作の普及とともに、証文の記載も形をととのえてきたとみられる。なお、三左衛門は長太郎の他の土地を小作していたとみられるが、それは「小作請負証文」に記載され、ここでは「家守請負手形」なので小作のことは記されなかったと思われる。この頃になると証文も、「諸役請負手形」「田畑小作請負証文」というように分化した面もみられる。

〈資料4〉(8)

田地諸役并家守請負証文之事

一田畑屋舗合弐町五畝弐拾五歩　　御水帳面

此高拾五石五斗四升三合九勺　　町田通

佐兵衛名前

右は貴殿当村ニ御所持被成候御水帳佐兵衛名前田畑諸役請負申度加判人上柳村半右衛門ヲ以種々相願申候ニ付御聞届ケ我等ニ御預ケ被下則為諸役給分畑弐反四畝歩我等諸役相勤申内ハ被下候筈ニ相定申候上は右田畑反高ニ相掛り候御公儀様人馬高役小穀諸夫銭村并役惣て何ニても急度相勤可申候若御年貢小作米永未進等出来仕候ハヽ、請人引受致弁済貴殿江少も御苦労ニ相掛ケ申間敷候但シ年季之義ハ当午十二月より来辰十二月迄拾ケ年季ニ相定申候年季明辰ノ十二月罷成候ハヽ、右田畑諸役共ニ相返シ可申候縦年季之内ニても田畑御入用歟又は貴殿御勝手合ヲ以御取離シ外江諸役御預ケ被成候ハヽ何時成共早速明渡シ請人方江引取可申候其節少も違義申間敷候尤御年貢小作諸役夫銭等何ニても無差相勤候ハヽ此証文ヲ以先何ケ年も御預ケ可被下候事

一御公儀様御法度之義ハ不及申ニ村内之仕置何ニても為相背申間候若違背仕候ハヽ我等急度埒明貴殿江御苦労掛ケ申間敷候弥家守役相勤罷在候内名主方江仕上申候御年貢米永勘定帳庭帳惣て　御公儀様江差上申後帳面諸証文等貴殿名代喜八名前ニ付印形等可致候得共後々証拠ニ用イ六ケ敷決て申間敷候尤御年貢請取手形年々貴殿江相渡可申候事

一田畑廻り御座候諸木指柳枝葉等ニ至迄貴殿江無沙汰伐取申間敷候事

一我等家守請負仕候田畑他人之地境并木指柳畦畔下ニ至迄猥成義致間敷候若猥ニ相成候ハヽ我等立合境出入等無之様分明ニ致差置可申候事

一御公儀様御拝借之義は不及申ニ買掛ケ引負等一切無御座候以来奉公人借金何様之義ニも口入受判等ニ相立申間敷候若脇合より六ケ敷義出来仕候ハヽ我等加判人之者諸事引受何方迄も罷出急度埒明貴殿江少も御苦労掛ケ申間敷候事政右衛門義は不及申ニ妻子等之身分ニ付何様之義出来仕多分入用等相掛り候義御座候共請人方ニて金子償之貴殿江少も御苦労掛ケ申間鋪候事

一博奕諸勝負は勿論行衛不知者一夜之宿貸申間敷候若無拠者ニて宿貸申儀有之候ハヽ其趣貴殿江相届ケ御差図請可申候事

一政右衛門宗旨之義ハ真言宗立野村延命院旦那ニ御座候御法度之宗門ニては無御座候則寺請証文我等方ニ取置申候御入用次第何時成共相渡シ可申候事

右ケ条之通諸事急度為相背申間敷候為後日家守請負証文入置申所仍如件

文化七午年十二月

下総国葛飾郡神間村
家守　政右衛門㊞
同国同郡上柳村
請人　半右衛門◯
同国同郡宝珠花村
源兵衛殿

この資料では、家守の政右衛門が請負う諸役の石高が明示されている。政右衛門は源兵衛の所有する土地二町五畝二十五歩、石高十五石五斗四升三合九勺分の「御公儀様人馬高役小穀諸夫銭村并役惣て何ニても」勤めることを約束している。その役給分として、畑二反四畝歩が給されている。ただ資料3と異なり、役給分を含めて年貢は家守である政右衛門の負担になっており、地主の負担ではない。

政右衛門は「家守請負証文」と同時に、「小作請負証文」を源兵衛にだしている。[9] それによると、二反四畝歩は「役面引」として明示されており、その外「屋敷引」「土手敷」等が差引かれている。年貢米永、小作米永とも記されておるので、年貢の負担は家守側にあることが明らかである。ただここでは、「家守請負証文」に記されてなかった「屋敷引」が四畝歩あり、この分の小作料も免除されている。

3　土生津家と家守小作

埼玉県の東部地域では、地主が所有地を新地主に譲った場合、旧例がそのまゝ受継がれているので、土生津家の場合も、享保十八年（一七三三）上金崎村名主忠左衛門の田地を買取った段階で、家守小作の旧例を引継いだとみられる。名主忠左衛門家がどの程度家守小作を有したか、明確な資料はないが享保十七年の人別帳によると、既に三人の家守小作人が存在している。元文三年（一七三八）は、土生津家が忠左衛門家の田畑を譲りうけてからまもない時期であるが、この年には二人の家守小作人をかかえている。これから推しても、土生津家は旧地主の家守小作の慣例を引継いだものとみられる。

土生津家の家守小作は、村内ばかりでなく近村におよんでおり、後述するごとく時代が下がるに従い増加している。これら多くの家守小作人は、どのような関係で土生津家の家守小作となり、またどのような家守小作契約を結んでいたのか、現存する資料だけでは明確に把えることはできないが、次に資料の一部を例示して検討を試みたい。

〈資料5〉[10]

入置申家守畑小作請負証文之事

一畑屋敷合九反歩

此分米九石

右は貴殿所持之田地吉郎次慥成者ニ付我等請人ニ相立当寅ノ春より諸役請負為御役給分畑九畝歩可被下候残分八反壱畝歩金四両弐分小作請負申候遅無滞御年貢御上納仕年々名主方より皆済手形取置御入用次第指出可申候御年貢出銭勘定仕相残候小作金無未進十一月中急度相済可申候若日損水損等も御座候ハヽ検見被成可被下候尤御年貢御上納并小作金滞候ハヽ請人指替御年貢御上納仕相残候小作金貴殿方江相済可申候右之小作畑貴殿方江相返可申候為後日請負証文依如件

明和七年　葛飾郡上金崎村

寅ノ正月

家守小作
請負人　吉郎次（印）
請人　甚之丞○

同村
六郎右衛門殿

右之通り我等方江御相談被成得心之上吉郎次家守小作請負御附被成相違無御座候以上

上金崎村
名主　定四郎○

〈資料6〉(11)

家守小作請負証文之事

一田畑屋敷合
此分米拾四石八斗八合

一家立横　壱軒
戸

右之田畑屋敷ニ掛リ候御役人足村方小役并合之通遅々無滞相勤可申候為御役給分畑壱反四畝弐拾四歩可被下候

一御公儀様御年貢米永急度御上納可仕候相残小作年々十一月中無未進相済可申上候若遅々滞儀も御座候ハヽ請差替御年貢御上納相残小作無未進済貴殿江御苦労ニ懸申間敷候

一宗旨之儀は代々真言宗ニて新川村無量院旦那ニ紛無御座候寺請状御入用次第差出可申候

一御公儀様御法度は不及申村方作法何ニても相背セ申間敷候并博奕掛諸勝負等宿殊ニ旅人等宿一切為仕申間敷候若不埒之儀御座候て組合御苦労ニも相成候儀も御座候ハヽ、入用之儀は請人差出村方貴殿御苦労ニ懸申間敷候尤如何様之請合等ニも堅ク為相立申間敷候貴殿御気ニ入不申候歟又ハ田地御入用之節ハ何時成共我等方江引取右之田地無相違相返可申候其上引取証文入置可申候為後日家守証文仍如件

寛政四年子十二月　下総国葛飾郡

上金崎村

家守小作
請負人　勘　六

上柳村

請人　儀左衛門㊞

同国同郡同村

六郎右衛門殿

資料5の吉郎次は畑屋敷合せて九反歩の小作をしているが、この役給面として九畝歩の畑を給されている。資料6の勘六は、十四石八斗八合の土地を小作しており、役給面は畑一反四畝歩である。この例に示されているように、土生津家の家守小作の役給面は土地であり、米金で役給を与えられている例はない。資料3・4も同様であったが、県域内には金銭で役給をだしている例もかなりある。[12]

役給面の土地はどの程度のものであったかというと、資料5の吉郎次、資料6の勘六の両人とも、小作高拾石に付畑一反となっている。明治初期の資料であるが、現幸手町の地主が西大輪村の白石家にあてた書簡の中で「地守役面

之義ハ概算高拾石ニ付畑壱反歩位之事ニ御座候」と答えている。[13] 吉郎次、勘六の両人ともこの基準通りであるので、当時もこの地方ではほぼこの程度とみて間違いないであろう。

資料5・6とも年貢は家守方より納めることが示されており、年貢の皆済手形は地主の請求があれば差出すと明記されている。年貢を家守方で納める点は、資料4の宝珠花村の源兵衛の家守と同様である。人別帳をみると、地借人（一般の小作人）は無高で記されているが、家守は高持百姓と同様に持高が記されている。このことは、家守が年貢を納入していることを示すものでもある。

家守小作人がどのような理由で地主と結びついたのか、いくつかの理由が考えられるが、次の資料にみるように田畑を質入した場合もその一つである。

〈資料7〉[14]

質物ニ相渡申畑之事

一上畑三反八畝拾九歩　舞台東耕地
一上畑壱反六畝壱歩　同断
一上畑弐反四畝拾五歩　同断
屋敷三反壱畝拾五歩之内
一屋敷壱反弐拾五歩　同断
畑屋敷合九反歩　金崎村御水帳面 伊左衛門名前
此分米九石

右は年々詰り候て延宝元丑ノ御検地御水帳面伊左衛門名前吉郎次所持いたし候九反歩之田地に付来候并木境木

指添代金弐拾両之質物ニ相渡加判之者立合吉郎次只今慥ニ請取御年貢永無未進御上納仕其外借金諸事払方相済申上ハ此田地ニ付御拝借金無御座候年季之儀ハ当丑ノ十二月より来ル卯ノ十二月迄中弐年季ニ相定申候年季之辻卯ノ十二月に罷成候ハヽ元金弐拾両返進可申候間右之田地無相違御返可被成候若年季之辻卯ノ十二月ニ罷成請返申儀不罷成候ハヽ此証文ヲ以流地ニ仕候永々御手前ニ所持可被成候縦何方江何程之質物ニ御入罷成候共貴殿御勝手ニ可被成候御田地ニ付親類ハ不及申ニ何方よりも少も構申者無御座候若六ケ敷申者御座候ハヽ我等加判之者何方様迄も罷出申分仕貴殿江少も御苦労ニ懸申間敷候年季明御縄入候ハヽ貴殿名前ニ御請可被成候右之田地名主五人組立合御水帳面銘々小ひれ(ろ)い仕間高地坪少も相違無御座候外江書入等一切無御座候

一御公儀様御年貢諸役出銭貴殿方ニて御勤可被成候組中立合田地相改相渡申上ハ少も相違無御座候為後日御田地証文仍如件

明和六年
丑ノ十二月

庄内領上金崎村
質物入主　吉郎次㊞
五人組　甚之丞○
同　文　七○
組　頭　三右衛門○
名　主　定四郎○

同村
六郎右衛門殿

右の資料は一般的な質地証文であるが、前掲の資料5と一括同封されているもので、吉郎次が家守小作人になった一連のものと思われる。吉郎次は明和六年の暮に畑屋敷九反歩を土生津家に質入れし、二十両の代金を受取っている。しかしその翌月の正月には、同じ反別の畑屋敷を家守として請負っている。初めから家守小作をする意図のもとに質入れしたかどうか、この資料には表わされていないが、十二月に質入れし正月に家守小作しているところをみると、土生津家との間に当初から約束がなされていたとも考えられる。結果的には質入主がそのまま小作しているので、一種の直小作的な形態となっている。質地代金はこの地域の相場にかなったものと思われるが、金額が低かったり、年貢を金主が納めたりすれば、諸役を地主である吉郎次が負担しているだけに、御制禁の「半頼納」の形態になってしまう。いずれにしても、ここでは家守小作人の吉郎次は、質地を契機にして土生津家と結びついたとみてよいであろう。

右の資料にみるように、田畑の質入れから家守小作人になった例は多いと思われるが、これらの家守は世襲的に代々受継いでいくことがほとんどである。土生津家の場合も同様で、事例は後述するので省略するが、それだけに地主との間はやゝ主従的な関係で結ばれていたと考えられる。

4　百姓戸数と家守小作の割合

ここでは上金崎村の人別帳を通して、村内の家守小作を数量的に検討してみる。なお、上金崎村は元禄十年以後天領と旗本領の二給支配になっているが、ここで述べる上金崎村は土生津家のある天領分のみの限定した村をさすものである。

上金崎村内の地借人と家守小作人の数は、表1で示したごとくである。

表1　上金崎村（天領分）の戸数と家守戸数

年	総戸数	寺道心ひくに	地借戸数	家守戸数	年	総戸数	寺道心ひくに	地借戸数	家守戸数
享保17	27	2	6	3	寛政9	19	1	1	6
元文3	28	2	6	2	〃12	20	1	1	7
延享元	26	1	6	1	享和2	19	1	1	6
寛延3	27	2	6	2	文化2	17	1	1	5
宝暦6	28	2	4	2	〃5	18	1	2	5
〃8	27	2	3	3	〃7	20	1	3	6
〃10	26	2	4	2	〃10	18	2	2	5
〃13	27	2	3	4	〃14	17	2	2	5
明和元	26	2	3	5	文政元	18	2	2	5
〃4	26	3	4	4	〃7	18	2	1	7
〃8	26	3	5	3	〃9	18	2	1	7
安永元	26	3	5	3	天保2	16	1	1	7
〃5	24	2	4	3	〃5	14	1	1	6
〃9	22	2	3	5	〃10	15	1	1	8
天明元	24	2	3	5	〃14	15	1	1	8
〃2	25	2	4	5	弘化元	15	1	1	8
〃6	26	2	5	6	安政2	18	1	2	10
〃8	23	2	4	6	〃5	16	1	1	9
寛政元	25	2	5	5	文久3	17	1	1	11
〃4	21	1	1	7	慶応元	18	1	1	11
〃6	21	1	1	7	〃3	18	1	1	11
〃8	20	1	1	7	明治4	18	1	1	11

村内の地借人の戸数をみてみると、享保から寛延期の頃は六戸で、四、五戸の数は天明期まで続くが、寛政の中期から減少する。文化期に一時二、三戸に増加したが、以後ほとんどの年が一戸で幕末まで続く。地借の内容はこの表から知ることはできないが、全体として幕末期になると減少していることは明らかである。なお、地借人は土生津家ばかりでなく、村内や他村の地主の者もいるが、その数はいたって少ない。

地借人の減少に比して、家守小作人の数は上昇の一途をたどっている。享保から宝暦期は二、三人であったものが、天明期になると五、六人となり、寛政期になると七人の年が多い。文化・文政期には五～七人の間を上下しているが、天保期になると八人の年が多くなり、文久から慶応期には十一人に達する。

家守小作の百姓戸数にしめる割合は上昇しているが、その割合をみると、安永期までは二割以下であったものが、天明期になると二割五分から三割近くになり、寛政期には三割五分に達する。そして天保期には、全百姓戸数の半分

表2　上金崎村（天領分）の家守戸数と持高

年	百姓戸数	家守戸数	家守の総持高	年	百姓戸数	家守戸数	家守の総持高
			石				石
享保 17	25	3	—	寛政 4	20	7	115,3069
元文 3	26	2	—	文化 2	16	5	77,9822
延享 元	25	1	—	〃 4	17	5	79,7699
寛延 3	25	2	—	〃 7	19	6	101,39284
宝暦 6	26	2	—	文政 5	15	5	76,6069
〃 7	25	2	16,09285	〃 8	17	7	96,54646
〃 8	25	3	24,260	天保 2	15	7	91,5616
〃 10	24	2	16,93085	〃 6	14	7	98,1350
明和 元	24	5	49,7112	〃 10	14	8	108,4270
〃 3	24	4	45,0784	〃 12	14	8	108,4270
〃 5	22	4	45,0784	安政 2	17	10	122,0435
安永 元	23	3	42,807	〃 4	16	9	116,4237
〃 3	23	3	42,807	〃 6	15	9	116,4237
天明 元	22	5	66,627	文久 3	17	11	132,4815
〃 3	23	5	65,876	慶応 元	17	11	132,4815
〃 5	24	5	65,876	〃 3	17	11	132,4815
寛政 元	23	5	68,3755	明治 元	17	11	132,4815
〃 3	22	5	79,1266	〃 4	17	11	132,4815

を越えて、安政五年以後は六割にも及ぶ。

今ここに文久三年の人別帳をみると、百姓戸数十七戸のうち、地借人は一人、家守小作人は十一人、残りの百姓は五人である。しかしこの五人の中には名主の土生津家があり、組頭を勤める庄兵衛と吉左衛門の家がある。これら役職をもつ家を除くと、普通の百姓は二人となる。このように家守小作人の割合は、末期になるにつれ高くなっているが、これは同時に普通の百姓の減少となっていることが確かめられる。天保期以降、普通の平百姓が二、三人の年が続き幕末にいたっている。

表2に示すごとく家守小作人の増加は、同時に村高の中でしめる家守小作人の持高の増加にもつながっている。例えば宝暦七年には家守小作二人、その持高は十六石余で、社地持添を除いた百姓総持高にしめる割合は、一割にもみたないほどで微々たるものである。それに対して、幕末の文久三年の家守小作人は十一人で、その持高は一三二石余、全体の中で五割余と高い割合をしめている。

村内における家守小作の割合は増加しているが、ただその割合は百姓戸数に対する割合ほどではない。文久三年の家守戸数の割合は六割五分ほどであるが、持高率は五割余である。その理由の一つは、家守以外の中に持高の極端に多い土生津家などがあるためである。

ここで表2にしたがって持高とその割合をくわしくみると、明和・安永期には四〇石台の持高となるが、まだその段階では百姓総持高の二割にもなっていない。それが天明期になると六〇～七〇石台になり、二割五分から三割をしめるようになる。そして寛政期になると一一五石余の持高を示す年もでてくる。この持高率は四割五分ほどにあたり、ここでは家守戸数の割合の三割五分をこえる数字になっている。文化・文政期には一時七〇石台におちこむ年もみられるが、天保期には初め九〇石余、後期には一〇八石余となり、四割三分という持高率に回復する。安政期は初め高かったが、その後少し減少し一一六石の年が続き、文久から明治にかけて一三二石余と、最も高い持高となり、その割合は先に記したように五割をこえる割合になっている。

家守小作人の持高は、個人によって差があるわけであるが、一度契約を結ぶと長期にわたり同じ持高で小作するケースが多い。例えば、平六は宝暦十四年に十石で家守となるが、翌年の明和二年十四石五斗五升の持高となり、この持高は寛政二年まで変化していない。その後一時は二十石余と増加したが、再び寛政十二年には十四石五斗五升となっている。文政期に平六の跡をついだ弥吉が家守となっているが、これも十四石五斗五升である。このように持高は余り変化しないのが普通であり、また同じ持高のまゝ子孫にうけつがれるケースも多い。

一般に一人の持高はそれほど多くはないが、二十石以上の例として弥惣次の例がある。弥惣次は享和から文化年間二四石余を持っており、跡を継いだ岩太郎、六蔵らによって、幕末まで二一石余となっている。長期にわたり高い持高を有したものは、土生津家の家守の中ではこの家だけである。また持高の少ない例として明和期の久助の場合があるが、二石二斗余の持高である。概して一〇石以下の例は少なく、ほとんどが一〇～二〇石の持高で家守小作をしている。

家守小作人の平均持高をみると、宝暦の頃は八～九石余であるが、それ以後一〇石台になり幕末にいたっている。最も持高の多いのは寛政期で一六石～一七石であり、その後やゝ下降しているが、それでも天保期が一三石余、安政～慶応期が一二石余である。このように宝暦から明治までの平均の持高をみると余り差はなく、一二～一五石ほどが平均的な持高であることがわかる。これは当時の家守小作人の経営の規模を示すものでもある。

5　おわりに

上金崎村の土生津家を中心にした家守小作の資料を示してきたが、この地方の家守小作は、「諸役」負担させるための家守小作である。今までみてきた資料の中では、明確に「小作人管理」を目的にした家守は見あたらず、この点は埼玉県域東部の家守小作の特徴でもある。「役給面」については、米金によるものと土地によるものとがあるが、土生津家の場合は土地支給によるもので、この点は地主によって相違があったと思われる。

土生津家にとっては家守小作の割合は、幕末になるに従い増加しているが、これは土生津家だけの例ではなく、この地域全体の傾向であったとみられる。ただ家守の増加は、地主経営の上からどのようなかかわりをもっていたのか、今後検討しなければならない。ここでは上金崎村の家守のみをみてきたが、土生津家は他村にも土地を持っており、また家守も他村においたとみられるので、全体を把握した上での考察が必要であろう。

家守の増加は、村政の中でどのような影響をもったのか、これまた検討の必要がある。地主と家守はやゝ主従的な関係にあり、既にみてきたように家守でない平百姓が極端に少ない村の中にあって、地主の持つ力は強大である。このような状態の中で、村政の運営はどのように変化してきたのか考えるべき問題である。

上金崎村の家守の持高平均は十五石内外であるが、これらの家守の経営状態はどうであったのだろうか。他の普通の百姓との比較の上で検討が必要であろう。幕末になるに従い百姓に課された諸役は増加しているが、その点家守小作も同様であったとみられるので、地主との間に新たな問題が生じたと思われる。これらの問題を含めて、家守小作人の経営の検討は今後にまちたい。

以上小稿では家守小作に関する事例を紹介したが、その発生からして不明な点も多いので、多くの方々の御教示を得たい。

〔注〕

(1) 京都大学国史研究室蔵「下金崎村年貢割帳」
(2) 昭和十一年「埼玉県に於ける家守小作」埼玉県経済部
(3) 前掲「注2」
(4) 前掲「注2」
(5) 埼玉県立文書館収蔵「堀口家文書」No.一二八五
(6) 川口市「藤波喜久夫家文書」No.八五
(7) 川口市「藤波喜久夫家文書」No.一三五
(8) 埼玉県立文書館収蔵「中川家文書」No.二三五
(9) 埼玉県立文書館収蔵「中川家文書」No.二三六
(10) 埼玉県立文書館収蔵「土生津家文書」No.五五三〇
(11) 前掲「土生津家文書」No.四七五二
(12) 前掲「注2」
(13) 埼玉県立文書館収蔵「白石家文書」No.四七四〇
(14) 前掲「土生津文書」No.五五二九

九　近世文書にみる埼玉郡南部の農民住居

1　はじめに

優れた日本の生活文化史研究家であるワシントン大学教授スーザン・B・ハンレー女史は、その著「江戸時代の遺産」の中で、江戸時代の民衆の生活水準を示す指標として住居をとりあげている。[1] 女史は同書の中で、「江戸時代における富の増大を示す最良の証拠は、室町時代や戦国時代にその発展の起源をもつ住宅である」と述べ、そして「たいていの庶民の家の規模は、現代の水準からすれば小さかったが、日本の家が、同時代のイギリスの農業に従事するレイバラー（日雇い労働者）や都市労働者の住宅、もしくはアメリカの一七世紀の植民地入植者の家や一八・一九世紀の丸太小屋に比べて小さかった、と考える理由はほとんどない」と記している。[2] 同書における女史の主眼は、工業化以前の欧米と日本の社会生活の質についての比較にあるが、「間違いなく日本は、イギリスよりも相対的な生活水準ではむしろ高かったように思われる」という論述に尽きている。[3] 生活水準比較の中で住居をとりあげたものであるが、これまで日本での民衆の住居のとりあげ方は、いわゆる「民家」として、建築史や民俗学的な論究が多く、生活史や経済史的な側面はやゝ薄く、その点ハンレー女史の論考は注目に値する。また、民衆の住居に対する把握が、当時の生活する人々の住居として、住居群として論じられていることが、新鮮な論旨の展開となっている。欧米との生活水準の比較という観点からすれば当然のことであるが、これまでのわが国の建築史や民俗学的な論究では、やゝ希薄であった視点である。

ところで埼玉県では、昭和四七年三月に「埼玉県の民家」という優れた調査報告書を刊行している。[4]この調査は、昭和三〇年代から四〇年代にかけて、経済的な高度成長の中で急速に古い民家が失われていく中で、緊急調査として文部省の補助金を得て調査されたものである。調査は昭和四四年度に行われ、対象になった民家は七百棟であるが、詳細な第三次調査まで行い、報告書に収録されたものは六八棟である。調査の視点は、建築史・民俗学的なものであるが、当時の残された民家の様式等を後世に伝える優れた報告書となっている。

「埼玉県の民家」では、県域内の民家の形式などを分析してまとめているが、この緊急調査で事務局の掌にあった吉川國男氏は、「埼玉の文化財」第一一号の中でも、調査の概括的なまとめを記している。[5]吉川氏の論文では、埼玉県におけるそれまでの民家調査の事歴や、県内民家の屋敷構え・屋根型・間取りなどを総括的に論じており、地域の特性を述べている。

一方、調査報告書「埼玉県の民家」の特筆すべき事項に、埼玉郡江ヶ崎村の近世期の百姓家小前絵図についての論考が収録されている。この報告は、明和七年（一七七〇）に作成された石川家文書[6]をもとにしたものであるが、近世期の一つの村の農民住居が、住居群として網羅されている点からも異色の論考となっている。[7]

埼玉県内では、その後市町村の中でも民家をとりあげているものもあり、それぞれその地域の民家の特性等を伝えている。(8) しかしこれらの調査報告書は、現在遺されている民家を建築史や民俗学的な視点から論究したものである。

本稿では、「埼玉県の民家」以降発見された近世文書の中の農民住居資料を素材にして、当時の農民住居の全体像を考察してみる。近世文書中の資料は、主として住居の平面図や建坪・間取りの記載であるため、当然限定された考察となるが、建築史や農民習俗の視点でなく、村全体の生活レベルに視点をあて、住居群の把握を試みたい。もちろん、平面図のみから生活水準等を論究していくことは多くの困難を伴うが、当時の農民の生活状況の一端が明らかになればと考える。

なお平面図による建坪などの比較となると、どうしても基準となる住居の諸資料が必要となる。これには同時代の他地域・他国のデータが最適であるが、ここでは比較の一つのよりどころとして、現在の埼玉県内等の住居資料を掲げる。現在資料は、住居の規模等を把えるのにわかりやすいためであるが、あくまでも参考資料として掲げるものである。表1は、「うさぎ小屋」と揶揄されている現在の日本の住居状況を示すものである。

表1　現代の全国及び埼玉県の住宅

（1）住宅の延べ面積と室数　　（平成２年10月県別平均）

項　目	全国			埼玉県平均
	最大県	最小県	平均	
１人当たり延べ面積（一般世帯）	㎡ 39.4	20.9	27.5	24.0
１人当たり室数（同上）	室 1.80	1.28	1.52	1.36
１世帯当たり室数（同上）	室 6.42	3.37	4.63	4.34
１世帯当たり延べ面積（同上）	㎡ 140.9	56.2	83.9	76.5

※借家等を含む

（2）持家の新築面積　（平成３年県別平均）

全国平均延べ面積（１戸当たり）	137.2㎡
全国平均最大県の延べ面積（同上）	168.0
全国平均最小県の延べ面積（同上）	120.9
埼玉県平均延べ面積（同上）	126.5

注.「統計からみた埼玉県の地位」
平成５年３月埼玉県統計協会刊より作成

2　近世文書にみる農民住居の記載

近世文書の中には、名主が必要に応じて自家の屋敷図や家屋の間取りを遺している場合があるが、一村全ての家を記録することは、領主や代官の要請に基づく場合である。既述の江ヶ崎村の例がその一つであるが、この例では名主が領主の川越藩に差出した文書が、控として村方に遺されたものである。

埼玉県域、特に埼玉郡南部地域に遺された農民住居の絵図面は、日光社参に伴って調査されたものである。明和七年（一七七〇）箕輪村（岩槻市）農民住居絵図面では、「日光御社参ニ附」の文字が標題に付されていることからも明らかである。(9) 隣接の下野国でも、日光社参に伴う絵図面が数多く遺されているので、日光道中沿いの村々に幕府が統一的に命じたことが証されよう。(10)

周知のように将軍の日光社参は、元和三年（一六一七）の秀忠社参から天保一四年（一八四三）の家慶の社参まで一九回を数えている。このうち江戸後期の社参は少なく、享保一三年（一七二八）吉宗、安永五年（一七七六）家治、天保一四年家慶の三回で、文政八年（一八二五）には家斉の社参が計画されたが実施されず、結局翌九年に代参で実施されている。

ところで江戸後期の社参は文政九年を含めても四回であるが、既述の資料にみられるように、明和期にも計画がたてられている。当初明和七年四月に社参が行われることが、前年四月に布告され準備に入るが延期となり、明和九年実施が前年八月家治夫人の死去に伴い再延期となり、結局は明和期には実施されず安永五年の社参となっている。(11) この明和六年の布告に伴って、県域でも準備がなされたため絵図面が作成されたものとみられる。

絵図面は役人等の宿泊のために作成されたもので、江ヶ崎村絵図面には「先年御下宿」の書込みが二軒ほどあり、作成の目的を傍証している。この村の絵図面では、「小家又ハ悪原家ニ付絵図面相除」と記された家が二二軒あり、小久喜村（白岡町）の絵図面中では「見苦敷分」の添書の記載がみられることからも、[12] 役人等の宿泊を予想して作成されことは明らかであろう。

管見であるが、現在県域内に遺されている農民住居の絵図面並びに住居書上は、明和七年・文政七・八年のものと文久三年（一八六三）であるが、文久三年については社参は行われていないので作成の意図は不明である。既述のように下野宇都宮付近も同様で、前記「栃木県の民家」では、正徳二年（一七一二）・享保一二年・明和七年・安永四年・文政六年・天保一三年の例が紹介されている。

ところで、県域内で遺されている絵図面等の記載はそれぞれ区々であり、一村全部の農民住居を正確に記したものは少ない。作成の目的がその村での宿泊可能な部屋数等の調査であってみれば当然であるが、この点統計的に処理する場合若干の問題を残すことになる。例えば明和七年江ヶ崎村で畳間・莚間の面積は記されているが、土間その他は坪数が記されておらず、絵図面中に柱の位置が記されているので面積が推定できるという状況である。また板の間部屋もあったとみられるが記載がなく、土間にかまど等の施設もあったとみられるが、この記載も皆無である。小久喜村の例では、座敷・部屋・勝手間・裏屋の区分で、敷物が畳なのかそれとも莚・うすべりなのか不明である。そして後半になると座敷の記載がなくなり、全体として統一性に欠ける記述となっている。箕輪村の場合は絵図面と記述面積に不整合な面があり、時には計測して推定値をださなければならない状況である。これらは一つの例であるが、提出絵図面等の記載が統一的でないことは留意されるべきことである。

以上近世文書にみられる農民住居の絵図面等は、若干の問題があるにせよ、当時記録された農民住居の一面が如実に顕わされているという点から、資料別に考察を試みて行きたい。

3　江ヶ崎村百姓家小前絵図

既述のように明和七年江ヶ崎村小前絵図は、「埼玉県の民家」に掲載され詳細な分析がなされている。本稿では埼玉郡南部の同時代の他の村々と比較するため、若干視点を変えて最初に考察を試みたい。

江ヶ崎村小前絵図の当初の文書作成年次は明和七年四月であり、「日光社参」の文字は標題にはないが、作成年次からみて箕輪村同様に明和六年四月幕府の社参布告後作成されたものとみられる。表紙左側下には「宮村孫左衛門御預り所」と幕府代官名が記されているので、江ヶ崎村が天領であった時点で作成されたと推定される。ところがこの年江ヶ崎村は川越城主松平大和守領となっており、前項で記したように明和期の日光社参が延期となる。再度絵図面提出の安永四年には川越藩領となっているため、資料中の「川越表へ差上申候」の記述になったものとみられる。

ところで、江ヶ崎村が明和七年に天領から川越藩領に支配替されたことは「新編武蔵風土記稿」に記されているが、既に松平大和守朝矩は明和四年閏九月に秋元氏の後を継いで川越城主となっている。[13]松平氏は明和七年には加増は受けておらず、江ヶ崎村等がこの年川越藩領になったことに若干の疑問がみられるので、今後検討を要する課題である。本稿では「新編武蔵風土記稿」の記載に従い、川越藩領となる以前に絵図面作成が命ぜられていたとみたい。その理由としては、先に記した幕府代官名の記載があるためである。

江ヶ崎村絵図面の大きな制約点として、在住農民全ての住居図が網羅されてないことがあげられる。これは明和七年文書作成後に一部が削除されたもので、「寅年（明和七年）絵図面差上置候所相除候」と絵図中にあり、安永四年再提出の段階で改めて除いた農民名二二軒が記されている。[14]この除かれた農民たちは、いずれも「小家又ハ悪原家」と記されているので、結果的には上・中層の農民の住居を記したことになる。このことは、統計的に処理する場合の留意すべき点となる。

表2にみられるように、江ヶ崎村農民の母屋の建坪平均は三六坪余で、後述の箕輪村・小久喜村に比して遥かに高い数値である。これは江ヶ崎村農民の富裕さを示すものであるが、前述のように二二軒の「小家」等が除かれているので、断定するには少し無理があろう。しかし、これは文久三年上平野村の建坪と比較すると、[15]この資料では上層農民二二軒の平均が示されているが、江ヶ崎村の平均値の方が高い。このことからみると、不完全な統計であるが、江ヶ崎村は比較的大きな主屋をもっていたことになろう。

床坪数の平均は一八坪余、土間坪数の平均は一八坪余で建坪の半分が土間であることを示している。土間坪数の中には馬屋を含めているが、馬屋をもつ家の割合が高い村ほど土間坪数の平均を押上げることになるが、江ヶ崎村では五三軒中四六軒が馬屋を持っている。絵図面から除かれた二二軒の中に馬屋所持の家があるかどうか不明であるが、全村七五軒中の四六軒としても、馬屋所持率は約六一％で高い割合である。県域内の馬飼育農家率の正確な資料に欠けるが、一般に宗門人別帳や村明細帳などによると、馬を保有している農民の持高は高く、また全戸数の三〇％にも満たない保有率の村が多い。[16]これらのことからみると、明和七年の段階で実際に馬を飼育していたかどうかは別にして、江ヶ崎村の馬屋所持率は非常に高いことになる。このことは一面江ヶ崎村が富裕な家が多かったことを示し、同時にこの村の建坪の大きさにも関連している。

床坪数平均一八坪余は、平均部屋数三・九一の多さにも連動するが、後述の他村に比して広い面積をもっているといえよう。平均部屋数は、極端に多数部屋を持つ家が多いとか、一間《ひとま》部屋の家が少ないとかに関連するが、この村では五部屋以上の家が一五軒、一間《ひとま》部屋の家が一軒、二部屋の家が五軒である。繰り返すが全戸数の統計ではないので不確定要素があるが、三間から四間の家が高い割合を占めているといえる。この部屋数と坪数は、県域内で近代以降

表２　明和７年　江ヶ崎村の住居様式と各部分の割合（記載戸数53軒）

施設／項目	畳部屋	莚部屋	不明・その他	左のうち物置部屋	室数計	床上施設 床の間	仏壇	押入	廊下	いろり	雪隠	計	床坪数
所有戸数	23戸	44	50	40		8	0	6	0	52	1		
所有戸数の割合	43.4%	83.0	94.3	75.5		15.1	0	11.3	0	98.1	1.9		
1戸平均室数	0.77室	1.30	1.84	1.36	3.91								
1戸平均坪数	3.58坪	6.73	7.01	5.29	17.32							0.70	18.01
床面積に対する割合	19.8%	37.3	38.9	29.4	96.2							3.9	

施設／項目	土間	馬屋 所有数計	本屋内	前角屋	平行出し	土間内物置	土間計	建坪計	後角屋	裏角屋	屋外施設 土蔵	木屋	物置	油・藍屋	長屋	雪隠	棟数計
所有戸数	53戸	46	17	25	4	32			19	28	3	40	5	2	2	51	99
所有戸数の割合	100%	86.8				60.4			35.8	52.8	5.7	75.5	9.4	3.8	3.8	96.2	
1戸平均坪数	12.68坪	(所有者平均) 3.88				2.37	18.42	36.43									(棟数) 1.87

注
（1）蓮田市石川伊久家文書「武州埼玉郡岩槻領江ヶ崎村百姓家小前絵図」（蓮田文化叢書28号収載）より作成。寺院二棟は省略した。
（2）原資料中に畳・莚の坪数の記録があり、これを平面図上にあてはめ部屋数を算出し集計した。一部の部屋に両者にまたがるものがあるが、これは0.5室として集計した。
（3）表中の「不明・その他」は板間等を含む。「物置部屋」は絵図上に「物置」と記され、納戸部屋とみられるが敷物は不明である。
（4）図面上の計測から明らかな誤りは訂正して表に収めた。下屋《げや》部分とみられるものも坪数に含めた。
（5）土間施設の坪数は資料に記載はないが、絵図面上の柱間などから計測して集計した。
（6）馬屋の項の「本屋内」は本建内の土間を利用したもの、「前角屋」は棟の東南方の前方に曲屋型式で張出したもの、「平行出し」は棟に平行して東方に張出した型式を示す。
（7）曲屋型式の「後角屋」は本屋西北方に張出した型式を示し、「裏角屋」は棟後方、勝手裏などに張出した部分を仮に名を付し区別した。
（8）屋外の施設には一棟を共用している場合もある。

顕著となる、いわゆる「田の字」型、八畳から六畳四間、床面積一四～一六坪よりや、広い坪数である。

床坪数のうち、資料の上では「物置」と記された納戸部屋が多いことも、この村の特徴の一つである。一戸平均一・三六室、五・二九坪、全床面積の二九・四％は、表《おもて》の座敷に対する裏の納戸部屋の多さを示している。この部屋は寝室などに使われているものだが、納戸としての機能からみると、当時の農民たちの生活水準の高さを示している。消費する物財の多さや、蓄積された物財の多いことがこの納戸に顕われていると考えられる。

床面積に比して、座敷などの部屋以外の床上施設面積は極めて少ない。全体で床の間のある家は八軒、押入は八軒、雪隠は名主伊兵衛一軒、廊下と仏間のある家はない。部屋以外の床上施設は、面積が広いほど富裕さを示すものであるが、この村の例では至ってさびしい状況を示している。特に押入は、寝具などの格納とともに、生活上の諸道具を格納する場所でもあるが、納戸部屋の多いことと反比例して全体で六軒と大変少ない軒数である。もっとも、建築史的にみると納戸部屋は早くから成立するが、押入が床上に位置づけられるのは後世のこととみられ、その点では明和七年という時代を反映したものといえよう。なお囲炉裏は五三軒中五二軒が床上に設けられており、当時この地域ではこの型式が一般的であったとみられる。

部屋の敷物別の分類では、一部不分明な点もあるが、畳部屋の割合は少なく全体の約二〇％である。しかも上層農民ほど畳の坪数が多いので平均値を押上げているが、軒数でみると畳のない家は三〇軒で全家数の五六・六％、畳部屋一室の家は一一軒で、広い畳部屋をもつ家は少ないということになる。一方莚部屋を持たない家は九軒で、残り四四軒は莚部屋を持っている。一戸平均六・七三坪の莚部屋を持ち、全床面積の三七・三％が莚部屋の割合であるが、このことからみると当時の江ヶ崎村では莚敷の部屋が中心であったといえよう。もっともこの資料では不明な部分も多く、板間・うすべり敷の部屋分類がないので、これらの面積が不明部分にあたる。いずれにしても、畳の部屋数は少なく筵の床面積が広いことは、当時の建築様式を示すとともに、まだこの村では畳を敷けるほどの富裕な家は少なかったことを証している。

既に「埼玉県の民家」の中でも指摘されているが、間取型式の中のいわゆる「角屋《つのや》」の部分を持つ家が大部分であることも特徴となっている。角屋は主屋から突出した形の部分で、曲屋型式ともいえるが、棟の前方角に突出した形や、後方角に突出した形、勝手裏に突出した形などがある。いずれも後から増築された部分が多いといわれ、時代的にも後世になって角屋の形に転化したものである。(17)

江ヶ崎村で角屋部分を持たないものは二軒で、資料から除かれた二二軒が不明であるが、いずれにしても高い割合の角屋型式ということになろう。棟前方角に突出した「前方角屋」は二六軒あり、そのうち二五軒が馬屋で、一軒は物置となっている。この一軒も、元は馬屋であったものが、資料作成当時物置になった可能性が強い。なお馬屋の中には棟に平行して東側に突出した形もあり、表中には「平行出し」と記したが四軒を数えている。

後方角に突出した「後方角屋」は一九軒、それよりやゝ中央の勝手裏に突出した「裏角屋」を持つ家は二八軒、合わせて棟裏側に角屋を持つ家は四七軒である。後方角屋・裏角屋は多くの場合部屋となっているが、部分も含めて一間取りが三三軒、二間取りが一二軒、三間取り以上が二軒である。この数字によれば、棟裏側角屋中七〇%が一間取りであり、二間取り以上は三〇%になっている。なお、棟裏側角屋の中でもっとも部屋数の多い家は四間取りである。

既に「埼玉県の民家」でも論述されているが、江ヶ崎村の床面積や部屋数が多いことは裏角屋型式の家が多いことと関連をもっている。近世初期の古い間取りである広間型の家が、部屋数を増加させる場合、棟後方角あるいは棟裏側に増築している例が多い。建築史でいう裏角屋発達形式であるが、近世中・後期に多くみられる形である。この点江ヶ崎村に典型的に顕われており、この村の大きな特徴である。

ところで角屋が多いことは、一面では増築するだけの経済的能力があるという、それぞれの農家の富裕さを示すものである。先に馬屋がこの村の土間面積を高めていると指摘したが、同様に裏角屋が床面積や部屋数を高めており、村の富裕さが間取型式に顕現されているといえる。

4　箕輪村銘細絵図

箕輪村は、「田園簿」の村高が三七石余、「元禄郷帳」では百石余の小村である。明治初期の「武蔵国郡村誌」では田が五町五反余、畑が九町七反余なので、概して畑地の多い村といえる。寛政七年（一七九五）の宗門人別帳によると、家数は寺を除き二五軒、持高の平均は一・四石余なので、小高の農民が多い村柄となっている。(18)

箕輪村絵図は二二戸の農民住居が描かれており、同村の全戸数を記載したものとみられる。そのため前項で記した江ケ崎村絵図と異なり、「小家・荒屋《あばら》」まで載せており、図中の添書に「是ハ相除」と注記されている家が三軒もあり、平均的数値は低くなると推定される。この三軒の家は、いずれも一間どりの小さな家である。このように全戸数記載となると、村の実態を正確に表わすことになるが、前項の江ヶ崎村との比較では留意されるべきことであろう。

表3にみられるように、明和七年の箕輪村の家数は寺を除くと二一軒であるが、農民住居の主屋の建坪平均は二七・二坪なので、概して小さい住居相を呈している。特に三〇坪以上の家が六軒で全体の二七％、江ヶ崎村の全戸数の半分以上にもなる三九軒に比して低い数値を示しており、一〇坪代以下の住居が六軒で全体の二七％を占めていることからも、村全体が狭い住居群を示しているといえよう。

原資料の土間坪数表記に不整合がみられるので絵図面から計測して表に記したが、床坪数は平均一五・〇坪に対し、土間坪数は平均一二・二坪でやゝ狭い数値を示している。土間はどこの村でも農作業の場でもあるが、この村では床

表３　明和７年　箕輪村の住宅様式と各部分の割合（記載戸数22軒）

項目＼施設	畳部屋	うすべり部屋	莚部屋	板の間部屋	室数計	床上施設								床坪数
						廊下	床の間	押入	仏壇	いろり	長持	雪隠	小計	
所有戸数	11戸	16	17	4		2	4	11	6	21	3	2		
所有戸数の割合	50%	72.7	77.3	18.2		9.1	18.2	50	27.3	95.5	13.6	9.1		
1戸平均室数	1.0室	1.0	1.4	0.18	3.6									
1戸平均坪数	4.2坪	4.2	4.8	0.25	13.45								1.58	15.0
床面積に対する割合	28.0%	28.0	32.0	1.7	89.7								10.5	

項目＼施設	土間	馬屋				物置他	土間計	建坪計	後角屋	裏角屋	屋外施設					
		所有数計	本屋内	前角屋	平行出し						土蔵	木小屋	藍屋	物置	雪隠	棟数計
所有戸数	22戸	11	1	8	2	22			11	2	2	9	6	5	22	36
所有戸数の割合	100%	50				100			50	9.1	9.1	40.9	27.3	22.7	100	
1戸平均坪数	9.18坪	(所有者平均) 2.95				1.58	12.2	27.2								(棟数) 1.64

注

（1）吉田愛子家文書（埼玉県立文書館収蔵）No.35「日光御社参ニ附村中内銘細絵図控帳」（明和７年６月）より作成。
（2）畳数・坪数は原資料記載の数より集計したが、一部不整合な部分は訂正し、床の間・押入など絵図面から計測して集計したものもある。
（3）うすべり・莚は１枚を0.5坪とした。
（4）土間の坪数で、一部不整合部分は訂正し、絵図面より計測して集計したものもある。
（5）下屋の部分は建坪の中に含めた。
（6）角屋型式の分類は表２と同じ方法で行った。
（7）屋外建物中には共用しているものもあるが、それぞれ0.5棟として集計したため、所有累計とは数は一致しない。
（8）「長持」は建物内の施設ではないが、記載のまゝ建物内の部分とした。
（9）馬屋の中には１坪の記載があり、不整合であるが、記載のまゝ集計した。

坪数が土間坪数を上まわる家は六軒で、他の一六軒は床と土間が同一面積か、あるいは床面積の広い家となっている。このことは、箕輪村の持高にみられるように農業経営規模の小ささと相関すると考えられるが、一村の資料からでは速断はできない。

床を伴う部屋数の平均は三・六室で、江ヶ崎村に比しても遜色のない数値を示している。五室以上の家が六軒もあり、全体の平均値を押上げているが、また一室しか持たない家が三軒ということも、平均室数を高める結果をもたらしている。部屋数で見る限り、この村の農民たちの住居はある程度整ったものともいえよう。

一方敷物別の部屋数をみると、畳部屋の平均が一室、うすべり部屋が一室、莚部屋が一・四室、板間部屋が〇・一八室である。ここでは、莚部屋が多いということと、板間部屋が少ないことが特に注目される。もっとも夏季においては、うすべりや莚は取払われ板間として使用されたとも推定されるので、実際には板間部屋の割合は高かったとも考えられる。

敷物の中でもっとも高価なのは畳であるが、この村では畳部屋を持たない家が一一軒あり、逆にもっとも廉価である莚部屋をもつ家が一七軒にもなっており、全体の七七％余を占めている。畳部屋を持たない家の割合は、江ヶ崎村より少なく、その点では全戸記載の箕輪村の方が富裕な住宅状況にあったといえる。

敷物別の坪数の平均は、莚が九・六畳ともっとも高いが、畳・うすべりとも八畳余と、ある程度の広さとなっている。うすべり部屋をもつ家は全体の七〇％余で、この数値が平均値を高めているが、畳の場合は上層農民の家が部屋数も多く、また多くの畳数をもっているので、平均するとある程度の広さとなっている。ここでは、うすべり部屋が多くの農家にあることと、畳部屋が特定の農家に集中していることが注目される。

床上施設としては、一軒を除き囲炉裏がどこの家にもあり、江ヶ崎村同様に当時この地域では囲炉裏が床上に設置されることが常態であったことを示している。

部屋以外のその他の床面積の平均は一・五八坪で、江ヶ崎村の〇・七〇坪に比して二倍余の面積である。床の間・廊下・雪隠等は一部の上層農民の家にあり、その点では江ヶ崎村と同様である。ところが押入のある家が一一軒もあり、江ヶ崎村の六軒に比して突出した高い割合となっている。またこの村の特例となる記載であろうか、「長持」の記載が三軒もある。押入・長持とも、消費される物財の豊富さを顕わすものである。一方仏壇のある家が六軒もあることも注目され、江ヶ崎村で記載方法の違いのためか〇軒なのに比べると、特に目立った数値となっている。後述の小久喜村でも一軒なので、当時仏壇が床上の一角を占める例が少なかったとみられるので、この村の特異な状況ともいえるであろう。

長持の所有者三軒は、部屋の一隅に置かれたために平面図記載となったとみられるが、他に土蔵や木小屋等に所持していた家もあったと推定される。この表では、三軒の所有者が建坪の大きな家でないことが注目される。一軒は三三坪余であるが、あとの二軒は一三坪と一〇坪という小家である。小さい家でも長持を所有していたことは、当時それだけ家財があったことを示し、農民たちの物財の消費や蓄積が豊かであったことを顕わしている。

部屋以外の床上施設全体を通して、建坪平均の小さい村にしては、量的にも質的にも江ヶ崎村に比して整っているといえるであろう。

土間施設として馬屋があるが、馬屋のある家は全戸数の半分にあたる一一軒となっている。この一一軒の全てに馬が飼育されていたのかどうかは不明であり、実際に図面上縮小されているものもみられるが、半数の家に馬屋があることは注目されるべきことであろう。またこの馬屋は、前方角屋になっているものが大半で、当時曲屋型式の間取りが前記江ヶ崎村同様この地域の建築様式であったことを示している。なお絵図面中の惣兵衛家は、前方角屋型式で当時うすべり敷の部屋となっているが、これもかつて馬屋であったものが改造されたものとみられる。

主屋の後方角屋型式は、部屋になっている場合が多いが、大部分は一室で、三室もあるのは上層農民の二軒のみである。それでも棟後方角屋・裏角屋合せて一三軒は全体の六〇％で、江ヶ崎村同様高い割合を示している。

屋外施設として、藍屋をもつ家が六軒あることが注目されるが、これは当時この地域で藍の栽培がさかんであったことを示している。同時にこの藍屋をもつ家はいずれも大きな主屋をもつ家で、新しい商品が上層農民に早く受入れられたことを暗示している。

それにしても、屋外に雪隠しかもたない家が一二軒もあり、これらの家では作物の収納や農作業が母家で行われたとみられるので、これはこの村の農業経営規模が小さかったことを示すものである。

箕輪村農民住居全体の傾向としては、平均的には建坪は小さく、土間面積も小さいが、部屋数は比較的多く、畳部屋は少ないがうすべり部屋がそれぞれを補っており、全体として整った住居相を呈している。部屋以外の床上施設は比較的広く、持高の低い経営規模に比して、生活が豊かであったことを示しているといえよう。

5　小久喜村小前絵図

鬼久保家文書の「小久喜村百姓家小前絵図」は、「米津出羽守領分」とのみ記載され、文書の作成年月日の記述はない。小久喜村が、久喜に陣屋を置く米津氏領となったのは宝暦一三年（一七六三）から寛政一〇年（一七九八）までの三五年間である。(19)宝暦一三年は米津政崇《まさたか》が領主の時代で、政崇は相模守・伯耆守・越中守に叙任しているが、出羽守に叙任したことはない。政崇は明和四年（一七六七）に致仕し、息子の通政《みちまさ》が跡を継ぐが、同年一二月一六日に出羽守に叙任している。そして天明元年（一七八一）九月一八日に播磨守に叙任し、寛政一〇年（一七九八）には所領替となり出羽国長瀞に陣屋を移している。このように米津氏の家譜と、小久喜村が米津氏領であった時代画期から推定すると、小久喜村の米津出羽守領分は明和四年一二月一六日から天明元年九月一七日迄となる。[20] これらの裏付からみると、小久喜村絵図も明和四年の幕府の日光社参布告以後の作成で、他村同様に明和七年か、あるいは社参実施前の安永四年（一七七五）に作成されたと推定される。ところで鬼久保家文書明和七年六月に差出した覚書に、日光社参御用で絵図面を提出する旨が記されている。[21] 惣百姓家数九三軒、「見苦敷分」四三軒を除き、寺一か所、四九軒の絵図面を差出すと記している。これは前記絵図面の記載内容と完全に一致しており、既述の米津氏支配の裏付を含めて、この文書が明和七年六月に作成されたことになる。以下小久喜村絵図面は、明和七年六月作成資料として取り上げていきたい。なおこの覚書には、「来ル辰年日光御社参御用ニ付」とあり、この段階では日光社参が辰年、すなわち明和九年（安永元年）に予定されていたことが注目される。社参が延期されてきた当時の情勢が、この文書からも読みとれるということになろう。

明和七年六月の小久喜村戸数は、前出の同年覚書に記されているように九三軒である。絵図面には「見苦敷分」四三軒の小家が除かれているので、江ヶ崎村同様に村全体の住居を写し出したものではない。この点前の事例同様、大いに留意されるべきことであろう。なお明和七年提出の覚書には、「九尺二間四拾三軒見苦敷分、絵図面相除キ申候」と記されてあり、まさか四三軒の小家が江戸の裏長屋並に九尺二間であったとは思えないが、当時既に小さな家を「九尺二間」と揶揄的に称していたことが知られる。

小久喜村の村高は、明和五年の人別帳によれば三七七石一斗二升一合である。この中には一五石九斗の無地高が含まれており、また隣村一一人の入作分一五石三斗余が入っている。同年の家数は一〇三軒、水呑六軒、堂守一軒があり、高持百姓は九六軒となっており、村内での持高平均は三石七斗六升八合八勺余となる。[22] また宝暦一三年（一七六三）の村明細帳によると、水田の面積は一六町二反余、屋敷を含めた畑地は四五町三反余、合せて六一町五反余である。このほか見取場が一六町余あるが、うち水田は四町余、畑地が一二町余である。村高中における水田の割合は二六・三％で、この数字からも畑作中心の村といえよう。明細帳の記述によると、寛永五年（一六二八）の検地後、享保期に新田開発が行われ、享保一二年（一七二七）に四一石余、同一八年に二七石余が高入れされ、水田が合せて九町七反余増加しているが、畑作中心の農業経営であることに変化はない。(23)

小久喜村絵図面の主屋である母屋平面図では、最初から半分ほどの農民住居では座敷・部屋・勝手間・裏屋など床上の部屋別名が記されているが、後の半分ほどは部屋別名称は記されていない。後半部には棟の背後にある部屋は「物置」の名が記されており、初めの半分の「部屋」とは異なる名称となっている。このように部屋別の名称には不統一があるため、表4の中には部屋の区別は記入できなかった。なお絵図中には、囲炉裏にあたる部分を「クド」と記しており、当時この地方では「クド」と称していたものとみられる。

表4に示されているように、小久喜村の建坪は平均三〇・七坪で、箕輪村より広い面積であるが、全戸数の約七〇％を集約した江ヶ崎村より六坪ほど狭い。建坪に対する床坪数はほぼ半分で、その点江ヶ崎村と同様である。床上の部屋数は平均三・四九室で、江ヶ崎・箕輪村より少ないが、ある程度整った間取数を示している。

その他の床上施設は表には示さなかったが、箕輪村に比すると至ってさびしい数値を示している。囲炉裏はほとんどの家にあるが、床の間のある家は二軒、廊下は五軒、仏間は名主の家一軒だけである。

馬屋はこの村でも主要土間部分を占めるが、全体で三八軒もあり高い割合となっている。ただこの村での馬屋の広さは江ヶ崎村などに比して概して狭く、二・二五坪の馬屋が一二軒もあり、中には二坪に満たない馬屋を持つ家もある。このことは平均土間坪数を引下げることになるが、近世期下野宇都宮付近の事例でも方一間半が馬屋の基本とな

表4　明和7年　小久喜村の住居各部の割合（記載戸数49軒）

項目		平均数等	項目		戸数等
1戸平均室数		3.49室	後角屋所有戸数		23戸
1戸平均部屋総坪数		15坪	同上室数平均		1.13室
1戸平均その他床坪数		0.81坪	裏角屋所有戸数		18戸
1戸平均床坪数総計		15.8坪	同上室数平均		1.28室
1戸平均土間坪数		11.7坪	屋外施設所有棟数	土蔵	3棟
馬屋所有戸数		38戸		長屋	1棟
同上平均坪数		2.91坪		木屋	31.5棟
馬屋型式	本屋内	13戸		物置	2.5棟
	前角屋	20戸		馬屋	2棟
	棟平行出し	5戸		雪隠	49棟
土間内物置所有戸数		16戸		計	89棟
同上平均坪数		2.82坪		1戸平均	1.82棟
1戸平均土間総坪数		14.9坪			
1戸平均建坪		30.7坪			

注

（1）鬼久保家文書（埼玉県立文書館収蔵）No.50「武州埼玉郡小久喜村百姓家小前絵図」より作成。

（2）室数は床上の数を示す。

（3）坪数は原資料記載のまゝとしたが、一部不整合なものは絵図面から計測して集計した。

なお、その他の床坪数のうち、いろりは0.5坪と計算して集計した。

（4）馬屋・角屋の型式分類は表2の方法で行った。

（5）後角屋・裏角屋を共有する家が1戸ある。

（6）屋外施設のうち、共有するものは0.5棟とした。

っているので、馬屋自体としては決して狭いわけではない[24]。

角屋型式については前二村と同様で、全部で四二軒、八五・七％という高率である。前角屋にある馬屋は二〇軒であるが、後角屋・裏角屋も多く、角屋発達形式に対応した住宅様式をもつ村といえよう。

ところで、住宅を「富の増大を示す証拠」という視野に立って、当時の農民の所得を示す持高との関連を探るとどのようになるであろうか。もちろん、住宅は他の消費財と異なり、即結果が顕われるわけではない。長期にわたる富の蓄積が住宅の中にも具現されるわけで、現時点の持高が住宅の質や量に比例してないことは明らかである。これらの当然の課題を踏えた上で図示したのが、表5と図1である。

表5にみられるごとく、絵図面に記され

た四九人のうち三人の持高が不明で、その点や、不完全な統計処理となっている。四六人の持高平均は五石三斗余で、村全体の平均より一・六石ほど高い数値となっている。表5に基づいて図式化したのが図1で、縦軸に建坪をとり、横軸に持高をとって表わした。

図1にみられるごとく、一部の極端な例外を除き、この村では大きく二つのグループに分れている。A群は持高六石代以上一二石以下、建坪四二～四九坪で、これに属する家数は六軒である。B群は持高が六石代以下で、建坪が二〇坪前後から三七坪迄の家で、これに属する家数は三五軒である。

A群は持高が一〇石前後で、この村では比較的上層農民であるが、建坪も四〇坪代と大きな主屋を持っている。建坪でB群とは五坪余りの段差があり、まとまりのある一群をなしているが家数は少なく六軒である。この六軒は、例外的な大高持の三軒とともに、村内ではもっとも安定した農業経営を行っていたものとみられる。このような恵まれた経営状況が、建坪四〇坪代の住居群の構成になったと考察される。

一方、大半の三五軒が属しているB群であるが、持高は〇・三石余から六石余にまたがるが、建坪は一七坪余から三七坪と近接して一群を構成している。ここでの特徴は、持高はいずれも小高のもので較差は小さいが、建坪の較差は二〇坪にわたる大きさをもっている。同じ一石代の持高でも、建坪は一八坪余から三三坪余にわたり、また三石代の持高でも二一坪余から三六坪にわたっている。これらの例に明らかなように、持高の較差よりも建坪の較差が大きいということになる。

一般に持高が大きいということは、それだけ収入も多いということになり、より広い住居を持つであろうと考えられる。その反対に小高持の場合、当然狭い住居しか持てないとみられる。小久喜村の場合、このような原則は「その他の群」に属する五軒にはあてはまるが、A・B群、特にB群には適合しない。持高に比例しない建坪が、B群には

表５　小久喜村の建坪と持高　（明和７年）

No.	名前	建坪	持高	No.	名前	建坪	持高
1	小左衛門(名主)	坪 58.08	石 17.782	26	与右衛門	47.67	10.779
2	平八	23	3.614	27	源六	28.5	3.298
3	五兵衛（組頭）	32	1.77	28	庄右衛門	33	6.577
4	七兵衛	21.5	3.17	29	庄左衛門	28.5	4.03
5	庄兵衛	24.5	6.172	30	佐右衛門	35	6.233
6	弥右衛門	15	1.549	31	長右衛門	33.5	4.636
7	兵内	29	4.187	32	五郎右衛門	25.5	1.985
8	治兵衛	31.5	5.847	33	弥五郎	25	1.633
9	武右衛門(組頭)	54.25	25.973	34	権右衛門	21	2.397
10	仲右衛門	33.67	1.187	35	定八	29.75	2.002
11	平七	23.25	／	36	還右衛門	23.25	3.09
12	友吉	49.17	26.477	37	弥七	21.5	2.042
13	平右衛門	42.67	11.444	38	喜三郎	36.25	4.242
14	弥市	28	3.66	39	源七	49	11.2
15	権兵衛	24.5	3.665	40	平八	19.25	1.444
16	幸八	43.5	6.365	41	八右衛門	22.25	2.22
17	兵蔵	34	4.695	42	仁左衛門	17.75	0.374
18	佐源太	27	2.792	43	政右衛門	26	／
19	源次	26.25	3.099	44	清七	13	1.57
20	源蔵	44	8.065	45	嘉兵衛	25.5	／
21	多右衛門	35.75	3.79	46	久内	20.25	1.584
22	伊右衛門	35	5.214	47	与右衛門	23.25	1.295
23	彦六	35	3.281	48	所右衛門	37	6.133
24	惣七	18.75	1.222	49	次郎平	47	9.916
25	平八	24	3.759		平均	30.6	5.3795 (46人)

注

（１）建坪は鬼久保家文書「武州埼玉郡小久喜村百姓家小前絵図」(No.50) から計測した数値を記入。

（２）持高は同家文書　明和５年３月「宗門人別御改帳」(No.62) から記入。一部明和８年３月「宗門人別御改帳」(No.77) で補った。

（３）同名の与右衛門・平八については建坪の広さに比例させて持高を記入。

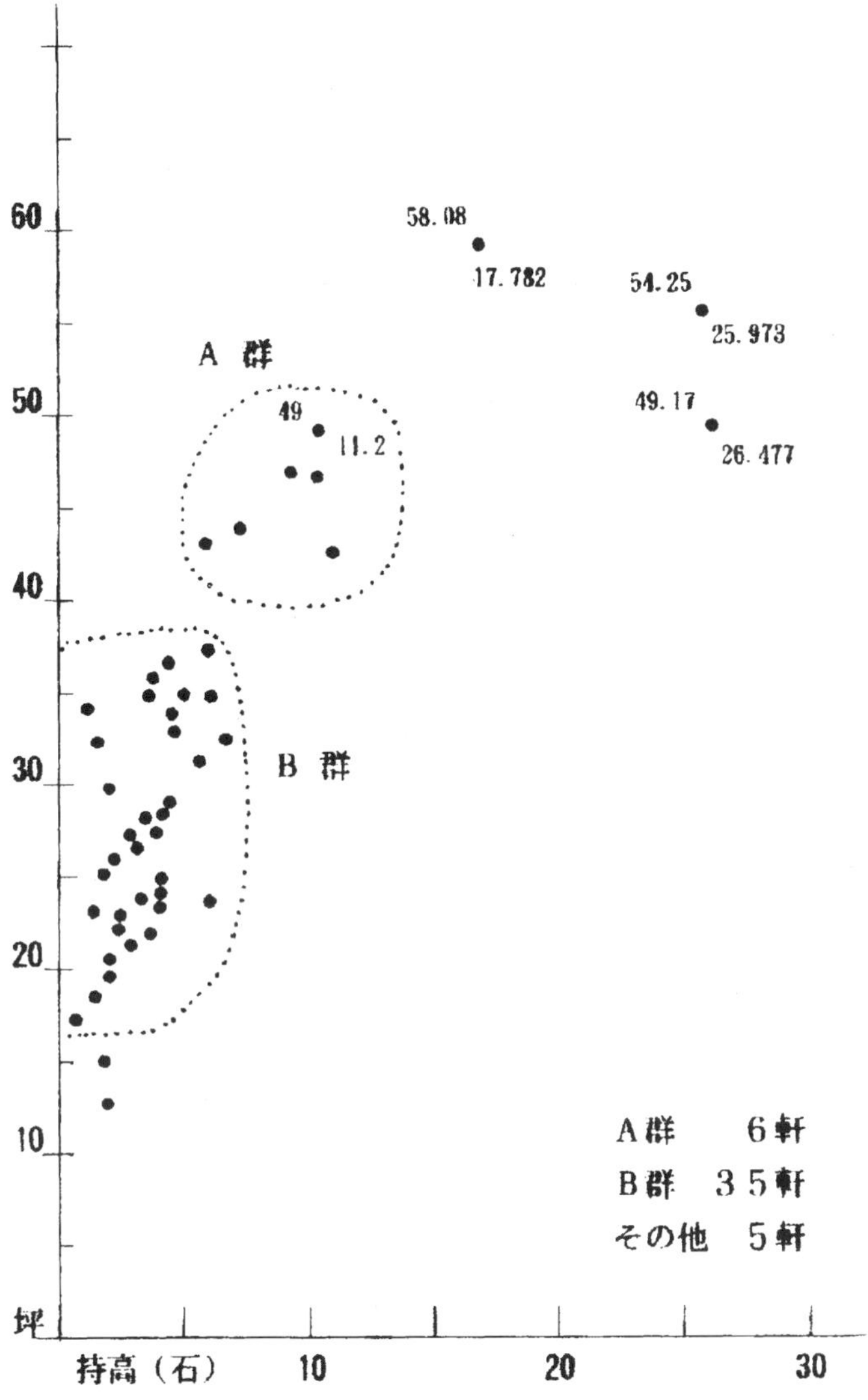

図1　小久喜村の建坪と持高相関図（明和7年）

数多く含まれているからである。

既に記したように、住居は長い期間の富の集積の結果の一部であり、現時点での収入に必ずしも比例しない。この点からみると、当然B群のような分布が予想される。一方当時の農村での持高の変化は、現代における所得の変化のように激しいものではないという視点に立つと、このB群のような現象は説明がつかなくなる。そこで考えられるのが、当時の農村共同体における扶助と規制という機能である。当時の村社会では多くの規制もあるが、また多くの相互扶助を行っており、住宅もその例外でない。小高持の農民がある程度の広さの家屋を持つことができたのも、この農村における共同体の扶助があったからと考えられる。以上、一つの分析視点を記したが、この課題についてはもう少し多くの事例と異なった角度からの考究が必要であろう。

6　横根村家別坪書上帳

横根村（現岩槻市）文政六年（一八二三）の村明細帳によると、村高四六四石余、うち田方三一〇石余反別二八町一反余、畑方一三〇石余反別一五町三反余で、これまでの江ヶ崎村等三か村と異なり水田の多い村柄である。[25] 概して水田耕作中心の村では、持高平均も高く、また極端に多い大高持の農民がいるが、横根村も例外ではない。文化一一年（一八一四）の高持百姓五三軒の平均持高は八石五斗余、名主の佐次右衛門家は七一石五斗という大高持である。[26] このように持高平均も高く、また大高持農民もいる水田中心農村の住居は、これまでの畑作中心農村とどのような違いがあるであろうか。

横根村の家別坪数書上文書は四点遺されており、江ヶ崎村や小久喜村と異なり絵図面でなく、文字による記載となっている。文政七年七月「軒別立札之調帳[27]」では、「畳弐拾壱畳・莚間六枚・板間四坪・土間拾弐坪」というような

表6　文政７年　横根村の住居各部の割合
（記載戸数45軒）

項　　目	平均数等
1 戸 平 均 畳 間 坪 数	9.79坪
同 上 部 屋 坪 数 上 の 割 合	57.7%
1 戸平均うすべり間坪数	4.34坪
同 上 部 屋 坪 数 上 の 割 合	25.6%
1 戸 平 均 莚 間 坪 数	1.88坪
同 上 部 屋 坪 数 上 の 割 合	11.1%
1 戸 平 均 板 間 坪 数	0.97坪
同 上 部 屋 坪 数 上 の 割 合	5.7%
1 戸 平 均 部 屋 総 坪 数	16.97坪
1 戸 平 均 土 間 坪 数	15.2坪
1 戸平均部屋土間合計坪数	32.17坪

注
（1）吉田（佐）家文書（埼玉県立文書館収蔵）№148「軒別立札之調帳」（文政７年７月）より作成。寺院は省略する。
（2）うすべり・莚は0.5坪として集計する。一部記載中の「〇〇余」は無視した。
（3）表中の「部屋坪数」の「余」は床の間などの記載がないので、床坪数の合計ではない。
（4）土間坪数に、馬屋・かまどなどを含むものかどうかは不明である。

記載となっており、他の文書も項目の繁簡はあるが同様である。このため、絵図面のように間取りの実態が不分明で、しかも細かい点で不明な項目が多く統計的な処理がやゝ困難で、その点利用項目が限定された資料となっている。なお横根村家別坪数書上は、文政七年の文書のほか文政八年が同一のもの二点、[28] 文久三年（一八六三）「手広之住居書上」[29] の一点となっている。

表6は前記資料に基づいて、文政七年の横根村の部屋別坪数等を記したものである。横根村の戸数は、前掲文政六年村明細帳では四〇軒、「新編武蔵風土記稿」では五五軒と記しているので、文政七年の四五軒はおそらくこの年の全戸数を記したものとみられる。この点既述の箕輪村同様、一村全ての農民住居の実態を示す資料となっている。

先に記したように資料が絵図面ではないので、部屋数や床の間・押入などの坪数は不明で、表6は限定された資料となっている。またこの年の各戸の建坪や土間内の施設坪数は未記載で、そのため建坪内に占める屋内各施設の面積割合等も不明である。表6に示された畳間等の割合は、各戸の床坪数に占める割合でなく、部屋坪数合計に占める割合で、これまでの江ヶ崎・箕輪村の表とは基準が若干異なることになる。これらの点を留意して、資料を点検する必要があろう。

若干基準が異なるとはいえ、表6に示されるようにこの村での畳間の割合は高い。そして、莚間の割合が低いことが際立っている。江ヶ崎村・箕輪村の例は明和七年（一七七〇）のもので、横根村とはほぼ五〇年の隔たりがあるが、前二村の畳間の割合はそれぞれ約二〇％、二八％という低さである。また、莚間は約三七％、三二％という高い数を示している。これらに比して、畳間の割合が五割を超え、莚間が約一割ということは、時代の差ばかりでなく横根村の大きな特徴といえるであろう。この畳間が多く莚間が少ないことは、この村の豊かさを示すもので、平均持高の高さとも連動するものとみられる。

一方薄縁間の割合は、箕輪村とほぼ同じ二五％余であるが、後出の下蓮田村などに比すと高い割合である。薄縁も畳同様購入品とみられ、ある程度の所得が高くないと敷くことができなかったと考えられるので、やはりこの村の豊かさを顕わしていると推定される。

既述のようにこの村の床坪数は不明であるが、部屋坪数の合計は比較的高い数値を示している。平均約一七坪は江ヶ崎村に近く、箕輪村・小久喜村よりも広く、後出の下蓮田村に比しても約二・五坪ほど高い数値である。このことは、横根村が恵まれた住宅状況にあったことを表わしており、事実一覧表にみられるごとく一〇坪以下の家数も六軒という少なさである。

部屋坪数に比して、土間坪数は必ずしも広いとはいえず、やゝ平均的な数値である。もっとも、この土間坪数の中に馬屋等が含まれているのかどうか不明であるが、この数値では江ヶ崎村よりほぼ三坪も狭い面積となっている。馬屋の保有と馬の飼育とは必ずしも一致しないが、文政六年の飼育頭数は一〇頭で、ほぼ四分の一の家で馬を飼っていることになる。(30)

表7は、文政八年の横根村の建坪と持高を示したものである。持高は文化一一年の人別帳を利用しているので、そ

表7　横根村の建坪と持高　（建坪文政８年　持高文化11年）

No.	名　前	建　坪	持　高	No.	名　前	建　坪	持　高
1	幸　七	坪 32	石 1.7013	23	栄左衛門	37.5	10.164
2	吉　蔵	22.5	0.77	24	弥　蔵	32	9.456
3	庄左衛門	39	4.473	25	源兵衛	24	6.3605
4	半兵衛	36	15.314	26	友　七	24	5.386
5	源　六	28	16.0	27	次郎八	44	26.213
6	常右衛門	29	0.863	28	六郎右衛門	30	14.0483
7	彦　七	31	1.72	29	喜曽右衛門	31	2.324
8	栄　八	31.5		30	吉兵衛	26	
9	藤左衛門	27	3.41	31	直右衛門	20	0.904
10	幸之丞	43	28.985	32	弥五左衛門	18	
11	伊右衛門	25.5		33	滝右衛門	35	
12	茂右衛門	34	12.659	34	八郎左衛門	31	
13	佐次右衛門	56	71.5	35	佐源次	24	20.644
14	幸左衛門	28.5	1.353	36	喜左衛門	24	0.733
15	安右衛門	29	2.074	37	文右衛門	27	18.351
16	佐　七	32	6.095	38	勇右衛門	28.5	3.657
17	次左衛門	36	4.259	39	仙右衛門	28	
18	惣　吉	38	2.469	40	留五郎	23	
				41	沢右衛門	31	1.293
19	幸　吉	29		42	与四右衛門	16	5.914
20	伊左衛門	32	16.106	43	五郎兵衛	90	58.394
21	伝左衛門	32	13.719	44	音右衛門	24	3.594
22	広佐衛門	36	0.659		平　均	31.7	(35戸) 11.1877

注

（１）建坪は吉田（佐）家文書　文政８年10月「家別坪書上帳」（№177）より記入。

（２）持高は同家文書　文化11年「宗門御改帳」（№47）より記入。一部文化10年「宗門御改帳」（№10）から補った。

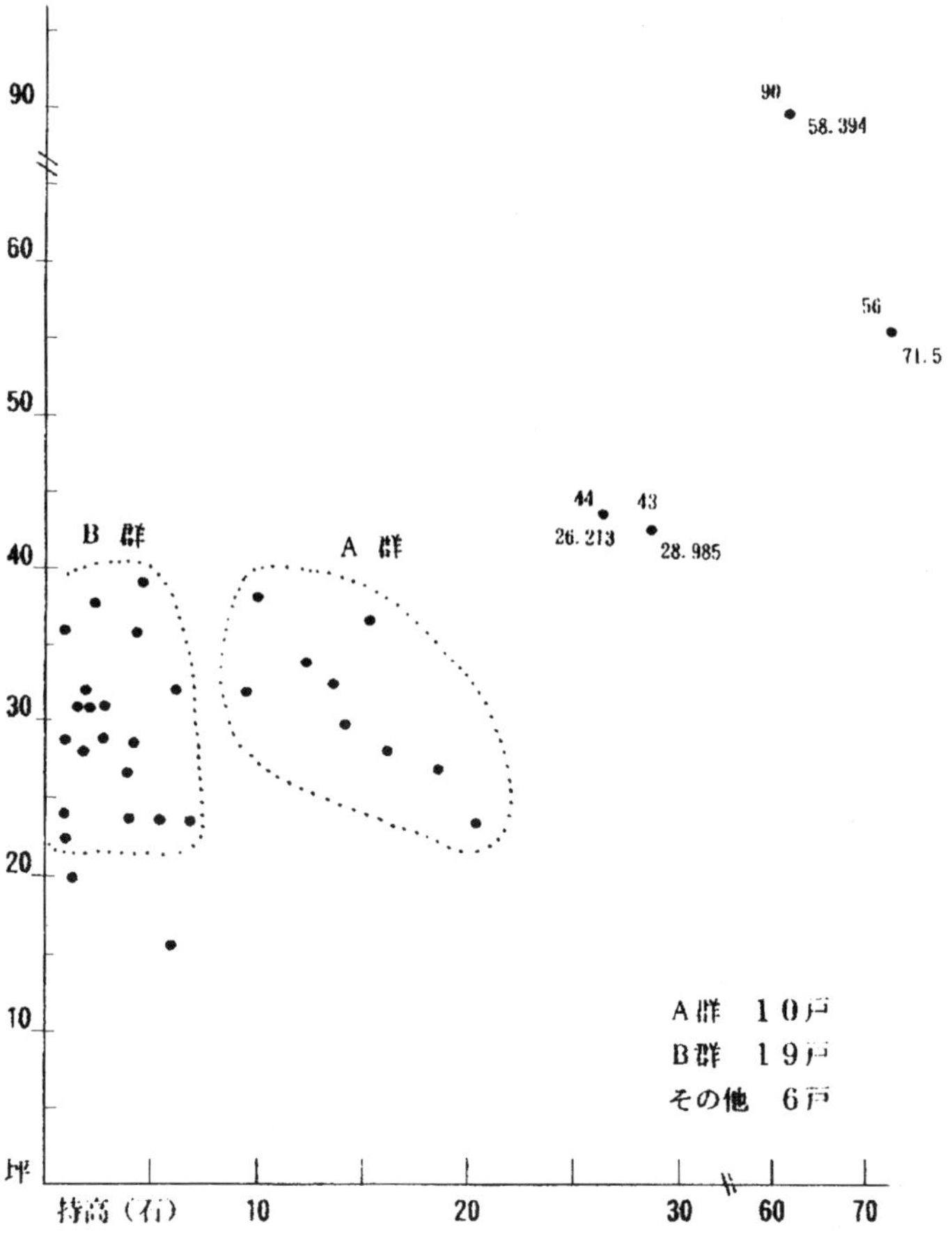

図２　横根村の建坪と持高相関図（文政８年）

の間一一年の隔たりがあり必ずしも正確ではないが、一つの目安を示すものとして記した。なお文政八年の建坪は、前年の資料である表6の数値と一部不整合な部分があり、その点完全なものとは言い難いが原資料記載の数値を記した。

横根村の建坪平均は三一・七坪で、全戸数を表すものとしては箕輪村よりも広く、後出の下蓮田村よりも約二坪半も広い面積である。小さな家を削除した江ヶ崎村には及ばないが、小久喜村よりも一坪余も広い。このように他村との比較からみると、横根村の建坪は高い数値を示しているといえる。

一方、既に記したように文化一一年の持高平均は八石五斗余であるが、表に記載の三五軒の平均は一一石一斗余で大変高い数値を示している。畑作中心の村であるが、表5に記された小久喜村の平均が五石三斗余なので、水田中心の横根村の持高の高さが知られよう。

図2は、表7を図式化したものである。この図で明らかなごとく、小久喜村の中・上層農を示す図1とは異なった様相を見せている。異常な高低を示す何軒かの例外を除き、B群は図1、2とも共通であるが、A群の位置が著しく相違している。

B群の一九戸の場合は、小久喜村と同じく持高は、七石以下と低いが、建坪は平均して集中しているわけでなく、二〇坪から四〇坪近くまで大きな広がりをもって分布している。これは小久喜村の項でも記したが、建坪が持高に必ずしも比例しないという証左である。横根村でも六斗五升余の持高で三六坪の広い家を持つものもあり、六石三斗余の持高で二四坪の家をもつ農民もいるという状況を示している。

小久喜村の場合は、持高が一〇石前後と比較的上位の農民は、建坪も四〇坪以上という広い家を持っていた。これを図1ではA群と称したが、持高の差よりもA群とB群に建坪の差が出ている点に特徴があった。ところが横根村でのA群は、B群と建坪の差はなく、同じような数値の位置に分布している。図2にみられるごとく、横根村では持高二〇石六斗余で二四坪の建坪があり、持高一〇石一斗余で三七・五坪の家をもつものもいるという状況である。このことは、持高の大きな上層農民たちの建坪が、中・下層農民たちの建坪とまったく同じ範囲内に分布していることを示す。そしてA群の形状がやゝ右下りであることは、むしろ建坪は持高に反比例する傾向をもっていることを表わしている。

以上、A群の分布状況が横根村の特徴ということになるが、例外を除き、この村では持高の開きは大きいが、建坪の開きは余りないということになろう。この持高の開きは、水田中心の村の特徴で、これに対する建坪は余り開きがないということになる。なお横根村では二〇坪前後以下の家が少ないことは、この村の豊かさが建坪にも反映したものとみられる。

7　下蓮田村家別双紙絵図

下蓮田村の農民住居絵図面は、横根村同様文政七年（一八二四）に作成されたもので、原資料標題は「武州埼玉郡下蓮田村家別双紙絵図面書上帳」となっている。[31] 既に「蓮田文化叢書」第四三号として刊行され、石井修次郎氏と大村進氏によって優れた解説も付されている。小稿は同叢書の刊本に依拠したもので、論考の展開も両氏の解説に負うところが大である。

「新編武蔵風土記稿」によると、明和七年に川越藩領となり「今ニ替ラス」と記されているが、原資料表紙に「柑本兵五郎御代官所」と書かれているので、当時は天領に復していたものとみられる。絵図面の提出先は、大原四郎右衛門手付長山勝助、伊奈半左衛門手代浅尾覚治郎である。

表８　文政７年　下蓮田村の住宅様式と各部分の割合（記載戸数76軒）

施設 ＼ 項目	畳部屋	うすべり部屋	蓙部屋	板間部屋	部屋計	部屋坪計	床上施設							床坪数
							床の間	仏壇	押入	廊下	いろり	雪隠	計	
所有戸数	26戸	11	65	51			1	0	13	13	67	8		
所有戸数の割合	34.2%	14.5	85.5	67.1			1.3	0	17.1	17.1	88.2	10.5		
1戸平均室数	0.91室	0.18	2.15	0.92	4.16									
1戸平均坪数	3.59坪	0.85	8.65	1.46		14.54							1.34	15.9
床面積に対する割合	22.6%	5.3	54.5	9.2		91.4							8.4	

施設 ＼ 項目	土間	馬屋				物置他	土間計	建坪計	後角屋	裏角屋	屋外施設						
		所有数計	本屋内	前角屋	平行出し						土蔵	木小屋	物置	長屋	その他	雪隠	計
所有戸数	76戸	46	7	35	4	22			34	3	3	42	26	3	4	76	
所有戸数の割合	100%	60.5				28.9			44.7	3.9	3.9	55.3	34.2	3.9	5.3	100	
1戸平均坪数	10.57坪	（所有者平均）3.61				0.53	13.2	29.1									（棟数）1.8

注
（1）増田源三家文書「武州埼玉郡下蓮田村家別双紙絵図面書上帳」（蓮田文化叢書第43号収載）より作成。
（2）表中の土間・馬屋・廊下等は資料に未記載で、絵図面から計測して集計した。
（3）記載中不整合な部分は計測して訂正して集計した。うすべり・蓙は１枚を0.5坪として集計した。
（4）蓙間には、一部土間中に設けられた簀子敷の床部分を含めた。
（5）板間には、いろりを囲む部分を一室として集計した。
（6）床上施設の中には、原資料に未記載であるが、明らかに推定できるものはそれぞれの項に含めた。
（7）土間中のかまど・いろりは特に区別しなかった。
（8）馬屋の中には面積が小さく、実際に馬の飼育は不可能なものもあるが、図面計測に従った。
（9）土間中に一部湯屋があるが、物置の項に含めた。
（10）角屋の型式分類は表２と同様に行った。
（11）屋外施設で共用しているものもあるが、これは0.5棟として集計した。

寛政九年（一七九七）の「村中田畑小前書抜名寄帳(32)」によると、村高は五六三石余、田方二六町五反余、畑方が五〇町三反余で、ほかに潰地が田畑で三町二反余、林開畑の見取場が一反余となっている。田畑七七町余は一〇六人の所有になっているが、近村からの入作者が一五人なので、村内の農民は九一人ということになる。

文政七年の絵図面記載戸数は七六軒であるが、「新編武蔵風土記稿」でも戸数八〇と記しているので、当時七六戸が全農民戸数であったとみられる。表8にもみられるように、七六戸中に一間限りの小家も数多く記されているので、江ヶ崎村にみられるように荒屋・小家を削除したものではないと推定される。全農民の住居の記載は箕輪村・横根村同様で、一村の住居像把握に好都合であることは論を俟たない。

建坪の平均は表8にみられるように二九・一坪で、箕輪村より広いが小久喜村よりやゝ狭い面積である。この村でも床上面積に比して土間面積が狭く、その差は二・七坪で箕輪村の二・八坪とほぼ同様の差を示している。他村でも同様であるが、馬屋の有無やその保有面積が土間面積の広狭に大きく影響するが、下蓮田村の馬屋保有率は六〇・五%で、かなり高い割合を占めている。馬屋の中には二・二五坪〜三坪という小さい家がみられるが、この村の土間全体の狭さは、付属の土間施設ではなく、純然たる土間そのもの、狭さにあるといえよう。土間そのもの、平均は一〇・五七坪で、箕輪村の九・一八坪よりは広いが、小久喜村の一一・七坪より狭い面積である。絵図中には一〇坪未満の家が目立っており、七六軒中三四軒で、全体の四四・七%という高い割合を示している。二坪以下の土間の家もあり、全体として土間の小ささが顕著であるといえる。

土間に比して床坪数は割合と広く、江ヶ崎村には及ばないが、小家を除いた小久喜村と同様である。部屋の合計面積は必ずしも大きくないが、床の間・廊下等の平均が一・三四坪と箕輪村同様に広く、その点が江ヶ崎・小久喜村と異なる点である。押入が一三軒の家にあり、しかも全体の床坪数の小さな家にあることも注目される。

部屋の敷物別の割合をみると、同年資料である横根村に比すると貧しさが目立っている。畳間の割合が二二・六%、莚間の割合が五四・五%は明和七年の箕輪村より劣悪な数値である。特に莚間の割合が高いことが特徴で、畳間だけでなく薄縁間も箕輪・横根村より遥かに低い数値となっている。しかし部屋数などをみると平均四・一六室もあり、他のどこの村よりも多く、この点は当時の建築様式の変化とともに、この村の豊かさを示すものであろうか。

下蓮田村でも角屋型式の家は多く、全体で五二軒、六八・四%を占めている。全戸記載でない江ヶ崎・小久喜二村の角屋の割合は異常に高いが、全戸数が明らかである箕輪村で約七三%なので、この村の六八・四%も高い割合であるといえよう。角屋の位置では、「前角屋」の型が三九軒、「後角屋」が三四軒なのに対し、勝手裏に延長される「裏

表9　下蓮田村の建坪と持高の分布表

建坪			持高		
坪数	戸数	%	石高	戸数	%
0～5坪	0	0	1石以下	12	13.6
5.1～10	10	13.2	1石代	15	17.0
10.1～15	7	9.2	2	5	5.7
15.1～20	6	7.9	3	7	8.0
20.1～25	4	5.3	4	12	13.6
25.1～30	17	22.4	5	9	10.2
30.1～35	7	9.2	6	6	6.8
35.1～40	8	10.5	7	5	5.7
40.1～45	8	10.5	8	1	1.1
45.1～50	4	5.3	9	1	1.1
50.1～55	3	3.9	10	1	1.1
55.1～60	0	0	11	1	1.1
60.1～65	1	1.3	12	0	0
65.1～70	0	0	13	3	3.4
70.1～75	0	0	14	2	2.3
75.1～80	1	1.3	15	2	2.3
計	76	100	16	0	0
			17	1	1.1
			18	2	2.3
			19	0	0
			20	0	0
			21	3	3.4
			計	88	100

注
(1) 建坪は表7と同様、文政7年「武州埼玉郡下蓮田村家別双紙絵図面書上」より計測した数値を用いた。
(2) 持高は、寛政9年「村中田畑小前書抜名寄帳」より記入した。

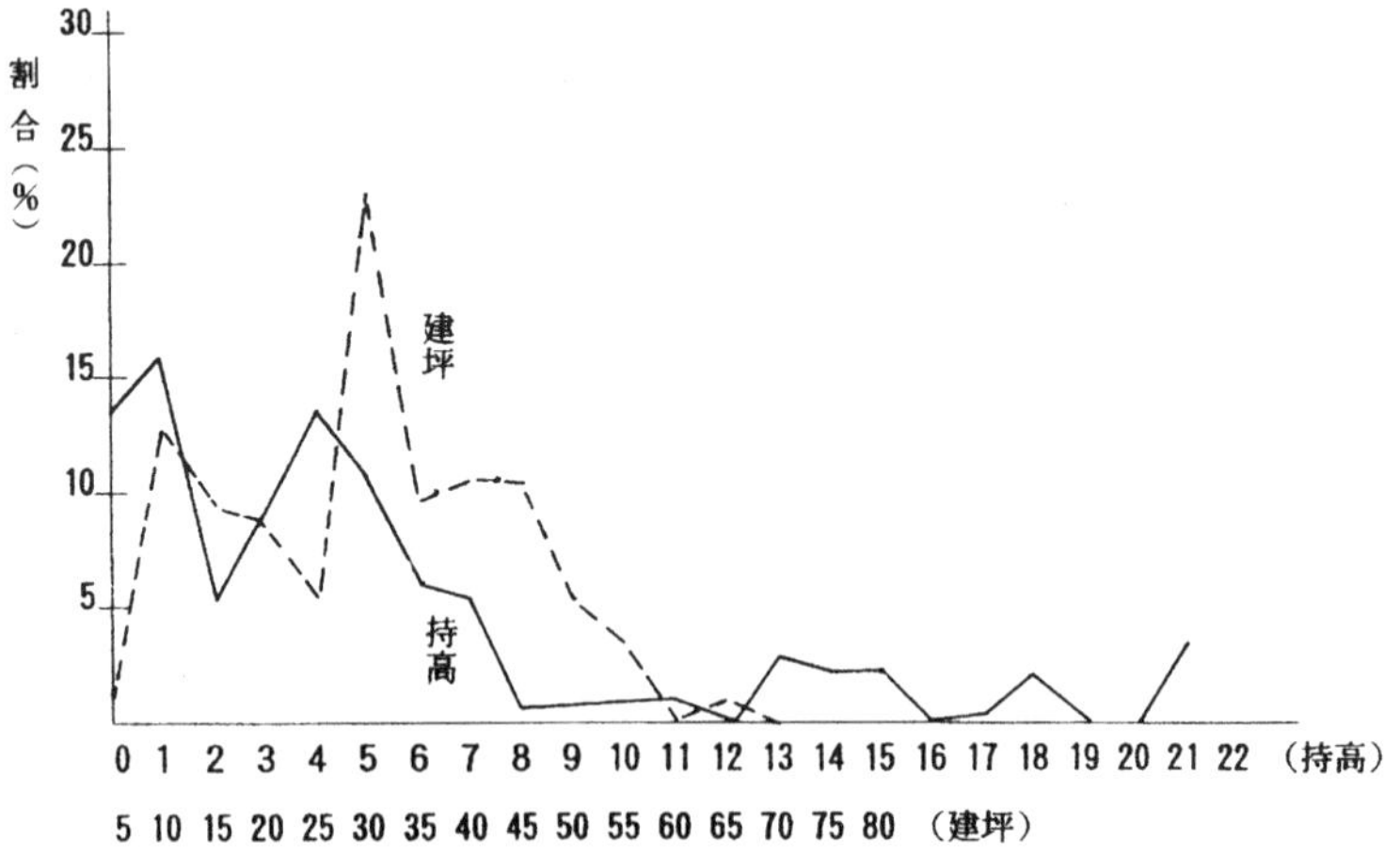

図３　下蓮田村の建坪（文政７年）と持高（寛政９年）の割合分布

角屋」は三軒という少なさである。この村では、前角屋・後角屋が中心であるといえる。いずれにしても、江ヶ崎村ほか二村同様、下蓮田村でも角屋が高い割合を占めることは、埼玉郡南部の岩槻領付近の住居様式の大きな特徴であるといえる。

土蔵・木小屋などの主屋外の建物は、平均一・八棟で小久喜村等三村と同様である。この一・八棟のうちには雪隠が含まれるので、雪隠を除いた建物は極めて少ないことになる。事実下蓮田村では雪隠以外に屋外に建物のない家は三二軒で、その割合は四二％という高い割合である。主屋以外の木小屋・物置等は、農作業上不可欠な施設とみられるが、小農と推定されるといえ、約半数に近い三二軒に設けられていないことは、大いに注目すべきことであろう。これら三二軒の農民たちは、収穫物をどこに格納したのであろうか。おそらく三二軒の農民たちは、箕輪村の事例同様母屋の土間等を利用したと推定されるが、ここに改めて土間の重要性が再認識されることになる。

下蓮田村各戸の持高と建坪の関係はどのようなものか、横根村などと同様分析の対象になるが、残念ながら文政七年に近い持高資料に欠けている。そこで、おゝよその傾向を知るために作成したのが表9である。建坪は文政七年の前記資料を使用したが、持高は既述の寛政九年の資料を用いた。(33) 二つの資料は約三〇年の隔たりがありやゝ不正確であるが、この村の一つの傾向を示すものと思われる。

表9の%を図示したのが、図3である。表9で明らかなように、文政七年の建坪の割合図表で二つの山があり、五・一〜一〇坪の一三・二%と、二五・一〜三〇坪の二二・四%が山となっている。一方寛政九年の持高割合でも二つの山があり、一つは一石以下から一石代の一三・六〜一七%、他は四〜五石代の一三・六〜一〇・二%である。このように建坪・持高とも、大きく二つの山に分れていることはグラフの上でも明瞭であるが、このことは両者とも低数値を示す層と中位を示す数値に、多くの農民が集中していることを表わしている。

建坪の場合、五・一〜一〇坪を中心とする二〇坪以下の戸数は二一戸で全体の三〇・三%、二〇・一〜四五坪は四四戸で五七・九%となっている。グラフの上で二つの山になっており、一〇坪以下の家も多いが、中位の二〇〜四五坪に圧倒的に集中しており、全体の半数余を占めている。一方持高では一石代以下が三〇・六%、四〜五石代を中心とする二〜七石代が全体の五〇%を占めている。八石代以上は極めて少数なので大きくはこの二つに分化しているといえよう。

建坪と持高の割合分布を比較すると、大きく二つの層に分化していることは共通している。そしてほぼ三分の一の戸数が低位に位置し、中間層が約半数余を占めている。しかし、中間層も建物の場合二〇坪から四五坪の幅があるが、持高の場合四、五石前後に集中し、しかも絶対的な数値は極めて低いものとなっている。持高平均の低い畑作中心の村という状況が、ここにも顕われたものとみられる。

8 まとめ

吉川國男氏は、埼玉県東部地域の民家の特徴の一つに「曲り屋」型式をあげているが、[34]本稿で掲げた近世期資料からもそのことが証される。この「曲り屋」、あるいは「角屋」型式の住居様式が、既に記したように埼玉郡南部地域の住居の規模を大きくし、また豊かにしている。

比較的小さい箕輪村・下蓮田村でも建坪平均が二七・二坪、二九・一坪で、他の村が三〇坪を越えていることは、この地域の農民たちがある程度の住居を保有していたことになろう。建坪およそ三〇坪のうち半分は土間であるが、それでも部屋数平均三・四九～四・一六室もあったことは、現在の日本の住居状況に比しても、かなり豊かな住居状況であったといえる。

平均的な数値は、一般にその中に含まれている大きな数値が平均値を押上げることになるが、既に全戸記載の箕輪村・下蓮田村の表でもみたように、意外に一間《ひとま》限りの住居は少ない。箕輪村三軒、下蓮田村一〇軒が一間限りの家数であるが、このように小家が少ないことは村全体の住居がかなり恵まれた住宅状況にあったことを示している。

農民にとって住居の土間は、日常の生活上の空間であるだけでなく、大切な農作物の貯蔵や作業の場でもある。そのため全国どこの地域でも広い面積を占有しているが、埼玉郡南部地域でも例外ではない。五か村の事例では建坪のおよそ半分が土間であるが、細かくみていくと江ヶ崎村以外は若干床面積より土間面積が狭い。そのうち全戸記載の箕輪村・下蓮田村の二村では、両者の差が大である。一方各村とも付属の木小屋・物置等がなく、雪隠以外は付属建物を持たない農民も多い。このことは土間が農作業上使われたことを示し、土間の重要な役割を暗示するものである。

また既に記したように、土間施設として馬屋が多いことも特色で、馬屋の有無が土間面積を押上げている傾向がある。

馬屋が多いことは、この地域の豊かさを示すもので、建坪全体の面積の拡大にも連動している。

農民の所得の一つの指標である持高と建坪の相関は、必ずしも明確ではない。一般的な傾向としては、持高の大きい農民は広い建坪の住居を所有するが、既にみてきたように持高の較差ほど建坪の較差はない。特に小高持の農民が、ある程度の規模の家を所有していることが注目される。

少ない事例ではあるが、畑作中心の村と水田中心の村との比較では、水田中心の方が建坪平均は高い傾向にある。しかし、村全体の持高平均が極端に低い畑作中心の箕輪村でも、ある程度の建坪平均を保持していることが注目される。幕末期の畑作中心村が、農業経営の多角化と農業外収入を図って持高の少なさを補っている面が、住居の建坪に顕われているとみられる。

建坪の広さや部屋数の多少など外形的な豊かさに比して、住居内部の施設や内容は必ずしも恵まれたものではない。まず第一に、部屋以外の廊下・押入・床の間等の施設は極めて貧弱である。事例にみられるように、村によってかなりの差があるが、これらが揃って配置されている家は上層農民に限られている。しかし持高の低いとみられる農民の中にも、一部押入等が配置されたり、長持が置かれたりしており、当時消費されている物財の豊富さの一端がうかがえる。このことは、近代以降につながる部屋以外の住居空間拡大の萌芽があったことを示している。

第二に、部屋の敷物が極めて貧弱であることがあげられる。畳は高価なもので生活の豊かさを示す指標の一つであるが、どの村も至って少ない割合である。全戸集計の箕輪村・下蓮田村は二〇%代、小家を除いた江ヶ崎村では二〇%に満たない割合である。ただ横根村は五〇%代の割合で、他の村に比して高い割合であることが注目される。

畳敷の面積の少なさは、莚間の割合の高いことに連動している。下蓮田村では五〇%余の高率であり、小家を除いた江ヶ崎でも三七%余という高い割合である。ただここでも横根村のみは一一%余と少なく、その点この村の豊かさが証されよう。しかし全体の傾向としては、畳間が少なく莚間が多いことが特徴としてあげられ、極めて貧弱な住居状況であったといえる。

住居の部分を構成する天井や戸障子・壁などの状況は、平面図からは不明である。これらはいずれも生活程度が高くなるに従い整えられたとみられるが、ここでは判断の材料は提供されていない。家具調度についても同様で、平面図からはうかがい知れない。ただ事例中では例外的に、箕輪村で長持の記載がある。既に記したように、比較的建坪の小さな住居に長持があることは、当時の物財の消費の豊かさを推測させるものである。

一方、平面図中には納戸部屋の記載がみられ、又構造的にも「後角屋」「裏角屋」にあたる部分を持つ住居の割合が高い。納戸部屋は寝室などにも使われるが、平面図中に記されているように物置の役割をはたしている。このことは、家具類を含めた物財が豊かになっていたことを示し、極めて注目に値する事項である。このことから判断しても、幕末期のこの地域の農村ではある程度の豊かな物財が消費されていたと考えられる。

ところで、古川古松軒は天明八年（一七八八）幕府の巡見使に同行し埼玉県域を通っているが、草加宿で「永き町ながら家造り草葺きにて見苦るしき駅なり」と記している。[35] また利根川を渡る栗橋宿のあたりで、「この辺は石なき所にて家造りに石を用いず、皆土座造りなり。所どころ二、三百軒ずつの町はあれども、五畿内・中国筋とは違いて各おの草葺きの家造りいと見苦し」とも述べている。宿場町などの見聞であるが、本稿で使用した絵図面とほぼ同時代で、しかも埼玉県域の東部地方の記述なので注目される資料である。

古松軒は、関東・東北地方の民家に注意をはらって見聞しているが、比較の基準は自己の生い育った備中国の民家にあり、瓦葺きの整った西国の住居からみると、皆「見苦しき」家となってしまったのかも知れない。土間中心の造りで床のない家、しかも草葺きばかりの家をみると、東国の住居は劣悪ということになる。

古松軒の東国の住居に対する評価を、ハンレー女史はどのように見ていただろうか。女史は既述の論文の中で下野国の同時代資料を引用しており、その上で日本の住居を高く評価している。西国に比して東国の住居は劣悪であるが、女史は総体としての日本の住居を評価したものとみられる。

一つの地域の住居の評価は、同時代の他地域との比較はもちろんのこと、住居構造や構成材料など多角的な側面からの検討が必要である。まして生活水準を示す指標の一つとしてみる場合、家具調度など消費される物財の検討も必要であろう。その点本稿では、平面図による住居の規模を対象とする検討になったが、住居構造や生活用具からの考究は今後の課題としたい。

〔注〕
（1）「江戸時代の遺産」中央公論社（平成二年刊）
（2）前掲書第一章「富の増加と生活水準の向上」
（3）前掲書第一章
（4）「埼玉県の民家」埼玉県教育委員会（昭和四七年三月刊）
（5）吉川國男「埼玉の民家」（埼玉の文化財第11号）埼玉県文化財保護協会（昭和四六年三月刊）
（6）石川家文書「武州埼玉郡岩槻領江ヶ崎村百姓家小前絵図」明和七年四月（安永四年再提出）
（7）前述の吉川氏は、「中川」（人文編）埼玉県（平成五年二月刊）の中で、中川流域の民家を論述しており、下蓮田村の近世資料にも触れている。
（8）「戸田市の民家」戸田市教育委員会（昭和五三年三月刊）。「草加の民家」草加市（昭和五七年二月刊）など
（9）吉田愛子家文書「日光社参ニ附村中内銘細絵図控帳」明和七年六月（埼玉県立文書館収蔵）
（10）栃木県教育委員会「栃木県の民家」（昭和五七年三月刊）に絵図面等が集録されている。
（11）「徳川実紀」第一〇篇

(12) 鬼久保家文書「武州埼玉郡小久喜村百姓家小前絵図」（米津出羽守所領時）（埼玉県立文書館収蔵）
(13) 「川越市史」第三巻近世編
(14) 前掲石川家文書の資料末の記載
(15) 篠崎家文書「人家住居間数取調書上帳」文久三年八月（埼玉県立文書館収蔵）
(16) 村明細帳にみられる幕末期の埼玉郡内の保有率をみると、高い村では享保一四年葛梅村32・3％、低い村では天保九年樋籠村4％などがあり、近村の寛政一〇年江面村16・7％、文政二年除堀村17・3％などの例がある（「武蔵国村明細帳集成」所収）。
(17) 前掲「埼玉県の民家」江ヶ崎村絵図面解説
(18) 吉田愛子家文書「箕輪村宗門人別帳」寛政七年
(19) 「鬼久保家文書目録解説」埼玉県立文書館（昭和五三年一二月刊）
(20) 「寛政重修諸家譜」
(21) 鬼久保家文書「覚」明和七年六月（No.937）
(22) 同上文書「宗門人別御改帳」明和五年三月（No.62）
(23) 同上文書「郷村明細帳」宝暦一三年六月（No.35）
(24) 前掲「栃木県の民家」
(25) 吉田（佐）家文書（埼玉県立文書館収蔵）「横根村明細帳」（No.2088）
なおこの明細帳の記載では、田方と畑方の石高合計と村高は不一致。
(26) 同上文書文化一一年「宗門御改帳」（No.47）
(77) 同上文書文政七年「軒別立札之調帳」（No.148）
(28) 同上文書文政八年「家別坪書上帳」（No.177）、（同No.166）
(29) 同上文書文久三年「手広之住居書上帳」（No.1973）
(30) 前掲文政六年「横根村明細帳」
(31) 増永源三家文書
(32) 同上文書。蓮田文化叢書第32号所収
(33) 同上の「注32」の文書。なお、持高は刊本記載の資料から算出した。

（34）前掲「中川流域の民家の特色」（中川水系総合調査報告書２「中川水系」人文編）埼玉県（平成五年刊）
（35）古川古松軒「東遊雑記」平凡社東洋文庫所収（昭和三九年刊）

第二部　近世武蔵の河川改修

一　備前堤の築堤目的とその機能について

1　はじめに

足立郡小針領家村から埼玉郡高虫村にかけて築かれた備前堤は、当時の代官頭伊奈備前守忠次によって、慶長年間（一五九六〜一六一五）につくられたものといわれる。当時の備前堤の規模がどの程度のものであったか明らかでないが、後世の記録によると、長さ三百六拾間余、敷幅六間、高さ九尺、馬踏二間とある。(1)堤は現在の綾瀬川の源流部にあたり、大宮台地と蓮田台地を結ぶもので、元荒川流域の狭窄部に設けられたものである。この堤の設置によって、古くは荒川の主流であり、足立と埼玉の郡界となっていた綾瀬川は、完全に荒川本流から遮断されることになった。

備前堤は、明和期以後度々、水論がくり返されることで知られているが、築堤の理由やその後の堤の果たした役割については、県内市町村史等でも後世に記された水論の際の、村方の主張を一歩も出ていないように思われる。すなわち、文政七年（一八二四）に小針領家村等十六ヵ村の村々から評定所にだされた返答書にあるように、「草加・千

備前堤付近略図

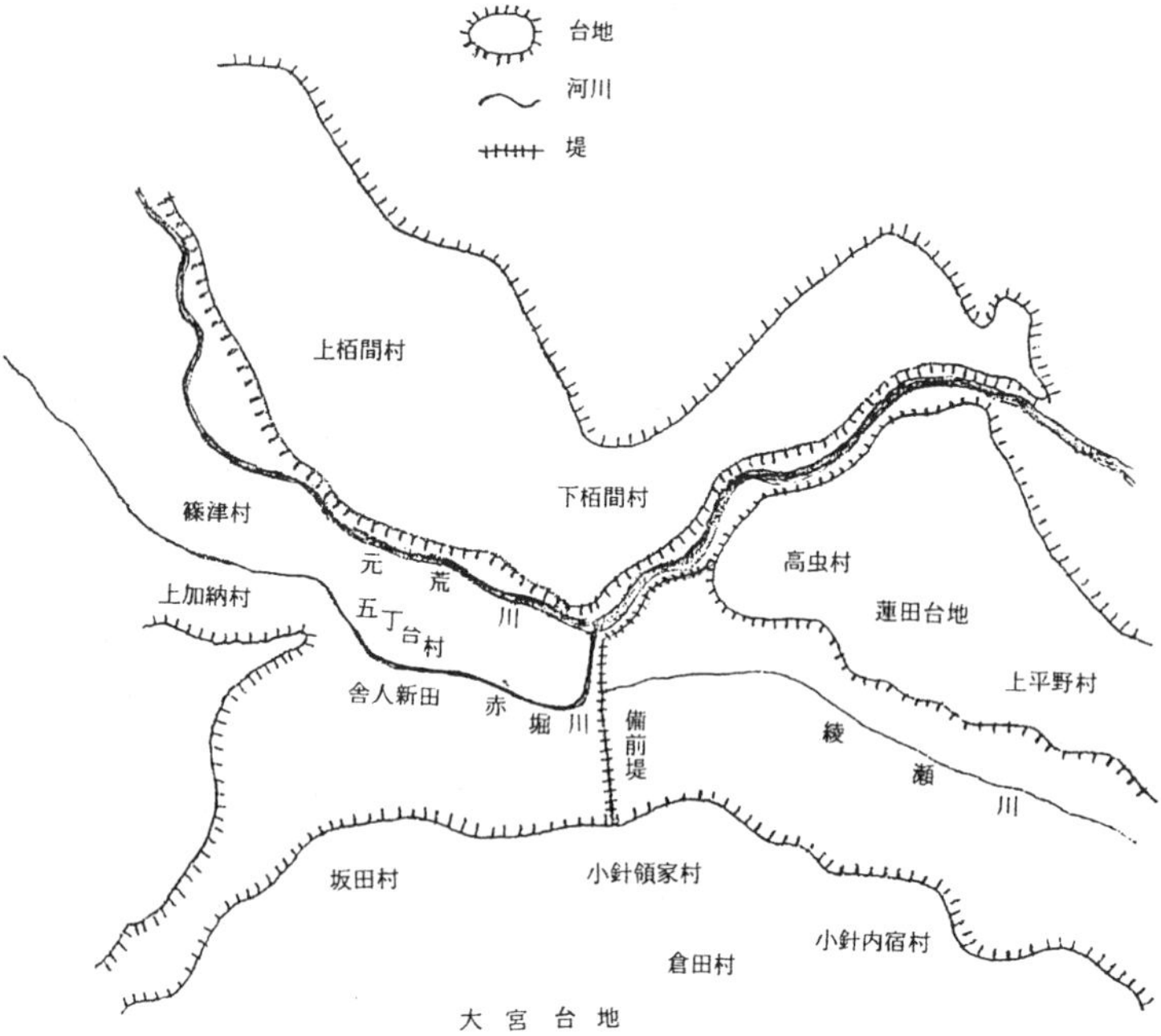

住・葛西領・弐郷半領・小菅辺迄之一円水除ニ御築立被成下置候堤[2]」という見方が支配的で、近年刊行されている市町村史等でもこのような考え方で記されている。この小論は、このように画一的な見方で備前堤の役割を見ていってよいのかという、素朴な疑問から出発するものである。

　既に備前堤が築堤されてから四百年近い年月を経ているが、その間、堤をとりまく状況は大きく変化してしまっている。その一つは、荒川が瀬替されたことである。そして綾瀬川の中流域には見沼代用水路が横切り、上瓦葺村にはその代用水の掛樋が設けられている。下流域の草加付近では流路の付替えが行われ、流域の沼沢地は数多く水田化されてしまっている。このような状況の変化の中にあって、備前堤のもつ役割は築堤当時とは大分違ったものとならざるを得なかったと考えられる。本稿では近世期の備前堤のもつ役割を三期にわけて考察を試みたい。第一期は築堤から荒川が瀬替される寛永六年（一六二九）まで、第二期は寛永六年から見沼代用水の完成する享保十三年（一七二八）まで、第三期を享保十三年以降幕末までとする。備前堤のもつ条件を大きく変えたものに、荒川の瀬替は欠くことのできないものであり、また見沼代用水の完成は、そのすぐ上流に位置する堤に大きな影響を与えたと考えられるからである。

以上の三期に分けて考察を試みるが、備前堤の役割を時代を追って考えていくことは、備前堤の築堤の当初の意図を検討することに回帰すると思われる。当初の意図は資料もなく、後世に記された資料から傍証するだけにやや大胆な推論を述べることになる。また、備前堤の機能を論じていくことは、綾瀬川の上・中流域の開発の状況変化を論ずることになるが、ここではその点は最小限にとどめ、堤そのものをめぐる問題に論点をしぼっていきたい。

2　築堤と荒川の瀬替

旧『埼玉県史』には、「寛永の初め同川の漲溢を防がんが為、郡代伊奈備前守忠治は北足立郡加納村に数百間の堤防を築いた。之を備前堤と称し」と記している(3)。築堤の時期を「寛永の初め」とし、築堤者を「伊奈備前守忠治」としている。

築堤の時期については、現在二つの説が出されている。一つは旧県史にみられる寛永の初めであり、もう一つは「慶長年間」である。いずれも地方の文書の中にも散見されるもので、前出の文政七年の加藤家文書の中には、「備前堤之儀は、寛永年中関東郡代伊奈備前守様御掛りニ而、長五百間余根置六間高九尺馬踏弐間ニ築立御普請被仰付候由」と記されており、旧県史と同じ寛永期の築堤としている。一方、冒頭に堤防の規模を示した小針領家村の栅川家文書によると、「慶長の度関東郡代伊奈備前守様御見立御築立ニ相成申候」とあり、慶長期に築堤されたことを示している。地方の文書の場合、特に争論ともなると、自己に好都合な記載がしばしばみられ、ここにあげた例も全てが正しいとは考えられず、堤の規模なども「長五百間」と既出のものとは異なりを示し、伊奈忠次も忠治も「備前守」と同一に記している。しかし、ここでは堤をもつ地元の村々の中に、慶長期と寛永期の二つの説があったことに留意しておきたい。一方、文政期に調査された『新編武蔵風土記稿』では、小針領家村の項に「備前堀」として「伊奈備前守が奉行シテ堀割シ故コノ名アリトイヘリ」と記され、また足立郡の綾瀬川の欄に「何ノ頃カ水上モカハリテ、此川ト元荒川ノ分流ノ所ニ堤ヲ築キ」とあり、築堤の確定した時期は示していない。

築堤の時期が慶長期と寛永期では、備前堤のもつ役割は大変な相違がある。それは既述のように荒川の瀬替がからんでくるからである。極言すれば、荒川瀬替後であれば備前堤は不要であり、綾瀬川と荒川を分離するための水除堤を、足立郡五丁台村と高虫村の間の荒川沿いにつくれば事足りたと考えられるからである。

小論では、慶長期に築堤したという考えに立つものであるが、それでは備前堤はどのような意図のもとにつくられたものであろうか。ただ、ここでこの問題に入る前に、次のことに留意しておかなければならない。一つは、現在の元荒川筋のみが荒川の流路であったのかどうかという点であり、もう一つは備前堤より上郷筋の開発の状況である。一の点については近年いくつかの論文もだされており、[4] 寛永の瀬替以前に和田吉野川筋に荒川の分流があり、かなりの流量が入間川筋へ流下していたという見方である。その理由はいくつかあげられているが、一つは下流の瓦曽根溜井の成立が慶長期であるということである。[5] 荒川の本流で、かなりの水量が流れていれば、溜井の設置は困難である。溜井が慶長期に成立していたことは、当時の元荒川筋の水量が少なかったことを示しており、分流により相当の水量が放出されていたと考えられるからである。その分流が和田吉野川筋であり、当時の分岐点である久下村付近の自然条件からも妥当性が強いと考えられる。なお、瓦曽根溜井の成立時期が慶長期であるということは、備前堤の成立と時を同じくしており、当然元荒川の治水施策をめぐる一連のものであることは明らかである。

二の点については、備前堤の築堤によって最も犠牲になるのは上流部であり、その上流部の開発状況がどのようなものであったかということは、築堤そのものの賛否にもかかわる問題と思われるからである。上流部の箕田郷から鴻巣領にかけては、後北条時代からかなりの開発がなされている。天正十二年（一五八四）には箕田郷の堤普請が行われているので、荒川の堤防が強化され、同時に低湿地の開発がなされたと考えられる。[6] 箕田郷の一部分である市縄村は、慶長年中に大河内金兵衛が検地をしているが、[7] ここは荒川の後背湿地にあたり、戦国期から用排水の整備がなされており、早い時期の検地を可能にしたと思われる。また深井村の土豪深井氏は、岩槻太田氏の配下であったが、帰農して鴻巣宿内の宮地で三百町余の地を開発している[8] ことは、前の時代からの開発が受継がれていったことを示している。鴻巣領の開発で留意しておきたいことに、排水路の問題がある。低湿地の開発には、用水路よりも排水が可能になって初めて新田化が具体化するからである。その点から考えると、赤堀川は重要な排水路ということになる。すなわち、鴻巣領二十四ヵ村は赤堀川が整備されて、初めて領内の開発が可能になったと思われる。赤堀川の開削については、資料の上から不明であるが、備前堤との関連から考えると、慶長期以後に開削、整備されたものとみられる。もちろんそれ以前の段階でも、排水路が部分的には開かれていたと思われるが、本格的な整備は慶長期以後でないと、備前堤の築堤と矛盾するからである。

以上の二点を留意した上で、備前堤の築堤の目的を考えると、伊奈氏は現元荒川の下流域の洪水を救うために荒川の溢水を貯溜する遊水池を造成したものである。もちろん、同時に綾瀬川流域への分流を堰止、その地の開発を計ろうとしたものである。この時代に伊奈氏が行った河川の工事をみると、洪水を制禦するためや、低湿地の排水を貯えるため、さかんに遊水池あるいは溜井をつくっている。そして、貯溜された水は、今度は用水として利用している。

当時の荒川は、和田吉野川筋への分流はあったにしろ、まだ相当の水量が平水として流れていたと考えられる。それが洪水時には大量の水が加わり、しかも根金村付近より下流になると、利根川筋の洪水が星川沿いに南下して加勢されるため、岩槻領以南では洪水の被害が甚大であった。そこで荒川筋の水を一時滞留させるため、利根川筋の水が加わらない上流地点に、遊水池をつくる必要があったのではないかと思われる。備前堤の位置は、荒川の溢水を導入するのに最適の地形であり、大宮台地と蓮田台地が短かい距離で相対し、築堤するのに最も好都合な位置である。

備前堤の位置が、荒川の溢水を導入するのに最適な条件にあるという考えは、江戸時代の農民たちも同様であったと見え、築堤よりやや後年になるが資料の中にもみることができる。元禄十四年（一七〇一）の「御新堀願書写」[9]によると、「荒川ヲ鴻巣領之下五丁台ト申処ニ而築切」とあり、この資料ではここで貯溜した水を、見沼用水の代用にしようとしている。この五丁台溜井案は、すでに延宝元年（一六七三）に農民側から提案されているが、別の資料によると見沼への堀筋の計画路線にあたる村々から拒否されている。元禄十六年の「小室沼証拠書物」[10]にも「鴻巣領五ケ台村ニ而元荒川ヲ築留」とあり、足立郡の菅谷村等九ヵ村が「満水之節は百姓居屋敷迄水押込可申と迷惑ニ奉存候事」と、この溜井案に反対を表明している。このように、当時の資料にも記されているところをみると、備前堤の位置が最もよく、荒川の水を導入しやすかったと考えられる。

ただ、ここで一考を要することは、前記の二つの資料に記されたことは溜井の建設案であり、備前堤の築堤目的は遊水池の造成であったということである。荒川瀬替後の延宝期に、この位置で築留めて溜井が出来たかどうかは甚だ疑問である。それは後に、見沼代用水の水源を利根川に求めたことでも明らかである。伊奈氏が備前堤を築いた慶長期であっても、この位置で溜井化することは不可能であったと思われる。荒川は平水の水量が少なく、しかも和田吉野川筋へも分流していたとすれば、溜井にするほどの水量は得られなかったと考えられる。この考え方の論拠は、備前堤と荒川の導入路の位置等、構造上からも判断されることである。もし、備前堤の堤防をもって溜井にするならば、もう少し上流から荒川の水を引き入れなければ貯溜することが不可能だからである。堤に沿った赤堀川の横流で荒川とつなぐだけでは、水位の関係で荒川の水を導くことはできなかった。荒川の水面よりも、赤堀川の水面が高いのだからこの構造では溜井化は無理であった。備前堤をつくるにあたって、伊奈氏はこのような自然条件を熟知していたため、溜井にして綾瀬川流域の用水源にする考えは、当初からなかったと思われる。

備前堤の築堤によって、上流筋の鴻巣領の滞水による被害は、当初から予期されたことである。洪水時に大量の水が導入されれば、遊水池沿いの村々は「水いかり」にあい、水損地が続出することは明らかである。だがこの時点での伊奈氏の判断は、鴻巣領を犠牲にしても下流域を救済しようとしたのである。資料がないので推定になるが、何か政治的な高度な判断をしたようにも考えられる。下流域には、岩槻領等があるからである。

もっとも、上流筋の被害はそんなに拡大はしないと、既に、この段階で伊奈氏はふんでいたとも考えられる。それは、慶長から寛永期にかけて、上流筋の鴻巣領でさかんに耕地の開発が行われているからである。元和九年（一六二三）に伊奈半十郎は、北下谷村の里正矢部氏に新田開発の書付を与え、種の貸付けさえしている。(11) この新田地は寛永の水帳に、小左衛門分として記載されている。また、堤に最も近い舎人新田の開発も元和九年より行われ、伊奈半十郎は坂田村の本学坊にあてて、新田開発の申渡状をだしている。(12) このように新田の開発がなされているところをみると、「水いかり」の被害は比較的軽微であったと考えられる。

以上、記したように、築堤の目的は荒川の遊水池の造成であったと考えられるが、実際にこの期の備前堤が目的どおり機能したかどうか、資料の上で追うことはできない。ただ、荒川の瀬替前の平水はかなりあったと考えられるので、洪水時には溢水した水が相当量導入され、堤は充分機能したと推定される。

3 寛永から享保期の備前堤

この時期は、堤が最も安定した時期であったと思われる。荒川の瀬替が行われ、元荒川と名をかえた流路の平水は減少し、洪水時の遊水機能は充分はたすことができたと考えられる。しかも、洪水時の溢水も、荒川の久下土手等の決壊がないかぎり、上流の忍領、鴻巣領等の落水が流下してくるだけで、多量の水が一時に押寄せてくることはなかったとみられる。

荒川瀬替後の元荒川流域の大きな問題の一つに、減水にともなう用水不足がある。このことは、瀬替の計画がなされた段階から予想されたことで、瓦曽根溜井の水不足を補うために、中島用水から水を引くことが同時に着工されていることからも明らかである。このことを「西方村旧記」では、「寛永之頃下総国葛飾郡庄内領中嶋村地敷ニ本利根川江圦樋伏込井筋正敷幸手領八町目村地内ニて古利根川江落込、夫より松伏溜井ニ水為保新規大吉村其外大沢地敷ニ井堀開き瓦曽根溜井江水を分配し、日々程能引入松伏瓦曽根両溜井ニも水之源を求用水を養事此時初なり」と記しており、荒川瀬替と一連の工事であることを示している。このように、用水不足を解決していくために、新たに水源を求めていくことは、この流域に課せられた懸案となっていく。

一方、元荒川上流筋では、用水不足の解消を廃川となった元荒川の有効利用に求めていたようである。元禄十四年には忍藩は、榎戸堰より上流の改修工事を行い、川幅を定めているが。[13]これは用水不足に対応した措置と思われる。元荒川は、流域の地水と上流の成田用水を利用している村々の排水が貴重な用水源となっているが、川浚いの問題が上流域の村々の争論の種になっている。笠原堰・栢間堰の村々が、用水の導入を容易にするために三尺の川浚を主張したのに対して、わずか上流にあたる三ツ木堰の村々が反対しているのはその例である。[14]

綾瀬川流域でも、備前堤の築堤以後用水不足をきたしていたが、新田の開発にからんでそれはますます深刻な問題となる。中流域の大門町付近では、既に見沼溜井築造以前から天久保用水を引いていたが、この期になると対岸の埼玉郡側でも水不足に苦しんでいる。元禄十三年の書上げによると、天久保用水の組合村は、当初は大門町・下野田村・玄蕃新田・高畑村・上野田村・染谷村・寺山村・代山村の八ヵ村であったが、後になって埼玉郡の笹久保村・同新田・横根村も取水している。[15] もともと天久保用水の水源は、台地の落水を利用しており、豊富な水量でもないのに対岸まで導水していることは、綾瀬川が用水路としての役割をはたさなくなったことを示している。それでも、他に水源を求め得ないこの流域の村々は、散在する沼地と、台地からの悪水をこの川に溜めて用水とせざるを得なかった。後の記録になるが、馬込村では綾瀬川に土堰を築き、原市沼から流下する水とあわせて利用しており、[16] 釣上新田でも、古くから領主より下付された萱を用い堰をつくり綾瀬川から取水している。[17]

綾瀬川は、台地の間を流下する緩流となってしまったため、この頃になるとますます川底が上昇してしまったようである。そのため、中流域では早くから排水路としての役割もはたせなくなってしまっている。伝右川は、釣上新田の伝右衛門という人が寛永期に掘った悪水路であるが、綾瀬川に平行して掘ったところをみると、沼沢地の干拓化の目的ばかりでなく、すでに綾瀬川への排水が不可能であったことを示している。このように備前堤の築堤後、綾瀬川流域では用水の不足に悩むと同時に、排水路の問題でも苦しむことになる。

この時期の備前堤付の村々にとって、大きな問題となったことに堤を堰堤とする溜井化がある。既に、資料の一部は示したが、見沼溜井の用水利用地域の村々は渇水に悩み、早くから新用水源を求めていたようである。元禄十四年の「御新堀願書」[18]によると、備前堤をもって溜井にする案が既に延宝期に出されていることは注目されるべきことである。この案によると、備前堤溜井に元荒川流域の水を集中させることによって、岩槻領の水損を救い、忍領の悪水を星川筋と備前堤溜井に二分化しようとするものであった。しかも、星川筋の上崎堰をめぐる上下の対立を解消するために、利根川から引水し騎西領に用水を引くという遠大な計画であった。この計画は、水損対策と渇水対策を同時に行い、その上に見沼の干拓をはじめ新田の造成を目論む総合的な計画であった。

この計画は、机上で立案しただけでなく、関係村々に案を示して了解をとっている。それだけでなく、岩槻領、忍領の役人に対しても案を示し賛意を得て、関係名主の案内で水盛の高下まで見ているという、かなり具体化した計画案であった。この案に対して、備前堤付の村々がどのように対応したのか不明であるが、堤より上流筋の村々では大変な反響をおよぼしたと思われる。元荒川の遊水機能をもつ堤であったところを、溜井化することになれば多くの村々の耕地が湖底となり、しかも元荒川からの導水路を上流から開削することになれば、新たな水路敷として耕地が潰れることは明らかであるからである。「数ケ年間相談仕候得共皆一同ニ致合点」とある村々の中に、堤付の村々が含まれていたのかどうか、この資料だけでは不明である。

この計画は、既述のように思わぬ村々の反対もあり[19]、幕府も断念したようである。それは、備前堤溜井から見沼への水路にあたる村々の反対であるが、この時、堤付の村々の対応は不明である。また、幕府が計画を中止したのは、どのような理由にもとづくものか明らかでないが、後に見沼代用水路が開削されただけに、技術的な問題を含めて、機が熟していなかったと考えられる。

備前堤溜井は、堤上流筋の村々に大きな動揺を与えたが、上流筋の村々のこの時期にあたる水田耕作の状況を、若干の資料から述べてみる。足立郡篠津村は元荒川沿いの村で、田園簿にも水損場と記されているが、水田の水腐の被害は相当に多い土地柄となっている。寛永十四年（一六三七）の割付状によると[20]、下田四反五畝歩が「丸水くさり取なし」とあり、同新田分の下田六町九反歩も同様である。同所の上畑六反三畝余のうち三反一畝歩が「水入畠」となり、中畑の一町四反八畝余のうち四反六畝余が同様であり、下畑六町一反二畝余のうち三町七反八畝余も同様に水入畠となっている。この村は、水田の上田、中田のない下田ばかりの村であるが、水損が常時化されていたとみられる。ちなみに、寛永十四年は、大風雨があり、利根川、荒川は増水している。同様に寛永二十年の割付状によると、[21]下田は二斗取という収量の低さであり、新田分の下田は「丸々水くさり」で、収量は皆無である。前の例と異なり、この年は水害の記録がないので、通常の年の状況が大変な悪条件下にあったことを示している。

足立郡上加納村は赤堀川沿いの村で、水田は台地の谷津田になっているが、寛永十五年の年貢割付状によると「水流」の水田は次のようである。[22]上田一町二反六畝余のうち四反一畝余、中田六町七反七畝余のうち一町五反余、下田九町一反五畝余のうち一町四反三畝余。また、新田分は、下田五町七畝余のうち三町三反七畝余、下畑四町九反一畝余のうち七反余歩が「水流」地である。ちなみに、この年は洪水の記録がないので、平年の記録と考えられる。なお、この村の寛文四年（一六六四）正月の「高反別書上」によると、新田分の下田五町七畝余歩は「三拾五六年以前の発」とあり、下畑四町九反一畝余も同様であるので、寛永六年の荒川瀬替の頃開発されたものである。

元和年間に開かれた足立郡舎人新田の、寛永二十一年（一六四四）の年貢割付状によれば、[23]上田、中田、下田、それに反分外まで「丸々水くさり」とある。この年も他に洪水の記録がないので、平年の状況であったとみられるが、相当厳しい条件の下にあったことを示している。このように、堤によって締切られた村々の作柄は、洪水などのない平年作が水腐の被害をうけ、厳しい状況下にあったことを知ることができる。平年の水腐は、この地域の水田の排水が不充分であったことを示しており、それは、備前堤の築堤が大きく影響していることは明らかである。

4　享保期から幕末の備前堤

この時期の備前堤は、堤をとりまく上郷と下郷の対立が大きな騒動にまで発展し、元荒川・綾瀬川をめぐる初期の治水対策の矛盾が顕在化する時期にあたる。前期の寛永から享保にかけて進められた新田開発政策は、この期になっても一層推進され、綾瀬川流域でも同様の成果をあげている。これらの新田の増加と新用水路の開削は、極言すれば堤をとりまく自然条件の変化をきたし、新しい問題を生みだすことになった。

この時期の状況変化の中に、見沼代用水路の開削とそれに伴う瓦葺掛樋の設置がある。井沢弥惣兵衛によってつくられた見沼代用水路は、備前堤下流の上瓦葺村地内で掛樋をもって綾瀬川を渡り、それより東縁用水と西縁用水の二派に分かれている。ところが、この掛樋は大宮台地と蓮田台地の狭窄部に設けられたため、綾瀬川が溢水した時は、掛樋やその前後の堤防が溜井の堰堤のような役割をはたすことになった。上瓦葺村より上流の小室領等にとっては、洪水時の湛水期間は長くなり、遊水池のような状況におかれた。幕府や、上瓦葺村以南の見沼代用水受益村々にとっては、洪水時の掛樋の防備が最も重要なものの一つであった。一方、上瓦葺村以南の綾瀬川流域の村々では、この掛樋と前後の堤防が洪水時の大量の水を堰止めることになり、水害の被害額を減少させる思わぬ効果をもたらした。掛樋設置以前も、台地の狭窄部であったため、洪水時の湛水期間は上流の小室領等では長く、上瓦葺村以南の下流の村々は短かったが、人工の構造物によりその条件は一層助長されることになった。宝暦九年（一七五九）の「綾瀬川通願村々浚自普請御請証文」(24)によれば、下流の大門町付近の村々では、四十ヵ年の年貢割付状を調査した結果、「関東一統大水之年ハ格別、其外差而水難之義無之」と述べるまでになっている。この文書によると、関東一円の大洪水の時以外はたいした被害を受けていないことを明らかにしており、それは瓦葺掛樋が設けられた後一層状況が好転したことを示している。

ところが、掛樋より上流部に位置する小室郷では状況が逆になっている。宝暦四年の「小室沼証拠書物」[25]によると、掛樋設置以前は下蓮田村、上瓦葺村境の往還が一尺四、五寸の堤高であったが、新堤高が八、九尺になったため、悪水を吐き兼ねて、溜井のようになってしまったと訴えている。享保十二年（一七二七）までは、洪水の時は堤惣越で湛水することはなかったが、見沼代用水設置後は水腐の被害が多いと村々の苦衷を述べている。この資料では、寛保三年（一七四三）に掛樋を六、七寸下げたことが、綾瀬川の流れを一層悪くしていると主張しており、人工構造物による状況の変化を示している。そして小室領村々では、これらの湛水解消の方策として、掛樋を伏越にし、綾瀬川下流の切広げ、草木の伐払いを訴願している。

備前堤は、明和三年（一七六六）以降数回の堤切削しをめぐる大きな出入りを行っているが、この出入りに対する下流村々の受止め方は大分変化をきたしている。それは、先に記したように、備前堤の洪水に対する役割が変化したからにほかならない。備前堤直近の小室領や岩槻領の村々は、備前堤の破堤により湛水が長期化するが、上瓦葺村以南の村々では、被害が軽微だったからである。

弘化四年（一八四七）の「備前堤一件」[26]によると、下流筋の埼玉郡高曽根村外十一ヵ村は、備前堤普請の負担金を拒否しており、「私共村々往古より右堤組合ニは曽て無之候間相断」と述べている。これは堤直近の村々にとっては、怪我人をだすほど大騒動となった破堤問題[27]も、堤下流の遠方の村々にとっては切実な問題ではなくなっていることを示している。それは先に記した大門宿資料に見られるごとく、備前堤の破堤が下流にそんなに大きな被害をもたらさなくなっていたからである。

天明六年（一七八六）七月には上郷筋は大水となり、備前堤も越水し切所が数か所ほどできる被害をうけたが、下流の染谷村では被害は意外に軽微である。同村の「御普請所積立書上帳」[28]によると、「水勢甚強御座候得者、必定被押切候半と奉存候処、存知之外格別成儀ハ無御座候得共、数ケ所欠所等出来」とあり、欠所が出来たけれど存外に被害が少なかったことを記している。文政六年（一八二三）六月の出水では、備前堤は越水し切所ができているが、下流の村々では年貢は無事に上納するほどでの小被害にとどまっている。[29]この時は、瓦葺掛樋は板留して必死に防備を施したため流失を免れている。また下流の膝子村境では、この時、上流の宮下村外五ヵ村との間に堤切崩しの出入りを行っているが、[30]いずれにしても年貢を無事に納入しているので、湛水期間は短かったものとみられる。

以上、いくつかの例にみられるように、関東一円の大洪水で、しかも元荒川最上流部の熊谷・久下付近の破堤がない限り、上瓦葺村以南の綾瀬川中流域は、備前堤の切所があっても被害は最小限にとどまっている。その理由の第一は、上瓦葺村狭窄部に見沼代用水路が設けられたからである。洪水時には、上瓦葺村以北の小室領村々等が遊水池化したため、それ以南の地域の増水は急激ではなく、冠水しても収穫が皆無になるほどではなかった、備前堤はこの時点で、「江戸表迄の御囲堤」[31]という役割は終わっていたのである。文書の上では堤の重要性を強調するため、「草加・千住」辺までの水除堤であると記されているが、堤のおかれた自然条件は変化してしまったのである。綾瀬川の中流域で問題になるとすれば、宝暦九年の会田家文書[32]が示すように、見沼代用水新開後綾瀬川の悪水の流入が多くなったことであり、新用水と新田の開発が排水機能を低下させたことであった。このため、ちょっとした長雨でも綾瀬川の水量が多くなり、小さな洪水が起こりやすくなってきている。このことは、後に綾瀬川の切広げ、藻刈組合の設立となっていく。[33]

一方、小室領村々等にとって備前堤の切所は、すぐに綾瀬川流域の湛水化となり、水腐の原因に結びつくものであった。そのため堤の防備に真剣であったし、大きな騒動にも発展していくことになった。この時期に、上郷側と大きな出入りとなったものだけでも宝暦十三年（一七六三）の悪水圦訴訟、明和三年の堤切崩し出入、天明六年の竜圦樋設置、享和二年（一八〇二）堤上置差止出入、文化八年（一八一一）竜圦樋普請出入、文政七年堤上置堤切崩し出入、文政十三年堤根腹付出入、天保二年（一八三一）水行差支堤小段築立出入、安政六年（一八五九）堤切崩し出入等があり、激しい争論の跡をたどることができる。小室領等では見沼代用水の恩恵は当初受けておらず、天保九年になって初めて高虫村地内より分水している。それまで、代用水路は水腐の元凶であり、何の利益をもたらしていなかったのである。このような状況におかれた小室領村々では、まず堤を守ることが死活問題につながり、そのため、それまでの長い間の慣習上からも、出入りの時は上瓦葺村以南の村々からの応援を得ていたのである。しかし、後期になると、堤修築費の負担金出入りがおこるほど[34]、条件の変化は綾瀬川筋村々の不統一を顕にしていく。

舎人新田年貢取立状況

天保14年４月（増田家文書）

年月日	田	畑	摘要
	石 斗 升 合	文 分	
文政４年	1. 5. 5. 2	1478. 7	旱魃
〃 ５年	23. 2. 3. 3	1478. 7	定免
〃 ６年	1. 5. 5. 2	1478. 7	水損
〃 ７年	1. 5. 5. 2	1478. 7	〃
〃 ８年	23. 2. 3. 8	1478. 7	定免
〃 ９年	23. 2. 3. 8	1478. 7	〃
〃 10年	18. 8. 0. 2	1478. 7	旱魃
〃 11年	1. 3. 6. 5	1478. 7	水腐
〃 12年	1. 3. 6. 5	1478. 7	〃
〃 13年	8. 1. 8. 7	1478. 7	〃
天保２年	23. 2. 3. 8	1478. 7	定免
〃 ３年	23. 2. 3. 8	1478. 7	〃
〃 ４年	23. 2. 3. 8	1478. 7	〃
〃 ５年	15. 8. 1. 6	1478. 7	水腐
〃 ６年	1. 5. 5. 2	1478. 7	〃
〃 ７年	2. 2. 4. 0	1478. 7	冷気
〃 ８年	23. 2. 4. 0	1478. 7	定免
〃 ９年	13. 1. 9. 0	1478. 7	冷気
〃 10年	23. 2. 4. 0	1478. 7	定免
〃 11年	1. 5. 5. 2	1478. 7	水腐
〃 12年	23. 2. 4. 0	1478. 7	定免

備前堤下郷の村々に大きな変化のあったこの期に、上郷筋の村々はどうであったろうか。堤直近の舎人新田、下加納村の新田は、悪水の排出に困難をきわめていた。赤堀川上流域からの悪水で、水腐は日常化していたのである。困りぬいた両村は、宝暦十三年に下郷の小針領家村とも相談し、備前堤に一尺四方の悪水吐を二ヵ所設置することを取り極めている。同時に、備前堤の高さを二尺上置して強

固にし、舎人新田側でも新田囲堤を同様に上置、腹付し、新田内へ上流からの悪水が流入しないように工作することで合意している。両新田が輪中のように余水を遮断することで、新田内のみの悪水を綾瀬川に排出し、余分な悪水を綾瀬川に流さないことで協定が成立したのである。(35)

しかし、これらの悪水吐の設置で、水腐の被害が完全になくなったわけではない。前頁の表で示したように、文政から天保にかけての舎人新田の年貢取立てをみると、二十一ヵ年のうち水損による減免の年が八年もある。天保期には冷害による不作の年もあるので、平常通り納入した年は九年という半分にも充たない状況である。天保十四年（一八四三）の「田畑高反別書上帳」(36)によると、同村の上田は五斗五升の石盛であり、中田は四斗五升、下田は三斗五升である。これは、隣村であるが堤の下郷にあたる小針領家村に比較すると大変な相違である。小針領家村の上田の石盛は一石一斗、中田は九斗、下田は七斗、下々田は五斗である。舎人新田は、小針領家村の半分の石盛で、下田なみである。しかも、水腐の年が二年に一度はやってくるという劣悪状況におかれていたのである。

悪水吐の二ヵ所ぐらいでは排水は不充分で、水腐の年がくり返される堤直近の村々は、備前堤が満水の時には堤切崩しという強行手段をとらざるを得なかったようである。それを下郷の村から見れば、悪水吐二ヵ所を認めたのに、恩義にもとると映ったようである。前掲の文政七年の出入りの返答書の中にも、「其恩分をも忘却仕」と激しく非難している。しかも、下郷村々には赤堀川と綾瀬川は「川筋違」で、上郷村々にとっては備前堤は何らの差障りにならないという認識があったようである。赤堀川は元荒川へ流入する川で、備前堤は綾瀬川の水除であるという基本的な相違である。

備前堤上郷筋の湛水期間が長くなった原因には、新田の増加にともない用水が大量に使用され、悪水の排出力が低下したという、先に記した下郷筋と同様なことがあげられるが、もう一つの大きな理由に、堤下流の元荒川の排水機能が下がったことがあげられる。次は下郷村々の見解であるが、文政七年の文書で「全躰上郷之儀は元荒川赤堀川と申悪水吐有之候ニ付、両川共年々念入川浚致候得は水難愁有之間敷之処等閑ニ致し、夫のみならず下栢間村抔は元荒川縁ニ而川敷江畑地弐間余宛も埋出し川幅をせばめ、銘々作附致し罷在候故至而水行不宜、畢竟無情《（ママ）》并私欲より水難請候仕儀ニ有之[37]」と記している。元荒川は瀬替後流水量が少なくなり、それにともない川幅が狭くなり、真菰等の繁茂が多くなり川床も上昇したとみられる。「川敷江畑地弐間余宛も埋出」は、下郷筋の見解なので事実かどうかはさて置くとしても、水行に差支えるようになっていたことは、他の資料からも明らかである。元荒川筋では享保十二年川幅定杭打立があり、その後度々改定が行われている。決して備前堤上郷筋の村々が等閑にしたわけでなく、しばしば奉行所へも訴願を行っている。天保二年には上郷二十六ヵ村で、元荒川通りの御定杭通りの切広げ、四尺の床下げ、それに赤堀川の三尺の床下げ等を、御入用普請ですることを出願している[38]。これらの例からみても、元荒川の排水機能の低下が、一層堤上郷筋の湛水期間を長くしたものと考えられる。そして、このような上郷筋をめぐる条件の変化が、下郷との厳しい対決につながっていったとみられる。

5　まとめ

小論は、備前堤の役割が「江戸迄の御囲の堤」という考え方に対する疑問から出発したが、既に述べたように築堤当時と周囲の条件が変化しており、その変化した条件をふまえて堤の役割を明らかにしようとしたものである。そして堤の機能を論ずることは、築堤の意図にまで関連せざるを得ず、若干の推論を試みたものである。以上のような視点にたって、本稿で論じたことをまとめると次のようになる。

㈠　備前堤の築堤は慶長年間であり、荒川の瀬替以前の建設である。当初の目的は、綾瀬川を荒川から分離して、流域を洪水から防ぎ沼沢地を開発するだけでなく、主として洪水時の荒川の溢水を防ぐため、遊水池を確保するために設けられたものである。荒川流域の洪水を防ぐということは、下流域の小菅周辺や葛西筋を想定したものでなく、より直近の岩槻領等の防禦を目的にしたものである。荒川の溢水を導入することは、荒川と利根川筋の洪水の合流を、より少ない水量にするためである。

(二)　荒川瀬替後の備前堤は、忍領・鴻巣領等の上流域の落水を堰止めるだけの機能をもつことになり、当初の目的は失われている。しかし、熊谷・久下等の破堤を伴う洪水の時は、綾瀬川筋の被害を防ぐ目的を果たしていた。だが、この場合、地形上から第二の狭窄部である上瓦葺村・下蓮田村以南と以北では大きな差があったと考えられる。最下流域で、利根川筋の溢水流の影響を強く受ける地域は別である。

(三)　見沼代用水路開削後、上瓦葺村・下蓮田村狭窄部に用水路堤と掛樋がつくられたため、それ以北の綾瀬川流域の小室領・岩槻領等は遊水池化してしまった。そのため、上瓦葺村・下蓮田村以南の綾瀬川流域の洪水被害は減少したが、小室領・岩槻領等の湛水期間は長くなり、同領の村々にとっては、備前堤の役割が改めて重要になってきた。備前堤の破堤は、小室領・岩槻領等に壊滅的な被害を与えたからである。

一方、備前堤の上郷筋でも新田の開発が進み、沼沢地の減少は排出機能の低下につながり、元荒川の川幅狭小・川床上昇はそれを一層助長し、冠水の危険を日常化して、洪水時の湛水期間を長期化してしまった。このような条件の中で、備前堤の上郷筋と下郷筋の切崩し出入りが頻発することになる。これら切崩し出入りの頻発は、堤をめぐる周囲の諸条件の変化に起因するものである。

〔注〕

（1）桶川市梱川家文書　安政六年「備前堤始末」（『桶川市史』第四巻近世資料編所収）

（2）加藤家文書　文政七年「備前堤一件返答書并追訴三通写」（『新編埼玉県史』資料編近世4「治水」所収）※以下『新編埼玉県史』治水編と略記

（3）『埼玉県史』第五巻第五章

（4）大熊孝「利根川治水の変遷と水害」昭和五六年。松浦茂樹「近世初頭の荒川附替」『水利科学』二五六号

（5）越谷市教育委員会蔵「西方村旧記壱」

（6）小野文雄埼玉大学名誉教授の示唆による。

（7）『新編武蔵風土記稿』市縄村の項

（8）『新編武蔵風土記稿』鴻巣宿の項

（9）見沼土地改良区寄託文書　県立文書館収蔵（『新編埼玉県史』治水編所収）

（10）伊奈町田中家文書（『新編埼玉県史』治水編所収）

（11）『新編武蔵風土記稿』北下谷村の項

（12）桶川市斉藤家文書（『桶川市史』第四巻近世資料編所収）

（13）久保家文書（『新編埼玉県史』治水編所収）

（14）松村家文書（『新編埼玉県史』治水編所収）

（15）若谷家文書（『浦和市史』第三巻近世史料編Ⅲ所収）

（16）前掲田中家文書

（17）若谷家文書（『浦和市史』第三巻近世史料編Ⅲ所収）

（18）前掲（9）に同じ

（19）前掲（10）に同じ

（20）滝沢家文書（『桶川市史』第四巻近世資料編所収）

（21）右に同じ

（22）本木家文書（『桶川市史』第四巻近世資料編所収）

(23) 右に同じ
(24) 会田家文書(『新編埼玉県史』治水編所収)
(25) 前掲田中家文書
(26) 高橋家文書(『岩槻市史』資料編近世四「地方文書下」所収)
(27) 文政七年七、八月の大洪水では、上郷方は船数艘に竹槍脇差で武装した村民をくりだし、堤防備の下郷方と争い大騒動となる(前掲加藤家文書)
(28) 染谷村文書(『浦和市史』第三巻近世史料編Ⅲ所収)
(29) 前掲(2)に同じ
(30) 岡田伊勢一家文書(『岩槻市史』資料編近世四「地方文書下」所収)
(31) 天保二年「備前堤小段築立ニ付上郷故障出入中追訴宮下村書面控」柵川家文書(前掲『桶川市史』所収)
(32) 前掲(24)に同じ
(33) 綾瀬川藻刈組合は宝暦五年に設立されている。
(34) 天保四年には、大門宿等と普請金の出入りがおこっている(会田家文書前掲『浦和市史』所収)
(35) 増田家文書(『桶川市史』第四巻近世資料編所収)
(36) 増田家文書(『桶川市史』第四巻近世資料編所収)
(37) 前掲(2)に同じ
(38) 増田家文書(『桶川市史』第四巻近世資料編所収)

二　近世初期の綾瀬川上・中流域の開発

1　はじめに

綾瀬川流域は、元荒川・古利根川流域とともに近世初期にさかんに新田開発がなされた地域であり、しかも当時の開発の特徴をもっとも如実に示している地域である。本稿では、綾瀬川流域の現在の埼玉県域に属する中・上流域の近世初期の開発の概況を述べるとともに、現在の浦和市域に属する南部領の高畑村の開発状況を考察しようとするものである。

綾瀬川は、現桶川市小針領家にある備前堤で元荒川から分流され、大宮台地の河谷を南流し、東京都内において中川に合流し、一部は分流して荒川に合する小河川である。中川流域の古利根川・元荒川と同様に悪水河川で、台地先端の湧水を水源とし、一部で用水として利用されているが、流域の悪水を集める排水路となっている。上流部と下流部の標高差は小さく、しかも流量も少ないため流れは緩慢である。明治十年代作成の迅速測図によると、上流部の足

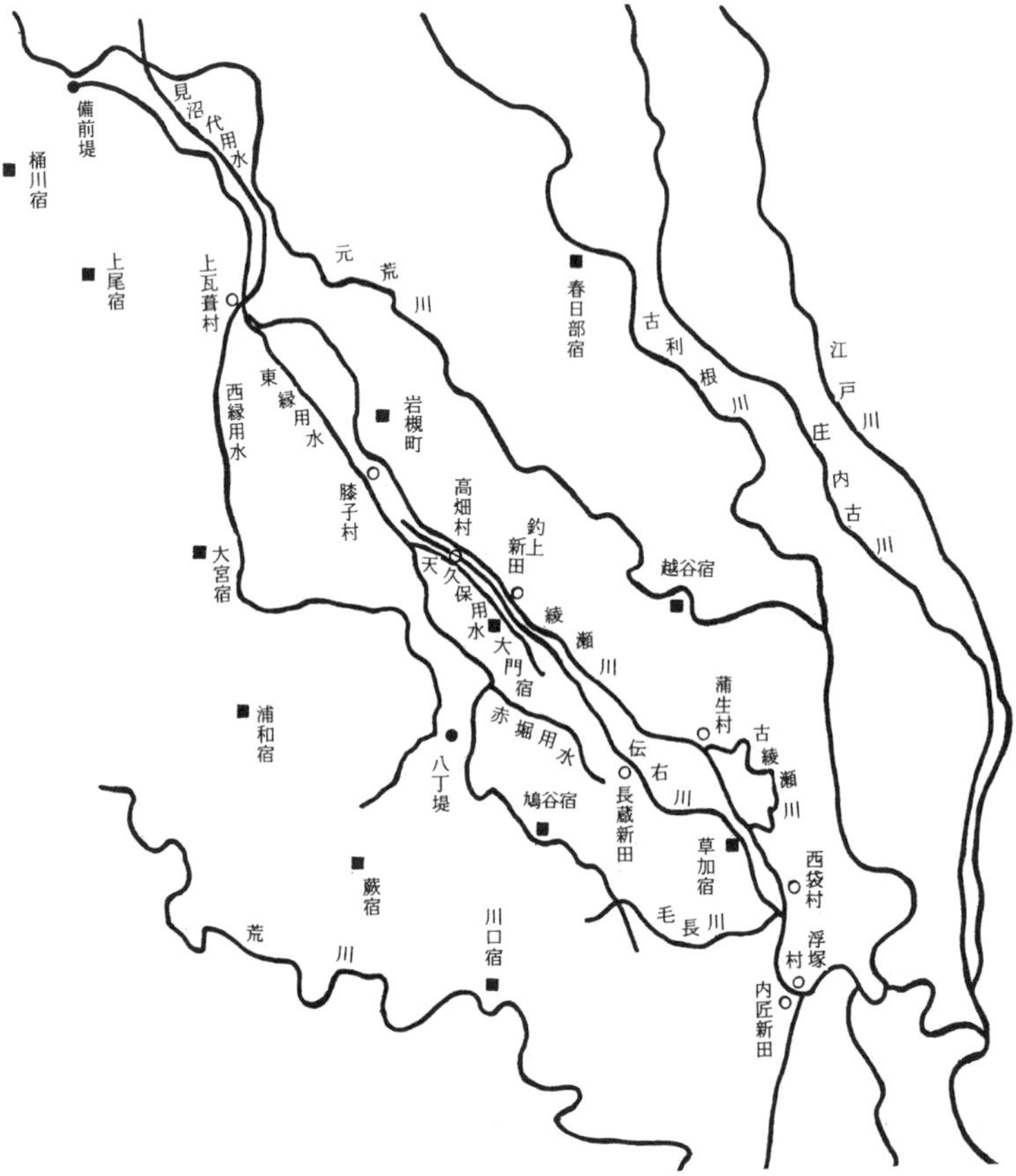
備前堤
桶川宿
見沼代用水
上尾宿
上瓦葺村
元荒川
春日部宿
古利根川
江戸川
庄内古川
西縁用水
東縁用水
岩槻町
膝子村
高畑村
釣上新田
越谷宿
大宮宿
天久保用水
大門宿
綾瀬川
蒲生村
古綾瀬川
赤堀用水
伝右川
浦和宿
八丁堤
長蔵新田
鳩谷宿
草加宿
西袋村
蕨宿
毛長川
浮塚村
荒川
川口宿
内匠新田

綾瀬川上流・中流域略図

立郡大針村地先の水田で標高10ｍ、同郡深作村地先の水田7.0ｍ、埼玉郡西袋村地先4.0ｍ、下流部の足立郡栗原新田地先1.7ｍである。約30㎞を流下して、10ｍを満たない標高差である。

綾瀬川は流れが緩慢なだけでなく、合流する中川・荒川下流の干満の影響をうけ、またこの両川の流下能力が低いため、多量の降雨時にはたちまち溢水し、流域の低地部の水田は湛水期間が長く、水害の常襲地帯となっている。このように排水能力が低いため、水田の二毛作は不可能で、近代に至るまで一毛作田の多い地域となっていた。

綾瀬川は古くは荒川の本流とも考えられ、足立・埼玉の郡界ともなった河川である。しかし、現在の姿となったのは江戸時代初期の河川改修によるもので、慶長期（一五九六～一六一五）に伊奈氏が足立郡小針領家村と埼玉郡高虫村との間に備前堤を築き、荒川（現元荒川）と綾瀬川を分離してからである。この荒川からの分離によって、流水量は著しく減少し、現在の綾瀬川の河況の特徴が定まることになる。また下流部では、寛永年中（一六二四～四四）に埼玉郡浮塚村と足立郡内匠新田の間で二分され、本流は古利根川に注ぐが、開疏された支流が古隅田川に入っている。なお、草加宿北方の埼玉郡蒲生村で二分し、日光道中沿いに新綾瀬川を開削しているが、これは元禄年間（一六八八～一七〇四）に施工されたもので、後にこの新綾瀬川が切り広げられて本流となり、郡界を流れる古綾瀬川は堤防を築き分離されている。

武蔵国の東部の新田開発については、既に小沢正弘氏による論文[1]があり、小沢氏はその中で、近世初期に開発された新田村は足立・葛飾・埼玉の三郡に集中していると述べ、伊奈氏による開発施策の大きさを明らかにしている。そして新田村開村の二つのタイプを示して、中川流域の新田開発状況を分析している。綾瀬川は中川の支流であり、流域の開発は中川流域の開発状況の中に包含されるが、本稿では綾瀬川流域に限って、特に用悪水との関係から開発状況を把握しようとするものである。なお、備前堤の築造をめぐる上流域の状況については、拙稿（「備前堤の築堤目的とその機能について」）を参照されたい。

2 慶安期以前の新田開発と伝右川の開削

寛永から慶安期（一六四八〜五二）にかけて、幕府の河川支配が確立したといわれる。[2] 幕府の新田開発政策は河川の支配体制と密接な関係があるので、ここでは江戸時代初期の新田開発の推移を、慶安期をもって一つの画期として考察を試みたい。

江戸時代の新田開発は、村高の増加や新たな新田村の成立となって表面化されるが、綾瀬川流域でも古利根川・元荒川流域と同様に数多くの新田村が開村している。慶安期以前に開発された流域の新田村を、『正保田園簿』、『新編武蔵風土記稿』を中心としてあげれば次のとおりである。

○南部領（足立郡） 染谷新田・寺山村・高畑村・宮下村
○赤山領（足立郡） 長蔵新田・久左衛門新田・藤兵衛新田・新兵衛新田・藤八新田・長右衛門新田・金右衛門新田・清右衛門新田・九左衛門新田・善兵衛新田・吉蔵新田
○谷古田領（足立郡） 両新田（市右衛門新田・彦右衛門新田）・瀬崎村・草加宿・弥惣右衛門新田・太郎左衛門新田・庄左衛門新田・新堀村
○淵江領（足立郡） 小右衛門新田・次郎左衛門新田・弥五郎新田・五兵衛新田・伊藤谷新田・北三谷村・谷中新田・蒲原新田・長右衛門新田・佐野新田・嘉兵衛新田・六ツ木新田・久左衛門新田・内匠新田・大谷田村
○岩槻領（埼玉郡） 谷下村・横根村・尾ケ崎新田
○越谷領（埼玉郡） 新田槐戸村

○八条領（埼玉郡）　立野堀村・古新田・西袋村

これらの新田村の一覧をみるに、数の上では赤山領・淵江領・谷古田領が突出している。淵江領の場合、荒川に面して小台村・掃部宿の開発もあるが、ほとんどの新田村が奥州街道と古利根川の間に立地している。これら淵江領の新田村は、古利根川等の治水工事や用悪水施策に負うところが大きいが、綾瀬川流域に位置する新田村のみを右に掲げた。なお、越谷領・谷古田領・岩槻領の新田村の場合も同様で、元荒川流域と重なり、治水や用水の面で元荒川と深く結びついているが、比較的綾瀬川の影響を強くうける新田村のみを掲げた。

赤山領・淵江領・谷古田領の新田村は多いが、反面南部領北部から上流域の新田村は皆無である。このことは、上流域のもつ自然条件と深く関係しており、その一つは備前堤から宮ケ谷塔村の御成橋までの流域は台地が左右よりせまり、開発可能な広い流域低地がなかったからである。このためこの地域の開発は、左右の台地上にある中世以来の村々が台地周辺を小規模に開発する形をとり、新田村を生みだす面積がなかったとみられる。これらの村々では初期の段階で開発が終了しており、小室領八ヵ村では『正保田園簿』から『元禄郷帳』で三一石余の増加になっているにすぎない。

綾瀬川を含めた中川下流域は、徳川家康関東入国後伊奈氏が支配した天領がほとんどで、その点からも伊奈氏の新田開発施策と切りはなしては考えられない。実際にほとんどの新田村が、伊奈氏による開発といってよい。また、赤山領の新田村のように、伊奈氏の知行地になっているところも多い。

先にも記したように、この地域の新田開発について小沢正弘氏は二つの類型をあげている。その一つは、自然堤防上の中世以来の集落に住む在地土豪層が周辺の低地を開発していく例で、比較的早い時期からみられる。もう一つは、先の例より遅い時期の伊奈忠治時代から多くみられるもので、湿地の中央部や沼沢地が開発され、周辺の旧村の土豪層だけでなく、他所からの浪人や農民による新田開発が行われていると述べている。

ここで注目したいのは、一の類型から二の類型に移行するには、開発するために当該地域の土地条件の大きな変化がなければならないという点である。一の類型は、余力のある在地土豪層ならば比較的容易に成就できるが、二の場合には用排水路の開削などの河川の全流域にわたる統禦が必要だからである。特に湿地・沼地の開発には排水路の開削が第一の必要条件で、排水工事が不充分ならば耕地化することはできない。そして多くの場合、近接した地域に悪水の落し場所はなく、遠方の下流まで延長していかないと排水が不可能である。そのため、流域全体にわたる大規模な工事が必要となってくる。

綾瀬川流域の開発を大きく進展させた河川改修に、備前堤の築造と荒川の瀬替があるが、ここではもう一つ重要なこととして伝右川の開削をあげたい。伝右川は綾瀬川中流域の悪水路で、この河川の開削が新田開発を一層推し進めたと考えるからである。

伝右川は、『新編武蔵風土記稿』には「水源ハ南部領ノ悪水ニテ彼辺玄蕃新田ニテ一条ノ流トナリ、赤山領ノ悪水落合ヒ南シテ草加宿ノ北ニテ東へ折レ、花又村ニ至リテ綾瀬川ニ入」と記されている悪水河川である。古くは伝右衛門堀と称したが、後に伝右川と呼ぶようになったという。地元の文書でも宝暦期（一七五一～六四）までは伝右衛門堀と記されているが、安永期（一七七二～八一）からは伝右川と呼ばれている。(3) 伝右川は開削時の資料に欠け不明な点が多いが、伊奈氏の臣井出伝右衛門が寛永年間（一六二四～四四）に開いたものといわれる。後の資料になるが川口市の中山家文書によれば、「伝右川堀始メハ新田開発ニ付、伊奈半左衛門様御家来井出伝右衛門殿寛永年中御奉行ニ而堀姿拵へ悪水ニいたし、追々屈曲相直し堀端も広り候」(4) とある。この資料で特に注目したいことは、「堀始メハ新田開発ニ付」と記されていることで、明らかに新田開発のための排水路の開削を目的にしていたことである。ところが、一説にはこの開削は埼玉郡釣上新田の伝右衛門が寛永年中に掘ったと伝えられている。(5)だがこの説を検討するに、四里にもわたる長大な河川の開削には、一農民の力では不可能と考えられる。どうしてもある程度広域を支配する力がなければ、この工事は実現できない。それに釣上新田という村が、まだ寛永期に成立してないことも一層この説を疑わしいものにしている。赤山領の寛永期の新田開発の例からも、井出伝右衛門説の方がより妥当性があると思われる。

伝右川に関する少し後の資料になるが、元禄四年（一六九一）には赤山領の長蔵新田・藤八新田・領家村・吉蔵新田・清右衛門新田の五ヵ村で藻刈を行っている。(6)これなどは悪水路としての機能を示す、比較的この川に関する古い資料である。伝右川の当初の形状を知る資料に欠けるが、寛政四年（一七九二）の高畑村から花又村までの河川の全長は、東縁九一七〇間、西縁九三六〇間となっている。また先に記した中山家文書によると、川幅は「高橋前後ハ四間、川上ハ弐間、川下筋も四間川ニ候」とある。

享保期にさかんに新田開発を進めた井沢弥惣兵衛は、開発の中心施策を悪水路の開削をおき、それがまた紀州流といわれた土木技術の特徴でもあった。埼玉県域でも見沼新田の芝川の排水、河原井沼・笠原沼の落堀などの例がみられるが、伝右川が伊奈氏の新田開発施策実施時の寛永期に掘られたことは注目すべきことである。寛永期に伝右川が開削されたことは、直接的には膝子沼など綾瀬川に沿った大小多数の沼沢地の開発のための排水路であるが、地図の上で伝右川をたどると、綾瀬川に平行し、しかも近接して掘られている。このことから、二つの点が指摘できると考えられる。一つは、開削の契機に関連するが、既に寛永期には綾瀬川は排水路としての機能がきわめて不充分であったと考えられることである。そしてもう一点は、綾瀬川右岸全域の排水路の役割りをはたしていることである。既出の元禄期の赤山領五ヵ村の藻刈も排水路整備を示すものであるが、台地からの悪水も伝右川に流入している。綾瀬川は先にも記したように標高差が小さく、下流の川幅がせまいため流れが緩慢で、しかも水田面との岸高も小さいため排水機能が低いが、既に寛永期においても同様であったとみられる。このように綾瀬川の機能の不充分さが、伝右川の開削になったと思われる。

伝右川の開削は、流域の新田やその開発に二つの効果をもたらしたとみられる。一つは既開発地の安定化であり、もう一つは新しい開発地の造成である。既に上流域では、染谷新田・高畑村などの開発が慶長期(一五九六―一六一五)からなされている。伊奈氏の施策もあると考えられるが、赤山領では寛永期に著しく新田が増加している。藤八新田・長右衛門新田・清右衛門新田は元和期(一六一五～一六二四)以前の開発であるが、長蔵新田・久左衛門新田・藤兵衛新田・新兵衛新田・金右衛門新田・九左衛門新田・善兵衛新田・吉蔵新田は、寛永期に開発が本格化し開村されたものので、伊奈半十郎の知行地となっている。[7]この赤山領の新田の増加は、伝右川の開削と時を同じくしていることから、両者は密接に繋がっていたと考えられる。また、伊奈氏の家臣井出伝右衛門の開削の説をとれば、なおさら両者の関係の深さを示すものであろう。

伝右川の開削は、下流域の谷古田領に対しても同様の影響を与えたと思われる。既に草加宿は慶長期に成立していたとみられ、宿組九ヵ村の一つである弥惣右衛門新田は開村しているが、寛永期にはより安定化した新田村となったと考えられる。太郎左衛門新田は、『正保図』に記載されているので寛永期からの開発と推定され、しかも後に与左衛門新田を分村させているところをみると、伝右川の開削が新田化を促進し、より安定化させていったと思われる。

伝右川の開削が綾瀬川中流右岸域の新田開発を大きく推し進めたが、綾瀬川全流域をみた場合、既述のように慶長期の備前堤の築造と、寛永六年(一六二九)の荒川瀬替が流域を安定化させたからとみられる。ただここで留意したいことは、備前堤築造以前から新田開発がさかんであったことである。[8]このことは、荒川の綾瀬川への分水量が小さかったことを示すものであり、慶長期の瓦曽根溜井の築造をあわせ考えれば、元荒川となる当時の荒川そのものの流量が少なかったことを示すものである。元荒川の流量の少なさは、入間川筋へ多量に分水していたことを示すものであるが、いずれにしても綾瀬川流域の流量の安定化が新田開発をさかんにしたものと考えられる。

3　寛文・延宝期の開発

寛文・延宝期（一六六一〜一六八一）から元禄期（一六八八〜一七〇四）にかけては、慶安以前に比べると新田村の開村は少ないが、用悪水の整備が一層進められ一段と村高が増加している。そして、前の時代に残された秣場等の水開場の開発が進行するのがこの期の大きな特徴である。しかし反面、秣場の開発は新たな紛争を頻発させ、村方騒動を各地でおこさせている。

寛文・延宝期から元禄期に開村した流域の新田村を、『元禄郷帳』・『新編武蔵風土記稿』よりあげれば次のとおりである。

○南部領（足立郡）　戸塚村枝郷佐藤新田・同村一本木組・玄蕃新田
○谷古田領（足立郡）　峰新田・与左衛門新田・（市右衛門新田・彦右衛門新田）
○淵江領（足立郡）　保木間村枝郷二ッ屋新田
○岩槻領（埼玉郡）　笹久保新田・釣上新田・長島村・谷中村
○越谷領（埼玉郡）　越巻村・大間野村

これらの新田村をみると、数の上では慶安以前に比していたって少ない。しかし、反面このことは綾瀬川流域の新田開発が慶安以前に集中し、この期には最盛期を去ったことを示すものであろう。

この期の開発の特徴である用水整備にともなう新田開発の事例として、天久保用水の埼玉郡への延長がある。天久保用水は見沼溜井築造以前に成立していたと推定されるが、(9)元禄十三年(一七〇〇)の地元の書上げ(前掲若谷家文書)によると、大門町・染谷村・下野田村・上野田村・寺山村・玄蕃村・高畑村・代山村の八ヵ村の用水で、見沼溜井や上流からの悪水を取入れて用水源としている。代山村は寛文期に水田の畑成のため、用水組合から離脱している。

天久保用水が綾瀬川を渡って埼玉郡下に引かれたのは元禄期で、笹久保村・同新田・横根村の水田の用水として利用されることになった。元禄十三年の分水取極めでは、足立郡七ヵ村が八合分、埼玉郡三ヵ村が二合分の配水となっている(前掲文書)。そしてこの分水圦樋の破損修繕等の諸費用は、人足の動員を含めて同様の負担割合で行うことを取極めている。

埼玉郡三ヵ村のうち横根村は寛永期に開村した新田村であるが、笹久保新田はそれより後の延宝期に開かれた村といわれる。延宝八年(一六八〇)の記録が遺されているので、開発はそれ以前から進められていたと思われる。(10)開発当初は、この二ヵ村とも綾瀬川の水と上流からの落し水を引いたとみられるが、資料の上での確認はできない。ただ『新編武蔵風土記稿』によると、横根村では綾瀬川と天久保用水の両方の水を利用しており、上流の谷下村でも綾瀬川の水を引いているので、加倉村辺の堰を使用しての引水と推定される。ところが綾瀬川からの引水では水量が不足していたとみえ、天久保用水の余水を利用することになった。この用水路は、当初伝右川と綾瀬川をどのようにして渡したか不明であるが、後年の資料によると、伝右川では享保九年(一七二四)に中山出雲守によって御入用金で掛樋を築造しており、綾瀬川では岩槻城主の永井氏の時代に竜圦樋の伏越で渡されている。(11)対岸に送水するためには、掛樋にするか、伏越で導水管を川底に埋めるか、あるいは堰をつくりいったん川に貯留してそこから引水する方法等がある。永井氏が領主であったのは正徳元年(一七一一)から宝暦六年(一七五六)にわたるので、竜圦樋の設置年が特定しがたいが、瓦曽根溜井では寛文四年(一六六四)にそれまでの小圦樋に替り大竜圦を新規に伏込んでいるので、(12)

ここでも当初から竜圦樋を使用していたのかもしれない。竜圦樋が普及するのは後年のことで、上流の備前堤では天明七年（一七八七）に築造されている。[13]ただ、伝右川と違い川幅の広い綾瀬川を渡すには筧樋では困難とみられるので、当初からの竜圦樋は充分考えられることである。

『正保田園簿』での村高をみると横根村は三八〇石余、笹久保村は六八〇石余である。これが元禄十年（一六九七）から正徳元年まで領主であった小笠原氏の時代には、横根村四六四石余、笹久保新田四〇九石余、笹久保村四八六石余の村高となり、三ヵ村で約三〇〇石の増加となっている。[14]村高の増加は、必ずしも用排水の整備にともなうものではないが、三割ほどの村高増加は用排水の整備とともに新田開発が進められたことを示すものであろう。後年の資料になるが文化十二年（一八一五）の笹久保新田の村明細帳によると、[15]天久保用水の三ヵ村用水高は笹久保村一二石五斗一升二合、横根村一二七石五斗五升一合、笹久保新田二七八石五升三合一勺八才である。元禄十三年の分水時の用水高は不明であるが、おそらく文化十二年の例にみられるように笹久保新田で使用する割合は高かったと推定される。してみると、天久保用水の埼玉郡への導水は笹久保新田の開発と深くかかわっていたと考えられる。

この期に進められた開発地の例として、沼沢地では埼玉郡横根村がある。横根村は綾瀬川沿いに低湿地である平沼をもつが、宝永二年（一七〇五）の「平沼見取田小前帳」[16]によると三町二反一三歩が見取田として開発されている。平沼は全体で一三町歩ほどもある沼地であるが、その一部が村民により開発されたものである。三町二反余のうち元禄十年（一六九七）に七反二畝二〇歩が高入れされているが、残りの二町四反七畝二三歩は見取田のままである。平沼は真菰の生い茂る沼地で、これまでも村の秣場として利用されてきたものがこの期に開発されたものである。開発地は一部の高入れ地を除き見取田になっていることは、まだ不安定な耕地であることを示すが、この時代の特徴的な開発事例である。

南部領の綾瀬川上流域の村々でもこの期に開発は進められており、『正保田園簿』と『元禄郷帳』を比較すると、深作村では一一〇七石余から一二九五石余、島村では一七五石余から二三五石余、膝子村では六五七石余から六九六石余とそれぞれ村高が増加している。この地域は畑方の開発も進んでおり、村高の増加は水田開発によるばかりでないが、綾瀬川流域の低湿地の開発も行われている。島村は寛文七年（一六六七）の水田が二町余であったが、天和二年（一六八二）には七町二反余になり、三倍半という急増ぶりで、村高も七一石余の増加となっている。[17] この村は綾瀬川の右岸の小さな谷が深く入りこんだ低地をもつが、このような小谷の低地の水田化もこの時期に行われたとみられる。

下流域の埼玉郡西袋新田でも、明暦元年（一六五五）から寛文十二年（一六七二）にかけて開発が行われている。西袋新田と中馬場村の間にある古綾瀬川の悪水落の川端が開発地で、代官からの指示で明暦元年開かれた分は当初見取年貢を上納しており、高入れは後年の寛文四年（一六六四）のことである。同様に寛文十二年に開いた新田も、高入れは後年の延宝七年（一六七九）になっている。ところが隣村の中馬場村では延宝九年に新田の争論がおきており、廃川となった古川筋の開発がさかんに行われたことを示している。中馬場村では早くから百姓達が開発を進めていたが、相給村で新田地境が不分明であったとみえ、年貢納入をめぐり争論になったものだが、伊奈半十郎の手代の見分をうけ、各地頭に高に応じて新田地を配分し結着している。裁許の文書に「拾ケ年以前より去々年迄開発之田地ニ相見」とあるので、寛文から延宝期にかけての開発とみられる。[18] 新田地の開発はしばしば用悪水争論を生むが、この地域も同様で貞享二年（一六八五）に西袋新田が訴えをおこしている。[19] 中馬場村が、悪水落にかかる橋に築出し等をしたため排水が悪くなってしまったという訴えであるが、新田開発にともない架橋や橋の前後への上置が争論になったもので、この期の争論の一例を示すものであろう。

綾瀬川の中・下流域でこの期に藻刈が行われていることは、綾瀬川の当時の河況を示すもので、きわめて特徴的なことである。天和元年（一六八一）に戸塚村等七ヵ村の出願で、水損高の吟味を契機に縁辺の一五五ヵ村に触れだされたものである。間数は一一、五〇〇間余で、戸塚村地内から隅田の河口までである。この頃伝右川・出羽堀・五才川も藻刈を行うようになったといわれ、同じ組合に入れられている。[20]藻刈開始が水損高の取調べが契機になったことは、綾瀬川の湛水が水損につながったことを示しており、綾瀬川の排水力がかなり低下していたことを示すものであろう。

4　高畑村の開発

南部領高畑村は綾瀬川沿いに立地する村であるが、『新編武蔵風土記稿』によれば北条氏の家臣高畑三郎右衛門が小田原没落後この地に来て開発した新田村といわれる。しかし『正保田園簿』にはその名が見えず、『元禄郷帳』に「高畑村」と村名が記され、村高は五三石三斗五升二合五勺となっている。当初は下野田村の一部で、独立した村となったのは正保から元禄の間と推定されているが、地元に遺されている慶長二十年（一六一五）の検地帳などからみると、既にそれ以前から開発が進められていたと考えられる。資料の上では天和三年（一六八三）の年貢割付状[21]があるので、その段階では一村として独立していたと思われる。なお、『新編武蔵風土記稿』では「高畑三郎右衛門」と記されているが、慶長二十年・寛永六年（一六二九）の検地帳では名請人および検地案内人は「三郎左衛門」となっており、[22]どちらかの写し違いと思われる。

高畑村の慶長二十年と寛永六年の検地帳の耕地集計は表1のとおりであるが、これには石盛が記されていないので、村高は不明である。天和三年の年貢割付状では一八七石四斗六升二合の村高で、田は一八町一反七畝五歩、畑は五町三反七畝一四歩となっており、耕地の総面積や等級別面積も寛永六年とほぼ同じなので、既に寛永期に一八七石ほどの石高をもつ地域であったと思われる。下野田村の村高は、『正保田園簿』より『元禄郷帳』では一八六石余減少しているが、この差の一部が高畑村分に相当すると思われる。高畑村の耕地の推移をみると、寛永六年には慶長二十年に比して著しい増加を示している。特に水田の増加は非常に多く、八町八反八畝余から一八町一反七畝余とほぼ二倍にもなっている。耕地の位別では上田が二町余、中田が四町六反余の増加を示し、下田は微減しているが下々田が新たに開かれている。上田・中田が増加したことは、耕地をとりまく諸条件が整備されてきたためといえよう。なお表1には省略したが、寛永六年の萱野は五町八反余で採草地などに利用されていたと思われ、この当時の農業生産には不可欠なものと考えられる。

表1　高畑村の耕地

耕地	慶長20年	寛永6年
	畝	畝
上田	83. 20	290. 01
中田	170. 05	637. 24
下田	634. 18	545. 15
下々田		344. 05
水田計	888. 13	1817. 15
上畑	105. 15	221. 12
中畑	70. 29	113. 20
下畑	275. 17	168. 20
畑地計	452. 01	503. 22
耕地計	1340. 14	2321. 07

。若谷家文書（県立文書館収蔵）検地帳より作成。

高畑村の新田開発の正確な開始時期は不明であるが、慶長二十年と寛永六年を比してみると、これだけの水田の増加があったことは、この地域の耕地をとりまく条件の大きな変化があったものと考えられる。もちろん領主の施策の転換や、開発労働力の大量投入などの社会条件の変化もあったとみられるが、直接的には用排水をめぐる大きな変化なしにはこれだけの耕地の増加はなし得なかったと思われる。そこで考えられることの一つが、綾瀬川の河況の変容もあるが、伝右川の開削による排水路の完備である。そしてもう一点は天久保用水の開削である。

先にも記したように、伝右川の開削は寛永期で、しかも赤山領の新田村の開村がこの開削と期を一にしているが、上流筋の高畑村でも同様であったとみられ、排水路の開削で湿地の開発が可能になったと考えられる。特に上田、中田の著しい増加は、伝右川の悪水路が充分作動したことを示していると思われる。伝右川の最上流部は染谷新田であるが、北隣に接する膝子村は悪水を綾瀬川に落している。ところが後年の享保十二年（一七二七）のことになるが、膝子村が当時の染谷村や上野田村に悪水を伝右川に落させてほしいと申入れをしている[23]。これに対し両村は、この申入れを受諾すれば「草加町迄村々水損地ニ罷成迷惑至極」と拒絶している。しかし膝子村のこの申入れは、逆に伝右川の機能が充分であったことを示しており、それに比して綾瀬川は悪水河川としては機能していなかったことを証している。この時膝子村は、既開発地の安定化と新たな沼沢地の開発には、どうしても確実な排水路が必要であったとみられる。この時点よりなお後年のことになるが、延享二年（一七四五）に新開地の造成とともに高畑村を通る新悪水路を築造している[24]。このような例からも排水路の開削は低湿地の開発には不可欠なもので、伝右川の開削は高畑村の開発に深く結びついていたものと考えられる。なお伝右川下流域の長蔵新田では、寛永四年の年貢割付状が遺されているので[25]、伝右川の開削は寛永初期の段階と推定される。

もう一点の天久保用水の開削については既に前項で記したが、資料の上では寛文十一年（一六七一）に代山村が取水を取り止める時点までしか遡れない。代山村の寛文十二年の年貢割付状[26]によると、三町一反余の畑成があり、そのうち二町一反余は前年のもので、取水中断状況を裏づけている。ただここで留意したいことの一つに、天久保用水が見沼溜井の上流から取水している点である。見沼溜井が造成された後に取水することは、見沼代用水を利用している下流の村々の承認がとうてい得られないからである。見沼下流の水不足は、溜井造成後に開発された加田屋新田が、享保三年（一七一八）に再び沼を復原していることからも明らかであろう。見沼の下流の村々が、水不足のため天久保用水を廃止してしまう訴えをおこしていないところをみると、溜井造成前に既得権として天久保用水の水利権は確立していたと考えられる。

留意したいことのもう一点として、天久保用水の最上流の染谷新田の開発がある。染谷新田は高畑村と同じく慶長二十年の検地帳があるので、同じ頃染谷村の人により開かれた新田村である。水田は見沼に面した本村内に二町歩ほどあるが、残りの一五町歩余は綾瀬川流域にある。村高は寛永五年（一六二八）の年貢割付状で一七〇石三斗九升、『正保田園簿』で一六〇石二斗六升、『元禄郷帳』で一二六石八斗六合である。『正保田園簿』の村高の減少は、見沼の水いかり等で耕作が困難になったものと考えられ、寛永五年の年貢割付に「本村之分、但三沼水いかり毎年取なし」の記述がみられる。(27)また『元禄郷帳』での減少は、綾瀬川沿いの耕地の荒廃によるものと思われ、先の年貢割付による「付荒」の状況は高畑村等に比しても劣悪であることを示している。ところが通例の新田村では、時代を経るとともに村高が増加していくが、染谷新田は減少している。この村の場合、寛永期に村高が最も多いということは、この時期にもっとも条件整備がなされていたことを示すものであろう。即ち、この時期に天久保用水が築造されていたと推定される。天久保用水は、谷の異なる見沼の上流から丘陵を開削して綾瀬川流域に導水したものであるが、享保期以降は各地でみられるが、この時期にこのような工事を成し得たことは、水源や水路にあたる染谷村・染谷新田の同意があったからと思われる。以上の点からも、用水路の開削と染谷新田の開発は同一時期であったと考えられる。

表2にみられるように、慶長二十年の高畑村の水田には、「当おき」と記された新開発地がかなりの面積をしめている。この「当おき」は上田・中田にはなくすべて下田で、合計一町五反九畝一三歩である。下田の総面積六町三反四畝余のうち、一町五反九畝余が新発田であるのでほぼ四分の一の割合である。このことは、まだ開発が進行中であることを示し、しかも新しい水田が条件の悪い耕地であることを明示している。この「当おき」は水田のみに記され、畑地にはみられないのでこの年の畑地の開発はなかったと思われる。

表２　慶長20年高畑村耕地所有集計表　　（単位　畝）

No.	名請人	上田	上田	中田	下田	下田	下田	水田計	上畑	上畑	中畑	下畑	下畑	畑地計	田畑合計
			付荒			付荒	当おき			付荒			付荒		
1	三郎左衛門	畝 22.00	−	18.06	103.11	11.10	47.18	143.17	38.29	−	14.23	31.25	1.05	85.17	229.04
2	九郎左(右)衛門	−	−	−	169.07	12.00	13.25	169.07	10.00	2.00	19.21	28.25	2.20	58.16	227.23
3	内蔵助	−	−	−	83.26	5.20	4.00	83.26	2.12	−	14.21	54.12	2.00	71.15	155.11
4	神左衛門	11.22	−	−	7.14	−	7.14	19.06	−	−	6.00	30.01	16.03	36.01	55.07
5	与右衛門	11.02	3.00	13.06	53.12	13.21	25.08	77.20	13.24	2.00	−	31.29	1.00	45.23	123.13
6	惣左衛門	13.26	−	27.02	24.15	7.20	2.00	65.13	11.23	−	−	33.13	1.00	45.06	110.19
7	今助	−	−	−	11.13	−	11.13	11.13	−	−	−	−	−	−	11.13
8	惣三郎	−	−	−	33.26	9.00	5.09	33.26	−	−	−	−	−	−	33.26
9	彦右衛門	−	−	12.05	19.15	9.14	−	31.20	−	−	−	−	−	−	31.20
10	ぜんとく	13.18	−	−	32.06	6.15	−	45.24	14.10	−	12.18	19.09	1.28	46.07	92.01
11	久三郎	−	−	−	12.27	3.00	4.27	12.27	−	−	−	−	−	−	12.27
12	甚左（右）衛門	−	−	33.25	29.08	−	−	63.03	−	−	−	−	−	−	63.03
13	九一郎	−	−	−	9.29	3.00	−	9.29	−	−	−	−	−	−	9.29
14	新二郎	11.12	−	65.21	43.19	2.00	37.19	120.22	8.00	−	−	26.26	1.00	34.26	155.18
15	喜左衛門	−	−	−	−	−	−	−	−	−	3.06	18.27	1.02	22.03	22.03
16	源左衛門	−	−	−	−	−	−	−	6.07	−	−	−	−	6.07	6.07
	合計	83.20	3.00	170.05	634.18	83.10	159.13	888.13	105.15	4.00	70.29	275.17	27.28	452.01	1340.14

◦若谷家文書（県立文書館収蔵）「高畑村御検地帳」より作成。
◦上田の合計面積は、文書の記載と一致せず。
◦三郎左衛門と新二郎の共有地（下畑２畝24歩）は三郎左衛門の項に集計。
◦屋敷・かや野の記載はない。

表３　寛永６年高畑村耕地所有集計表　（単位　畝）

No.	名請人	上田	中田	下田	下々田	水田計	上畑	中畑	下畑	畑地計	田畑合計	かや野	屋敷
1	三郎左衛門	畝 106.25	130.21	67.20	168.03	473.09	35.05	28.04	13.20	76.29	550.08	230.26	6.00
2	九郎左衛門	39.12	77.15	173.16	16.12	306.25	45.19	9.03	3.22	58.14	365.09	19.05	4.00
3	与右衛門	22.11	84.17	42.19	46.04	195.21	10.24	30.05	18.08	59.07	254.28	57.20	3.05
4	次右衛門	7.04	55.03	35.00	6.18	103.25	19.17	5.24	10.15	35.26	139.21	32.15	2.16
5	弥次右衛門	21.15	62.20	.07	10.23	95.05	23.07	10.26	10.10	44.13	139.18	17.03	4.15
6	弥右衛門	1.15	－	－	－	1.15	－	－	－	－	1.15	－	－
7	善七郎	46.17	38.10	2.06	30.12	117.15	20.00	－	19.21	39.21	157.06	48.00	3.24
8	彦右衛門	13.09	39.03	34.16	11.00	97.28	22.03	10.14	3.17	36.04	134.02	34.22	4.00
9	正左衛門	18.11	54.19	101.17	10.22	185.09	34.05	8.26	11.24	54.25	240.04	45.10	5.16
10	頼源房	－	－	8.06	－	8.06	－	－	2.28	2.28	11.04	－	－
11	惣八郎	7.20	37.24	71.00	－	116.14	10.22	10.08	21.13	42.13	158.27	65.00	2.20
12	弥八郎	－	28.18	.27	－	29.15	－	－	－	－	29.15	－	－
13	清三郎	－	－	－	6.00	6.00	－	－	46.24	46.24	52.24	30.00	－
14	助八郎	－	－	3.02	－	3.02	－	－	－	－	3.02	－	－
15	惣持院	－	－	－	18.08	18.08	－	－	－	－	18.08	－	－
16	理左衛門	－	－	－	14.20	14.20	－	－	－	－	14.20	－	－
17	光明院	－	－	－	5.03	5.03	－	－	－	－	5.03	－	－
18	寺	－	－	－	－	－	－	－	5.28	5.28	5.28	－	－
19	宗八郎	5.12	28.24	4.29	－	39.05	－	－	－	－	39.05	－	－
	合計	290.01	637.24	545.15	344.05	1817.15	221.12	113.20	168.20	503.22	2321.07	580.11	36.06

◦若谷家文書（県立文書館収蔵）「高畑村御水帳」より作成。
◦耕地別の面積の合計は、文書記載の合計と一致せず。

「当おき」と同じく「付荒」の記載も数多くみられ、耕地がまだ安定していないことを示している。これも水田では下田がほとんどで、上田では一ヵ所三畝歩が記されているだけである。下田の付荒は八反三畝一〇歩、下田面積の一割三分余になっている。水田に比して畑地の付荒は少なく、上畑に四畝歩、下畑に二反七畝二八歩がある。これらの例からすると、「当おき」の場合と同じく水田がまだ不安定であったと推定される。

慶長二十年の高畑村の耕地の所有者は、表2に示したように一六人である。最大の所有者は高畑三郎左衛門で、二町二反九畝余の耕地をもつが、次の九郎左衛門の二町二反七畝余とほぼ同じくらいの面積である。最小の所有者は源左衛門の六畝余であるが、平均すると八反三畝余である。水田の所有者は一四人で平均六反三畝余で、このうち畑地をもっていないものが六人である。畑地の所有者は一〇人で、平均すると四反五畝余になるが、この中には畑地のみを所有する二人が含まれている。

この検地帳は後欠になっており、屋敷地・萱野等の記載はない。そのため当時村内に屋敷地をもつものが不明であるが、表3のように寛永六年には九人が屋敷地をもっている。萱野は寛永六年の五町八反余からみても、慶長二十年にもあったと思われるが不明である。また、この検地帳には分付の記載は一例だけで、ほかに連名の記載が一例あるだけである。同年の隣村の染谷新田の検地帳では分付主六人、延べ分付人二九人が記されており[28]、この期の耕地の開発状況からみて分付関係は高畑村でも存在したと思われる。これは高畑村の検地帳の不完全さを示すものであるが、この村が当初下野田村に属し、独立して一村となった段階で旧村の検地帳から写したために、その時何らかの原因で脱落したのかもしれない。

高畑村の耕地の所有面積をみると、慶長二十年では案内人の三郎左衛門の所有割合は全村の一割七分余で、あまり高い割合を示していない。ところが表3に示したように、寛永六年になると田畑合計五町五反余で二割三分余に上昇している。そして二位の九郎左衛門の所有割合を大きく引きはなし、慶長二十年とは異なった様相を示している。特に水田の所有は全村の二割六分余で、そのうち上田は三割六分余という高率を占めている。慶長二十年の三郎左衛門の「当おき」は四反七畝余で、全新発田の二割九分を占めているところをみると、慶長二十年はまだ開発途上で、新たな開発の中で開発の中心者である三郎左衛門の所有地は拡大していったものと考えられる。ちなみに染谷新田の慶長二十年の案内人新五郎の所有は、水田で二割九分余、全耕地で二割四分余の高率になっている。(29)しかもこの年の水田の「当発」が五反七畝余で、開発名主が開発を通して耕地を増加させている様子を示しているが、高畑村の三郎左衛門の場合も同様であったと考えられる。

寛永六年の検地帳でも分付の記載はみられないが、ここでは寺院等の記載があり、全体の名請人は一九人になっている。平均の耕地の所有は一町二反二畝余で、慶長二十年に比して四反余の増加となっている。水田の所有者は一八人で平均一町余になり、慶長二十年より大幅に開発が進んだことを表わしている。しかし下々田の割合が約一割九分ほどあることは、農業生産の上でまだ不安定な要素を示している。「かや野」は全体で五町八反余、そのうちで三郎左衛門が二町三反という大変高い割合で所有している。萱野や秣場をたくさん所有することは、農業再生産の上で有利な条件にあったことを示している。

なお、表2・3からでは読みとれないが、耕地の一筆の面積が非常に小さいものが寛永六年に大幅に増加している。たとえば一畝未満は慶長二十年では水田二筆、畑地八筆であったものが、寛永六年では水田二〇筆、畑地四〇筆となっている。一筆の小面積は耕地の位付けに関係なくあり、一方では一筆二反五畝の水田があるかと思うと、一方では一筆二坪の水田も記されている。概して面積に比して畑地の方が小面積の筆数が多いが、これは低湿地の畑地造成の困難さを示すものなのか、それとも開発にともなう村内の社会階層の変化がなさしめたものなのか、この資料からは不明である。先に記した横根村の平沼の開発地でも、一筆小面積の例が多いので、村請による村民の開発という、開発の仕方に関係があるのかもしれない。

5　おわりに

綾瀬川流域の開発は、当然のことながら近世初めにおかれた綾瀬川の自然条件に規定されている。この規定された自然条件を巧みに利用して開発を推進したのが、当時の為政者や農民である。特に荒川から分離された綾瀬川の変容は著しいが、この変容を利用して開発が進められている。本稿ではこの変容を利用しての開発の基点として伝右川の開削においたが、伝右川という悪水路なしには綾瀬川中流域の開発は成立し得なかったと考えられるからである。

綾瀬川流域の開発は、近世初期の慶安以前に集中して行われ、基本的にはこの期で終了しているとみられる。数量的な新田村の数の多寡や流域の分布状況だけでなく、開発の仕方が定まったと考えられるからである。悪水路の開削と、その上での沼地や小河川を利用した用水の確保である。寛文・延宝期からの開発は、それ以前の開発の延長線上のもので、開発地域も小規模で開発方法も同様である。用排水の整備や前期に残された秣場の開発が、この期の開発の特徴である。

緩流である綾瀬川流域の最大の課題は、いかに悪水を迅速に流すかであるが、近世初期の悪水路の開削で全てが解決したわけではない。悪水路の流れそのものが緩慢で、しかも落口の構造技術がまだ拙劣であったからである。落口の構造技術は次の享保期をまたねばならないが、悪水路そのものの構造も不充分で流路断面も小さいため流下水量が少ない。そして何よりも大きな問題は、悪水を落とす綾瀬川・古利根川の水位が高く流れが緩慢なことであった。このため悪水路での滞流がおこり、降水時には溢水してしばしば水田の湛水をおこすことになる。これらの基本的な重要課題は近代にまでもちこされたが、伝右川という四里にもわたる悪水路が開削されたことは、近世初期という時代を考えると注目すべきことであろう。

開発の地域的な分布は、中・下流域の淵江領・谷古田領・赤山領に多く、荒川流域と同様に上流域ほど少なくなっている。このことは自然条件の相違もあり、上流域ほど小規模な開発が可能で、近世も早い段階で開発が終了していたことを示している。だが、上流域の自然条件が必ずしも良かったわけでなく、用水は天水や湧水にたより排水も不良であった。近代になってもみられた「つみ田」が、この条件の悪さを例示している。荒川流域でも上流ほど開発が早く終了しているが、こちらの場合用排水が早くから整備されたためで、綾瀬川とはまったく様相を異にしている。

高畑村は典型的な綾瀬川流域の新田村で、その開発状況は流域の他村と同じ制約の上で進められている。ここでも開発の状況を伝右川と天久保用水の二面からみたが、一つの村として独立する以前の開発状況の一端を明らかにした。特に開発名主が当初からでなく、開発の過程で所有地を拡大していることは注目すべきであろう。

綾瀬川流域全体の開発状況は、資料の制約もあるが資料の分析そのものが不充分である。もう少し多くの事例分析の上で、開発状況を把える必要があろう。特に享保期以降との比較の上で、開発技術や地域の特徴を把握すべきと思われる。また、中川流域全体の中での綾瀬川という視点で、近世初期の開発状況をみていく必要があるであろう。

〔注〕

（1）小沢正弘「近世初期武蔵国東部における伊奈氏の新田開発政策」『埼玉地方史』第二号

（2）拙稿「江戸幕府の河川管理と荒川」『荒川』（人文Ⅰ）

（3）『浦和市史』第三巻近世史料編Ⅲ（解説）

（4）『川口市史』近世資料編Ⅱ（中山家文書）

（5）『角川日本地名大辞典』埼玉県「伝右川」の項。なお『浦和市史』第三巻近世史料編Ⅲの拙稿の解説でもこの説に従ったが、本稿では井出伝右衛門の開削としたい。
（6）前掲『川口市史』（藤波喜久大家文書）
（7）『武蔵田園簿』・『新編武蔵風土記稿』
（8）『越谷市史』続史料編（一）（西方村旧記）
（9）『浦和市史』第三巻近世史料編Ⅲ拙稿解説
（10）『角川日本地名大辞典』「埼玉県」
（11）『岩槻市史』近世史料編Ⅳ（新井信一家文書）
（12）前掲『越谷市史』（西方村旧記）
（13）『新編埼玉県史』資料編13近世4治水（加藤家文書）。なお筧樋が竜圦樋に変化した例として、信州諏訪地方では宝永六年（一七〇九）に高島藩が築造している（塚本学『日本技術の社会史土木』用水普譜）
（14）前掲『岩槻市史』（光山家文書）
（15）前掲『岩槻市史』（新井信一家文書）
（16）吉田（実）家文書（県立文書館収蔵）
（17）『大宮市史』第三巻上
（18）『八潮市史』史料編近世Ⅰ（小沢家・石井家文書）
（19）前掲『八潮市史』（小沢家文書）
（20）前掲『越谷市史』（西方村旧記）
（21）『浦和市史』第三巻近世史料編Ⅱ（若谷家文書）
（22）前掲『浦和市史』（若谷家文書）
（23）『浦和市史』第三巻近世史料編Ⅲ（染谷村文書）
（24）前掲『浦和市史』（若谷家文書）
（25）『新編武蔵風土記稿』「長蔵新田」の項
（26）『浦和市史』第三巻近世史料編Ⅱ（厚沢家文書）

(27) 前掲『浦和市史』(染谷村文書)
(28) 前掲『浦和市史』(染谷村文書)
(29) 前掲『大宮市史』(染谷新田御検地水帳)

三　元禄期見沼への新用水路開削計画について

1　はじめに

享保十三年（一七二八）井沢弥惣兵衛為永によって見沼代用水路が開削され、これまで用水源であった見沼溜井は干拓され、およそ千二百町歩が美田と化した。見沼代用水路は、埼玉郡下中条村の利根川より取水され、埼玉・足立二郡の所々の新干拓地等を灌漑し、足立郡淵江領にまでおよぶ大用水路であった。

ところで、これまで地元の埼玉県域においては、井沢弥惣兵衛のみその功績が喧伝され、享保期まで積み重ねられてきた幕府普請担当役人や、地元農民たちの努力は、どちらかと云うと軽視されたり、無視されてきた。これまで強調されてきた井沢弥惣兵衛の功績の要点は、次の二つである。第一は、広大な見沼を干拓し、それまで少ない見沼溜井の用水で、水不足に悩まされていた淵江領などに豊富な用水を供給したこと。次に代用水路沿いの沼沢地を干拓し、広大な新田開発を行ったこと。(1)

これには、それまでの関東流の治水工法と異なる紀州流という新しい工法を用いて、革新的な土木工法であることが付言されている。

見沼代用水路の開削によって、見沼溜井跡だけでなく、諸沼の干拓で六百町歩の新田が得られ、既存用水路にも豊富な水を供給し、その灌漑面積は一万五千町歩余に達したことは、井沢弥惣兵衛の功績であることは論を俟たない(2)。しかも、弥惣兵衛は享保十年（一七二五）九月に現地を見分して以来、短時日のうちにこれを完成したことも、当時の幕府の強力な施策の推進があったにしろ、これまた大きな功績に数えられるであろう。

従来の埼玉県域における見沼代用水路の開削史は、井沢弥惣兵衛のみの功績に終始したきらいがあるが、これにはいくつかの欠落している歴史認識がみられる。その一つは、享保以前に見沼への導水計画があり、先にも記したように、百年におよぶ担当役人と地元の人々の実績が軽視されていることである。そして第二には利根川からの導水が、見沼新田のためだけであったのかということである。本来一つの長大な用水路を引く場合、一地域だけの利益で開削できるものではない。上流域から下流域の利害が調整され、初めて開削は可能なものとなってくる。まして河川や用水路は慣行が重んじられ、当時の幕府も最大限にこれを認めているからである(3)。

見沼代用水路の場合も、淵江領など最下流域の水不足解消の課題だけでなく、上・中流域の広大な忍領・騎西領・岩槻領のもつ課題を無視することはできない。まして、見沼を干拓するために代用水路を開削したという論には、やゝ短絡的で、水路敷を潰された上・中流域はなぜ反対しなかったのかという、素朴な反論さえ生じるであろう。

小稿では、これまでの見沼代用水路開削史で、従来軽視されていた二つの点をとりあげたい。しかし現在の段階では資料の限界もあるので、やゝ事例的問題提起にならざるを得ない。なお、治水工法の関東流の享保期以降の動きも、本稿の課題と密接に関連するが、ここでは触れないことにする。

2　利根川導水計画

元禄十四年（一七〇一）十二月、星川・元荒川流域の農民とみられる「願人」から伊奈半左衛門あてに、利根川からの導水を含む見沼用水域への新規用水路の開削案が提出されている。[4] 次に、この願書を掲げる。

乍恐以書附御訴訟申上候事

一、殿様御支配被為遊候武州足立郡大宮領見沼之義者、桶川領之出水斗ニ而慥成水元無御座、御用水不足故水下旱損仕百姓致難義候、依之水下旱損場之百姓中数年水元ヲ願申ニ付、乍恐堀敷之田地茂多潰不申御用水御自由ニ罷成、其上四拾万石余之古田水損旱損も相止ミ、御新田大分出来仕候義ヲ見立、乍恐御訴訟申上候御事

一、岩槻領江者、忍領・鴻ノ巣領其外所々之悪水荒川・星川騎西領之下篠津村与申所江落合、岩槻領江落込大分之満水ニ而水吐兼、両川通リ殊外水損致百姓難儀仕候間、今度岩槻領者騎西領之堰ヲ取払、致無関星川一筋ニ仕、扨又荒川ヲ鴻巣領之下五丁台村与申処ニ而築切、忍領・鴻巣領之悪水ヲ荒川水与一所ニ沼江堀落、沼ノ上ニ而二筋ニ引分ケ、両方之山岸ヲ廻シ見沼下之御入水ニ仕、見沼ヲ流シ川ニいたし候ハヽ、見沼者早上リ御新田大分出来仕、其上見沼廻り水損村々此段願申候、此趣ヲ大殿様御代延宝元年丑より絵図訴状差上、度々御訴訟申上候者、殿様并松(杉カ)浦内蔵助様・徳山五兵衛様・甲斐庄喜右衛門様・岡部左近様御寄合之上ニ而御一同ニ被為仰渡、外者川上ニ障りも無之、水元茂慥ニ川通り水損場旱損場之村々も一同ニ致合点、願手形取候ハヽ、可被為　仰付旨御意被遊候、依之荒川・星川両川通り水損場旱損場之村々江廻り、数ケ年間相談仕候得共皆一同ニ致合点、荒川水見沼江落堀候者水上ニ而忍領・鴻巣領・菖蒲領・騎西領・岩槻領迄大分水損助り、下々ニ而旱損助り申ニ付、此趣ヲ御公儀江御訴訟相叶候様ニ願人被申、御料私領共ニ惣連判之手形拙者共方江相渡申候、

然ル処延宝之頃岩槻領者阿部対馬守（備中守カ）様領分ニ而御座候ニ付、其節此御役人様方へも此趣ヲ御訴訟申上候得ハ、岩槻領之為ニも罷成候義ニ候与御意被遊候而、新堀筋之村々江被為　仰付候故、名主中案内ニ而水盛之高下見申候得者、荒川より二里下ニ而見沼迄七丈五尺（ママ）下りニ御座候御事

一、忍領之下騎西領上崎村与申処ニ而星川ニ樋ヲ伏、脇ニ拾間之流シ堰ヲ付、騎西領へ御用水ヲ御取被遊候得共、殊外之逆水故水止リ兼候ニ付、騎西領之百姓中、流シ之上ニ土俵ヲ置両開ニ成程丈夫ニ築留メ申ニ付、星川下ニ而者水も取植付用水ニ致迷惑、川上ニ而者水込上ケ満水ニ難儀仕候、就夫騎西領へ之御用水ハ、今度忍領阿部豊後守様御領分之内利根川堤ニ圦ヲ伏、古堀ヲ用騎西領江用水遣シ候得ハ、利根川水ハ順水ニ而騎西領之下々迄御用水御自由罷成候間、上崎村之関ヲ取払常流シ仕候得者、岩槻領・八条領其下々迄御用水少も不足無御座候、若不足も御座候ハヽ、古堀より利根川水ヲ相添御自由ニ可仕候、則此趣ヲ忍領阿部豊後守・騎西領松平美濃守（川越藩主）御役人中様方へ絵図訴状差上御訴訟申上候者、御新田大分ニ出来諸万人之助成申事ニ候ハヽ、御構無之候間、御公儀様見分次第ニ被遊可被下候旨被　仰渡候御事

右之場所年々水損御座候ニ付、忍領より岩槻領之境迄ノ村数五十七ヶ村、川洲之御訴訟ニ罷出不申候、此村々茂前々より私方江願手形相渡置被申候者、拙者共願之義所々相調候ニ延引仕候内ニ、先達而川洲之御普請被為　仰付候、然共末水損相止不申候ニ付、乍恐右之通願上奉存候、御公儀様御新田も大分出来仕、乍憚諸万人之御助ニ罷成候義御座候間、被為仰付被下候ハヽ、難有一同奉存候、以上

元禄十四年巳十二月　　願人

伊奈半左衛門様

御役人衆中様

（行間の（　）内は筆者の注）

この計画案で示された新規施工の要点は、次の二つである。第一は、騎西領用水に利用されている上崎堰を取払い、新たに利根川より取水し新堀を開削すること。第二に、五丁台村（現・桶川市）地先で元荒川を堰止め溜井を造成し、この溜井の水を見沼に導水し、これまでの見沼溜井は干拓することであった。[5]

この資料は注目されるべき点がいくつかあげられるが、その一つは比較的早い段階に企画され、長い年月をかけて具体化されている点である。最初の計画案は「大殿様御代延宝元年」と記されているので、この資料の提出時の伊奈半左衛門忠順の先々代である忠常の時代に企画されていたことになる。「殿様并松《杉カ》浦内蔵助様」以下の人名は当時の勘定奉行であり、幕府の担当重職が既に大筋でこの計画を承認している。その後広範な流域村々の利害の調整で手間取ってはいるが、実際に五丁台村の新溜井予定地から見沼迄の水盛もしており、実施計画がより具体化されている。

次に見沼から利根川間の、後の代用水路の上流・中流域の村々の意志統一とともに、領主層の承認を取り付けている点があげられる。資料中に見られるように「延宝之頃」岩槻藩も同意しており、また上崎堰取払いと利根川からの新規用水路開削については、忍藩と騎西領領主である川越藩でも承認を与えている。流域の有力な支配層である岩槻・忍・川越藩の同意を得ていることは、この計画案が巧みに利害を調整した案であったことを証し、これまた注目されるべきことであろう。

一方、上崎堰の取払いと五丁台村新溜井の造成という、いわゆるセットで流域の課題解決を図っている点も、大いに注目されてよいであろう。このように二つの工事が計画されたことは、基本的には広範な流域全体を視野に入れた工法が確立されていたことを示すが、直接的には直近の忍領・騎西領・岩槻領の課題を解決することを目的にしたからとみられる。後の項でも記すが、忍領の水損を防ぐために上崎堰の取払いが必要であり、堰の取払いは下流の岩槻

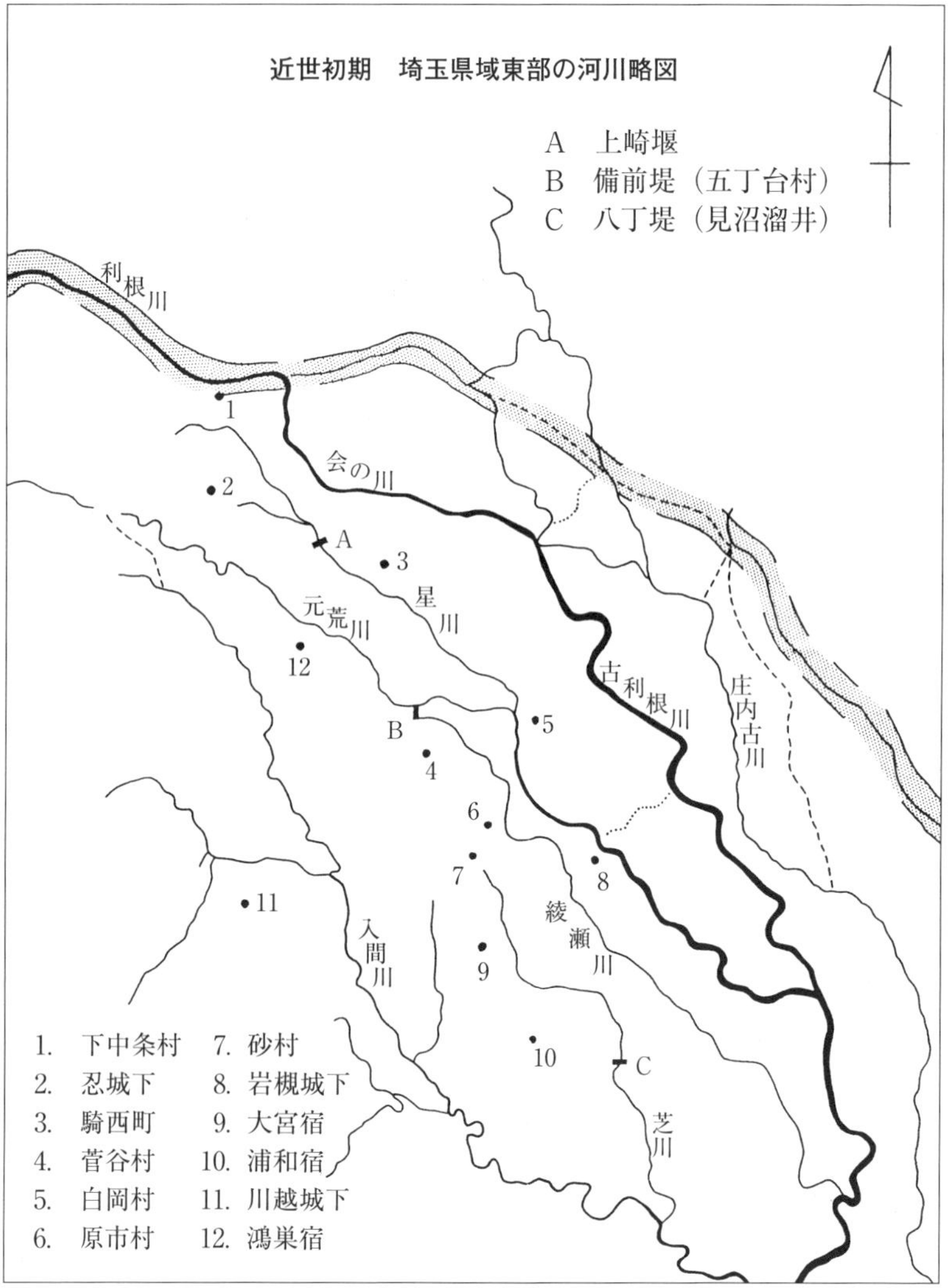
近世初期　埼玉県域東部の河川略図
A　上崎堰
B　備前堤（五丁台村）
C　八丁堤（見沼溜井）
利根川
会の川
星川
元荒川
古利根川
庄内古川
綾瀬川
入間川
芝川
1.　下中条村
2.　忍城下
3.　騎西町
4.　菅谷村
5.　白岡村
6.　原市村
7.　砂村
8.　岩槻城下
9.　大宮宿
10.　浦和宿
11.　川越城下
12.　鴻巣宿

領の洪水を招くが、それを防ぐためには元荒川と星川の分離が必要であり、そこで考えられたのが、慶長期に築かれた備前堤を利用した五丁台村新溜井となる。この新溜井は見沼の水源地にも近く、現在の芝川筋に落せば完全に星川と元荒川が分離される。また上崎堰取払いの代償は利根川からの導水で、これは騎西領ばかりでなく、その下流域の利益にもなるという計画である。このようにみてくると、見沼用水域への給水も目的の一つではあるが、主体は忍領など三領の課題解決であり、他は副次的ということになる。まして新田開発は主要目的でなく、あくまでも古田の水損防御と用水の供給が、二つの工事を結びつけたものと考えられ、資料にも「四拾万石余之古田水損旱損も相止ミ」と記されている。いずれにしても、セットで工事が計画されている点は、広範囲にわたる課題を一挙に解決する方法として注目されるべき点である。

この資料にみられる河川工法の特徴としては、それまで伊奈氏が推進してきた前代の工法で計画されている点があげられる。その一つが、五丁台村の新溜井の計画である。伊奈氏は低湿地の灌漑に溜井方式を用い、少量の用水源のため排水を集めて反復利用する溜井を築造しているが、[6]この方法は常水の乏しいこの地域に、もっとも適した工法でもあった。五丁台村の新溜井は、先に触れたように排水の悪化で水損に悩む忍領・鴻巣領などの排水を集めるもので、この水路としては既に常水源を断たれている元荒川が利用される。しかも都合よいことに、慶長期に溺谷を横断する形で備前堤が築かれており、これを補強することにより容易に溜井の造成が可能である。もっともこの備前堤の築造の目的は、当時の資料に欠けるため不明確であるが、綾瀬川流域開発のために荒川（入間川筋へ流路統合する以前）の溢水を貯留するためであったと考えられ、[7]その意味からすると前々からの計画がここで完成されるということになる。五丁台村新溜井の水を見沼上流に流す計画であるが、先にも記したように、第一の目的は忍領などの排水貯留であったとみられる。

次に工法の特徴として、河川分離方式がみられる点があげられる。星川と元荒川を分離することで、下流の岩槻領などの洪水を防ぐ方式であるが、この結果星川のみが岩槻領へは流下することになる。もっとも上崎堰の取払いは、忍領の排水を増大させることになるが、元荒川を切り離して岩槻領への流下量を少なくすることを目的にしている。

この河川分離方式は、前代から続いている河川統御法である。伊奈氏が行ったという久下村での荒川締切りや小笠原氏が行ったという川俣村での会の川締切りがその例であるが、先にあげた備前堤の築造も綾瀬川と荒川の分離を完成させた好例である。星川と元荒川を分離させる方法は、伊奈氏などが行ってきた前代からの工法を引き継ぐものといえよう。

第三の特徴としては、既成の用悪水路を繋いで、長大な流路を造りあげる方式をとっている点があげられる。忍領の排水を五丁台村で貯留し、それを見沼に流下させ、見沼溜井の用水路に繋ぐことは、忍領から淵江領迄一筋の河川となることを意味している。また上崎堰を取払い、利根川より新たな導水路を開削し、既存の騎西領用水路につなぎ、しかも資料にみられるように「岩槻領・八条領其下々迄」という長大な水路を計画している。

この既存の水路や施設を結びつける方式は、後の井沢弥惣兵衛にも引き継がれているが、既に葛西領の用水で実施されている。八条領などの用水源として幸手領の悪水を集め、幸手領の用水源としては羽生領などの悪水を利用し、羽生領の用水源として利根川に導水口を設ける方法がとられている。ここでは万治三年（一六六〇）川俣堰を築造し、利根川縁から葛西まで長大な水路が繋がれることになるが、(8)元禄のこの計画でも同様な方式である。

このような既存水路と結びつける方式は、既に前代に見本があるわけであるが、当時の勘定所の技術者集団が計画に関与していたことを窺わせる。地元の村役人層の関心は、どうしても狭い地域に限定されていたとみられるからである。一方、資料にみられるように、忍藩・岩槻藩・川越藩等と調整していることもあげられ、幕府役人の関与なしには、この計画は実現できないと想定される。既に勘定所の中に技術者集団が育っているが、長大な水路の計画はこの人達の関与を窺わせるものである。

3　見沼導水路縁村の反対

元禄十六年（一七〇三）四月、五丁台村溜井予定地から見沼導水路縁村々である足立郡今羽村（現・大宮市）等十四ヵ村が新規用水路反対の願書を提出している。[9] 関連資料が残存していないので、願書提出までの村々の経過と対応が不明であるが、この願書の冒頭は次のように記されている。

一、見沼新田為　御検使野田三郎左衛門様・細田伊左衛門様御手代衆今般被遊御越、新田訴訟人　御評定所江差上候絵図御見（マヽ）ヲ被成、鴻巣領五ケ（丁）台村ニ而元荒川ヲ築留、拙者共村々ヲ見沼迄堀ヲ掘通候ニ付、村々ニ障有無之訳ケ御尋被遊候

この記述によると、前記元禄十四年に作成された新堀願書は評定所まで提出されており、検使として代官野田三郎左衛門（秀成）と細田伊左衛門（時矩）の手代が、水路予定村々を尋ねている。願書中には「鴻巣領五ケ（丁）台村ニ而元荒川ヲ築留」とあるので、先出資料と特定されるが、勘定所でも早速関係村々を尋ねて障害の有無を聞いたものとみられる。

十四ヵ村の導水路築造反対の理由は、各村に共通する事項と個々の村々が抱える事項に大きくわけて記されている。全体にわたる反対理由は二点で、「田畑多分堀・土手代ニ罷成」「其上満水之節は田畑不残水入と罷成」と書き記している。各村とも大宮台地・岩槻台地の一角を占め、水田の面積はいたって少ないが、その少ない水田などが水路敷・土手敷になることは大きな痛手であったとみられる。また一番の心配は水害の危険性で、水路が溢れて水損にあう事

は、当然予想されることであったと考えられる。

一方、個々の村々が抱える反対理由は大きく四つに分かれるが、今羽村・下平塚村・中平塚村・上平塚村（以上三村現・上尾市）・丸山村・芝村・中荻村（以上三村現・伊奈町）・須ケ谷村・菅谷村（以上二村現・上尾市）の九ヵ村では、全体にわたる事項と重複するが、「取訳ケ地形低御座候得は、満水之節は百姓居屋敷迄水押込可申」と反対理由を記している。

これらの村々は、標高は必ずしも低いわけではないが、水路に近い台地の突端に人家があるため、住宅地水損をあげたものとみられる。原市村（現・上尾市）の場合は、「百性居屋敷之内堀敷ニ罷成」ことと、除地の寺一ヵ所と蔵王・山王社の二ヵ所の境のうちが堀敷となることをあげている。同様に、菅谷村でも三ヵ寺が土手敷となり迷惑であると記している。また上瓦葺村（現・上尾市）・下蓮田村（現・蓮田市）・馬込村（現・蓮田市・岩槻市）の三ヵ村は、これまで台地の溺谷にある丸山沼から用水を引いてきたが、今度の工事で丸山新田が造成されると、用水悪水とも差障りになることをあげている。

元禄十四年の五丁台村溜井造成の願書には、絵図面が残存していないので見沼までの水路予定地が不明であったが、この資料によって初めてそれが明らかになった。資料に記された反対した村々が、予定の水路地と考えられるからである。この資料に基づいて地図に落としてみると、水路は菅谷・須ケ谷村を通っているので、五丁台村溜井から綾瀬川支流の最上流点まで台地を掘割って導水し、それより支流に沿って南下し、原市村と今羽村を結ぶ線で再び台地を掘割ったものと推定される。

先に記したように、原市村では居屋敷や寺社が水路敷になると記されているので、この村を横断する形で水路が予定されたと考えられる。なお原市村での堀割の横断は、後の井沢弥惣兵衛の見沼代用水路でも同様で、ここでは上瓦葺村から原市村の砂村境を横断し、見沼上流に落とされている。

五丁台村溜井からの導水路予定路線と、十四ヵ村の反対理由は以上であるが、この資料の表面に出されていない理由があったと考えられる。それは、十四ヵ村には新用水路は通過するだけで、メリットが全くなかったことである。この計画には上瓦葺村・下蓮田村・馬込村方面への分水路もなく、そのため従来の用水源である丸山沼の新田化で反対している。菅谷村から原市村までの村々は、台地の村々で深く掘割った新水路から引水することは技術的にも不可能であったと考えられる。これらの村々にとっては、堀敷や土手敷で耕地が潰れるだけで、何の利益もなかったことが反対気運を盛り上げたとみられる。五丁台村溜井から綾瀬川支流の上流に水を落とすには、おそらく小針領家村・倉田村・坂田村（現・桶川市）等を縦断することになるが、これらの村々は反対村に名を連ねていない。この三ヵ村の場合は、前記十四ヵ村と地理的位置も異なり、新溜井に接する村であり、また備前堤下に耕地を持つ村でもあるので、何らかの形でメリットが与えられていたとも考えられる。そのため、導水路最上流に位置しながら反対村に加わらなかったと推定される。

この元禄十六年の願書が示したものは、五丁台村溜井からの導水路であるが、同時に通過する村々の同意を得ることの困難さである。長大な用水路を引く場合、直近の村々や途中村の同意が得られなければ完成することはできない。後の見沼代用水路は短時日のうちに完成したといわれるが、その前にこのような多くの村々の反対を調整する作業があって、初めて竣功にこぎつけることが出来たのだという点は、大いに留意されるべきことであろう。

4　星川流域の水論

元禄十四年の新堀計画以前に、星川・元荒川筋で多くの水論があったことは、先の資料でも明らかであるが、この項では新堀計画と一体のものとして上崎堰の争論をあげてみる。
星川上流域の争論で、最大のものは上崎堰をめぐる争いである。長い期間にわたって争っていることと、忍領と騎西領の対立という図式にみられるように、多くの村々を巻き込んだ水論であることが特徴である。
早い時代の争論としては、延宝元年（一六七三）の争いがある。この時は忍領が上崎堰の撤去を要求したものであるが、結果は両者の示談で終っている。[10]
そして貞享元年（一六八四）三月に、再び忍領が訴状を提出している。[11]
この訴状によると、（一）上崎堰の従来の水払い堰口は十五間であったが、最近は十間になっている。（二）従来堰台は川底並であったが、最近は五尺余高くなっている。（三）水門の戸が最近は狭くなっている。（四）従来冬季は水が溜まることがなかったが、近年は冬水を溜めている。（五）従来騎西領用水堀の水門はなかったが、近年は水門がつくられている。（六）従来堰場から落川は二筋であったが、近年は一筋になっている。（七）従来堰台は土固めであったが、騎西領では当春より石固めにしようとしている。以上あげたような理由で、星川滞流が激しくなり、そのため忍領悪水の水吐が悪くなり水損を受けているので、先規のようにしてもらいたいというのが訴状の内容である。
この訴状は評定所に廻され、地方勘定奉行の中山隠岐守（信久）らによって裏書され、両者の対決ということまで進行している。
一方、貞享元年八月に騎西領上崎村（現・騎西町）名主らが返答書を提出しているが、その要旨は次のようなものである。[12]（一）従来より堰口は十間で、水払い二間の圦樋があり、忍領が十五間というのは偽りである。また堰の下流は古くから十間半、十一間の所もあり、堰の川上で忍領の方こそ杭木を伐取り、悪水流入口を広げている。十間の樋口と二間の圦樋で、星川が滞流する状態ではない。（二）堰は従来より草堰でなく土堰で、高さも相方立合で改めて四尺三寸二分となっており、忍領の主張する五尺ではない。（三）悪水落しの圦樋の戸は従来通り二間で、近年狭くしているわけではない。（四）冬季の水溜りは従来からあり、この水溜りがないと騎西領の井戸水が涸れてしまう。（五）騎西領用水の水門は、七、八十年前の大久保加賀守領時代からのものであり、近年築造されたものではない。（六）堰場下流は曲流していたものを大久保加賀守領時代に直流したもので、古川の跡は松平伊豆守領時代の正保四年（一六四七）に検地をしたもので、下流の水吐の悪い所は、今でも二筋で水を流下させている。（七）堰台は古くから土台であるが、毎年費用もかかり、石台にしても忍領の迷惑にはならない。（八）忍領の裏作は順調であり、水損があるという主張は偽りである。（九）忍領の水吐が悪くなったのは、沼地の新田開発を盛んに行ったためで、小針沼などは沼端に新田屋敷が出来ており、上崎堰があるからではない。

この争論は翌貞享二年二月に内済議定しているが、その要旨は次の通りである[13]。（一）堰幅は有り来り通り十二間とする。（二）堰台の絵図を仕上げ、高さ四尺三寸二分のうち、堰台にて一尺下げ、前々の通り竹かわりにすること。（三）用水圦・落し圦は有り来りの通りとする。（四）堰下の川通り土手は戸室村（現・騎西町）まで五寸削り、柳等は植えない。（五）用水使用の時は、右の土手に土俵を上積みし、溜水にして取水し、満水の時は、土俵を取り、悪水を流す。落圦の戸を開け、悪水が落ちれば、右の通り土俵を上置して、圦の戸を立て、用水を取る。（六）夏土用あけ、土俵を取り払い、旱の時は、両者相談の上、取水する。（七）堰下の二重川は絵図を仕立て、柳等は植えず、これまで植えられているものは枝等を伐取る。

この内済議定は、出訴後、米倉六郎右衛門・伊奈半十郎等の検使を受け、江戸での何回かの詮議があったが、会の川筋羽生領小浜村（現・加須市）八介の取扱いで成立したものである。

貞享の争論は、ここで一応の結着をみるが、実際には以後も繰り返し争われることになる。

上崎堰をめぐる争いは、上崎堰があるため星川が滞流し、忍領の排水が悪化して、水損が頻発するという状況に対し、騎西領の用水はこの堰から取入れており、この堰からの取水状況が同領の死活を制するという図式である。元来星川を通じて流れる忍領の排水を、上崎堰で一旦貯留し、騎西領の用水に使うという形に、対立の要素があった。しかも都合の悪いことに騎西領の村々がやゝ高地にあり、そのため堰台を高くしたり、堰を囲む堤防に土俵の上置をしないと充分に取水出来ないという自然条件にあった。堰の成立は、既述の騎西領の主張によると、大久保加賀守（忠職）領時代の元和年間といわれるが、本来やゝ高地にある騎西領の取水には、当初から無理があったとみられる。

ところが延宝期になり、争論が激化したことは、別な要素が加わったためである。それは騎西領の主張にみられるように、新田開発の増大である。忍領でも低湿地の多い地域であるが、これらが開発されるに従い、本来の遊水地が不足し、少しばかりの降雨でも水損がでるという状況になっていた。しかも先の騎西領返答書にみられるように、沼端でも人家が出来るという状況では、耕地だけでなく、居宅まで水損にあうという変化をみせている。このような忍領の変化が、星川への排水依存を強化したものとみられる。また冬季も水を溜めているという忍領の主張も注目されるべきことである。これは騎西領の返答書によると、忍領の水田裏作が盛んになったことを示すが、新田の増大だけでなく、この期になると農業そのものの変化してきたことを顕している。そしてこのような農業の質的変化が、水論を一層激化させたものといえよう。

一方、騎西領にとっても、これらの訴状や返答書には記されていないが、延宝期になると用水需要を一層増大させている。それは忍領同様新田の増大であり、上崎堰に対する期待が大きくなっている。その結果が、忍領が主張するような用水路堤防の嵩上げであり、また土俵上置の強化である。騎西領としては、少量の排水を有効に利用するためには、このような方法を取らざるを得なかったとみられる。

忍領・騎西領とも、その後の領内の変化が水論を激化させたことになるが、上崎堰の機能を考えた場合、排水を利用するという溜井方式が限界にきたことを示している。小規模な灌漑面積には事足りていた溜井方式も、耕地の拡大とともに恒常的な用水の供給は不可能になってきている。既に、大河川から常水を導水せざるを得ない状況になってきたものとみられ、一方、沼沢地の排水路を新規に開削しなければならない厳しい状況にもなっていたのである。なお、この新規排水路は小針沼・屈巣沼の落し堀として、野通川の名称で後に築造されることになる。

5　元荒川流域の課題

元荒川は、寛永六年（一六二九）伊奈半十郎が大里郡久下村（現・熊谷市）地先で和田吉野川筋と遮断して以来、流域の悪水を集める排水河川となっているが、寛文・延宝期になると滞流が一層激しくなり、流域の村々は大降雨時には屢水損を受ける状況にあった。そのため各地で争論が起こることになるが、特に星川と合流する篠津村（現・白岡町）より下流域に領地をもつ岩槻藩領にとっては深刻な課題となっていた。

寛文年間に起こった日川通りの水論も、元荒川流域の滞流が引き起こした争論の一例である。論所は先の篠津村より下流域にあり、元荒川筋から分流した流域であるが、白岡村と小久喜村・千駄野村（以上三村共現・白岡町）の争いである。寛文十年（一六七〇）の裁許状によると、[14] 小久喜村・千駄野村の水除堤を白岡村が打破ったという争いであるが、小久喜村・千駄野村の二村は岩槻藩領である。水除堤はこの二村の耕地を防ぐためのものであるが、白岡村にとってはこの堤によって洪水時の水損が増大するため、「夜中しのひ候て、堤に水口切明候」ということになっていた。白岡村では、上流域の元荒川筋の滞流から洪水の危険が暫く以前から続いていたとみえ、裁許状には「十余年已前」からという言葉も記されている。ここでは水除堤の水口が、両者が既に合意していたものであったかどうかの争いであるが、評定所の裁許は白岡村の敗訴に終っている。この争論の示すものは、岩槻領でも早い段階から争論が起こっており、元荒川流域の排水問題が大きな課題であったことを明らかにしている。

元荒川は元禄期になると一層滞流が激しくなったとみえ、流域の水論が頻発している。(15) これらの例をみると、沼沢地をもつ村々の元荒川への排水がつまっているため、排水流入口付近の村とその上流域の村々との争いとなっている。

このような状況の中で、元禄九年（一六九六）七月忍領・騎西領・菖蒲領五十九ヵ村が、元荒川と星川の見分願を提出している。(16)

「差上ケ申口上書」というこの願書によると、二つの川とも川幅が狭くなっており、特に星川では上種足村（現・騎西町）地先、元荒川では篠津村地先、下郷地村（現・鴻巣市）地先が論所であると指摘している。この三ヵ所とも「川幅狭く、葭萌柳植出悪水落兼」という状況であるが、既に願人の村々は以前にも評定所へ訴願しているので、早くからこのような状況が続いていたとみられる。願人達は、三ヵ村地先だけでなく川通り全体を見分してほしいとも述べているので、このような状況が流路の各地に現出していたものと思われる。この願書が示すものは、元荒川・星川が川幅が増々狭くなり、そのため流域の悪水が滞流し、水損の危険が一層激しくなっている流域の状況である。ここでは岩槻領のことについて触れていないが、星川と元荒川に排水をたよるこの地域の状況が、深刻になってきていることは明らかであろう。

6　まとめ

見沼代用水路開削以前のいくつかの関連資料をあげて論述したが、これらの資料からみて次のことが明らかである。

（一）井沢弥惣兵衛による見沼代用水路開削以前に、既にかなり具体的な見沼干拓と見沼溜井灌漑地域への用水供給計画があった。（二）新用水源は五丁台村での溜井方式で、元荒川の流路を変え、見沼地域に流し、忍領・鴻巣領等の悪水の滞流を排除することと一体のものであった。（三）上崎堰を取払い、新規に利根川から用水を取入れ、騎西領や下流域の用水を確保し、合わせて忍領の悪水滞流を防ぎ、岩槻領水損の危険を緩和する計画であった。（四）下流域への灌漑や見沼の干拓だけでなく、上・中流域へ用水確保、悪水排除など、上流から下流までの一体の計画であった。（五）溜井方式、河川分離統御方式など、これまでの経験・技術を積み重ねた工法をとり、地元の農民達の意向や経験が反映された計画であった。

具体的には以上五項目のまとめとなるが、もう一つ重要なことは、寛文・延宝期になると流域の村々が大きく変化し、それぞれ大きな課題を抱えていたことである。元禄十四年の新堀開削計画は、これらの課題解決を広域的に、しかも上・下流域一体のものとして解決しようとした点に、大きな特徴があるといえるであろう。

〔注〕
（1）井沢弥惣兵衛の功績については多くの著書や記念碑がある。主要なものに吉田東伍『利根川治水論考』（明治四十三年）・埼玉県編『埼玉県史』第五巻（昭和十一年）があり、同様な記述となっている。
（2）見沼土地改良区編『見沼土地改良区史』第二編（昭和六十三年）。
（3）喜多村俊夫『日本灌漑水利慣行の史的研究』（昭和二十五年）。
（4）『見沼代用水沿革史』（昭和三十二年）に収録されているが、『見沼土地改良区史』では、「新堀開削並に見沼干拓に付願書」（行田市長谷川家文書）の標題で掲載されている。
（5）元禄十四年の新計画を示す資料がほかに一点所在する。この資料は川口町岩田惣左衛門の発した廻状であるが、これによると淵江領など八ヵ領でも見沼干拓に意見が統一されてはいない。なお、その際筧播磨守など担当役人と、何回にもわたる折衝を行っている（前掲『見沼土地改良区史』資料編）。
（6）慶長期に瓦曽根溜井が造成されているが、そのほか松伏溜井・琵琶溜井など数多く築造されている（『新編埼玉県史』資料編「治水」）。
（7）拙稿「備前堤の築造目的とその機能について」（『浦和市史研究』第一号、昭和六十年）。
（8）前掲『新編埼玉県史』資料編「治水」。
（9）前掲書の伊奈町田中家文書「小室沼証拠書物」。なお、同様の文書が上尾市原市の矢部家文書中にも所在する。
（10）前掲『見沼代用水沿革史』。
（11）前掲『見沼土地改良区史』資料編。
（12）前掲書。
（13）『久喜市史』資料編近世一。
（14）前掲『新編埼玉県史』資料編「治水」所収、鬼久保家文書。
（15）事例については、前掲『見沼代用水沿革史』でもいくつかの争論をあげている。
（16）前掲『見沼代用水沿革史』の柴崎家文書。

四　武州羽生領の悪水処理と幸手領用水

1　はじめに

利根川からの幸手領用水の引水は、万治三年（一六六〇）伊奈忠克による本川俣圦樋《ほんかわまた》の設置に始まるといわれている。それまで幸手領では、元和九年（一六二三）大河内金兵衛によって杓子木村《しゃくしぎ》（大利根町）に設けられた姥圦《うばいり》によって羽生領悪水を貯溜し、島川《しまかわ》・会ノ川《あいかわ》・古利根川を流下させそれを取水して用水にしていたものである。本川俣村（羽生市）での利根川本流からの取水は、当時姥圦のみの貯溜水では不充分であったためと考えられるが、設置理由は資料の上からは確認できない。ただ幸手領においては、元和二年の不動院野村《ふどういんの》、元和年中に八丁目村《はっちょうめ》（以上春日部市）等が開発され、寛永期を通じても多くの新田村が開かれ用水需要が高まったため、それに対応する用水確保が必要であったことが傍証としてあげられる（『新編武蔵風土記稿』）。

ところで万治三年の幸手領用水路の開削、及びその後の享保四年（一七一九）の用水路整備に伴う「葛西用水路」

への編成替を含め、埼玉県内の刊行物等では大きく三つの論述がなされている。その一つが、本川俣圦樋の設置により羽生領悪水は不要になったという記述である。この論述の例が埼玉県編さんの『中川』（人文編）であるが、ここでは「幸手領用水の引水により、幸手領では羽生領の悪水は必要ではなくなった」と記している。(1) 常流する利根川本流からの取水ということで、幸手領用水の需要は充たされたという主旨であるが、これは本川俣元圦の規模・取水量等についての認識不足からきたものと思われる。そして用水路の構造や羽生領悪水との関係に対する理解が不充分なため、「羽生領悪水不要論」が生じたものとみられる。

第二の論述は、それまで散在する多くの池沼を用水源としていたが、新田開発の結果用水に不足をきたし、そのため利根川から取水することになったという記述である。この論述は埼玉県内の多くの市町村史でなされているが、『鷲宮町史』（通史中巻）では次のように記されている。(2)「当初は古利根川や元荒川流域には大小幾多の池沼が散在し、これが農地への溜池灌漑の機能を果していたが、これら池沼も逐次新田に開発されるにつれ、農業用水に不足を来たすようになった。このため万治三年（一六六〇）、関東代官伊奈半左衛門忠克により幸手領地域用水確保のため、羽生領本川俣から利根川を取水した用水路が開発された」。

この論述は、これまで散在する池沼を溜井として用水源としていたが、池沼が新田化されたため用水量の不足を招き、新たな用水源の確保が必要になったという論旨の展開である。用水源の変遷史からみると「是」とする論述ということになるが、ここでは上流域の羽生領の悪水がどのように処理されたのかが記されていない。溜井に利用した池沼が存在し、あるいは新田化し解消しても領域の悪水は常時発生しており、この悪水がどのようになったのか触れられていない。羽生領は比較的早い段階で池沼の開発が進められており、水田灌漑用水も多量に使用されていた筈であり、悪水が大量に発生していたことになる。この悪水の処理に触れず、用水源の池沼がなくなったから利根川から水を引いたという記述では、一面的な論旨の展開ということになる。

なお引用の『鷲宮町史』の記述は、上流域の池沼が開発されたので水不足になったという論旨の展開であるが、幸手領の用水需要の増大については記されていない。元和九年から万治三年の間に羽生領の新田の開発が行われたことは事実であり、そのため姥以による貯溜水の不足もあるとみられるが、幸手領の用水需要の増大が、何よりも大きなインパクトになったとみられる。後の項でも触れるが、他領を開削してまで「幸手領用水」を引いた理由がこの論旨では説明がつかなくなる。二つの理由が重なっての幸手領用水の開削ということになろう。

第三の論述としては、享保四年の葛西用水成立の全体像を捉えたものであるが、同用水路が途中古利根川の流路を利用していることに注目し、琵琶溜井・松伏溜井等を造成し、近世初期の溜井方式を併用した用水路であるという記述である。古利根川に設けられた溜井は、元荒川に設けられた瓦曽根溜井と連動することになるが、この論述では悪水を反復利用することに着目し、用悪水路が分離されないで少量の用水を有効に利用していると評価する。この論述の一例が埼玉県刊行の『荒川』（人文編Ⅰ）であるが、ここでは次のように記されている。[3]「葛西用水路には琵琶・松伏・瓦曽根の三つの溜井があり、利根川からの導水、あるいは忍・羽生領からの残水を集める。そして各溜井で堰上げて使用する。つまり用水として使用された水が排水となり、それが溜井で貯溜され、また利用されるという反復利用を行っている」。

この論述は大筋としてはその通りということになるが、ただ第二の論述と同様羽生領の悪水処理に論及しているわけではない。またこの論述では享保四年以降の葛西用水について述べているため、その前段階の幸手領用水の設立過程については記されないことになる。葛西用水という全体像を捉え、その特色を論じていることが第三の記述ということになろうか。

以上埼玉県内で幸手領用水・葛西用水について記された論述例を紹介したが、既に明らかなように最上流域の羽生領悪水処理について記したものは皆無の状況にある。下流域のために用水を引く場合、上流域のもつ課題は避けて通れないと考えられるが、これまで埼玉県内の河川史や市町村史等では必ずしも注目されていない。本稿ではこれまで取り残されていたこれらの課題について、幸手領用水との関連を踏まえて記してみる。

2　羽生領の地形と悪水路

図1は、羽生領の悪水路の概略を示したものである。江戸時代の羽生領は八〇か村を超える広大な領域を有するが、一部の村を除いて利根川・浅間川・会ノ川に囲まれた地域の中にある。歴史時代以降「加須構造盆地」の進行もあり、北から東側の利根川沿いの地域は比較的標高が高く、南下するに従い低くなっている。一方北西から南側を流れている会ノ川は旧利根川の流路で、川沿いには自然堤防が形成され、河畔砂丘もみられるような高所になっている。羽生領の最高地点は小須賀《こすが》村（羽生市・図中の4）付近の自然堤防上で二〇mを超えるが、同所の河畔砂丘上では二六m余の地点もみられる。北部の利根川沿いには一七・五mの等高線がみられるが、図中の堤村（羽生市）から大越村（加《か》須《ぞ》市）にかけては一五mほどの標高になっている。中央の大沼は現在工業団地になっているが一二〜一三mの標高、天神堀は現在中川の最上流部にあたるが一一〜一二m、会ノ川・島川が合流する北大桑村（大利根町・図中27）・新井新田（大利根町）の水田道路上では一一〜一二mの標高である。これらの標高点からみると、羽生領は河川に囲まれているが周囲が高所になっている盆地状を呈していることになる。

宝永二年（一七〇五）の羽生領主要悪水路は一九本を数えるが、[4] これらの悪水路は日野堀を除いてすべて島川に流入する。ところがこの島川の羽生領流出口は、会ノ川と旧利根川の流路である浅間川が形成した微高地になる狭窄部

図１　羽生領悪水路略図（幕末期）
（埼玉県立文書館収蔵「相沢家文書」No.1792より作成）

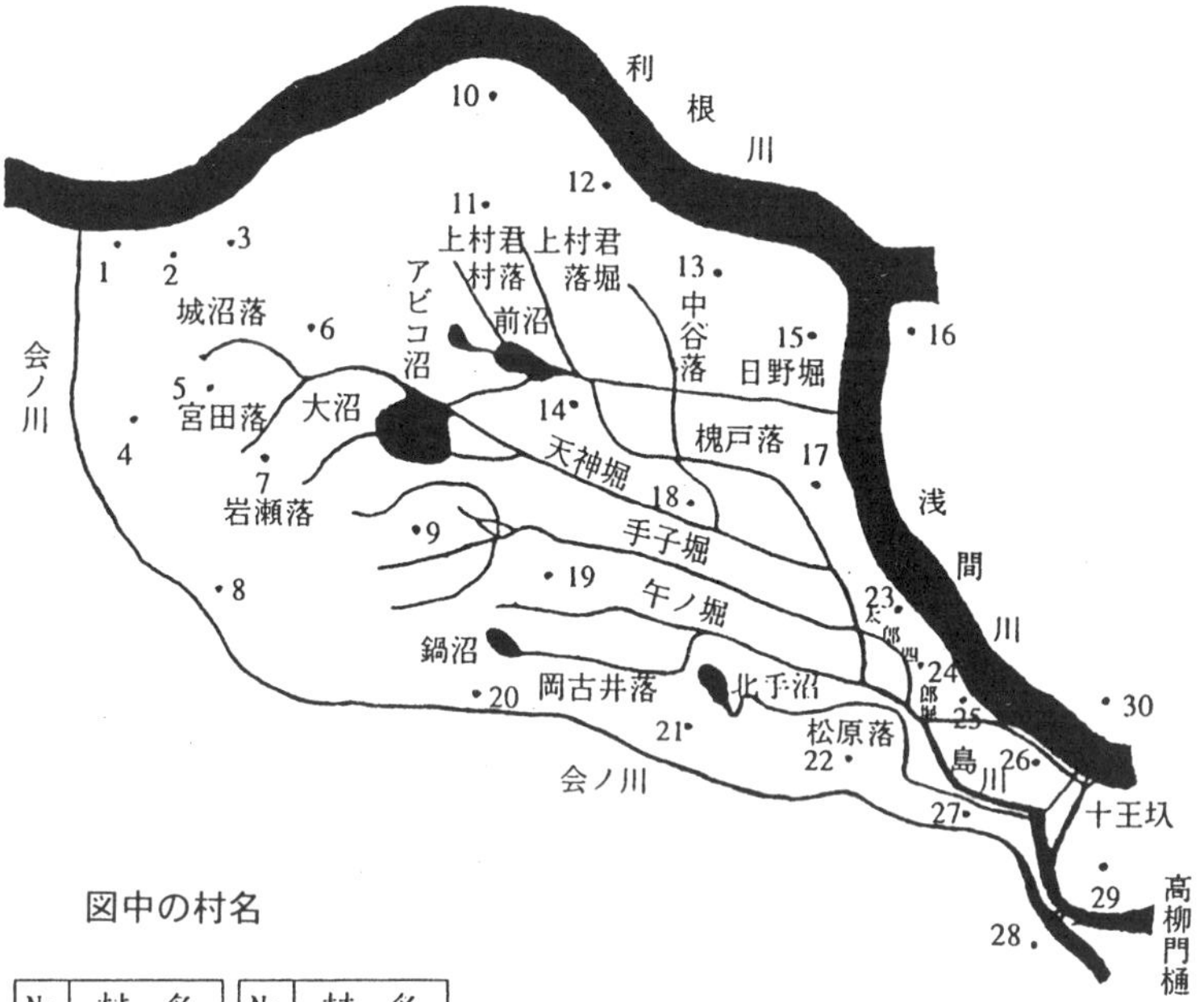

図中の村名

No.	村　名	No.	村　名	No.	村　名	No.	村　名
1	上川俣	9	上手子林	17	樋遣川	24	阿佐間
2	本川俣	10	堤	18	道木沼	25	生出
3	稲子	11	弥勒	19	下谷	26	間口
4	小須賀	12	常木	20	岡古井	27	北大桑
5	町場	13	大越	21	小浜	28	川口
6	藤井	14	寺ヶ谷戸	22	北篠崎	29	高柳
7	下羽生	15	外野	23	杓子木	30	琴寄
8	砂山	16	佐波				

（『羽生領水利史』通史編より転載）

である。そのため長雨や豪雨などがあると、悪水の滞流や溢水の危険が常につきまとうことになる。一方悪水の流出が島川一本にしぼられるため、島川の水吐けが悪かったり、利根川からの逆流があると羽生領下郷の村々は湛水の被害が続出することになる。近世中期以降これらの被害が顕著になるのは、羽生領のもつ地形の特質がなさしめたといえよう。

羽生領の悪水路は、「悪水落《あくすいおとし》○○」「○○落堀《おとしぼり》」と称されているが、散在する大小の池沼や湿地帯の排水路である。現在の羽生・加須市域では三七箇所の自然池沼が確認されているが、(5) 一九本の悪水路はこれらの池沼と「樹枝状」あるいは「団子状」に結びついて流下している。本来の悪水路はこれら自然池沼から流出する自然流路であったとみられるが、現在の悪水路は直線化されたものが多く、これは近世初期に改修されたものと推定される。

近世期羽生領河川施策の最大の課題は、悪水の処理である。このことは既述のように同領の地形がなさしめたもので、悪水が島川一本に集中し、しかも狭窄部を流出するため常時滞流の危険にさらされていた。その上近世中期以降利根川・島川の河床が上昇し、緩流化に拍車がかかると、危険度が一層助長されることになった。

3　元和九年姥圦の設置

既述のように姥圦《うばいり》は元和九年大河内金兵衛によって杓子木村に設けられたものであるが、設立時の資料は残存していないので圦樋の構造・導水路等の詳細は不明である。後年の元文三年（一七三八）の資料によると、長さ二一間・横二間・高さ四尺五寸の規模であるが「大河内金兵衛様御代官之節御伏幸手領用水ニ用」と設置理由を明記している。(6) この記述からみると姥圦は用水の圦樋ということになるが、取水河川については記されていない。ただ後年の「生出《おいで》水門」の設置からみると島川の最上流部と考えられ、羽生領の悪水が集中する「道ケ橋《どうがばし》」付近に設けられたとみられる。このことは姥圦が羽生領悪水取水に恰好の位置にあったことを示すが、悪水を堰止める「堰」や「溜井」については触れていない。一方用水を利用するのは幸手領であり、利用地域から一里半余も上流に圦樋が設けられたことは、この圦樋が単なる取水圦樋でないことを暗示している。用水の取水圦樋のみの機能ならば、幸手領に設ければよいことと考えられるからである。この推論に従えば、後年設立の生出水門同様、姥圦は貯溜機能を併せもった圦樋ということになる。

姥圦から幸手領までの導水路については、記録が遺されていないので正確には不明ということになる。ただ用水路開削の記録や伝承もないので、既存河川を利用した可能性が極めて強い。姥圦からの河川の流下路は島川で、図2にみられるように北大桑村（大利根町）地先で渡良瀬川の分流とみられる河川と浅間川が合流した古川と合流し、川口村（加須市）付近で会ノ川を合しているが、ほどなく二派に分れ、一つは島川として東流し、一つは古利根川として南流している。この二派に分れた尖頂部から、幸手領村々が広がっている。これらの流下水路からみると、姥圦からの用水は島川・古利根川を流下させたと考えられる。

一方後年の天保四年（一八三三）の記録であるが、「下高野村文書」では次のように記している。「幸手領用水引入候義従古来委［　］不申候、先年北ヲ利根川と申、中ヲ相ノ川間トモ書、南ニ元荒川と三筋ニ相流候処、右相の川筋より八甫村宝泉寺脇迄川続キ、八甫村より用水引入候、然ル処羽生領川俣村地内ニおゐて相の川〆切御新田開発之砌、幸手領用水口塞候而多分之御田地出来候ニ付、本川俣村江代用水堀被　仰付、其後は幸手堀と号万治三子年より改而用水引来申候」(7)。

この記録の中には姥圦との関連は記されてないが、万治三年の幸手領用水開削前に八甫《はっぽう》村（鷲宮町）の島川地先から導水していたことは明らかである。八甫村は先に記した幸手領の尖頂部にあたり、姥圦からの流水路に面し取水に

図２　栗橋付近利根川略図

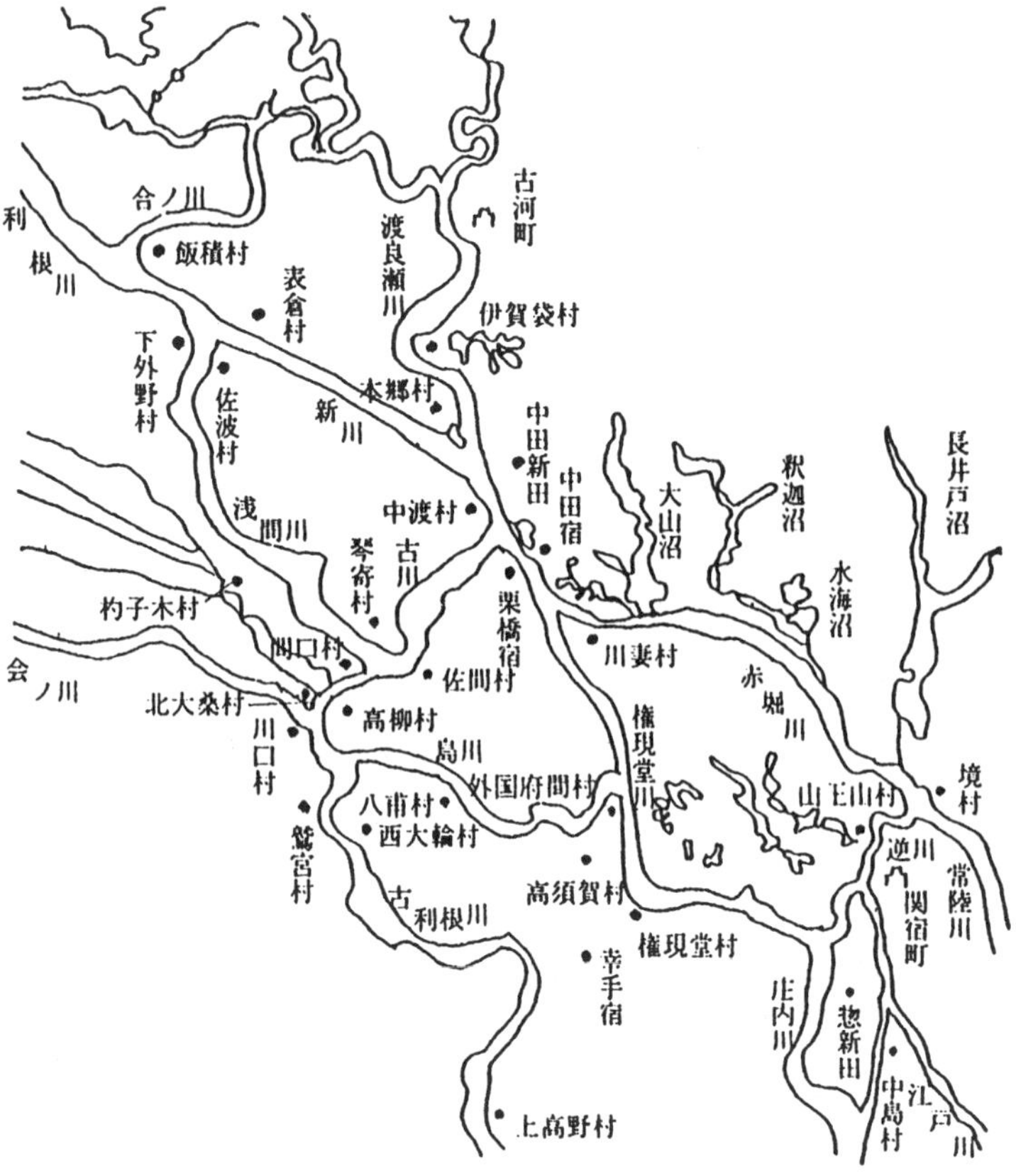

注（１）明治初期「迅速測図」より作成。
　（２）大熊孝氏作成図（アーバンクボタ1981-4)を参考にした。

は恰好の位置にある。万治三年以降も幸手領の北側用水路の取水口となっているが、地形条件からみても姥圦からの流下水をここで取水した可能性が強いことになる。なお右の引用文書中の「幸手領用水口塞候」は、やゝ文意が不明確である。「相の川〆切」が幸手領用水締切りともとれるし、締切りの結果取水量が減少したともとれる。いずれにしても八甫村からの取水は明らかと思われるので、ここではその点のみを採用したい。

ところで姥圦の設置理由については、資料の上では何も記されていない。当然設置されるべき理由があったので設けられたことになるが、その一つとしては需要地である幸手領の用水不足があげられる。この用水不足は元和期に入ってからの幸手領の新田開発が拍車をかけることになるが、まず考えられる第一の理由ということになろう。

一方この時代になぜ幸手領が水不足になったのかも考察の重要なポイントになるであろう。そこで気付くことに会ノ川の締切がある。本来羽生領も同様であるが、幸手領でも会ノ川・古利根川・島川筋から取水していたと推定される。既述の「下高野村文書」もそのことを示唆してくれるが、文禄三年（一五九四）の締切以前からやゝ細流化していたので、取水は容易であったとみられる。ところが会ノ川の利根川分流口が塞がれると、会ノ川は流域の悪水を集める排水河川となり、極端に流量が減少したと思われる。会ノ川下流から取水している幸手領では、このため水不足に悩まされることになったとみられる。

一方羽生領であるが、会ノ川締切は洪水被害を低下させるというメリットをもつが、用水不足を招くことになる。そこで同領では福川《ふくがわ》流出口から導水する北河原用水を利用することになるが、必ずしも用水量が豊富であったわけではない。そこで領内に散在する池沼を利用したり、悪水を反復利用することで凌ぐことになる。なおこの時代には利根川本流に圦樋を伏せて取水する技術はなく洪水に耐えられる圦樋はできなかったとみられる。幸手領も同様で、水量豊富な権現堂川から引水する技術はなかったとみられる。

会ノ川の締切は、羽生領の悪水路の整備を勢いづけることになる。理由の一つは新田開発であるが、もう一つは悪水の反復利用のためである。先に記した一九本の悪水路のうち、数キロにわたり直線化された悪水路が多いことはそのことを暗示している。この悪水の反復利用方式が姥圦にも適用されたものとみられ、杓子木村は羽生領悪水流出の咽喉部にあたり、幸手領の水需要にある程度応えられると踏んだものと考えられる。なおこれらの工事を指揮したのは大河内金兵衛であるが、金兵衛のその他の事績についてはここでは割愛する。ただ留意されるべきことに、もう少し後に確立される「領域」を超えた工事がこの時代に行われていた点があげられる。金兵衛は羽生領の代官であるが、広域的な水処理を行っていたことは注目に値する。

4　万治三年本川俣圦の設置

万治三年（一六六〇）本川俣村に圦樋が伏せられ、利根川から常流水を導水する幸手領用水路が開削されている。用水路は羽生領を縦断して北篠崎村地先で会ノ川に注がれ、それより会ノ川・島川・古利根川を利用して幸手領に導水されたものである。本川俣圦の構造・規模は不明であるが、それより六年後に設けられた羽生領稲子《いなご》圦（羽生市）の例からみて、取水口断面の小さい圦樋であったとみられる。取水口が大きいことは、それだけ洪水による水災の危険度が高いことになるが、初めての利根川本流からの取水であり、小規模な取水圦樋であったと推定される。

利根川からの幸手領用水路の開削は伊奈半左衛門忠克によって成されたものであるが、その目的は幸手領の水需要の増大に応えるものであった。このことは既に記したように、幸手領の新田開発の増加が傍証することになる。一方これまで幸手領に用水を供給していた姥圦は、「横壱間ニ御伏替、栗橋川辺十四ケ村用水圦ニ被成」と、改変されることになる（前掲斉藤（治）家文書）。

ところで幸手領用水路の造成は、上流域の羽生領に三つのデメリットを与えることになる。第一は本川俣元圦の設置に伴う水害の危険で、当時の技術水準からみて圦樋の水門は洪水時に容易に打ち破られる可能性が強い。後年に何回かの洪水で元圦は打ち破られ羽生領域は水災を受けているが、これが杞憂でなかったことを証している。

第二に、幸手領用水路からの洩水による領内への湛水がある。後の記録によると本川俣村から川口村地内圦樋まで一万五五五九間(8)の用水路であるが、このうち会ノ川に合流するまでは羽生領の高所に設けられているため、洩水の危険が常につきまとうことになった。天保十二年（一八四一）に川口《かわぐち》村（加須市）に新たに悪水流入口が設置された時の議定書に、「今般領之故障有無御尋御坐候処、右葛西用水ノ義ハ万治年中ヨリ羽生領本川俣村利根川表ヨリ元水取入、井筋ノ洩水同領悪水ト相混シ自然低場ノ悩ミニモ相成候」と記されているのが、端的な例ということになる(9)。

第三は、羽生領悪水処理に関する危惧である。既述のように姥圦は改造され、羽生領の悪水は島中川辺《しまじゅうかわべ》領一四村の用水に利用されることになるが、ここで全部の悪水が使用されるわけではなく、島川を通じて流下する余水の処理が課題となってくる。何分幸手領用水は北篠崎村地先より下流は既存の河川を用水路にしており、用水路として独占されれば羽生領としては排水河川を塞がれることになるからである。

ところで北篠崎村地先より下流の幸手領用水路や取水口、および姥圦改修後の島中領用水路・取水方法などは必ずしも明確ではない。当時の記録は皆無の状況なので、後年の資料より両用水路と羽生領悪水処理の仕法をたどってみる。なお両用水とも相互に関連をもって錯綜した様相を呈することになるが、工事の仕法替は羽生領の悪水処理が大きな課題であったとみられる。

『新編武蔵風土記稿』の「島川」の項では、「万治三年水上高柳村ト埼玉郡川口村トノ間ニ堤ヲ築テ水流ヲ止メ(1)、下流八甫村以下ヲ用水堀トセシユヘ(2)」と記している。また同書の「古利根川」の項では、「川口村ノ東ニテ会ノ川ト合ヒテ一流トナリ、又二分シテ一ハ島川ヘソ、ギ、一ハ本郡ノ東界ヲ流ル、然ルニ後年ニ至リテ川口村ノソ、グ流レヲ築止メ(3)、ソコヘ葛西用水路を開カレシカバ、此川ヘ会スル利根の枝流(4)ヲ却テ本流トナシ、葛飾郡ノ界ヲ東流シテ栗橋宿と中新井村ノ間ニテ又利根川ヘ入レリ(5)」と記している（文中の数字は筆者記入）。

この記述は大略を記しているのでわかりにくいが、文中の(1)と(3)は島川の川口村と高柳村《たかやなぎ》（栗橋町）間に築止めを築造したことを示し、その目的は(3)のように会ノ川から流下する用水を幸手領に導入するためである。一方(4)は、(5)に示されるように栗橋宿と中新井村（大利根町）間を流下する水路なので、渡良瀬川の分流路とみられるが、この流路に島川の水を導入している（図2・3参照）。渡良瀬川の分流路とみられる河川は、地元の文書の上では「古川」と称せられているが、ここに島川の水を導入するためには(1)(3)の築止めが必要であり、またその目的は島中川辺領の用水を確保するためである（後述）。

幸手領用水の取水口については、正徳三年（一七一三）の八甫村役人の訴状の中に次のように記されている。「先年従伊奈半重（ママ）郎様羽生領本川俣村ニ幸手領用水圦壱ケ所御伏被遊、同領川口村ニ幸手領南側用水壱ケ所、八甫村ニ北側用水圦壱ケ所、同村ニ用水悪水差引仕候落圦壱ケ所、以上四ケ所之圦御伏被遊候ニ付、八甫村之儀幸手領上下村々へ取候霞三万石余之用水本ニ而御座候」（『鷲宮町史史料一近世』所収「八甫村諸記録写」）。この記録によると、幸手領用水はまず川口圦で分流され、それより流下して八甫村で幸手領北側用水が取水されている。ところが八甫村にはもう一つ落圦が築造されており、用悪水の差引をしている点が注目される。この文書の中には八甫村の絵図面も収録されているが（年代は不明）、これには用水路と島川を結ぶ「拾ケ領用悪水落」が明記され、「落圦」の記載もなされている。このことは既に引用した「下高野村文書」に、「八甫村用悪水圦之儀は幸手領下九ヶ領共用水不用〆切之後は相の川悪水ヲ吐、拾ヶ領用水不足之節は羽生領悪水ヲ引入用水ニ相用申候[10]」と記されていることと一致することになる。

図３　明治初期島川流域略図（迅速測図より作成）

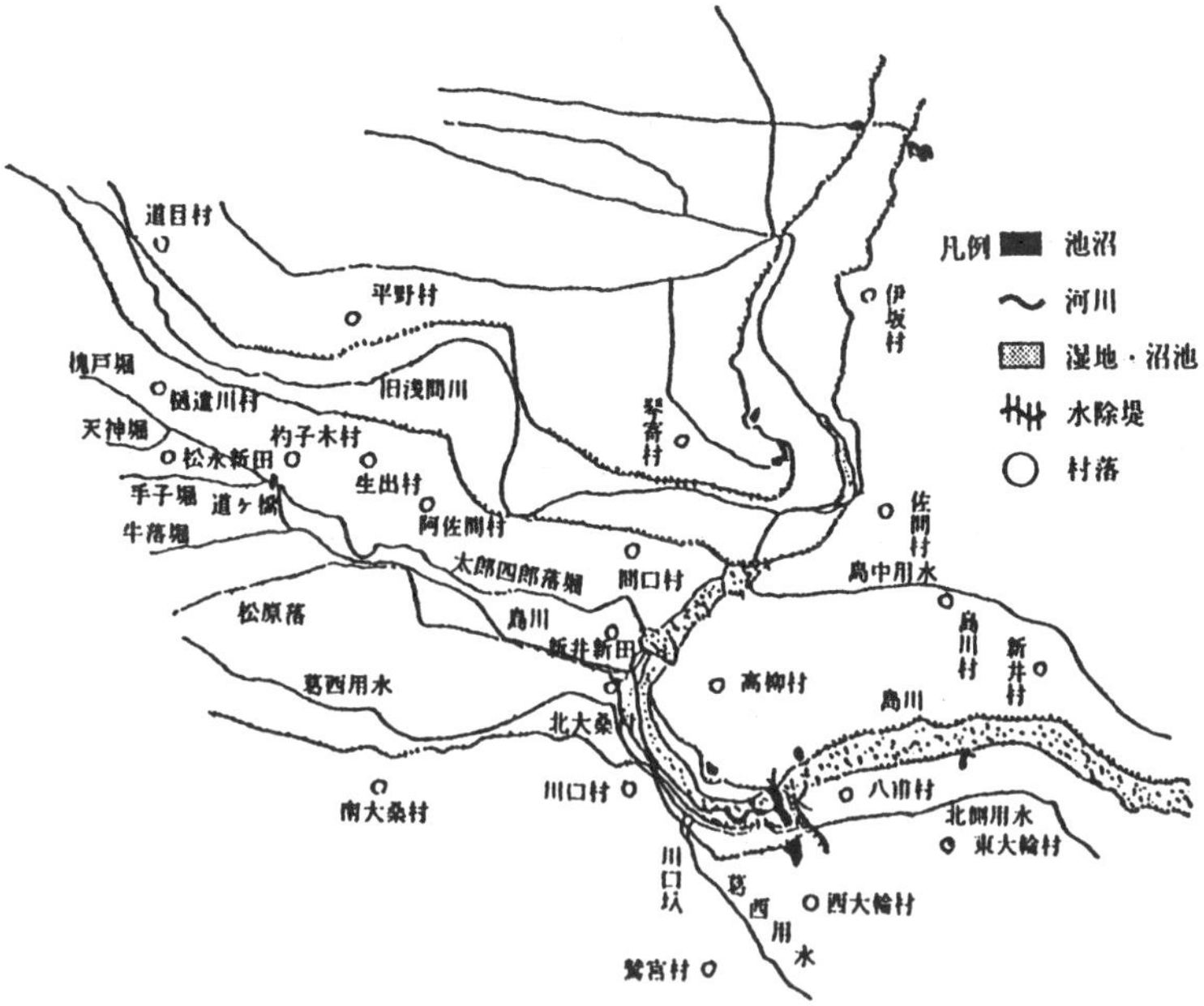

『新編武蔵風土記稿』の記述ではや、不分明であったが、高柳・川口間の築止めは用水を有効に利用するための施設で、島川の流れを完全に遮断したものではない。そればかりでなく八甫村には落圦を設け、羽生領の悪水を加用水として利用できるように整えていたことになる。幸手領用水の開削で「羽生領悪水は不要」になったのでなく、利用されていたのである。

一方姥圦から流下する島中川辺領の用水であるが、島川と太郎四郎堀《たろうしろうぼり》を通じて流下させている（図3参照）。太郎四郎堀は人工開削の悪水堀とみられ島川に平行したものであるが、おそらく杓子木村付近の羽生領下郷の湛水を防ぐために造成されたものと思われる。宝永二年（一七〇五）に代官より報告された文書によると、太郎四郎堀の長さは一八九四間、「是ハ杓子木・新井新田嶋川堀より、生出・阿佐間・間口・嶋中佐間村古利根川落口迄」と記されている。[11]「古利根川落口」は、浅間川と渡良瀬川分流（古川）が合流する地点であるが、万治三年にはまだここに十王圦《じゅうおういり》は設けられていない。この古利根川（古川）に流下した羽生領悪水は、嶋中川辺領佐間《さま》村（栗橋町）で取水され「島中用水」として利用されることになる（図3参照）。

古川への羽生領悪水の流下は、自然河川の流れを逆流させるという問題を伴う。既述の『新編武蔵風土記稿』でも、栗橋宿・中新井村地先の利根川に流下させたとあるが、本来この河川は栗橋宿地先より南流し、間口《まぐち》村（大利根町）地先で浅間川を合流して南西流し、新井新田・北大桑村（大利根町）地先で島川を合流し、今度は東南流している河川である（図2・3参照）。この古川は向川辺領の北側を流れる新川《しんかわ》開削後や、埋まったとはいえ、島川・古利根川方向に流下するのが自然の順流ということになる。後年の享和元年（一八〇一）向川辺領村々の排水についての嘆願書によると、「琵琶溜井まで凡里数三里余之間、分間水盛被成候所格別高下有之」[12]と記されているので、向川辺領から古利根川の琵琶溜井《びわためい》（幸手市上高野地先）方向に排水するのが順流ということになり、当時の人々が逆流させることの無理を認識していたことになる（大利根町小林家文書）。

以上万治三年後の羽生領悪水処理について記したが、大分細々と述べたのでここでまとめると、姥圦を流下した悪水は一部は島川の川口・高柳間築止めを利用して幸手領加用水に使用され、余水は島川より権現堂川に吐き出される。また一部は太郎四郎堀等を流下し古川に落とされ、それより島中川辺領・向川辺領の間を流下し栗橋宿地先で利根川に吐き出される。この悪水は、途中佐間村地先で取水され島中用水として利用される。姥圦は改修で「掛流《かけなが》し」になっているので、貯溜機能は停止されることになったが、その点羽生領下郷の湛水の危険は緩和されたことになる。しかし北大桑村・新井新田地先で悪水は二方向に流されることになり、しかも栗橋宿地先への吐き出しは自然の流路を逆らったものであり、羽生領の湛水危惧は残されることになる。

なお『葛西用水史』通史編・埼玉県刊行『中川』（人文）等では、万治三年に島川が開削されたと記されている。このことについては別稿に譲ることにするが、関連も深いので要点の二、三を記すことにする。『葛西用水史』では、「伊奈忠克は、八甫で締切られていた権現堂川の締切堤を取り払い、新規に旧権現堂川の河川敷づたいに外国府間の利根川まで、一条の悪水流し堀を掘削した。この掘削水路は八甫の対岸島川村を起点としたので、島川と称された。つまり島川の成立である」[13]と記されている。一方『中川』では、「島川は古くより利根川流路といわれているが、これは誤りで、万治三年の新水路である。これについては島川通り八甫村とその対岸新井村との草銭場出入、正徳元年（一七一一）評定所裁許がある」[14]と記し、以下「草銭場出入」を紹介している。

二つの「万治三年島川成立論」は、前記の八甫村と新井村（栗橋町）の草銭場出入りの裁許をもとにしている。この資料は既に本稿でも使用している「八甫村諸記録写」（文久元年一月写）であるが、これには次のように記されている。「八甫村答候は、五拾年以前御代官様より右古川之内ニ羽生領悪水落として中堀ヲ堀、其節より此中堀両村境ニ相定草銭上納仕来ル由申之」[15]（・印は筆者）。この引用文でも明らかなように、悪水落の整備はしているが、島川を新規に開削したとはどこにも記されていない。『葛西用水史』の「締切堤の取り払い」の論拠は不明であるが、正徳元年の草銭場出入り裁許を見る限り「島川成立論」は資料の読み間違いということになる。むしろこの資料は、川口・高柳間で島川を築止めたが、羽生領悪水を幸手領加用水として利用し、余水を島川に流すため流路を整備したことを証することになる。万治三年島川成立だと、後北条時代の舟運[16]はどう説明するのかということになるし、第一羽生領の悪水処理はそれまでどうなっていたのか、極めて整合性に欠けた論旨の展開ということになる。

ところでここで、開削した幸手領用水路と羽生領悪水路の交差について触れておきたい。既に記したように羽生領悪水路は万治三年以前に成立しており、幸手領用水路の造成はこれら悪水路を横断することになる。そこで設けられるのは埋圦か掛樋ということになるが、幸手領用水路が標高の高い所を通っているため、すべて悪水路は埋圦で通されている。上流から順にあげると、(1)城沼落堀の高橋圦《たかばしいり》、(2)宮田落堀の宮田圦、(3)岩瀬落堀の岩瀬落圦、(4)手小堀《てこぼり》の下谷圦《しもやいり》で、これらは万治三年築造され、以後御普請所で修覆されている。[17] ところが岡古井《おかふるい》落堀《おとしぼり》の上三俣圦《かみみつまたいり》（七釜戸《ななかまど》埋圦）は寛文元年（一六六一）、午落堀《うまのおとしぼり》の下三俣圦（正蓮《しょうれん》埋圦）は寛文三年に、共に甲府領代官樋田五郎兵衛によって築造されている。[18] 羽生領の大部分の村が甲府宰相の所領になったのは寛文元年なので、既に計画・準備は天領代官によって進められたと思われるが、わずか一年〜三年とはいえ、その間両悪水路の水はどうしたのかという疑問が残る。上流の高橋圦などと異なり上、下三俣圦は低地の交差で埋圦築造が困難であったと思われるが、大胆に推論すれば幸手領用水に合流された可能性が強い。既に二つの悪水路は存在しており、埋圦・掛樋が造られない限り、両悪水路を合流させるよりほかに方法はない。この推論に従えば、同用水は当初はここでも羽生領悪水を加用水にしていたことになる。

幸手領用水は北篠崎村地先で会ノ川に落されているが、当時会ノ川は排水路になっており、羽生領の一部の悪水は加用水化されていたことになる。また羽生領の領外の落合になるが、六郷堀《ろくごうぼり》は鷲宮村（鷲宮町）地先で古利根川（幸手領用水路）に落されているが、この河川は南羽生領五か村と鷲宮村の用悪水路で、ここでも悪水が加用水となっている。[19] 青毛堀《あおげぼり》は埼玉郡青毛村から吉羽《よしば》村（両村共久喜市）を通り古利根川に流入しているが、この河川は会ノ川右岸の南羽生領村々と騎西領村々の用悪水路である。[20] 古利根川に入っていることは、幸手領用水の加用水であったことを示している。見沼代用水路の星川利用でも同様であるが、既存の河川を用水路に用いる場合、当然これまで流下していた悪水を加用水として用いることになる。そして水利権の関係からみると、これまた当然既存の悪水の流下が優先することになる。幸手領用水もこれらを前提にして、会ノ川・島川・古利根川を利用したものと考えられる。

既に、幸手領用水の元圦である本川俣圦樋の取水量は小さいものであったと指摘したが、その少ない利根川からの取水量を補ったのが羽生領悪水の加用水とみられる。羽生領の場合も北河原用水の上に稲子用水を加えても、水田よりも畑地の多い耕作状況を示している。後発の稲子圦の取水量が少なかったことは本川俣元圦も同様で、この点からみると幸手領用水は、悪水の加用水化を前提にして成立したといえるであろう。

5　元禄二年生出水門の設置

元禄二年（一六八九）、羽生領生出《おいで》村（大利根町）に「生出水門」が設けられている。後年の記録によると「戸拾本・長八間・戸高サ三尺五寸」の規模であるが、また次のように記されている。(21)「是は羽生領悪水溜置嶋中拾四ヶ村用水ニ仕候、羽生領悪水差支迷惑致候節は不限何時ニ戸明流申候筈ニ、嶋中より証文取置申候、御普請組合ニは無之候、栗橋川辺嶋中拾四ヶ村懸りニ御座候」。

この記述でも明らかなように、生出水門は羽生領悪水の溜井で、しかも島中川辺領一四か村の用水にするための施設である。施設の管理は島中川辺領一四村で行うことになっており、御普請場ではないので用水受給村一四村の自普請場ということになる。ところでこの水門で注目すべきことは、羽生領で悪水湛水の危険がある時は、羽生領の要求に従い「不限何時」水門の戸を明け放しにするという約束である。悪水を流下させるという地元羽生領の先行権が優先するということになるが、島中川辺領一四村にとっては不利な条件にも拘らずここに水門を設けたことは、同領の用水需要が高まり、ほかに方法が見当たらなかったためと思われる。島中川辺領は向川辺領同様、四囲が大河川に囲まれている領域の狭い地域であるが、当時の技術では利根川・権現堂川からの取水は危険度が強くできないため、やむを得ず羽生領の悪水にたよることになったとみられる。

図４　生出水門と島中溜井概念図
（天明２年）（山野井家文書より作成）

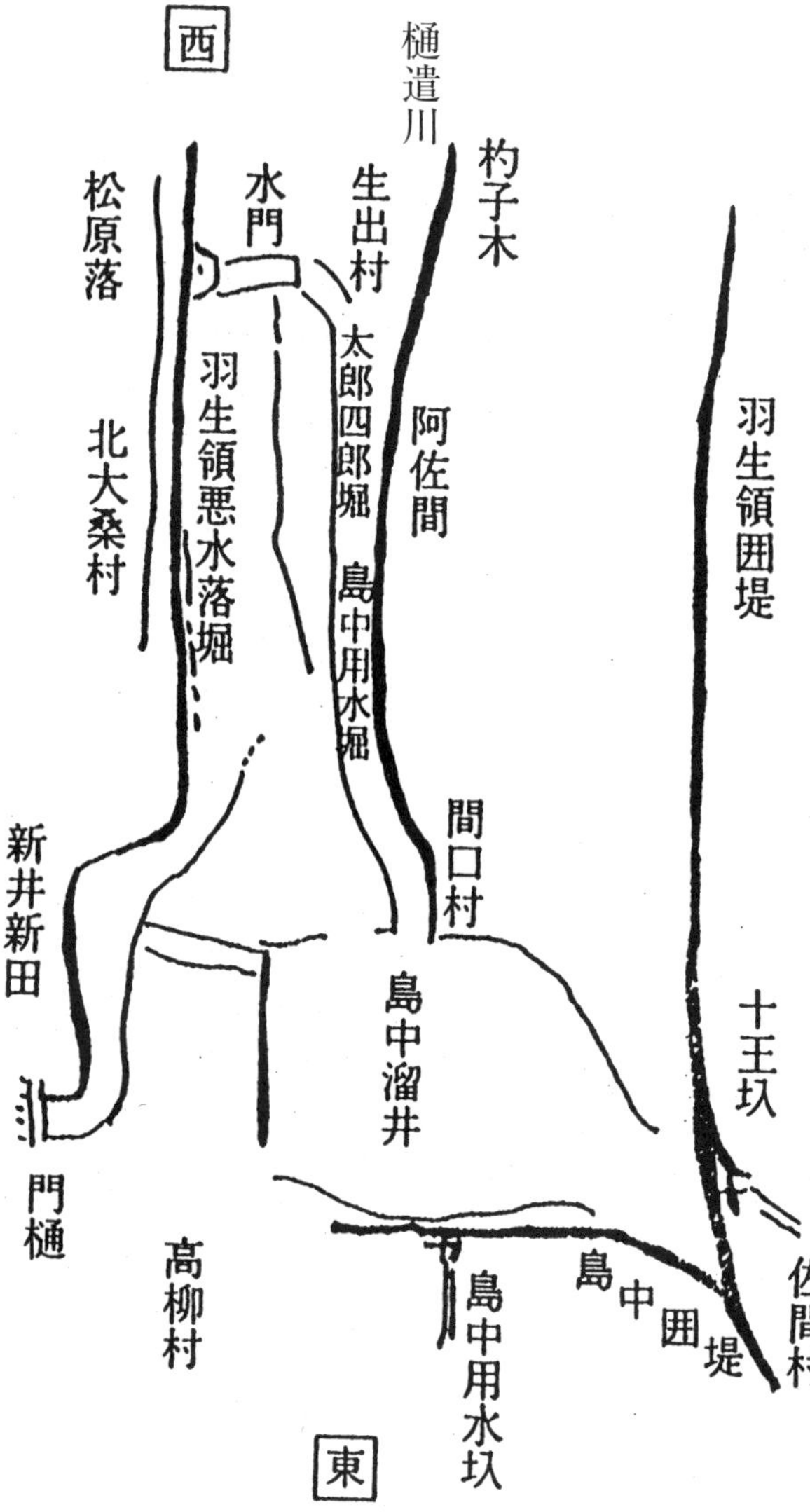

（『羽生領水利史』通史編より転載）

生出水門が設けられ、ば姥圦は不要、あるいは改築して機能を変える必要があるが、元禄二年の段階では手は付けられていない。姥圦が改築されるのは享保元年（一七一六）で、生出水門設置二七年後ということになる。享保元年の改築では姥圦の水門は横二間となり、羽生領悪水は掛流しとなっている[22]。元禄二年の段階で姥圦に手をつけなかった理由は不明であるが、結果としては近接して姥圦・生出と二つの溜井が並んでいたことになるので、当初は生出水門の貯水機能が危ぶまれたためかも知れない。その後生出水門が十分機能したので、これまでの横一間を二倍に広げ、姥圦の貯水機能を逓減させたものとみられる。羽生領にとっては、わずかではあるが溜井位置が下流に移ったことは朗報であったと考えられる。

元禄二年仕法替のもう一つの大きな工事は、十王圦の設置である。十王圦は間口村（大利根町）地先の浅間川と渡良瀬川分流（古川）の合流点に設けられたもので、生出水門同様伊奈半十郎忠篤によるものである。元文三年の記録によると、長さ二一間・横二間・高さ四尺で、御普請所で羽生領六九か村の担当となっている[23]。十王圦が羽生領組合に所属したことは、それ以前から島川・太郎四郎堀からの悪水管理が羽生領担当であったことを示し、それより上流にある生出水門が島中川辺領の担当であることは、同水門が後からできたためで、上下流で管理が錯綜することになる。

図4は、天明二年（一七八二）の生出水門と島中溜井付近を示したものである。大略を記した絵図であるが、生出水門と排出水路、および島中用水取入口付近が明確に記されている。ただ図中の新井新田（大利根町）地先の門樋（図の下方）は、宝暦九年（一七五九）に設けられた島川逆水留で、元禄二年の段階にはない。なお図の右方の「羽生領囲堤」は、浅間川に沿って設けられたもので、かつての利根川本流ともいえる大河に対する囲堤である。

この図で注目されるべきことに、太郎四郎堀に「島中用水堀」の名が冠されている点があげられる。太郎四郎堀は羽生領にとっては悪水路で、しかも同領の管轄であるが、用水堀の名が付されていることは、島中川辺領でそのように認識していたことを示している。次いで注目されるべきことに、「島中溜井」が記されていることがあげられる。この島中溜井は羽生領では「十王沼」と称しているが、(24)島中川辺領では自領の用水ということからこの名を付したものとみられる。

ところでこの絵図で明らかなように、島中溜井の南側の新井新田・高柳村間に築止めの堤防（堰）がみられる（図中の左方）。この堰留には余水を流すとみられる流路が島川まで付けられているが、明らかに悪水を貯溜するための施設である。羽生領の悪水は十王圦を通じて流出することになっているが、先にも記したようにこの付近の本来の流路（古川）は島川方向が順流なので、十王圦の堰留だけでは充分に貯溜できなかったものとみられる。そこで島中川辺領は羽生領悪水を有効に利用するために、新井新田地先に堤防を築いたものとみられる。なおこの築止めの堤防は、その後の変遷はあったが、明治初期の「迅速測図」にも明瞭に遺されている。

この築止め堤防の築造年は、残存の資料の上では不明である。羽生領の資料では十王圦や太郎四郎堀は記されているが、島中溜井は他領の施設のためか、まったく触れていない。ただ常識的に考えられることゝして、元禄二年に十王圦を築造した時、これだけでは島中川辺領は充分に取水できないので、同時に反対側に堤を築いたという推定が成立つことになる。しかしこの場合、島川の川口・高柳間の堰留は機能していた筈であるし、この築止めとの関係が甚だ曖昧である。既述のように、川口・高柳間の築止めは幸手領用水の有効な導入のために造成されたが、島中川辺領での用水取水の役割りも果していた筈である。この川口・高柳間の築止めが元禄二年に撤去され、または縮小されたので、その代りとして新井新田地先に築止めを造成したことになれば、極めて明解な説明がつく。しかし残念なことに、川口・高柳間の築止めの撤去は不明である。『新編武蔵風土記稿』の「島川」の項では、「其後隣郡埼玉羽生領諸村ノ悪水ヲ此川ヨリ利根川ニ落セシカバ、川幅モ漸クヒロゴリケレドモ、利根川満水ノ時ハ逆流シテ羽生領の村々動モスレバ水溢患アリシ」と記している。ここで単に「其後」とだけ記して、年代は明示されていない。このように島川築止めとの関連からみると、島中溜井の新井新田・高柳間築止めの造成年も不明ということになる。

正徳五年（一七一五）十一月、羽生領下郷の北篠崎村（加須市）では権現堂川・島川からの逆流水で被害がでていることを訴えている。[25] このことは基本的には利根川・権現堂川の押埋りで河床が上昇したことによるが、先の『新編武蔵風土記稿』の記述のように、羽生領の悪水が島川を通じて権現堂川に多量に流下していたことを証している。栗橋宿地先への悪水流下は、十王圦で制限されているため、島川方向への流出が中心であったことを示す。しかも権現堂川から島川を通じて逆水が押寄せていることは、川口・高柳間の島川築止めが機能しなかったことを窺わせる。即ち、正徳五年の段階では島川築止めは撤去、または一部撤去ということになる。正徳五年以前の大掛かりな改修工事は元禄二年ということになるので、この時点で改修が行われたという推定が成立つことになる。先には、島川築止め撤去や島中溜井の築止め堤の築造年は不明と記したが、北篠崎村の逆水被害からみると元禄二年に何らかの改修が行われていたことになる。資料が限られているので断定はできないが、元禄二年にも何らかの小規模な工事が施され、次の段階（大規模な改修は享保四年）の工事で完成したものと考えられる。羽生領悪水の有効な利用には島中溜井の造成は必要であり、また羽生領悪水の処理からみると、島川築止めは撤去、または流出水門が必要となるからである。

6　享保四年幸手領用水の仕法替

享保四年（一七一九）幸手領用水は大きく仕法替されて、東西葛西領を含む一〇か領用水組合へと編成替されている。即ち、葛西用水路組合の成立である。この編成替の目的や経過については、多くの紙幅を要するのでここでは割愛して、羽生領等上流域との関係に焦点をあて丶記してみる。

幸手領用水の大きな仕法替として、まず上川俣加用水圦の築造があげられる。上川俣元圦は利根川からの取水圦樋で、本川俣元圦の取水を補うものであった。享保四年伊奈半左衛門忠逵《ただみち》によって築造されるが、後年の記録によると上川俣村から蓑沢村（以上羽生市）迄千間の水路を開削して、これまでの幸手領用水路に繋いでいる。ところが利根川表の取水口に寄洲《よりす》ができ取水が困難となり、宝暦四年（一七五四）には取水は停止され、天明八年（一七八八）には加用水路も埋立られ新田となっている。[26]取水口付近に寄洲ができ再開工事が困難であったため不用圦になったものであるが、あっさりと加用水圦を放棄したことは、本川俣元圦の取水で充分との判断があったものとみられる。

『新編武蔵風土記稿』埼玉郡「葛西用水」の項では、「伊奈半左衛門・石川伝兵衛等、本川俣村ノ分水口ヲ切濶ケ、又別ニ上川俣村ニ水口ヲ設ケテ助水トセシニ、水カサ多ヲモテ程ナク宝暦年間廃セラレタリ」と記している。この記述に従えば、上川俣元圦は当初補助取水口として開削されたが、同時に本川俣元圦の取水口も切広げており、取水量が余分になったので上川俣元圦は廃止したことになる。葛西用水組合に編成替されても、取水は本川俣元圦一本で以後変わらなかったのは、享保四年に取水口が拡大されたためとみられる。この時点での圦樋の規模は、長さ二五間・横二間・高さ四尺五寸であるが[27]既に記したように当初は稲子圦と同様に取水口は小さなものであったと考えられる。稲子圦の規模は長さ二〇間・横一間・高さ四尺であるが[28]（元文三年）、これに比すと本川俣元圦は二倍以上の取水口である。このように取水口の拡大が、葛西一〇か領組合成立の前提であり、これなくしては編成替は不可能であったと思われる。当初は上川俣加用水の開削もあるが、幸手領用水の取水量の増大により用水路の拡幅が行われている。用水路の拡幅は羽生領の悪水埋圦の改造を伴うことになるが、享保四年にすべての埋圦が御普請で延長されている。最上流の高橋埋圦は、元文三年の記録では次のように記されている。[29]

「享保四亥春幸手領用水御広ニ付長弐間御継足御

伏替被下候所ニ、悪水落兼圦上年々水損仕、居屋敷迄地水押上難儀仕候ニ付、長拾九間・横弐間・高四尺ニ御伏替願候ニ付、池田喜八郎様水方御支配之節、拾三年以前享保十一丙午年御物入を以御伏替被仰付被下候」。高橋埋圦は用水路拡幅に伴う「継足」は二間であるが、同様に宮田埋圦は二間半、岩瀬落埋圦は三間、下谷埋圦は六間、上三俣埋圦（七釜戸埋圦）は四間、下三俣埋圦（正蓮埋圦）は三間半の継足になっている。ところが高橋埋圦はどうもうまく作動しなかったようで、埋圦の上流部に溢水の被害がでている。宮田埋圦も同様で溢水の被害がでており、この両圦は池田喜八郎によって享保十一年に伏替られている。幸手領用水の仕法替がこの時点でも羽生領に被害を与えたことになるが、いずれにしても羽生領悪水埋圦の継足は、幸手領用水路が享保四年に拡幅したことを証している。

元圦・用水路の改修に次いで大きな仕法替は、川口圦の増設である。既に万治三年幸手領用水が造成された時、鷲宮村・八甫村間の島川と古利根川の分流口は塞がれ、川口村の下から新堀が開削され、古利根川に用水が落されている。この用水が、幸手領の中郷用水・南側用水の水源となっている。ところが川口村には騎西領の大囲堤があり、用水路はこの堤防に圦樋を設けて流下させている。騎西領の大囲堤は会ノ川・島川・古利根川に備えるもので、会ノ川口締切後流量は少なくなり洪水の危険度は低下したが、大囲堤は旧態のまま存続している。この堤防に設けられた圦樋が、「川口圦」である。

川口圦の増設は、元圦取水量の増大や用水路の拡幅に対応するものであるが、新たに設けられた圦樋は「新圦」と称し、これまであった「古圦」の下流に設置されている（図5参照）。この「新古両圦」の作動によって、幸手領には大量の用水が流下することになり、ここに葛西一〇か領用水組合への編成替の前提条件が整うことになる。後年の記録によると、川口村新古両圦の規模は長さ六〇間・横二間・高さ四尺五寸である。[30]

幸手領用水の仕法替は、羽生領にとっては湛水の危険を高め、洩水の増大をもたらすことになるが、悪水の流下は元禄二年の仕法のままである。ただこれまでにない大きな変化としては、幸手領では以前のように羽生領悪水に頼らなくなった点があげられる。幸手領では利根川元圦からの取水量が増大したためであるが、しかしまったく羽生領悪水を利用しなかったわけではなく、会ノ川から悪水は幸手領用水に合流し、八甫村の島川悪水落圦は存続し必要に応じて悪水を加用水としている。

すでに前項でも記したが、島川簗止めはこの段階で改修されたものと思われる。資料の上では確認できないが、幸手領で羽生領悪水利用が減少すれば、それだけ余水を大量に島川に流出させせたとみられるからである。逆流である島中溜井方向への悪水放出は限られているので、島川への放出量が増大することになり、当然島川簗止め改修されたことになる。しかし羽生領での島川の記述には、「千五百四拾六間簗留上、二千四拾間簗留下」[31]などと後年まで記されているので、完全に撤去したという意ではなく、平常は悪水掛流しのように改修されたと考えられる。

7　天保十二年川口加用水圦の設置

享保期以降の羽生領の最も大きな課題は、島川の滞流と権現堂川・利根川からの逆流による被害の増大である。基本的には利根川・権現堂川・島川の河床の上昇によるものであるが、羽生領悪水の流出口が狭隘で、しかも同領下郷が低地であることが被害増大に拍車をかけることになる。羽生領では逆流の被害を防ぐため、河川流路の付替や逆水留門樋の設置を嘆願することになるが、結果としては宝暦九年（一七五九）に島川の北大桑村（大利根町）地先に「逆水留門樋」が設置される。この逆水留門樋設置までの経過については、先学の飯島章氏による優れた論稿があるので[32]本稿では割愛する。

北大桑逆水留門樋は、設置後必ずしも充分に機能していない。その第一は、相変わらず利根川・権現堂川が満水すると、島川を逆流する洪水は逆水留門樋にあたり、しばしば門樋を破壊したためである。天明三年（一七八三）浅間山大噴火後河床が飛躍的に上昇すると、島川逆流による被害は一層拡大することになる。[33] 一方羽生領においては、門樋があるため領内の悪水は排出されず、却って湛水の被害が増大するという問題が起ってくる。そのため門樋脇に悪水掛流しの水路を開削するが、被害を止めるまでには到っていない。逆水留門樋の位置が、当初羽生領が望んだ位置ではなかったことが、機能の不充分さを図らずも証明したことになる。

羽生領が逆水による被害増大や湛水で悩まされている時、隣領の向川辺領《むかいかわべりょう》も悪水の排出に苦しんでいる。同領も四囲が大河で、強固な堤防で囲まれているが、用水の取水口がなく天水に頼っている狭域な地域である。一方領内の悪水は中新井村地先から利根川に排出されるが、旧渡良瀬川の分流（古川）を使っての排出で逆流方向にあり、その上に利根川河床上昇が重なりますます悪水排出が困難となっている。詳細は省くが、結果としては文政二年（一八一九）十王圦を北大桑逆水留門樋脇に移転して、自然の流れに沿った島川へ悪水を流出させることになる。[34] 島川は、羽生領の悪水だけでなく向川辺領の悪水も加わることになる。

北大桑逆水留門樋の移転論は前々から出ているが、文政二年以降二領の悪水排出路となったため、ますます緊要となる。羽生領は宝暦九年の設置時と同様、島川の権現堂川吐口に移転を求めるが、下流域の反対もあり結果としては高柳村・八甫村に移転することになる。門樋は天保四年（一八三三）三月に移設工事が始められ、同年九月に終了しているが、羽生領は下流域の堤防補強・河川の浚い等に膨大な人足を毎年出すことを約束される。同領は逆水留門樋移転費だけでなく、余分な出費を強いられたことになる。[35]

多くの費用を費し、多数の人足を動員して移設した高柳逆水留門樋も、必ずしも充分に効果を発揮していない。特に羽生領内の湛水問題は門樋をやゝ下流に移しただけでは解決していない。そこで浮上するのが、排水を島川だけでなく他に求める方法である。天保九年に栗橋宿地先の旧渡良瀬川分流（古川）口、佐波《さわ》村（大利根町）地先の浅間川流入口は塞がれ、利根川には連続堤防が完成している。かつて逆流であったが栗橋宿地先へ一部悪水を排出していたが、この方向への排出は完全に断たれたことになる。残る低場は、古利根川方向ただ一つとなる。

今回の悪水疎通問題は、羽生領だけでなく島中川辺領・向川辺領の三領が利害を共有し、共同して改善を求めている点に特徴がある。文政二年の十王圦の移転以来、羽生領と向川辺領の準組合化は進められているが、天保四年の高柳逆水留門樋の設置を通して、島中川辺領とも共同の体制が整えられている。このように「領」を超えて課題を解決しようとする動きは、文政期以降の新しい傾向を示すものである。

葛西用水路に島川の悪水を新たに流入させることに、葛西一〇か領が即座に賛成したわけではない。三か領の悪水が流入すれば河床は上昇し、溢水の危険度は高まり、用水路の浚いや水持堤の補修などに多額な出費が予想されたからである。悪水導入の「川口圦」の工事は天保十二年（一八四二）に行われるが、葛西一〇か領はそこで反対給付を求めることになる。天保十三年六月結ばれた議定書によると、羽生領と両川辺領は次の二つの約束を負わされている。(1)普請役の差配により川口村新古両圦は開閉し、一〇か領の害にならないようにすること。(2)今後圦樋の伏替・水路の高埋り等で普請負担の増大が予想されるが、その時は三か領は百姓役で手伝普請をすること。[36] 約束の第二項はやゝ曖昧であるが、三か領が普請負担をすることで一〇か領は承伏することになる。

川口村での悪水導入は建前上は「加用水圦」で、葛西用水に新たに用水を加える意であるが、実際は羽生領等の悪水処理である。この「川口加用水圦」は天保十二年幕府の出金によって行われるが、これまで設置されている新古両圦より上流に設けられている（図5参照）。当時の葛西用水路は島川に「中堤」（背割堤）を築き、別な流路になっているので、川口加用水圦は中堤を穿ち島川と葛西用水路を繋いで設置されている（図5には島川の記載はなく、中堤の下方

図５　川口加用水圦樋付近図

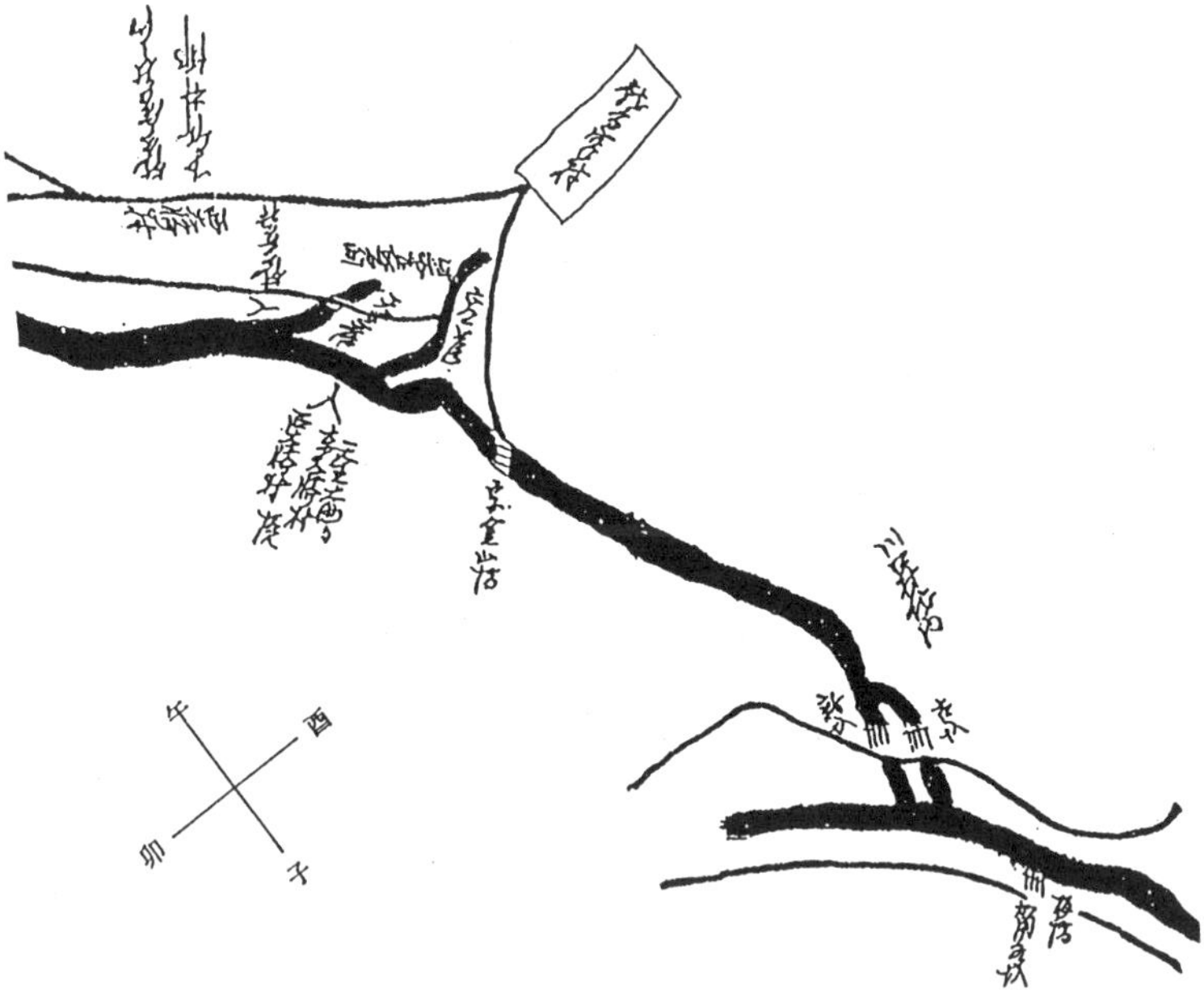

注(1)相沢家文書（№2023）「川口圦下模様替願書麁絵図」（慶応２年10月　部分図　埼玉県立文書館収蔵）。
(2)黒太線は葛西用水路。加用水圦は右下。
(3)右下細線は堤防で、上が川口堤、下が中堤。
(4)左上の細線は道路。　(5)中央上が鷲宮村。

（『羽生領水利史』通史編より転載）

が島川）。羽生領等の悪水は加用水圦から葛西用水路に落され、それより一部は新古両圦を通して古利根川方向に流下し、一部は東流して八甫村の北側用水圦方向に流れることになる。

川口加用水圦設置を果した三か領は、天保十三年六月次のような議定を結んでいる。加用水圦は御入用普請で設置されたが、御改正御掛り役人の指摘で、三か領の悪水落なので自普請で行うべきであるという申渡しがあり、三か領が新組合を結成して取極めたものである。(1)材木・鉄物代・切組賃・運賃等は、羽生領中・下郷三三村、両川辺一六村、合計四九村で負担する。御料・私領とも領主に高割出金を要請するが、不可の時は村々百姓役で差出すこと。⑵伏方入用諸色は、右四九村と羽生領北袋村等三村を合せ五二村が丸高、羽生領残りの三六村は半高で負担する。この惣高は三万九〇八九石二斗八升三合二勺九才。⑶人足は、⑴と同じ四九村は丸高、羽生領残り三九村は半高負担で高割で差出すこと。⑷潰地代金、年貢の負担は⑶と同じ高割で差出すこと。⑸関枠の戸板掛はずしと樋番は、羽生領三三村と両川辺領一六村の持切にすること。⑹関枠は低場村々の「お救仕法」を以て仰付けられたので、本川俣元圦はなるたけ締切りにし、三か領悪水吐落を優先すること。[37]以上の議定は今後の修覆等の負担を中心にしたものであるが、それにしても第⑹項は思い切った議定で、これを葛西側が承知したかどうかは不明である。しかしこの第⑹項は、三か領側の本音であることは間違いないであろう。

天保十二年の川口加用水圦設置で、三か領の悪水は万治三年幸手領用水開削以前に戻ったことになるが、葛西側と三か領側ではその認識に大きな相違があったようである。葛西側では用水路に悪水を入れるが、それは下流域を含めて差し障りがない時という条件が前提で、圦樋の開閉権はあくまでも同領がもっているという認識である。これに対して三か領は、圦樋の伏替や用水路の浚い・補修等に厖大な負担をしており、また自然な流れに沿って流下させるのは当然なので、常時流入門樋は明けるようにするべきであるという認識である。特に羽生領にとっては、幸手領用水開削以来大変な迷惑を受け、余分な負担を強いられてきたという被害者意識が強い。[38]このような両者の認識の相違が、明治期になって大騒動を引き起すことになる。

なお万延元年（一八六〇）には葛西用水路の高埋りのため、両者が改めて議定を結んでいる。それによると、三か領側は翌年より毎年人足二〇〇〇人を差出すことになり、[39]羽生領にとっては島川逆水留門樋移設以後毎年一万人以上の人足を出しているが、新たにまた負担が加わることになる。

8　まとめ

近世期羽生領の悪水は、幸手領用水との関連の中で処理されてきた。二つの領域が上流・下流という地形上の位置にあれば当然のことであるが、両領にはこれにいくつかの規制や条件が加わり、一層緊密でしかも緊張関係を醸しだすことになる。この点が、羽生領悪水処理の特徴でもある。

近世期に加わった新しい規制や条件の一つは、会ノ川締切りと新川（埼玉郡佐波村・中渡村＝大利根町）の開削である。この結果羽生領は用水源を失うとともに、やがて顕れてくる島川・古利根川の押埋まりで、悪水の流下も制限されることになる。会ノ川締切りは文禄三年（一五九四）、新川の開削は寛永期であるが、羽生領は二つの大きな利点を失うことになる。

第二の規制は、万治三年幸手領用水が開削され、用水路は羽生領を縦断し、しかも北篠崎村以下の会ノ川・島川・古利根川が同用水路に代替されたことである。幸手領用水路の縦断は、羽生領溢水による危険と洩水による被害をもたらすことになる。もちろん、本川俣元圦は利根川本流に設けられただけに、洪水による水害の危機感を常時羽生領に与えることになる。一方会ノ川等の用水路化は羽生領の悪水流下先を奪うもので、すべての悪水流下が排除されたわけではないが、同領にとっては先の規制に重なって悪水流下が制限されたことになる。

第三の規制に、利根川・島川・古利根川等の河床上昇がある。河床の上昇は近世期を通じ徐々に醸成されたものであるが、中期以降顕在化し、特に天明三年（一七八三）の浅間山大噴火により飛躍的な上昇をみることになる。河川の河床上昇による影響は羽生領ばかりが受けたわけではないが、利根川中流域で特に標高点の低い同領は強い影響を受けることになる。その顕れは、利根川等からの逆流による被害と領内の湛水による被害である。逆流による被害は、正徳期から資料の上に現れるが、中期以降の羽生領の最大の課題となる。

第四の規制は、当時の治水・利水に関する施策や慣行等が「領」を中心としたもので、領域を超えて行うことに種々の制約があった点があげられる。[40] 例えば島川逆水留門樋の設置は、羽生領では当初島川の権現堂川への吐口付近を主張するが、他領の合意が得られず結局は自領の北大桑村地先となる。享和元年（一八〇一）向川辺領は自領の悪水を古利根川琵琶溜井に落すことを提言しているが、幕府役人の判断は他領に差し障りがあるので不可というものであった。[41] このように領域の利害やこれまでの慣行もあるが、幕府の施策自体が「領」を中心にしており、しかも地元優先主義とでもいうべき仕法をとっている。この狭量な施策や慣行も羽生領にとっては大きな規制となっており、他領との関係を一層複雑なものにしていくことになる。近代になり古利根川・庄内古川等を合せて、中川という一大排水路を貫流させて、広域的に課題解決を実施したことからも、近世期の施策等の規制は明らかである。羽生領を取り囲む河川の状況が、領内だけで解決できる状況ではなくなっていたのである。以上いくつかあげた近世期に発生した規制や新しい条件の中で羽生領の悪水は処理されることになるが、悪水量の多寡は別にして、近世全期を通じて同領の悪水は幸手領等下流域で利用されている。享保四年の上川俣元圦の設置・用水路の拡幅以後悪水の使用量は減少するが、それでも島中川辺領は羽生領悪水に全面依存し、幸手領以下の下流域にも八甫村悪水落圦を使い時には加用水として用い、会ノ川・青毛堀・六郷堀等を通じて羽生領の悪水を使っている。これらの事例からも、「羽生領悪水不要論」は成立たないことになる。ただ享保四年の改修以後、幸手領用水に限っていえば、著しく羽生領悪水依存度を減少させたことは事実であろう。

羽生領悪水処理の特徴として、近世前期と後期で大きな変化があったことがあげられる。享保四年以前の前期では、羽生領の悪水は下流域の用水利用を中心に処理されてきた。ところが近世中期以降内川《うちかわ》である領内外の悪水路は押埋り、外川《そとかわ》の利根川・権現堂川の河床上昇で、領内の湛水と逆流によって被害が増大する。しかもその上に、幸手領等の悪水需要は低下することになる。このような状況の中で、近世後期の羽生領の課題は領内悪水の排出と逆流防御に大きく変化していくことになる。既に領内悪水の流下の中心であるべき島川へは、宝永二年（一七〇五）に下流域まで浚いの負担をしているが[42]、それ以前から他領域まで人足を出して普請を行っているところをみると、領内の湛水被害が顕在化していたとみられる。一方逆水による被害は、既に記したように中期以降顕著になり大きな課題となっている。逆水留門樋は宝暦九年設置され、天保四年に移設されることになるが、結局これも不充分で、天保十二年には川口加用水圦の設置となる。これら事例に見られるように、近世後期の課題は悪水の流出と逆水の防御に仕法が移し替えられている。近世前期の用水利用により処理してきたことと、大きな相違ということになるが、これは羽生領をとりまく河況の変化がもたらしたものである。

明治三十年九月九日から四日間にわたる川口圦をめぐる紛争は、同十三日憲兵隊を伴った郡長の説得で千名程の武装農民が解散し鎮静化することになるが、これは近世期に遺された課題が明治期に持ち越されたことを示している[43]。政府や埼玉県は、これら遺された課題の解決のために古利根川・庄内古川の改修を中心にして、新しい「中川水系」という排水路網をつくりあげて行くことになる。新しい土木工法も取入れているが、この広域的な水系の整備は、近世期に「領」を中心にした仕法で解決できなかったものである。近世期に存在した規制は、近代になり漸く排除されたということになろう。

〔注〕

（1）『中川』（人文）第二章第二節4「島川の成立と宝永元年洪水」の項。

(2) 同様な論述をしている市町村史に、『加須市史通史編』『春日部市史通史編Ⅰ』『久喜市史通史編上巻』がある。また『葛西用水史通史編』では、幸手領の新田開発で用水需要が増大したため幸手領用水が開削されたと記しているが、万治三年以降羽生領悪水は「幸手領にとっては余分になった」とも記している。
(3) 『荒川』（人文Ⅰ）第四章第二節5「紀州流河川工法による河川処理とその特徴」の項。
(4) 田部井家文書「羽生領弁外領々御普請組合覚写」（埼玉県立文書館収蔵）。
(5) 『中川』（総論・自然）「流域の池沼」の項。
(6) 斉藤（治）家文書「忍領羽生領水方御支配所之御普請所明細帳」（埼玉県立文書館収蔵）。
(7) 下高野村文書「諸方取調手控帳」天保四年六月（慶応義塾大学古文書室蔵）『新編埼玉県史資料編13』「治水」所収。
(8) 『越谷市史続史料編（一）』（「旧記壱」）。
(9) 大利根町田村義孝家文書「埼玉県北埼玉郡大桑村字川口ニ設置スル葛西井筋新古両圦開閉に係ル争論ノ事実」。
(10) 前掲（7）の「下高野村文書」。
(11) 前掲田部井家文書。代官飯塚孫次郎等が宝永二年に勘定所に提出したものであるが、寛政六年頃写されたものである。
(12) 文化七年九月「御普請願〆一条うつし」小林家文書（埼玉県立文書館収蔵）。
(13) 『葛西用水史』通史編。葛西用水路土地改良区刊。第二章「島川の成立」の項。
(14) 『中川』（人文）第二章「幸手領用水と島川の成立」の項。
(15) 前掲『鷲宮町史』史料一近世「八甫村諸記録写」。
(16) 年未詳六月三日「北条氏照書状写」『新編埼玉県史資料編6』中世2古文書2所収。
(17) 前掲斉藤（治）家文書。
(18) 前掲斉藤（治）家文書。
(19) 『新編武蔵風土記稿』「鷲宮村」の項。
(20) 前掲「久喜町」の項。なおこの河川は明治初期普請組合の再編をしているが、その中に南羽生領の多数の村が入っている（相沢家文書「上青毛堀・下青毛堀・天王新堀組合書上ヶ帳之写」明治四年十二月）。
(21) 寛政十年十月「組合、御普請ヶ所記」（見沼土地改良区蔵、埼玉県立文書館収蔵）『新編埼玉県史資料編13』（治水）所収。
(22) 前掲「組合　御普請ヶ所記」。

(23) 前掲斉藤（治）家文書。
(24) 前掲斉藤（治）家文書。
(25) 柿崎史生家文書「普請滞ニ付一村一領主へ差配替願」『加須市史資料編Ⅰ』所収。
(26) 前掲『越谷市史続史料編（一）』。
(27) 明治三年三月「葛西井筋・加用水路明細書」埼玉県行政文書埼玉県立文書館所蔵『新編埼玉県史資料編13』（治水）所収。
(28) 前掲斉藤（治）家文書。
(29) 前掲斉藤（治）家文書。
(30) 前掲「葛西井筋・加用水路明細書」。
(31) 前掲斉藤（治）家文書。
(32) 飯島章「武州羽生領における宝暦治水調査について」『埼玉地方史二三号』。
(33) 川田穣氏収集文書、享和二年四月「御普請組合羽生領七拾壱ヶ村忍領拾弐ヶ村高并地頭姓名附幷門樋組合仕来書控」埼玉県立文書館収蔵、『羽生領水利史通史編』所収。
(34) 羽生市稲子栗原家文書、文政二年五月「羽生領嶋川逆水留門樋跡江間口村十王圦場所替御普請目論見大積帳」。
(35) 栗原家文書天保四年三月「門樋模様替御普請中御用留」。
(36) 前掲田村家文書。
(37) 大利根町小林家文書「川口村関枠新組合三ヶ領議定書」（埼玉県立文書館収蔵）。
(38) 前掲田村家文書。
(39) 前掲田村家文書。
(40) 前掲飯島章氏論稿。
(41) 前掲（12）小林家文書
(42) 前掲田部井家文書
(43)「埼玉県行政文書」県治部公共組合C七八三六（埼玉県立文書館蔵）。
（本稿は、平成九年九月二十八日利根川文化研究会の例会で発表したものを、一部の資料を加えてまとめたものである）。

五　近世初期の元荒川上流部河況

1　はじめに

元荒川流域は、埼玉東部平野の中で古利根川と並んで主要な部分を占めており、現在下流域は都市化の進行が著しいが、上、中流域では県内屈指の美田がまだ残されている。これらの耕地の中には、近世初期に開発・整備されたものが多いが、当然元荒川の流路の変容と結びついたものである。

元荒川は、寛永六年（一六二九）に伊奈忠治によって荒川と分離され、以後流域の湧水や排水を集めて流下する河川となったといわれている。[1]埼玉県ではこれを「利根川東遷」と並んで「荒川西遷」と呼んでいる例が多いが、[2]現在大熊孝氏などの論証もあり、この「西遷説」は否定されている。[3]

しかし近世以前に遡っての河況の論証は必ずしも充分でない。やゝ近世が断絶されているきらいがあるが、近世初期の元荒川河況を考察する場合、中世資料の援用は是非とも必要と見られる。そこで本稿では、若干戦国末期の資料を利用して、元荒川上流部の河況の考察を試みてみる。

寛永六年の伊奈半十郎による工事は、「瀬替」ではなく単なる現元荒川分流口の締切りであることは、先に記した大熊孝氏の論稿で明らかであるが、慶長期に溜井が設置されたという瓦曽根村《かわらぞね》（越谷市）は余りにも下流部にある。流路の途中での取水も考えられ、それが瓦曽根村付近の流下水量の減少をきたしたという推論も成り立つ。そこで近世初期の最上流部河況の考察が必要ということになるが、これまで埼玉県内ではほとんど論じられていない[4]。資料は限定されるが、近世初期の元荒川最上流部の河況を考察することによって、元荒川分流口締切説はより確固たるものになると思われる。

元荒川・古利根川流域には、近世初期には池沼や湿地が数多く所在したといわれている。これらの池沼や湿地は洪水時の遊水池機能をもつが、近世初期から中期にかけて新田開発の対象となっている。幕府や諸藩の新田開発政策もあり池沼や湿地は減少することになるが、これは洪水時の遊水池の減少をもたらすことになる。この遊水池の減少が、これまで近世中期以降の大水害頻発の原因の一つと論じられている[5]。

しかし一般論として論じられているが、具体的な事例に基づいての論証は余りなされていない。本稿では「寛文期の河況」としてこの問題をとりあげ、併せて当時の元荒川上流部の河況について触れてみる。

星川《ほしかわ》は元荒川中流部の篠津村《しのづ》（白岡町）地先で合流するが、近世期には忍領の悪水が流入する排水河川となっている。その点元荒川上流部と同様であるが、地域的にも近接し、類似の性格をもっているので一体の河川として把える必要がある。忍領の変容は両川に大きく影響を与えるが、この視点からも一体のものとして考察すべきことと思われる。一方星川は騎西領と隣接しており、両領域の自然条件の相違もあり、特別な課題をもつことになる。既に本誌第八号の拙稿でも触れているが[6]、元荒川上流部の河況を考察する場合、両川の一体性もあり再度とりあげてみる。

元荒川の用水堰は、河況を知る上では重要な対象である。論稿中で「戦国期の水堰」について記すが、続いて近世初期の用水堰について考察を試みたい。これまで元荒川の用水堰は普請や水論の対象として論述されている例は多いが、[7]用水堰の構造や河況に関連して記されたものは少ない。資料が限定されていることがこれらの結果を招いたとみられるが、ここでは後年の資料であるが、用水堰の構造と元荒川上流の河況を結びつけて若干の考察をする。

やゝ任意な構成であるが、これは近世初期という古い時代で資料が限定されるためである。本稿で利用される資料はいくつかの新出資料もあるが、大部分は既に知られている資料である。これまでとは違った角度から資料を見直すことによって、埼玉東部平野の重要な部分を占めている元荒川上流部の近世初期の河況が、幾分でも解明できればと思う。

２　戦国期の水堰普請

戦国末期、小田原の後北条氏は武蔵国に侵出し領国整備に力を入れているが、河川の普請にも領民を動員している。天正八年（一五八〇）七月二日、後北条氏は井草郷《いぐさ》（川島町）領主細谷資満《ほそやすけみつ》と百姓中に対し印判状を発給し、当年の大普請人足五人を荒川堰の大普請に十日間従事させるため、七月七日荒川端に集り立川伊賀守の指揮に入ることを命じている。[8]印判状に記されている「荒川之堰」「荒川端」の正確な位置は不明であるが、後掲の資料などから河川は現元荒川筋とみられる。「大普請役」は、当時支配者の後北条氏が領民に課したもので、城普請や河川の普請に動員させることを示している。[9]岩付《いわつき》城主太田氏房《おおたうじふさ》は天正十二年（一五八四）二月八日、井草の細谷資満分百姓中と八林《やつばやし》の道祖土《さいど》図書《ずしょ》分百姓中に印判状を発給し、「箕田郷《みだごう》堤水堰」普請のため、来る二月二十日より二十九日までの十日間の出役を命じている。[10]井草分は五人、八林分（川島町）は一人の出役である。太田氏房は後北条氏配下の城主であるが、課役の百姓は鍬・簣《もっこ》を持って箕田郷（鴻巣市等）へ参集せよと書き添えている。そして奉行の申すごとく普請を致し、朝は天明から夕は日の入りまで働き、一日遅参した場合は五日間召し使うという、大変厳しい課役となっている。文中に「是ハ惣国之法」と記しているので、後北条氏は領国に厳格な普請体制を布いていたことになる。

天正八年・同十二年の印判状で示されている「荒川」は、現在の元荒川と考えられる。理由の第一は、「堰」「水堰」の所在である。現在の荒川の熊谷市久下付近より下流の流路は、岸高で用水を耕地に導水するには大変困難な地形にある。仮に用水堰を設け取水しても、耕地の灌漑は堰から遙か離れた下流の地となる。ところが、荒川左岸側は大宮台地が所在し標高も高く、鴻巣市以北の取水堰では水が耕地に乗らないことになる。

一方荒川右岸の場合にも、遠方まで用水を流下させるには市ノ川などの荒川に注ぐ河川があり、これを横断させるには技術的に困難が伴う状況にある。また荒川右岸地域は東に向かって低くなっているため、自然流下をさせるためには現荒川よりできるだけ西側に用水路を設けなければならず、これまた技術的に大変な工事となる。一方荒川右岸の下吉見領・川島領は、用水源として溜池・湧水・上流からの悪水・越辺川《おっぺがわ》等の使用が可能で、新たな用水路を引くほどの需要があったのかどうか、甚だ疑問ということになる。(11)以上のような理由から水堰に適する地点を考えると、印判状の荒川は現在の荒川流路ではなく、現元荒川ということになる。

「堰」「水堰」の所在地は箕田郷内の元荒川筋となるが、正確な位置は不明である。戦国期の箕田郷の境域は明らかでないが、近世に箕田郷を冠する村は箕田村（鴻巣市）を本郷として一七か村といわれ、新田村として分村したものもあるので、合せて一九か村となる。(12)現在の鴻巣市北部から吹上町を含む地域で、東は元荒川・西は荒川を界としている。おそらく、戦国期もほぼ同様な境域であったとみられる。広域な箕田郷域であり、しかも印判状では細かな場所を示す文言もないので、「堰」「水堰」の正確な位置は明らかでない。

図1　元荒川上流部略図
（「迅速図」より作成）

ところで後述もするが、近世の箕田郷内の現元荒川には用水取水堰が二か所ある。榎戸《えのきど》堰と三ツ木《みつぎ》堰であるが、この二つの堰とも元荒川が鉤形に屈曲している部分に位置している（略図参照・後掲資料）。灌漑する耕地の位置や取水河川の流量にも関係するが、河川の屈曲部に堰を設けることは最も効率的な位置である。河川の流量が少ない場合はなおさらで、河川の水の流下方向に取水口を設け、容易に取水できることになる。近世の箕田郷内の元荒川で、大きくほぼ直角に屈曲している部分は榎戸村（吹上町）・三ツ木村（鴻巣市）地先の二か所で、戦国期も同様であったとみられる。戦国期でも堰を設ける位置は、近世と同じような条件の選択がなされたと考えられるので、榎戸村・三ツ木村地先に所在した可能性が強い。もちろん元荒川はかなり蛇行を繰り返しており、堰の設置には好条件の位置が多数所在していたことになる。この視点に立つと、榎戸村・三ツ木村地先に特定することにはやゝ無理があるともいえる。

　印判状で記された「水堰」がどのような構造なのかは不明であるが、推定される構造は河川中に堰を築き水位を上げて溜井化し、その側面に圦樋を設けて取水したものとみられる。後年の記録であるが、天保十五年（一八四四）十月の「元荒川通堰々仕来覚」によると、榎戸堰について次のような記述がある。[13]「前々蛇籠締切ニ而用水掛ケ引仕、満水之節は洗堰取払悪水落来候処、享保十三申年関枠ニ模様替御願申上候所、御取調之上同十五戌年皆御入用を以関枠ニ被仰付候」。この資料中では、三ツ木堰についてもほぼ同様に記述されている。この文言によると、享保十五年（一七三〇）に関枠になる以前は蛇籠《じゃかご》による締切りであり、しかも洗堰の構造で、河川が満水の時は堰の取払いをしている。蛇籠は竹製であったとみられるが、満水の時取払っているので簡便な構造であったことになる。近世初期の堰の構造は以上のようなものであるが、戦国末期もおそらく同様なものであったと推定される。

　ところで天正十二年「水堰」のあった時代、現元荒川の河況はどのようなものであったのか、詳細を伝える資料は皆無である。しかし「水堰」の所在から考えると、現元荒川の流下水量は極めて少なかったものと推定される。流下水量が多ければ、蛇籠による堰の構築は不要であり、また堰の築造そのものも困難である。一般に流量の多い河川では堰は設けられず、側面からの圦樋による取水仕法である。万治三年（一六六〇）に本川俣《ほんかわまた》村（羽生市）に設けられた幸手領用水圦樋(14)、寛文六年（一六六六）に稲子《いなご》村（羽生市）に設けられた羽生領用水圦樋(15)等がその例である。これらの事例からみても、当時の現元荒川は流下水量が極めて少ない河川であったことになる。

現元荒川の流量が少なかったことは、山地からの常流水が全く流下していなかったか、あるいは一部の流下水に留まっていたことを示す。秩父山地からの常流水が全量流下しておれば、印判状の「水堰」構築は困難と考えられるからである。このことは現元荒川が、箕田郷より上流部で分流されていたか、あるいは山地からの河川と閉鎖状況にあったことになる。後年記されているように、現元荒川は近世初期に現荒川と分離されたのではなく(16)、既に戦国末期に分流化、または最上流部が閉鎖状況にあったと考えられる。この分流地点、あるいは閉鎖地点は箕田郷より上流部にあるので、地形的には大里郡久下村付近となる。印判状の「水堰」の構造がや、不分明なので大胆な推定となるが、「水堰」という名称と、後年の資料から導かれた結論である。ここでは近世初期に行われたという「荒川西遷論」は成り立たないことになるが、現元荒川がいつ頃からこのような河況になったのか、その点は資料の制約もあり不明ということになる。

3　寛文期の河況

寛文十年（一六七〇）八月、岩槻領四八か村の村々が奉行所宛に一つの訴状を提出している(17)。訴状の趣は、前々から阿部豊後守知行の忍《おし》領の悪水は元荒川通りに流れ落ち、川越藩主松平甲斐守知行の騎西《きさい》領の悪水は星川《ほしかわ》（菖蒲川とも）通りに流下していた。ところがこの度、栢間《かやま》領にある四つの大沼を、柴山《しばやま》村（白岡町）半兵衛・市郎兵衛・荒井《あらい》新田村《しんでん》（白岡町）善右衛門・下大崎村《しもおおさき》（白岡町）権左衛門等四人の名主が、江戸町二人・小林村《おばやし》（菖蒲町）七左衛門等三人と結んで新田開発を計画した。まず元荒川・星川に沿って一里余の水除堤を築き、沼の上流に当る笠原堤《かさわら》（鴻巣市）では沼への悪水の落口を築留にして、忍領の悪水流下を遮断して沼の新田化を計ろうとする出願である。この計画が実施されると、忍領の悪水は一挙に元荒川に流入し、星川からの悪水流下もあるので、下流部の元荒川・日川《にっかわ》沿いの村々は溢水による水害を受けることになる。元荒川・日川沿いの一万六千石余の岩槻領四八か村はこの新田計画に反対なので、新堤築造・悪水落口築留は停止してほしいというのが訴状の趣意である（「略図2」参照）。この資料は写しの文書であり、一部欠字や出訴の村名・名主の名前等欠けているが、寛文期という比較的古い時代の元荒川上流部の状況を伝えている。資料記載で注目されることの一つに、元荒川が忍領等の悪水を集める河川になっていたことがあげられる。既に寛永六年（一六二九）に、伊奈半十郎によって荒川との分流口は塞がれているが、その結果元荒川は流域の湧水や悪水を集める河川になっていたのである。

一方、流域に所在する大小の池沼が遊水池機能を持っていたことも注目される。この訴状では新田開発が計画された四つの沼は明示されていないが、文面からは小林前沼・小林後沼・栢間沼・柴山沼等であったとみられる。下流の岩槻領四八か村が新田計画に反対している最大の理由は、笠原堤にある忍領悪水落口の閉鎖である。訴状では笠原堤からの排水路がどのようになっていたのか不明であるが、笠原堤は元荒川の水除堤なので、元荒川から小林前沼・小林後沼等に導水する水路が設けられていたものと推定される。元荒川へは小河川を通じて忍領の悪水が流入しているので、沼への水路遮断は元荒川流下水量の増大を招来し、そして上流の流水量増大は、下流域の岩槻領村々にとっては水害の危険を高めることになる。訴状の文面では星川については具体的に記してないが、星川沿いに新田囲堤を築く計画があり、そして柴山沼が開発されると遊水池機能が失われ、星川を通じて騎西領の悪水は一挙に元荒川に

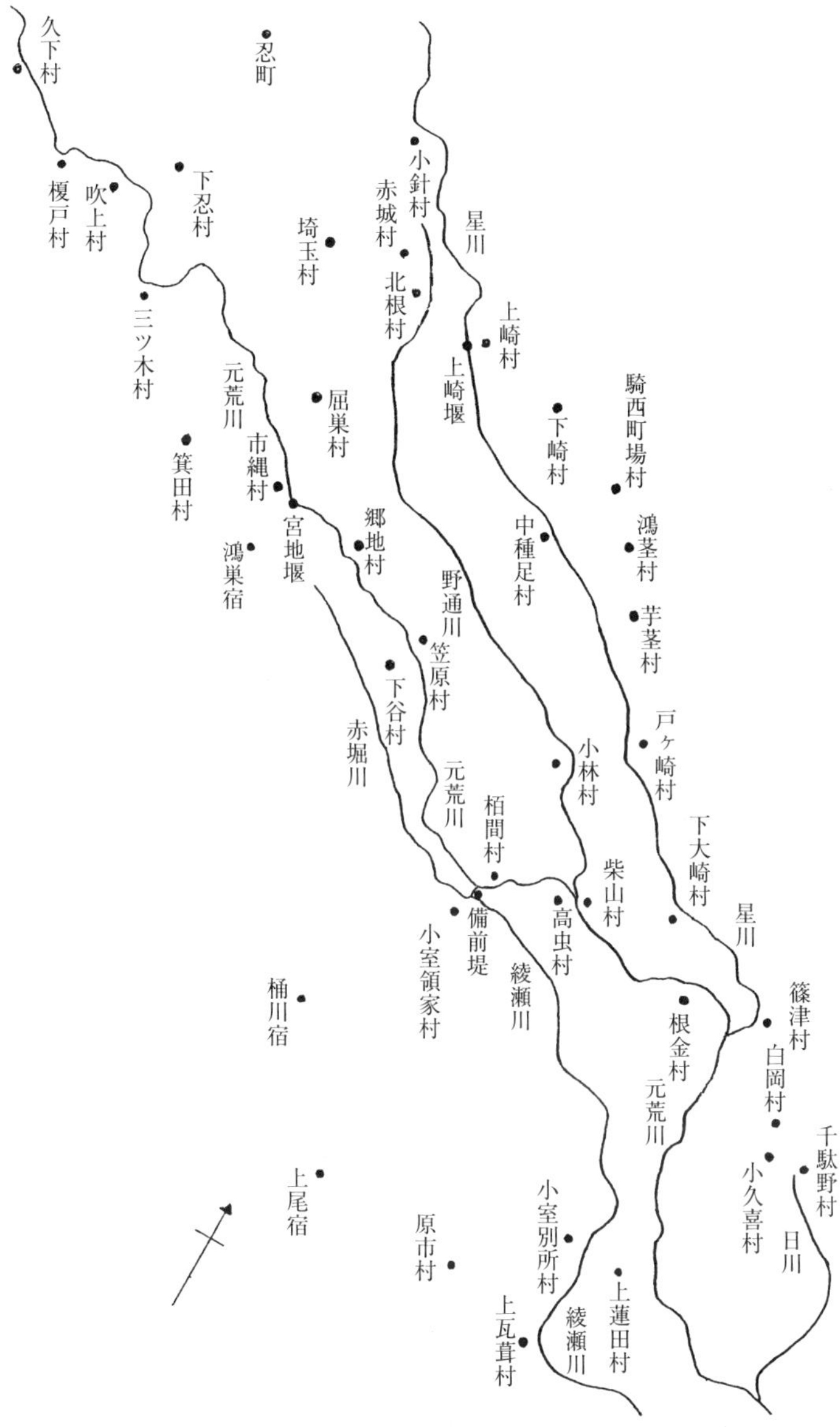

図２　元荒川・星川・綾瀬川略図
（「中川水系流域図」より作成）

流入する。忍領の悪水と同様に、下流域に水害の危険を高めることになったとみられる。埼玉東部平野には大小の池沼が数多く所在し、これが遊水池機能をもっていたといわれるが、訴状は忍領・騎西領での好例を示していることになる。

一方元荒川河身そのものも、押埋が進行し排水機能が著しく低下していたものとみられる。後の項でも触れるが、元禄十四年（一七〇一）三月元荒川最上流部の久下《くげ》村・佐谷田《さやだ》村（熊谷市）等六か村が普請終了証文を提出している。[18]この証文には、河身の押埋や河岸の築出しのため水捌けが悪くなったことが記されているが、既に近世初期から排水力低下は進んでいたものと考えられる。

先にも記したが、寛文十年訴状には「岩付領荒川通・にっ[日]川通此連判之村々石高壱万六千石之余水損仕」と記されているが、村名の記載は欠けている。「日川通」の名があるので、岩槻藩領の北部領域にあたり、元荒川では中流域の村々を指すとみられる（図2参照）。ところで「日川通」の村々では、同じ年の寛文十年四月に評定所から水論の裁決を受けている。[19]争論は埼玉郡白岡《しらおか》村（白岡町）と同郡小久喜《こぐき》村（白岡町）・千駄野《せんだの》村（白岡町）で争われたものである。三村は地頭の相談もあり水除として堤を築いていたが、白岡村の悪水は水路を設け日川に落としていた。ところが洪水のため、堤にも水口を掘り白岡村の悪水を流す状況となる。これに対して小久喜村・千駄野村は堤の水口を塞ぐ手段をとるが、白岡村は迷惑至極と訴えることになる。小久喜村・千駄野村は堤には前々より水口はなかったと主張し、白岡村が十余年以前に夜中忍んで堤に水口を明けたものであるとも述べている。堤の水口見分は二名の検使役によって行われるが、五年以前まで水口はあったがそれ以後は塞がれていることが明らかになる。そして日川への排水路を掘ったために水除堤が築造されており、堤の水口は必要ないと断定している。評定所の裁決は、寛文十年四月四日付で老中稲葉正則以下の署名で出されている。

この日川争論は小久喜村・千駄野村が水除堤を築いたことに端を発するが、裁許状には記されてないが、おそらく新田開発等もあり水除堤が必要になったものとみられる。洪水時に堤に水口が掘り明けられているところをみると、両村にとっては水除堤として機能していたことになる。一方上流側の白岡村では、堤沿いに排水路がありながら堤に水口を明けたことは、日川の排水が充分でなかったことを示している。また洪水時の白岡村には、上流筋の星川方面からの溢水が押寄せられているとみられ、水口の掘り明けは止むを得ざる手段であったと考えられる。いずれにしても、河川の押埋・新田開発・遊水池の減少等の歪みが、元荒川中流域の村々に顕れていたことになろう。

上流域の新田開発計画に反対し、元荒川の溢水を恐れる岩槻領村々自身にも、内部で排水に関する対立問題を抱えていたことになる。このことは元荒川が全流路にわたり流れが悪くなっており、排水問題が大きな懸念課題になっていた状況を示している。元荒川分流口が完全に閉鎖されて四〇年余、緩流河川は一層緩流化するという河況になっていたことになる。

4　元荒川最上流部の河況

近世初期の元荒川最上流部の河況がどのようになっていたのか、具体的に明示する資料は現在残されていない。そこでやゝ後年の資料になるが、これらの資料を基にして若干の考察を試みたい。

先に記した資料であるが、元禄十四年（一七〇一）三月十日、佐谷田村外五か村は元荒川最上流部の普請の終了証文を忍藩役人に提出している。[20] ここでは元荒川を「古川」と記しているが、川幅が明確に示され、押埋で浅くなった箇所の川浚い、狭くなった箇所の切広げという大掛りな工事を行っている。当時、元荒川最上流部の普請担当村は佐谷田村・久下村等六か村であるが、この年の普請では隣接の領内持田《もちだ》組より人足五〇〇人の援助を受けている。六か村の動員人足数は記されていないが、隣接村から大量の人足援助を受けているので、規模の大きな普請であったことになる。

表1は、普請区分別の川の長さと川幅を示したものである。佐谷田村等六か村の普請持場は榎戸堰から源流点までになっており、資料では上流へ遡る形の普請区分になっている。表中の「壱里山」は棚田村《たなだ》（行田市）の小字壱里山とみられ、(21)元荒川が北東に袋状に屈曲する部分の位置にあたる（図1参照）。この地点は、隣接の久下村・江川村《えがわ》（熊谷市）の荒川堤防上に中山道が通っており、幕末期に作成された「中山道分間延絵図」(22)によると、江川村地先に一里塚の記載があり、棚田村字壱里山は隣接する位置ということになる。なお現在、高崎線行田駅北口一帯に「壱里山町」の町名が付されている。表中には「ぎはん」の地名が記されているが、佐谷田村の小字に「帰帆」の名があり、(23)この位置に相当するとみられる。資料では「ぎはん」の記載であり、後世になって清音の地名になり、「帰帆」の漢字名が付されたのかどうかその点は不明である。普請の最終地点である「八町前出水」は、佐谷田村の小字「八町新田」地内とみられる。「出水」の文字があるので水源とみられるが、『新編武蔵風土記稿』の佐谷田村の項では、「村ノ西字八町新田ニ鎮座スル雷電社ノ御手洗ヨリ、清泉湧出シテ流ル、ハ則コノ川ノ水元ナリ」と元荒川について記しているので、この位置に相当すると思われる。

この年春の普請は、水捌けが悪くなり流域に水損地が出たためであるが、工事の主体は川浚いと川幅の狭くなった箇所の切広げである。そのために普請後六か村で結ばれた議定でも、真菰等の苅取り・両岸の築出し禁止が取り極められている。特に川幅が狭くなったことに意が注がれており、川端への柳・榛の木・真菰・葭等の植栽は厳しく禁じられている。資料中に川幅が記されていることは、このような村々の意図を反映したものとみられる。

ところで表1にみられるように、川幅は上流に遡るに従い狭くなるのは当然のことであるが、途中においてかなり

表1　元荒川最上流部普請時の川幅（元禄14年）

区分番号	川の長さ	川幅
1	榎戸堰～壱里山 104間	24間
2	100間	16間３尺
3	94間	12間３尺
4	20間	17間
5	70間	12間
6	100間	18間
7	88間	８間
8	64間	15間
9	44間	14間
10	50間	８間
計	12丁18間	

区分番号	川の長さ	川幅
1	壱里山～ほうせん橋 840間	５間
2	ほうせん橋～分出ばし 200間	５間
3	同上 550間	５間～ ３間１尺
4	分出ばし～いい玉堰 175間	３間１尺
5	いい玉堰～こい瀬 445間	３間
6	こい瀬～久下堰 30間	２間
7	久下堰～ぎはん 340間	２間
8	ぎはん～りうきゅうばし 308間	２間
9	りうきゅうばし～八町前出水　69間	２間
計	49丁17間	

注（１）埼玉県立文書館収蔵「久保家文書」No. 611
「古川通御証文之帳」より作成。
（２）表中の「川の長さ」は榎戸堰を基点として上流への長さを示す。
（３）表中の地名は文書記載のままであるが、一部省略したものもある。
（４）川の長さの合計は記載のままで、一部不整合である。

広狭の変化が激しい。これは川筋が蛇行を繰り返しており、その変化が川幅の変化に繋がっているとみられる。榎戸堰の上流一〇四間分は川幅二四間と特に広いが、ここは溜井的な要素があり広くなっていたと思われる。「壱里山〜ほうせん橋」は川幅五間と急に狭くなっているが、この部分は川筋が大井村・棚田村に向けて袋状に大きく蛇行している所にあたる。「いい玉堰」付近で大きく蛇行した部分は終るが、これより上流は二〜三間と川幅は一段と狭くなっている。「いい玉堰」の位置は不明であるが、久下村に飯玉神社があり[24]、この村の東端に位置するとみられる。川幅の一覧を概観して特に注目されることは、最上流部が二〜三間と極端に狭くなっていることがあげられる。この部分は久下村と佐谷田村が接する地域であるが、榎戸堰を遡ること一里ほどでほぼ十二分の一から八分の一に狭まっていることは、珍しい事象ということになる。

元禄十四年の普請から一二〇年余過ぎた文政五～七年（一八二二～二四）に、『新編武蔵風土記稿』が作成されている。この編さん物の元荒川流域村の項では、やゝ区々な記載であるが、元荒川の川幅が記されている。文政七年編さんの大里郡の部では、佐谷田村で二～三間と記し、久下村では「幅二間、トコロニヨリテハ二十五間ニ及ベリ」と書かれている。文政六年編さんの埼玉郡の部では、大井村（棚田・門井・新宿村を含む）で六間、鎌塚村で一二～一三間と記している。文政五年編さんの足立郡の部では、榎戸村で五～六間、吹上村で一三間となっている。また大里郡の元荒川の概略を記した項では、「川幅水上ニテ二間、榎戸辺ニテハ二十五間許」と記している。

『新編武蔵風土記稿』の記述はやゝ大まかであるが、概して元荒川最上流部の記述は元禄十四年とほぼ同様な川幅の数値である。一二〇年余も経て同じ川幅であったことは、普請組合で取り極められた数値が守られてきたことを示す。百年余の年限のうちには、河床の上昇や河岸の築出し、それに洪水による土砂の流入など、川幅が変化する要因は数多くあった筈である。ところが川幅の変化がなかったことは、それだけ管理をする普請組合の役割が機能していたことになる。

この文政期の数値をみると、元禄十四年より七二年遡った寛永六年（一六二九）の元荒川分離時も、ほぼ川幅は同様であったことが推定される。寛永期の普請組合はどのような状況にあったのか詳細は不明であるが、忍領全体としては寛永十二年（一六三五）に利根川・荒川を含めた普請組合が成立しており、その中に元荒川最上流部の久下村・佐谷田村・大井村（棚田村・門井村・新宿村を含む）も含められている。[25] 普請組合の所在は、川幅の維持を初め、河川の管理がなされていた可能性を示すことになる。この推論を敷衍させると、寛永六年の元荒川分離時から最上流の久下・佐谷田村付近の川幅は二〜三間であったと推定される。

ところで、近世初期から二〜三間という川幅の狭さは何を示すのであろうか。秩父山地からの大量の流下水に耐えられるには、余りにも狭い川幅ということになる。少なくとも十数間の川幅がなければ、荒川本流としては機能しなかったと思われる。この考察から導かれるものは、既に中世の早い段階に荒川は分流化されており、しかも元荒川最上流地点の分流は細流であったことになる。もちろん分流河川は一つとは限らず、いくつかの川筋に分かれていたとも考えられる。荒川の分流は、伊奈半十郎が元荒川口を塞ぐ遥か以前に、既に細流となっていたことが窺える。

5　元荒川と星川

星川は、埼玉郡篠津《しのづ》村（白岡町）地先で合流する元荒川最大の分流河川である。流下する位置や地形から、中世以前には利根川の分派とも推定され、流域には大規模な自然堤防集落が数多く所在している。近世中期以降は流路の一部が見沼代用水路に転用され、その点変容の激しい河川でもある。

近世期の星川は、元荒川上流部と同様に広大な忍領域等の排水河川となっている。流路の一部が見沼代用水路となった中期以降も、この排水機能はそのまま活かされており、このような視点でみると星川は元荒川上流部と類似した河川ということになり、抱える課題も同様である。類似した河川であるが、地理的には忍領の東部を流下し、利根川の影響の強い河川でもある。その点忍領の西部を流れ、荒川の影響を強く受ける元荒川上流部とはやゝ性格を異にした河川といえる。

星川沿いの地域にはいくつかの田畑囲堤がみられるが、騎西領内田ヶ谷《うちたがや》村・上崎《かみさき》村（騎西町）地内の堤も利根川筋から流下する洪水の防御堤である。後年の資料であるが、文政十三年（一八三〇）三月の新川《にっかわ》用水組合議定書には次のように記されている。[26]「内田ヶ谷村・上崎村地内堤之儀ハ往古ヨリ騎西領御囲堤ニ御座候テ、先年松平伊豆守様御一領之節ハ大切之御場所ニ付、年々御普請被遊堅固ニ罷在候（中略）近来利根川筋床高ニ相成、川筋相湛へ、星川通天明之頃ヨリ度々出水致シ有《ママ》候処、右堤通へ《ママ》一体ニ手弱ニ相成、其後度々領内出水致シ一同難儀困窮相嵩罷在（後略）」。資料中の「松平伊豆守」は松平信綱で、寛永十年（一六三三）五月から同十六年正月まで忍《おし》城主に在任している。騎西領の一部はその時信綱の所領となっているが、文中の「御一領之節」はそのことを示しているとみられる。信綱は寛永十六年正月川越城主となるが、正保四年（一六四七）には加増されて騎西領・羽生領の一部が所領となっている。[27]騎西領所領は騎西町場を中心とした地域で、『武蔵田園簿』でも内田ヶ谷村・上崎村は信綱の所領である。資料に記されているように内田ヶ谷村・上崎村に田畑囲堤が築造されていることは、星川流域が近世初期には利根川からの洪水の危険に曝されていたことを示している（図3参照）。星川は利根川の影響を強く受ける河川であるが、既述したように忍領の排水河川という共通性もあるので、元荒川上流部と一体のものとして考察する必要がある。

ここでも近世初期の河況を示す資料は僅かであるが、後年の資料によって類推することとする。星川の近世初期の河況を示す資料に、上崎堰をめぐる一連の争論資料群がある。この上崎堰争論については、本誌第八号で記しているので詳細は省くが、[28]この争論の主原因は当時の星川の河況によるものである。貞享元年（一六八四）三月八日忍領二二か村は、新川用水（騎西領用水）の取入口である上崎堰が不当に変更強化され、星川の流れが悪くなったため忍領村々に湛水の被害が出ていると出訴している。[29]この争論は翌年二月三日内済議定となるが、[30]近世中期以降も度々争論を繰り返している。争論の主点は堰の規模や堰台の高低であるが、地形の上でも忍領側は低地で騎西領側は高地であることも争論の原点にある。一方訴状にもみられるように星川の排水が悪くなっていることは、河床の上昇や両岸の築出しで川幅が狭くなっていることを示している。内済議定でも「指柳・植木」等の禁止、河岸の削取りなどが決め

図３　上崎堰・埼玉沼付近略図
（「迅速図」より作成）

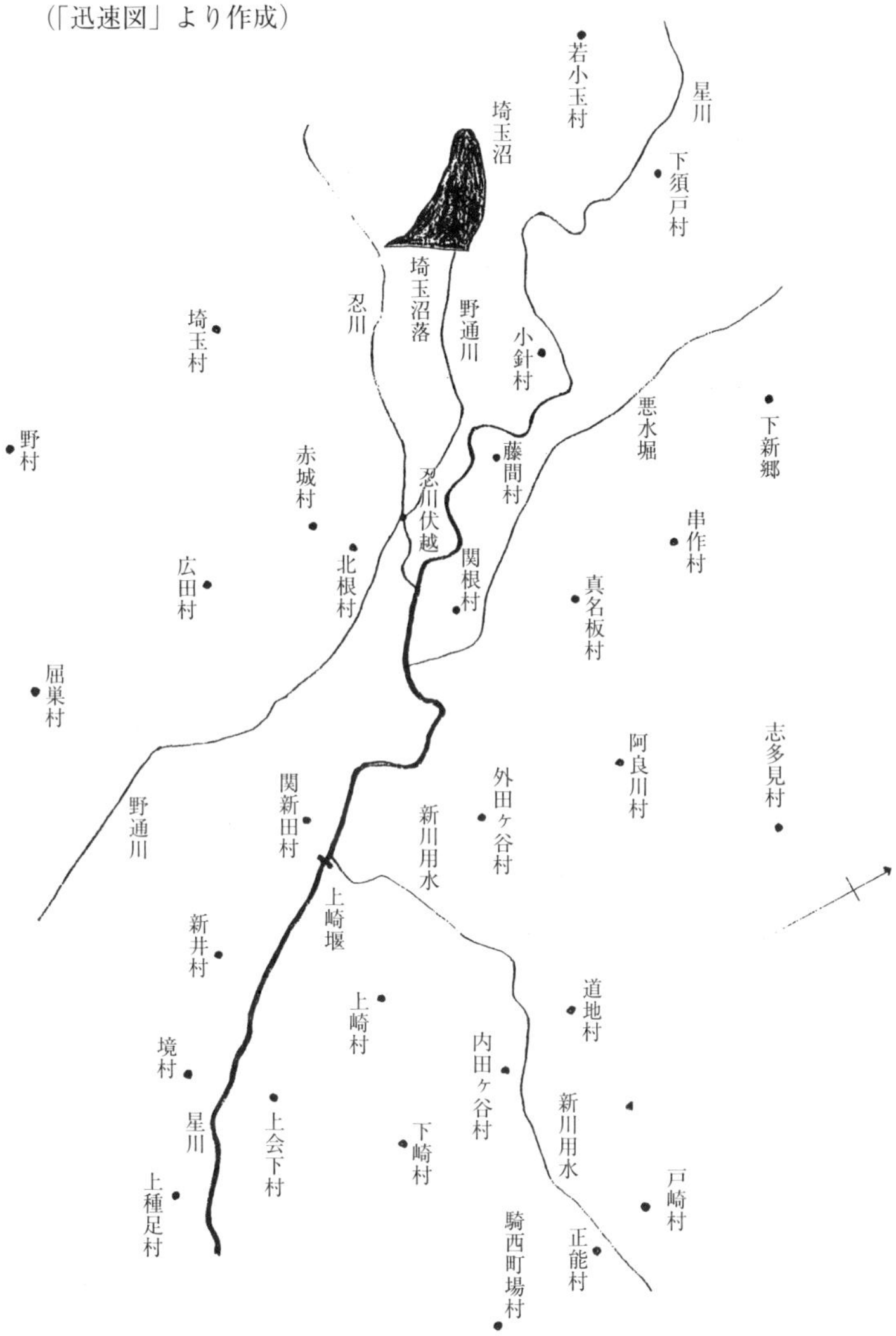

られているのは、当時の星川の河況を顕していることになる（図3参照）。

星川の分流の一つに忍川《おしかわ》があるが、この小河川の一部は忍城の城内濠より流出しているが、忍領の排水河川で北根《きたね》村（川里町）地先で星川に合流している。ところが星川は近世初期の段階より河床が徐々に上昇しており、排水路の忍川も充分機能しなかったようである。忍領そのものが低地ということもあるが、合流先の星川の河床上昇が排水渋滞に拍車をかけたことになる（図3参照）。

後年のことになるが、忍川流域の広大な埼玉沼《さきたまぬま》は享保十三年（一七二八）井沢弥惣兵衛により新田化されている。見沼代用水路開削に伴う流域の開発の一環であるが、新田は隣接の埼玉《さきたま》・小針《こばり》・若小玉《わかこだま》・長野《ながの》村（行田市）の持添になっている。新田の検地は三年後筧播磨守によって実施されるが、水溢の危険があるため宝暦期に新田の中央に堤を築いて西半分が沼に戻されている。この沼の部分は若小玉・長野村分で、新田化された部分が埼玉・小針村分である。(31) 新田開発の不成功は排水路である忍川が充分機能しなかったことを示し、合流先である星川の流れが悪くなっていることも窺わせる。

幕末期の資料であるが、忍川と同様に埼玉沼付近を水源とする野通川《やどおりがわ》に関し、天保十五年（一八四四）三月の「野通り浚藻刈覚」という資料が遺されている。(32) この資料は排水河川である野通川の浚・藻苅について記したものだが、近世中期に河川が整備され、幕府の定掛場に指定された時代の状況も記されている。野通川の浚・藻苅組合は笠原村等一九か村で構成されているが、資料中に「元文三午年極月廿一日御勘定所ニ而被　仰付候」とあるので、この年組合が正式に発足したことになる。川に沿って浚・藻苅の間数の丁場割がなされているが、最上流は「埼玉沼落より忍川伏越迄」として埼玉村・小針村の担当となっている。この項の記述に、長野村・若小玉村については「右弐ヶ村は宝暦三酉年中締切出来、浚組合相除」とあるので、先に記した「宝暦期」の埼玉沼の西半分を戻した年次は宝暦三年

（一七五三）ということになる。野通川最上流部で注目されることは、「忍川伏越迄」と記されているように、埼玉沼新田の排水が直近の忍川に流されているのではなく、新たに排水路を開削し流下させている点である。しかも忍川との交点で新排水路に伏越が設けられたことは、忍川河床が高かったことを示している。新田開発の段階で忍川の河床は上昇しており、その上星川への流下が不可能という河況であったと考えられる。排水路の川筋を変えたことは「忍川伏越」が象徴することになるが、以後埼玉沼新田の排水は野通川となり、新田を持添とする埼玉・小針村も「野通川浚・藻苅組合」に所属している。なお野通川が定掛場になるのは宝暦十三年（一七六三）十二月で、申渡し書には「埼玉郡埼玉沼落口より同郡芝山村迄、堀長四里余、組合高壱万五千弐百三拾石余、埼玉郡拾九ヶ村組合」と記されている（図3参照）[33]。

「忍川伏越」を記した野通川浚・藻苅組合丁場割資料から、既に新田開発した享保十三年の段階で星川は河床が上昇し、忍領の排水を充分に受入れることができなかったことは明らかである。上崎堰争論のあった貞享期より、悪水の流下が悪くなっていたことになり、この点は、元荒川上流部と同様である。なお現在忍川は流路が変更され、吹上町袋地先で元荒川に直接流下されている。また埼玉沼からの排水路は、旧忍川に伏越として残されており、行田市長野地域からの「長野落」も旧忍川を伏越の形で野通川に流下している。

6　元荒川上流部の用水堰

近世の用水堰については既に「戦国期の水堰普請」の項でも触れたが、元荒川上流部に設けられた用水堰を概観して河況の考察を試みたい。近世の元荒川上流部には、榎戸《えのきど》堰・三ツ木《みつぎ》堰・宮地《みやじ》堰・笠原《かさわら》堰・栢間《かやま》堰・領家《りょうけ》堰の六堰がある。このうち「領家堰」は、村方文書の中では「竜伏越」「備前堤竜圦樋」などとも記されており、や、区々な呼称となっている。

元荒川上流部の用水堰についても、近世初期に記した資料は皆無ともいえる状況であり、そこで後年に作成された資料により考察を進めることとする。ただ「戦国期の水堰普請」でも記したように、設置場所は不明であるが戦国末期に用水堰が所在したことは明らかであり、近世期の用水堰もこれを受け継いだものと考えられる。表2は、先にも引用した後年の資料であるが、天保十五年（一八四四）十月「元荒川通堰々仕来覚」を一覧にしたものである。領家堰については記されてないが、元荒川上流部にある五つの用水堰について記している。記載には繁簡もあり未記載の部分もあるが、一部の内容については他の資料より補って表中に記した。(34)

この資料で注目されることは、堰は蛇籠による締切りで、洗堰の構造を伴っていたことである。もちろん用水の取水堰なので、堰の側面に圦樋などの取水口があったことになるが、この資料では宮地堰以外は圦樋の規模は記されていない。蛇籠による締切堰がいつ頃築造されたのか記されていないが、資料では「前々蛇籠締切ニ而用水掛ヶ引仕」と記している。榎戸堰・三ツ木堰は享保期に「関枠」に模様替しているが、それ以前の模様替については記していないので、「前々」は近世初期からの意とも解せる。既に前の項でも触れたが、近世初期の用水堰は柴草による草堰・土俵による土堰・竹製の蛇籠による竹堰や石堰が一般的である。比較的簡便に築造でき、しかも好都合なことに堰の高さも自由に変えることができ、その上堰の一部を洗堰にすることも自在である。近世初期には全国各地に数多くみられる構造であり、元荒川上流部でも同様であったとみられる。(35)

前項の「戦国期の水堰普請」でも記したが、近世初期から蛇籠による締切堰であったことは、元荒川が既に分流化、または最上流部が閉鎖状態にあり、流下水量が少なかったことを示している。秩父山地からの豊富な流下水があれば、蛇籠による締切堰の設置は不可能であり、また洗堰にする必要もなかったと考えられるからである。大量の流下水の

表２　元荒川上流部の用水堰

用水堰名	模様替以前の用水堰			模様替後の用水堰	組合村
	用水堰の構造	満水時の措置	模様替年		
榎戸堰	蛇龍締切・洗堰	洗堰取払	享保15年	関枠長さ４間 横３間・高さ５尺	８村
三ツ木堰	蛇龍締切・悪水吐樋 長さ8間･横1間･高さ5尺	悪水吐樋より 流下	（享保17年）	関枠長さ３間・横４間 高さ５尺１寸	14村
宮地堰	蛇龍締切･洗堰幅８間	洗堰取払	模様替せず		25村
笠原堰	（蛇龍締切）洗堰幅４間	（洗堰取払）	寛政５年	関枠長さ４間・横５間 高さ６尺５寸	11村
栢間堰	（蛇龍締切）洗堰幅４間	（洗堰取払）	寛政５年	関枠長さ４間・横５間 （高さ未記入）	１村

注１．羽生市教育委員会収蔵「栗原新吉家文書」No. 327「元荒川通堰々仕来覚」（天保15年10月）より作成。
２．表注の記載文字は原資料記載に従った。（ ）内の記入は間接の言及、また他の資料より補った事項を示す。
３．宮地堰は模様替されないが、用水取り入れの圦樋は長さ６間・横２間・高さ６尺である。

ある河川では、既述の利根川の本川俣圦・稲子圦のように、河川の側面に設置する圦樋の構造となる。蛇籠による締切堰は中小河川に設けられるものであり、元荒川が大河でなかったことを証している。なおこの資料からは明らかでないが、近世初期に元荒川が細流であったことはこの時代に急に形成されたものではなく、前代から続いていたことを窺わせることになる。

享保期に草堰・竹堰が関枠化したことは、技術的な進歩を示し、流下水の有効利用という当時の風潮を表している。もちろん関枠化には多額な出費を要し、村方がそれだけ財力的にも豊かであったことになる。ところで榎戸堰・三ツ木堰の早期関枠化に対し、宮地堰の遅れが目立っている。宮地堰の遅れの最大の理由は、上流部の忍領村々の反対が続いていたためである[36]。中でも隣接の忍領箕田《みだ》霞《かすみ》（鴻巣市）の村々は強硬に反対しているが、関枠化によって元荒川が滞流し、上流域に溢水の危険が高まるためである。満水の時は締切土俵等を取払うことになっているが、堰の上下流間の利害の対立もあり取払いが思うように進まず、時には上流の箕田霞側で人足を出している。それでも締切土俵の取払いが五、六分で終ることもあり、悪水の吐方が不充分になり上流側は難渋し、それならば堰の幅員を八間から六間に減ずべきであるという案がでてくる仕末である。[37]このような上下流間の対立が幕末の天保期まで続いていたため、結局この段階になっても関枠に模様替ができないでいる。

宮地堰をもつ鴻巣領と、上流側の箕田霞は隣接しているため対立が先鋭化しているが、箕田霞側の悪水が宮地堰の直近の上流部に流下しているという事情もある。[38]箕田霞側にとっては、宮地堰は悪水の流下を妨げる最大の障害ということになる。一方この対立の背景として、元荒川の川筋そのものの川幅は狭められ河床は上昇して、排水能力が著しく減少していたことが窺われる。この川幅の狭まりや河床の上昇は近世初期からのこととみられ、少なくとも榎戸堰が関枠化した享保十五年の段階で顕著になっていたとみられる。宮地堰が榎戸堰と同時に関枠化できなかったことは、上下流間の対立がこの頃既に発生していたと考えられるからである。

元荒川の用水源は流域の湧水もあるが、上流域の悪水を再利用する仕法である。上流の榎戸堰・三ツ木堰には成田《なりた》用水[39]を使用した村々の悪水が元荒川に流下しており、それを堰止めて用水として利用している。三ツ木堰より取水する箕田霞は、再び悪水を元荒川に流下させ、その流下水を宮地堰で取水する鴻巣領の村々が利用している。少ない水量を繰返し利用するのは近世日本の利水仕法の特色で、[40]一面では極めて合理的な水の利用法である。しかしここには絶えず上下流域の対立が内在しており、天候の変化や河況の変化で忽ち争論に発展することになる。水の繰返し利用を巧緻な仕法と感嘆するのは良いが、当事者の農民にとっては絶えず争論の原因を抱えている状況にある。所詮利用できる水量が少ないことがこのような利用法を生むが、元荒川もこの例にあったといえる。流量の少ないことは、元荒川の河況を端的に示すことになるが、この状況は近世初期から続いていたものとみられる。用水堰資料の上でも、近世初期の元荒川は流量の少ない細流ともいえる河川であり、流域の排水を集める河川である。この点からも、分流化して久しいことを窺うことができる。

7　まとめ

戦国末期に元荒川上流部で水堰普請が行われたことは流下水量が少なかったことを示し、元荒川の荒川からの分流化、または元荒川最上流部が閉鎖状態にあったことを証することになる。そして近世初期に最上流部の川幅が極端に狭かったことが、この論証を補強することになる。この結論から、従来唱えられてきた「荒川西遷説」は潰え去ることになろう。なお元荒川上流部の細流化は急激に形成されたものではないので、分流化または閉鎖状態は戦国末期より遥か以前の時代に形成されていたことを窺うことができる。

河川流域の池沼・湿地は洪水時に遊水池となり、水溢の被害を緩和するものといわれているが、寛文期の岩槻領村々の訴状は村方の懸念を具体的に示してくれる。そしてここでは元荒川上流部を、分流河川である星川を含めて広域的に把えている。広域な流域の変化や川筋の変化を含めた河況が、下流の村々に大きな影響を与えたことを例証している。一方寛文期という近世初期の段階で、元荒川上流域でも沼池・湿地の新田開発の動きがあったことを伝えてくれる。

近世中期の新田開発では、忍川の排水が機能せず星川への流下が不可能となっている。結果としてこれが野通川整備となるが、元荒川上流部や星川の河床は上昇し、流域全体に滞流化が起っている。この排水河川の滞流化は、新たにこの地域の洪水時の被害増大に繋がっていく。一方貞享期の上崎堰出入りにみられるように、星川の滞流化は近世初期から続いており、早い段階から悪水排出が流域の課題であったことになろう。

近世初期の元荒川用水堰は、当然前代の戦国期から引継がれたものであるが、蛇籠・土俵による土堰・石堰である。上流村々との関係もあり、洪水時には取払われており、また下流村々への流下水を確保するため一部は洗堰の構造になっている。蛇籠・土俵による土堰・石堰であったことは、元荒川の流下水量が少なかったことを示し、早い段階で荒川の分流化、または上流部が閉鎖状態であったことを暗示することになる。

堰の構造からも、荒川西遷説否定論が補強されることになる。元荒川の水源は湧水や忍領等の排水であるが、各堰間で用排水を繰り返し使っている。少ない水の有効利用ということになるが、これには堰の上下流間で争論の種が常時内在しているという側面がもたされている。

やゝアトランダムな資料の引用であるが、近世初期に焦点をあてるとどうしても資料が限定されるためである。近世初期の元荒川は忍領の排水河川であり、しかも水量の少ない河川である。この二つの特徴が流域の村々に様々な利害を生むことになるが、これもこの川の性格がなさしめたものといえよう。

〔注〕

（1）『新編武蔵風土記稿』大里郡総説の項。
（2）『新編埼玉県史通史編3』・埼玉県編さん・発行『荒川』人文Ⅰなど。
（3）大熊孝『利根川治水の変遷と水害』。同書では、瓦曽根溜井慶長期設置を論証としてあげている。
（4）前掲『荒川』人文Ⅰ「荒川の瀬替え」の項では、寛永六年以前の荒川流路や瀬替目的について論じているが、元荒川最上流の河況については触れていないのが一つの例である。
（5）埼玉県編さん・発行『中川水系』人文編「洪水と治水対策」の項などもその例である。
（6）拙稿「元禄期見沼への新用水路開削計画について」『利根川文化研究』第八号。
（7）前掲『中川水系』等。
（8）『新編埼玉県史資料編6』中世2古文書2№一〇四〇文書。
（9）『新編埼玉県史通史編2』中世第四章「後北条氏の武蔵支配」の項。
（10）『新編埼玉県史資料編6』中世2古文書2№一二四一・一二四二文書。

(11)『新編埼玉県史資料編13』近世4治水の「荒川六堰・山地丘陵の溜池・川島領大囲堤」等の項目で、この地域の近世期用水について記されているが、水源は戦国末期でも同様であったとみられる。
(12)『新編武蔵風土記稿』足立郡忍領・箕田村の項。
(13)羽生市教育委員会収蔵「栗原新吉家文書」No.三三七。
(14)『越谷市史続史料編（一）』「旧記壱」の項。
(15)『羽生領水利史資料編』所収「元文三年三月忍領・羽生領水方御支配所之御普請所明細帳」（斉藤（治）家文書）。
(16)『新編武蔵風土記稿』大里郡佐谷田村の項では、伊奈半十郎が寛永年中に水流を改めたと記しており、村方文書でも近世初期元荒川分離説の記述は数多い。
(17)上尾市教育委員会蔵「南村須田康子家文書」No.六三五「乍恐書付ヲ以御訴訟申上候事」寛文十年八月。
(18)『新編埼玉県史資料編13』所収「古川通御証文之帳」（久保家文書）。
(19)前掲書所収「日川通水除出入裁許状」（鬼久保家文書）。
(20)前掲注（18）文書。
(21)『武蔵国郡村誌』棚田村の項。
(22)『中山道分間延絵図』（東京国立博物館蔵）、「東京美術」発行第三巻（昭和五十二年九月刊）。
(23)『武蔵国郡村誌』佐谷田村の項。
(24)『新編武蔵風土記稿』久下村の項。
(25)『新編埼玉県史資料編13』所収「忍領在々御普請役高辻帳」（中村家文書）。
(26)『騎西町史近世資料編』所収「議定一札之事」文政十三年三月（埼玉県立文書館蔵「埼玉県行政文書」）。
(27)『川越市史第三巻近世編』第二章近世前期の川越の項参照。
(28)注（6）に掲出の拙稿。
(29)『見沼代用水沿革史』所収「乍恐以書付御訴訟申上候事」貞享元年三月八日、『騎西町史近世資料編』にも所収。
(30)『新編埼玉県史資料編13』所収「取扱ニ而相定双方江取引手形之事」貞享二年二月三日（埼玉県立文書館収蔵「相沢家文書」）。
(31)『新編武蔵風土記稿』埼玉村の項。
(32)『鴻巣市史資料編4』所収「野通落堀組合高・御成新道組合村間数・堰枠組合村高其外外懐中控」（天保十五年三月）中島和

雄家文書中の部分。
(33)『新編埼玉県史資料編13』所収「関東筋四川用水方定掛場并村境里数組合高村数覚」(国立国会図書館蔵「刑銭須知七」)。
(34)笠原堰については、注(32)記載中の中島和雄家文書中にも模様替について記されており、これより表中の記載を補った。
(35)埼玉県域の事例として、福川に設けられた北河原堰がある。ここでは寛永二十年の伏替以来「竹洗堰」であったが、享保十八年に関枠に模様替されている(『羽生領水利史資料編』所収「忍・羽生領水方御支配所之御普請所明細帳」元文三年三月)。
(36)前掲「栗原新吉家文書」。
(37)前掲資料では、「余り勝手我侭之儀と奉存候」と、箕田霞側の動きを非難している。箕田霞は中世期の箕田郷所属村の一部(鴻巣市)で、三ツ木堰用水を利用している。
(38)『新編武蔵風土記稿』の市縄《いちのなわ》村(箕田霞の村・鴻巣市)の項では、「圦」として「東ノ方ニアリ、鴻巣用水ノ圦ナリ、此下ヲ悪水落シノ小渠通ズ、呼テ地獄圦トイフ、其所ニ逆水フセギノ門樋アリ、コノ外圦ノ傍ニ悪水落ノ樋アリ、コレヲ新地獄圦トイヘリ」と記している。記述中の悪水は、上流側の箕田霞の悪水である。
(39)荒川中流域の広瀬・石原村(熊谷市)地先の荒川より取水する用水で、成田堰は荒川六堰の最末端に位置する。組合村は、大里・埼玉郡の四〇か村で構成されている。(『新編埼玉県史資料編13』所収「忍領高拾万八千石余御掛場御普請組合記全」野中家文書)。
(40)前掲『荒川』人文Ⅰ「紀州流河川工法による河川処理とその特徴」(松浦茂樹)の項で、伊奈流(関東流)工法の特徴などが概括的に記されている。

六　近世埼玉の田畑囲堤について

1　埼玉平野の田畑囲堤

明治初期に作成された「迅速測図」をみると、埼玉の東部平野には「川除堤《かわよけづつみ》」とはやや異なる堤防が各所にみられ注目される。「川除堤」は、河川に平行した堤防で、一般に両岸沿いに設けられている。ところが地図上で看取されるこの異質な堤防は、河川に平行した堤防ではなく、河川のない場所に所在したり、屢々河川に直角に突き当る形態のものもある。これらの堤防は、地図上でも「川除堤」でないことは明らかであるが、堤防の下流域に広大な地域を擁し、そこに田畑や集落が所在している。この地図上で看取される異質な堤防を、本稿では仮に「田畑囲堤」と規定して論を進めることとする。

近世の村方文書の上では、河川に沿った堤防は一般には「川除堤」と称されるが、実際には様々な呼び方をしている。一方本稿で規定する「田畑囲堤」も、近世文書の中では囲土手・水除堤・横手堤・囲堤・畑囲堤・大囲堤などと記され、統一した名称では記されてはいない。このように様々に呼称していることは、本来堤防の機能が一様ではなく、またその築造過程が様々であることと関係するとみられる。

近世文書にみられるように、「田畑囲堤」は一般に認知され常用されていた言葉ではない。似たような用語に「畑囲堤」があるが、これは堤外地新田などの狭い畑地の囲堤であり、限定された堤防を示すものである。後述の事例で示すが、足立郡小針領家村（桶川市）の備前堤では「惣囲堤・水除堤」と記されており、[1]鴻巣宿（鴻巣市）三谷《さんや》堤では「囲土手」と記されている。[2]このように「田畑囲堤」は定着した言葉ではないが、敢えてここに提示したことは、埼玉平野の中に「川除堤」と異なる堤防が数多く所在し、この堤防の築造とその後の経過を探ることによって、埼玉平野の開発史とその特徴が明らかになるとみられるからである。

本稿では、大まかに「川除堤」と異なる堤防を「田畑囲堤」と規定するが、この「田畑囲堤」に川除の機能がないわけではない。後述の中条堤（熊谷市等）は忍領の「田畑囲堤」であるが、福川の右岸に沿って築造されており、「川除堤」の性格を強くもっている。[3]このように「田畑囲堤」の中には、複数の機能をもつものも多いことになるが、本稿では「川除機能のみではない」、「田畑・集落の囲堤」の意として、「田畑囲堤」の言葉を使用することとする。

2　田畑囲堤の機能と築造

現在堤防は、河川に平行して両岸に設けられているのが普通で、溜池等の特殊な例は別にして、その意味では全て「川除堤」ということになる。この「川除堤」は、近世期に連続堤として完成されたものであるが、それ以前は断続堤であったといわれる。事実、明治初年の「迅速測図」をみると、この時代になっても利根川のような大河で堤防の断絶部分があり、古い時代の堤防の形態を窺わせる。[4]

近世初期の埼玉平野では、川除堤築造の記録がいくつか遺されている。これらは伊奈忠次・大河内金兵衛などの手になるもので、利根川・荒川筋の堤防である。しかしこれらの築堤の規模や正確な位置等は不明で、まして築堤の目的は明らかにされていない。後世の記録では種々の目的が記されているが、これも主として村方の農民からみた記録で、伊奈氏や大河内氏が同様な意図で築堤したかどうか、正確には不明ということになる。河川に沿った「川除堤」なので、河川の流水を制御したり、洪水時の溢水を防御するために築堤されたというのは一面の見方で、特定の耕地や集落のために築造されたとも考えられる。体裁上は「川除堤」であるが、「田畑囲堤」の機能に重点が置かれたものも所在している。先にも触れた埼玉郡の中条堤は、形態上は福川に沿った「川除堤」であるが、忍領村々の「田畑囲堤」の機能を持たされている。この例のように、堤防の位置や形態上だけでは、その機能が充分に把握できないものもある。

既述した足立・埼玉郡に跨る「備前堤」は、「田畑囲堤」として築造された年代が明確な事例である。資料は後年の記録ではあるが、伊奈忠次が慶長期に築いたものといわれている。堤防は、大宮台地東北端の小針領家村と岩槻支台西北端の高虫村（蓮田市）を結ぶもので、後年の記録では長さ五〇〇間・根置六間・高さ九尺・馬踏二間の規模である。この堤の築造により忍領・鴻巣領・菖蒲領からの洪水は遮断され、下流の小室領・岩槻領等の耕地・集落は保護されることになる。近世中期からこの堤防をめぐる両者の争論は頻発するが、これは堤防が築造目的どおり機能していたことを証している。(5)

ところで備前堤は、綾瀬川の最上流部に所在するため、現元荒川と分離するため築造されたとの説が近世以降なされている。(6)しかし地図をみれば明らかな如く、元荒川締切りのために台地間を結ぶ長大な築堤は全く必要のないものである。元荒川締切りならば、おそらく数十間の堤防を元荒川右岸に築くだけでこと足りた筈である。『新編武蔵風土記稿』も同様であるが、近世の村方文書の中には、備前堤が元荒川・綾瀬川分離のために築かれたとは記されていない。[7] 既述のように、近世の村方での認識は「惣囲堤」「水除堤」であり、築堤位置や形態からも「田畑囲堤」のために築かれたものと考えられる。

綾瀬川下流の谷古田領・赤山領・南部領・岩槻領等では、近世初期に開発された多くの新田村が所在している。文禄期という早い時代の開発村もあるが、多くは慶長〜寛永期の開発である。[8] これらの新田開発の事例からみると、備前堤の築造によって上流域からの洪水が遮断され、新田開発が促進されたと考えられる。備前堤の築造が、当初から新田開発を目的にしていたものであるかどうか、その点は資料の上では不明である。しかし結果としては上流域からの洪水襲来が緩和されたことは、新田開発の条件を整えたことになる。もっとも、綾瀬川下流域の新田村の簇生は、綾瀬川そのものが近世の初めに緩流化しており、流量も少なく洪水の危険が低かったことが最大の理由である。綾瀬川は既に荒川（現元荒川）の支流ではなく、完全に分離されていたことになる。『新編武蔵風土記稿』では、伊奈忠次が赤堀川下流に「備前堀」を掘って荒川（現元荒川）と結んだと記しているが、これがそれを傍証することになる。

備前堤より上流の荒川（現元荒川）右岸に、鴻巣宿「三谷《さんや》堤」がある。この堤は鴻巣領・箕田霞（忍領）の境にあり、L字形をしているが、荒川（現元荒川）には直角に突き当る形状である。築堤の時期については不明であるが、少なくとも近世初期には所在していたとみられる。堤の下流域には、岩付太田氏の旧臣深井氏の開いた三〇〇町余の新田があり、この鴻巣宿宮地分等のさらに下流域の下谷村（鴻巣市）等には、やはり旧臣の矢部氏の開いた新田がある。[9] これらは寛永期までに検地を受けているので、近世初期に開発された新田ということになるが、「三谷堤」はこれらの新田開発に連動して築堤されたものと考えられる。後年のことになるが、堤をめぐり箕田霞と争論が起っているが、鴻巣領の新田開発以前は不要な堤防であり、逆説的であるがこのことが築堤時期と目的を傍証することになる。[10]

「三谷堤」が鴻巣領・箕田霞の境界にあることは、注目されることの一つである。一般に「田畑囲堤」の位置は、地形や保護されるべき田畑・集落の形成過程に関連し、また周辺の村落間との力関係で決定される。また「田畑囲堤」が村落間の利害に関係するだけに、築堤を契機にして村落共同組織（ここでは領）が形成されたとも考えられ、「三谷堤」は一つの事例を提供していることになる。

3　中条堤が示すもの

埼玉郡北河原村（行田市）から幡羅郡四方寺村（熊谷市）に連なる中条堤は、「迅速測図」をみると福川の右岸に沿って設けられた堤防である。福川に沿った堤防なので「川除堤」ということになるが、ところが左岸側には堤防がみられない。「川除堤」は両岸に設けられるのが普通であるが、片側のみの堤防であることは、当初から「川除堤」とは異なる機能を持たされていたことになる。中条堤の設置年はやや不分明であるが、村方文書の中には近世初期に伊奈氏が築いたと記しているものもある。[11]しかし福川の両岸域は古くから武士団が割拠していた地が多く、その淵源は中世期であったとも推測される。[12]

中条堤は、明治期に県政を巻き込む大騒動を発生させた堤防であるが、河川工学者の宮村忠先生はその著『水害』[13]の中で、この堤防のもつ特徴と一つの疑問点を提示している。特徴は堤防の機能に関するものであるが、中条堤は酒巻村（行田市）・瀬戸井村《せどい》（群馬県千代田町）を基点にして、利根川堤と漏斗の形を構成していると指摘している。漏斗の内部は多くの集落が所在するが、中規模以上の洪水時に利根川の水を「意識的に氾濫させて」、中条堤より下流部を近世初期から守ってきたという論断である。中条堤内部は洪水の貯留地で水害の犠牲となるが、堤は洪水制御の施設として造られたと説いている。一方「中条堤成立の最大の疑問点」として、中条堤より上流の上郷の村々が堤の維持管理に参加し、賦役・賦課の対象になっていることをあげている。利根川洪水の氾濫原で、一方的に犠牲になっている上郷村々が普請負担をすることは、「理解に苦しむ」とさえ記している。

この宮村先生の論述に対して、現在筆者は充分な反論の論拠を持ち合わせていないが、素朴に甚だ疑問を感じている。疑問の第一点は、堤の北側（福川左岸）の広大な地域を犠牲にする治水仕法や施策が、近世初期にあり得たのかという点である。福川右岸のみ堤防があり、左岸に堤防がないことは一見意図的な氾濫原造成を予見させるが、必要がなかったから築造しなかったとも考えられる。天明三年（一七八三）四月の「済口証文」（野中家文書）[14]によると、「利根川通惣堤前後数拾里引続有之候処、葛和田村地内ニ相限り堤中絶候故、其上上中条村地内ニ而遠なだれニ御築留被成候段、大満水ニ而堤内江連々越水廻り水いたし、自然と堤保方も宜敷、内外共急変等無之」と、近世中期までの状況を記している、そして、「往古も満水有之候得共水死人馬等不及承」であったが、享保十四年（一七二九）に堤延長・新堤築堤以後、堤外にあたる幡羅郡村々にも犠牲が夥しくなったと記している。やや不分明な記述であるが、中条堤はいわゆる越流堤で徐々に洪水を堤内に引き入れるため、堤の保全もよく、水死人馬等はなかったことになる。利根川洪水は、中条堤を越して埼玉郡側に流入されており、福川左岸の幡羅郡側が氾濫原になっていない記述ともとれる。この文書に記された争論は、幡羅郡村々より提訴されているが、「新堤出来後は元文辰《（ママ）》年・寛保弐戌年両度之満水ニ而堤外村々は水死人馬等夥敷有之」と、幡羅郡側の犠牲は近世中期以降激化したという記述となる。即ち中条堤々外村々が、利根川洪水の氾濫原であったと断定するには、この資料からは無理ということになる。

一方福川左岸の村々が普請負担をしている点であるが、この地域は忍領として徳川家康入国直後特別に整備されている。この領国整備に治水・利水も含まれているが、寛永十二年（一六三五）には利根川・荒川にわたる普請負担が領域村に命ぜられている。[15]これは広域の忍領普請組合に整備されるが、この普請組合は特殊なもので幕末まで幕府から独立した機関として機能している。勘定所の普請役の支配を受けない珍しい事例であるが、近世初期の伊奈氏・大河内金兵衛等による普請組織や仕法が、そのまま継続されていたことになる。普請組合は河川や用水筋で分れているが、忍領の村々として広域に負担するという仕法がとられている。中条堤は利根川通堤川除普請組合に入ることになるが、天保六年（一八三五）の記録では組合村は埼玉・大里・幡羅郡の四三か村で、担当の堤防は利根川の上新郷羽生堤より上中条村水越までの六三三二間である。[16]この組合村の中に、福川左岸の葛和田・日向・弁才村等が含まれている。なお先の資料からも窺われるように、福川左岸村が一方的に犠牲を強いられたわけでないことは明らかである。

中条堤は先の資料から越流の構造をもつことになるが、利根川の洪水は福川口より逆流して右岸側の埼玉郡村々に流入している。左岸側の幡羅郡村々は日向村の一部を除きやや高地にあたるため、[17]左岸への流入は少なかったとみられる。この状況からみると、福川右岸の埼玉郡村々の耕地、集落を護るための田畑囲堤ということになる。もちろん、上新郷羽生堤から続く利根川堤防の一部分となっており、川除堤の性格をもっている。福川という小河川の片側堤という特異な事例であるが、田畑囲堤の性格も併せもっているということになろう。

4　地形・領域と田畑囲堤

田畑囲堤は自然地形と密接に関係するが、埼玉郡の川口堤・阿良川堤は特異な存在である。川口堤は「迅速測図」からも看取され、川口村（加須市）地先から南篠崎村（加須市）地先まで、やや東西に設けられている長大な堤防である。川口堤の築造年は明らかではないが、地形の上から会ノ川の川除堤とみられ、かつて会ノ川の流量が多かった時代に築かれたものである。ところが近世には会ノ川は小流化しており、川除堤の役割は終っているが強固な水利慣行もあり残されたものと考えられる。

川口堤は幕府管轄の「定掛場」ではなく、川口村・鷲宮村等一九か村による自普請場である。ところが幕末の文化九年（一八一二）に、南大桑村（加須市）等四か村が組合離脱騒動を起している。近世中期以降、利根川・権現堂川の河床上昇もあり、島川からの逆流で堤の東端部の被害が増大したためもあるが、普請負担が根底にある組合離脱騒動である。[18] ここでは騒動の経過・結末等は省くが、堤をめぐる状況の変化が事件を引き起こしたものとみられる。

川口堤で注目されることに、一九か村普請組合が「領」を異にする村々で構成されている点があげられる。川口村・南大桑村等四か村は羽生領であるが、他の一五か村は騎西領である。川口堤は騎西領の水除堤と記されているが、この堤内に羽生領の村が入っていることになる。堤の位置は自然地形より設定されているが、領域の境界はこれに準じたものではない事例である。第二に注目されることは、河況の変化により堤の機能も変化した点があげられる。川口堤は本来会ノ川、東端部は浅間川筋の古利根川の川除堤であったとみられる。ところが会ノ川河口は締切られ、浅間川河口は押埋となり、川除堤の役割は終了していたことになる。それでも堤が存続していたことは、洪水時の防御など、田畑囲堤の役割があったためと考えられる。一方近世中期以降、新しい変化が顕れてくる。島川から逆流が強くなり、堤の東端部の川口村・鷲宮村付近の破堤が頻発する。この新しい変化が、文化九年の南大桑村等の組合離脱騒動を生んでいる。いずれにしても川口堤の一部は、再び川除堤の性格を強める状況に変化したことになる。

阿良川堤は、阿良川村（加須市）・真名板村（行田市）間を南下し、外田ヶ谷村（騎西町）地先より東に曲り、道地村（騎西町）に達するやや鈎形の堤防である。地図上ではかつて大河であったとみられる星川からは離れており、田畑囲堤の性格が強いものと看取される。この堤防の築造年は不明であるが、『新編武蔵風土記稿』阿良川村の項では、「利根川本囲堤ナリ、高一丈、騎西・幸手二ヶ領水溢ノ為ニ設ク」と記している。また、「寛保二年洪水ノ時押破ラレシヲ、同時ニ京極佐渡守命ヲ蒙リテ修理セシト云」とも記している。この記述では「利根川ノ本囲堤」とあるが、阿良川村からは利根川は遠方であり、利根川の川除堤の機能には疑問がでることになるが、ここでは寛保二年の破堤から判断したともとれる。そして「騎西・幸手二ヶ領」の記述も、ややオーバーな表現ともとられ、直近の騎西領の囲堤というのが妥当な表現と考えられる。

加須市志多見の「松村家日記」には、寛保二年の洪水時の記載がある。[19]この記述によると、寛保二年八月二日に利根川の見沼代用水の取入口が押抜かれ、洪水は阿良川堤を破堤させている。洪水は志多見村にも押寄せることになるが、松村家でも一部の土蔵が床上浸水し、収蔵米が半分ほど腐るという被害を受けている。この日記の記述からみると、阿良川堤の北端は志多見村等の囲堤になっていたことになるが、忍領内からの洪水の防壁であったことは明らかである。志多見村は羽生領なので、阿良川堤は騎西・羽生二か領の田畑囲堤ということになる。

阿良川堤の特徴は、自然地形からは特別な地域差のある境域に設けられたものではないことがあげられる。とすると、村落共同体など地域間差によって設けられたとも考えられる。これには支配者の相違なども関係するが、領の形成にも結びついた築造ということが窺われる。なお南羽生領の村々は、用水源に困窮し忍領の悪水を利用している。[20]悪水の利用は阿良川堤を越えることになるが、この事例をみると堤が忍・羽生領等の全てを遮断していたわけではないことになる。既述の備前堤の事例と同様に、堤を越えて結びついている面があることも注目される。

「下吉見領横手堤」は、他領である上吉見領内に設けられた田畑囲堤である。「迅速測図」によると、比企丘陵の東端から荒川水除堤までほぼ東西に設けられ、河川に沿った堤防ではないので、田畑囲堤であることが明瞭に看取される。堤の南側に上吉見領の小八ッ林村（大里町）があるので、他領内に設置されたことになる。堤防上の東半分には道路が設けられ、荒川を渡り足立郡大芦村（吹上町）に続いているが、これは八王子千人同心の日光への通路である。下吉見領の田畑囲堤がこの位置に造られた理由は不明であるが、地形上は比企丘陵の突端と荒川大囲堤の最短部であり、最も効率的な位置であったためとみられる。他領内に設けられたことは、自然地形からきたことになる。

この堤は村方文書では「横手堤」と記されているが、ここでも他の事例と同様に度々両領間で争論を起している。寛政十二年（一八〇〇）正月に吟味を受け請書を提出した事件もその例で、この時は堤の高さを二尺低くして、定杭を打って今後の堤の高さの基準にしている。この横手堤には横見郡二四か村の用水圦樋が伏せられており、下吉見領は上吉見領の流下水を用水源にしていることになる。[21] 田畑囲堤として洪水を遮断する機能と、重要な用水圦樋をこの堤は併せもっていることになる。この点は、前例の阿良川堤と同様ということになろう。

5　田畑囲堤の内包する課題

田畑囲堤は、限定されているが特定地域の洪水防御壁である。この堤防によって集落や耕地は保全され、また新たな耕地の開発が可能になったとみられる。事例にみられるように、埼玉の東部平野にこのような堤防が多数所在することは、近世埼玉新田開発にも大きく寄与したと考えられる。今後埼玉平野開発史研究のためにも、このような事例が数多く検出されることが望まれる。

田畑囲堤は、設定の位置・機能・築造後の経過等から、多様な歴史事象の解明に繋がると考えられる。既に例示したように、「領」の区画にも微妙に関連をもつとみられるが、今後数多くの事例ごとの解明も課題の一つである。例示では、備前堤・三谷堤・阿良川堤は領の区画と一致しているが、川口堤・下吉見領横手堤では区画と一致していない。田畑囲堤の位置には、自然地形など様々な要素が加わるので必ずしも一様ではないが、今後数多くの検出例の中で、新たな統一認識が生まれることが期待される。例示した川口堤のように、河況の変化によって堤の機能が変化したものもある。逆に堤の機能の変化をたどることによって、古い地形や川筋の変遷もたどることができる。この視点からは、田畑囲堤の解明が河川・地形の変遷史など、他分野の研究領域とも関連することになる。幅広い分野からの研究が、今後求められることになろう。

また「領」の区画究明でも同様であるが、河況の変遷をたどる場合、近世資料だけでは限界がある。中世、あるいはそれ以前の古代の資料からの究明が必要となる。本来堤防そのものは近世にできたわけではなく、村落社会が成立した古い時代から築造を繰り返したものである。その意味からも、時代を跨っての研究が求められることになる。例示した中条堤・川口堤で明らかなように、一つの堤防の究明だけからはその堤防の特徴が見えてこない。中条堤では利根川堤防と強く結びついているので、利根川堤防の変遷史をたどる必要がある。川口堤でも同様で、浅間川・島川・権現堂川・利根川の堤防と強い関連をもっている。これらの隣接する堤防の変遷をたどる中で、川口堤の特徴も明らかになる。この視点は中条堤・川口堤に限らないことになるが、隣接する堤防を含めて総合的な研究が必要ということになろう。

なお本稿は、平成十五年七月二十日の「埼玉県地域研究発表大会」での講演内容をまとめたものである。

〔注〕

（1）『蓮田市史近世資料編Ⅱ』第五章「備前堤」の項、篠崎家文書等。

（2）『鴻巣市史資料編4近世二』第一章「元荒川通」の項、矢島豊家文書。

（3）『新編埼玉県史資料編13』第二部「中条堤」の項。

（4）「迅速測図」の利根川右岸幡羅郡葛和田村・俵瀬村地先、同郡沼尻村・石塚村地先、榛沢郡中瀬村地先等に、堤防の断絶部分がみられる。

（5）前掲『蓮田市史』。

（6）『埼玉県史』第五巻（旧県史）の記述も事例の一つである。『新編埼玉県史』通史編3も同様である。
（7）前掲『蓮田市史』。
（8）『新編武蔵風土記稿』足立・埼玉郡の新田村の項。
（9）前書、鴻巣宿・下谷村の項。
（10）前掲『鴻巣市史』。
（11）前掲『新編埼玉県史資料編13』所収天明二年九月「堤普請方新規之儀相願候ニ付差障候出入」（野中家文書）では、「往古伊奈半左様衛門御掛リニ而……古堤御築立被成下候」と、やや大まかに記している。
（12）『新編武蔵風土記稿』埼玉郡の福川右岸の村の記述に、河原氏・成田氏等について記されているのがその例である。
（13）『水害』（中公新書）、昭和六〇年六月二十五日刊。
（14）注（11）文書の部分。
（15）『新編埼玉県史資料編13』所収「忍領在々御普請役高辻帳」（中村和彦家文書）。
（16）前掲書所収「忍領高拾万八千石余御掛場御普請組合記全」（野中家文書）。
（17）妻沼町・熊谷市・行田市発行の「一万分の一」地図によると、日向（妻沼町）東方・南方の水田中の標高は二四メートル代と低いが、上流部は二五メートル以上となる。一方右岸側の上中条・南河原の水田中には、二三メートル代の低所がみられる。
（18）『羽生領水利史資料編』川口堤の項所収「相沢家文書」。
（19）『新編埼玉県史資料編13』寛保二年洪水の項所収「松村家日記」。
（20）『羽生領水利史資料編』南羽生領の用悪水の項所収「川島家文書」。
（21）『新編埼玉県史資料編13』吉見領囲堤の項所収「新井家文書」。

七　中条堤の機能について

1　はじめに

平成二十年三月、熊谷市は「熊谷市洪水ハザードマップ」を作成し市民に公表した。[1]大雨による河川堤防が破堤した場合の浸水想定図であるが、大きく荒川・利根川の破堤を予想した二面の水深図が示されている。浸水した場合の想定水深は、ランク別に分けてカラーで浸水域が印刷されており、市民が居住地の水深を即刻把握できるような地図になっている。

利根川の破堤を想定した地図では、妻沼市街地の東方、福川《ふくがわ》の南に所在する中条堤《ちゅうじょうづつみ》と利根川堤防に囲まれた広大な地域が、水深二〜五メートルを示す地域になっていることが目につく。部分的には星川《ほしかわ》流域や男沼《おぬま》地域に水深二〜五メートル域がみられるが、これらは比較的狭い面積なだけに、中条堤以北の広大さが目立つことになる。妻沼市街東方の低地帯が高い浸水域になっているが、ここでは現福川以南の日向《ひなた》・西城《にしじょう》地域も二〜五メートルの水深域で、南限は北河原用水路・中条堤で画されている。ハザードマップという極めて今日的課題の中で、ここでは古くから所在する中条堤が、否応もなく改めて認識されることになる。

二万五千分の一の地形図をみても、中条堤の以北と以南で標高差があるわけではない。(2) 中条堤以北の地域の善ケ島南方の畑地二六メートル、西城東南方畑地二七メートル、日向東北の水田二四・四メートル、中条堤以南の上中条東南の水田二四メートル、同所南方水田道路上二五メートル等の標高数値をみることができる。地形的には利根川下流域方向に標高は低くなっているが、中条堤の南北の地の標高差はみられない。この点からみると、中条堤以北の地域が低地のため高い浸水域になったわけではなく、また以南の地域が高地のため浸水を免れたわけではないことになる。ハザードマップで、浸水域が中条堤で画されていることは、堤が浸水阻止の役割を現在も担っているようにも思える。

中条堤は江戸時代から続く古い堤防であるが、大河に沿った水除堤《みずよけづつみ》ではない。利根川に注ぐ福川に沿った堤で、大河から離れた「控堤《ひかえづつみ》（田畑囲堤《かこいづつみ》）」(3) である。しかも後述の表でも示すが、比較的長い距離にわたって築かれており、埼玉県域の大河の堤内地域の堤防としては特異な存在である。堤防は河川や地形などの自然条件と、集落・耕地・道路などの人文条件が複合されて築造されるが、ここでは中条堤の存在形態を検証する必要があり、その検証の中で堤の役割も明確化されるとみられる。

中条堤は、近世から近代にかけて長い間争論を繰り返した歴史を持っている。いわゆる「論所堤《ろんしょてい》」ということになるが、堤防をめぐる争論は全国各地で起っており、中条堤の争論が特に珍しいわけではない。ところがここでの争論は、堤の機能が絶えず論争の主題になっていることが特徴である。一般に堤防をめぐる争論は、堤の高低や、拡幅・削平など堤の規格に関するものが中心である。そこで本稿では、近世・近代のいくつかの争論資料を通して、中条堤の機能の考察を試みてみる。

近世の中条堤争論を規定する要素に、堤以南・以東の村々が忍藩領であったことがあげられる。中条堤以北の旛羅郡村々では天領、旗本領が多かったのに対して、堤の対岸村は有力譜代藩領である。江戸時代の河川施策は幕府の専管事項で、その権限は大名領・旗本領などの私領にも及ぶことになる。ところが忍藩領は別格で、藩初以来幕府の普請役人の手の入らない地域になっている。河川施策に関しては独立王国ということになるが、この体制は明治になるまで続いている。この河川施策の独立体制がいつ頃確立したのか不分明であるが、少なくとも大河内金兵衛が寛永十二年（一六三五）に、利根川・荒川の堤・井堀・川除の普請を、時の老中たちより命ぜられた時点で確立していたとみられる。(4) このように忍藩の特別な支配体制は、争論資料を見る上で考慮すべき事項と考えられる。

近代になっても争論は続いているが、特筆されるべき事象として、地元選出代議士湯本義憲《ゆもとよしのり》による国会への治水建議案の提出がある。明治二十四年（一八九一）一月に初回が建議されているが、この建議案で中条堤にも触れている。建議の主題は利根川外七大河川を政府が管掌し、低水・高水の対策工事を始め、関連工事を含めて一切の費用を政府が負担すべきであるというものである。この時湯本義憲は中条堤強化を主張しており、このことが争論の輪を拡大させている。(5) 本稿ではこれら近代の争論資料も、中条堤の機能を考察する上で重要資料なので取り上げてみる。

中条堤は、治水史や河川工学の上からも大きく論じられてきた堤防でもある。(6) 中条堤が利根川治水の上で重要なポイントに位置していたためであるが、当然ここでは堤の機能も論じられることになる。また埼玉県域には、中条堤と類似の堤防も数多いので、これらの堤防を考察する中で中条堤の機能を併せて考えてみることとする。

2　中条堤の存在形態

図1は明治十年代の上中条《かみちゅうじょう》村付近を示したものであるが、明治期に入っても大土木工事が施されていない時代の地

図であり、ほぼ江戸時代末期の地形を表しているとみられる。(7) 図中でやや湾曲しているが、福川に沿って北河原《きたがわら》村地先から四方寺《しほうじ》村の北西方まで延びているのが「中条堤」である。「中条堤」の名称は記されていないが、北河原村の東方では利根川の川除堤に繋がっている。一見して明らかなように、「中条堤」は福川の右岸に沿ったものであるが、驚くべきことに福川には左岸側に川除堤はみられない。この地図では、「中条堤」は北河原村・上中条村以南の埼玉郡域の川除堤であったことになる。一方利根川堤防をみると、弁財《べんざい》村東方から続く堤防は葛和田《くずわだ》村北方で途切れており、葛和田・俵瀬《たわらせ》村を囲む川除堤はみられない。葛和田村から福川の利根川合流口まで堤防が存在しないことは、幡羅郡北東部の村々が利根川に「開口」の形式をとっていたことになり、利根川の洪水が流入する危険はあるが、郡内の湛水の流下を優先する仕法をとっていたとみられる。

近世の大河に沿った堤防は連続しているわけではなく、地形や集落の設置状況などにより不連続である。「迅速測図」によると、葛和田村上流の利根川右岸でも、幡羅郡石塚《いしづか》村（深谷市）・榛沢郡中瀬《なかぜ》村（深谷市）付近でも堤防はみられない。これらの事例からも、葛和田・俵瀬村の利根川沿いの無堤防は珍しいことではないことになる。なお幡羅郡東北の低地帯は、葛和田・俵瀬村の開口部だけでなく、上流の中瀬・石塚村付近からも利根川洪水は流入していたことが推定される。

「迅速測図」と同時代の資料に『武蔵国郡村誌』(8) があり、同書によって地図で把えた事象について検証してみる。『武蔵国郡村誌』の上中条村の項では、堤塘《ていとう》として「利根川大囲堤」の事項が記されているが、これが俗称されている「中条堤」である。ここでは堤防の役割も記されており注目されることになるが、「此堤は幡羅郡俵瀬村及本郡北河原村よりの利根川の逆流と、又同郡善ケ島《ぜんがしま》堤越水との防禦に築けり」とある。この記述による村方の認識では、中条堤は利根川の逆流と善ケ島堤を越えた洪水の防御を目的にして設置されていたことになる。今井村の項でも、「利

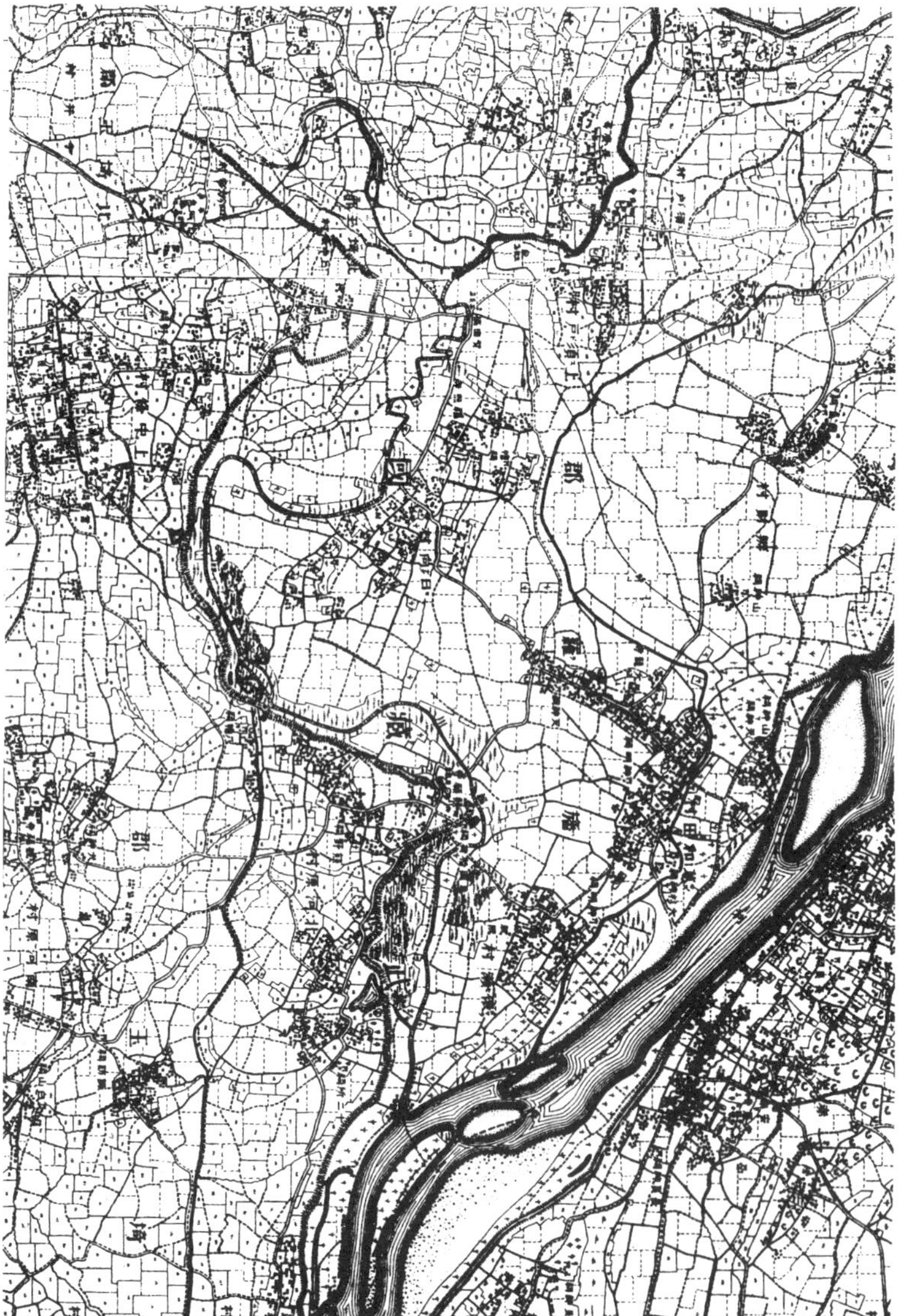

図１　明治初期の中条堤付近図（迅速測図）

表１　明治初期の中条堤の規模

所在村	堤　長	馬　踏	堤　敷	堤防界の村名
北河原村	間 1,650	間尺	間 16	酒巻村・上中条村
上中条村	1,503	1〜2	5〜16	北河原村・四方寺村
四方寺村	435	1	2.5〜4	上中条村・今井村
今井村	31	1〜1.2	2〜3	四方寺村
計	3,619			

注１．『武蔵国郡村誌』より作成。
　２．北河原村は利根川堤、上中条村は利根川大囲堤、四方寺村は新堤、今井村は堤として記されている。
　３．北河原村の馬踏の規模は未記載。

表２　明治初期の善ケ島堤の規模

所在村名	堤　長	馬　踏	堤　敷	高　さ	堤防界の村名
善ケ島村	間 765	尺 9	間 8	尺 9	葛和田村・妻沼村
妻沼村	1,582	9	8	9	善ケ島村・台村
台村	619	9	6	9	妻沼村・出来島村
出来島村	640	9	8		台村・間々田村
間々田村	680	9	間　尺 5　5		出来島村・江原村
江原村	間　尺 417　1	9	間　尺 3　4		間々田村・石塚村
計	間　尺 4,703　1				
葛和田村	間 1,440	尺 9	間 5		村の中央・善ケ島村
男沼村	15	9	間　尺 5　5	尺　寸 9　5	台村・台村
石塚村	167	12	間　尺 5　2		前小屋村・高島村

注１．『武蔵国郡村誌』より作成。
　２．善ケ島村〜江原村の６村が「善ケ島村堤」として記入されている。
　３．葛和田村〜石塚村の３村は、隣接・関連の堤防として記入。
　４．葛和田村は「堤」として記入され、西方は善ケ島界で、俵瀬村には繋がっていない。
　５．男沼村は「利根川堤」と記入され、東西とも台村界である。堤敷は５間５尺の誤りとも考えられる。
　６．石塚村は「堤」として記入され、江原村の善ケ島堤との繋がりはない。堤表には小段が築かれている。
　７．堤の「高さ」は未記載の村が多い。

根川水防の為めに設く（ママ）」とあるので、中条堤沿いの村々では同様な認識であったとみられる。『武蔵国郡村誌』では「中条堤」の言葉はなく、「利根川大囲堤」「利根川堤」の記述であるが、これは近世の忍藩領時代からの呼称である。(9) 表1は『武蔵国郡村誌』記載より中条堤の規模をまとめたものである。この表で注目されることは、明治初期にはまだ近世からの堤防が厳然と続いていたことである。先の記述と合わせてみると、利根川の逆流と北方からの洪水を防ぐため、三六一九間の堤防は明瞭に役割を果たしている。ここでは福川左岸に堤防があったことは記されていないので、中条堤一本で右岸側の村々が護られていたことになる。

幡羅郡北東部の利根川の川除堤が、「善ケ島堤」である。『武蔵国郡村誌』で、「善ケ島堤」として記されているのは六か村であるが、一部隣接した村々に関連した堤があり、それぞれ川除の役目を果たしている。「善ケ島堤」と関連する堤防規模をまとめたのが、表2である。堤敷・馬踏の数値からみると酒巻村《さかまきむら》・下中条村《しもちゅうじょうむら》（行田市）の忍領の利根川囲堤ほど大規模なものではないが、(10) それでも強固な堤が所在していたことが窺われる。

「善ケ島堤」で特筆されるべきことに、他郡域の堤防に繋がっていないという形態的特徴があげられる。表にみられるように、葛和田村には一四四〇間の川除堤があるが、これは俵瀬村には続いておらず村の途中で終っている。堤の西北端は江原《えばら》村（深谷市）であるが、隣接の石塚村の堤防には繋がっていない。表2では石塚村の堤防を記してあるが、これは別な川除堤で、善ケ島堤の末端ではない。ここでも堤防は途切れており、善ケ島堤が不連続な堤防であることが示されている。石塚村と隣接の沼尻村《ぬまじりむら》（深谷市）は小山川《こやまがわ》の利根川流入口にあたり、ここには堤防はなく利根川に対する開口部となっている。善ケ島堤は西北に小山川、東南に福川と、前後に利根川に対する開口部を持っていたことになる。なお葛和田村の堤防は善ケ島堤に続いているが、正式には善ケ島堤ではなく、後述するが近世の「善ケ島川除普請組合」にも、葛和田村は加入していない。(11)

『武蔵国郡村誌』の記述の中で注目されることに、酒巻村の「利根川土出《つちだし》」がある。酒巻村は福川河口部の北河原村に隣接し、播羅郡の低地村々と地形的に強い結びつきを持っている。記述では「土出」の築造目的は記されていないが、四本の強固な「土出」が河岸から河流に突出す形で造成されている。[12]「土出」は河流を制御する施設であり、そのため下流側では流水が緩流化するが、上流側では水流が滞流化する。この滞流化は上流域への溢水の危険を招くことになるが、この「土出」では播羅郡低地村は少なからず影響を受けたとみられる。

3　近世の中条堤と争論

近世の中条堤の存在形態や役割を規定するものに、同堤が忍藩の治水・利水施策下にあったことがあげられる。藩領内に所在すれば当然藩の支配を受けるが、先にも記したように忍藩の場合は特例で、幕府の勘定所担当役人の支配を受けない河川策を展開している。後年の資料になるが、「諸国川除用水御普請国法仕来留」[13]という資料中に次のように記されている。「武州荒川・利根川通忍城主掛り自普請村々有之、寛永年中忍城近辺迄都合拾万八千石余、其節御老中方御証文阿部豊後守江御渡、自普請可申付旨被仰渡、家来差出取扱為致来候処、文政六未年奥州白川(河)江所替、松平下総守城主被　仰付、其節阿部鉄丸より右御証文返上、其後最寄御代官并御普請役定掛場被　仰付候処、文政十三寅年前々之通忍当城主松平下総守江御引渡相成、自普請仕来申候」。この記述によると、寛永年中(一六二四～四四)阿部豊後守が老中方から証文を渡され、忍領十万八千石余の地域が同藩の自普請《じふしん》場になっている。ところが阿部氏は文政六年(一八二三)に白河に転封になったため、先の老中証文は幕府に返上されている。新忍藩々主は松平下総守であり、当初元の忍藩領は幕府が担当する御普請場《ごふしんば》となるが、文政十三年に再び忍藩担当の自普請場となっている。その後の細かな曲折は省くが、この記述からも忍藩領が独自の普請場を構成していたことは明らかである。

延享三年（一七四六）は幕府の河川管理機構が確立した年と言われ、勘定所の担当者も「四川用水方普請役」に定着し、幕府が直接管理に当たる「定掛場《じょうがかりば》」が決定されている。「四川用水方定掛場仕来書」(14)によると、忍藩領近傍では羽生領利根川内郷共・館林領利根川渡良瀬川内郷共・騎西領用水悪水・星川・見沼代用水等が定掛場になっているが、忍領利根川・荒川の名はない。先にも記したように、忍藩領は幕府の管理の及ばない独自の自普請場であったことが、この定掛場仕来書からも明らかである。

江戸中期は幕府の年貢増徴・新田開発の増大策もあり、用水路新設・河川管理の強化が計られるが、忍領近辺でも見沼代用水が開削されたのがその例となる。この時代には幕府の小河川管理強化が進行し、忍領に関係した地域でも新たに幕府の定掛場に指定された地域も出現する。その例に元荒川《もとあらかわ》・野通川《やどおりがわ》・福川があり、これは宝暦十三年（一七六三）に幕府の定掛場に加えられている。(15)埼玉沼《さきたまぬま》中堰も同年定掛場となるが、これら忍領に関連した地域の新定掛場は、見沼代用水路開削に伴い用水路整備と共に悪水路整備が必要であり、新管理体制下で新たに定掛場になったものである。しかし忍藩領自普請場の中枢である利根川・荒川堤の管理に変更はなく、幕府から独立した管理体制は続いていたことになる。

表3は近世後期の記録であるが、中条堤を含めた忍領の利根川大囲堤の普請組合構成村を示したものである。表中の記載では隣村と共同して普請負担している村もあるが、これらを含めると四七か村という多数の村で組合が構成されている。普請勤高は四万三千石余、対象の堤防も当初は六三三二間、その後四方寺村から今井村境まで延長され、大変長大な川除堤を担当していたことになる。なお組合村構成の始期はここでは明らかではないが、先に記したように老中証文が阿部豊後守に交付された段階で、組合村は確定していたとみられる。しかし表にみられるように享保十七年（一七三二）の組合加入村もあるので、組合構成村は若干増加していることになる。

表3　利根川通堤川除普請組合構成村（天保6年）

No.	村名	村高
1	和田村	石 749.306
2	斉条村	1,149.040
3	犬塚村	901.524
4	酒巻村	668.717
5	下中条村	※ 530.605
6	須加村	※ 2,045.527
7	上新郷 下新田共	3,767.717
8	小針村	※ 469.627
9	若小玉村	※ 983.737
10	小見村	670.537
11	白川戸村	550.554
12	荒木村	2,077.548
13	大塚村	582.534
14	南河原村	1,673.303
15	下川上村	1,277.101
16	馬見塚村	689.517
17	中江袋村	400.000
18	池守村	1,634.955
19	北河原村	966.571
20	小曽根村	327.700
21	今井村	1,631.500
22	下須戸村	1,299.367
23	関根村	石 63.964
24	下新郷	614.087
25	藤間村	109.203
26	真名板村	517.318
27	上川上村	1,377.700
28	上中条村	3,016.525
29	肥塚村	691.600
30	代村○ 原嶋村共	1,163.803
31	葛和田村	1,372.084
32	日向村	96.127
33	弁財村	101.177
34	下奈良村	1,266.240
35	上奈良村 中奈良共	2,738.300
36	奈良新田	504.700
37	西之村	335.948
38	田嶋村	345.580
39	柿沼村	517.000
40	四方寺村	327.000
41	玉井村○	1,392.697
42	西別府村○ 下増田共	2,015.733
43	東別府村○	1,748.186
	合計	45,364.000

普請勤高　43,348.272石　上新郷羽生領境より上中条村水越まで6,332間

注1．埼玉県立文書館保管「野中家文書」No.199より作成。
　2．表中の※印の村には新井筋潰地の引高が若干ある。
　3．表中の○印の村は、享保17年に普請組合に加入。
　4．肥塚村は善ケ嶋堤普請組合加入であったが、日向村と引替りで両村とも、両組合に一部分の負担となる。
　5．村高合計・普請勤高は原文書の記載のままとした。計算上は不整合である。
　6．西別府村・下増田村は自村の堤防普請負担があるため、普請勤高は一部差引きとなっている。
　7．四方寺村・今井村の堤防延長分は、享保16年に普請が仰付けられている。

この表で注目されることに、堤の対岸にあたる旛羅郡低地の村々が組合村になっていることがあげられる。旛羅郡村々は後年分村独立した中奈良・下増田村を合わせると十五か村であるが、特に中条堤対岸の日向・葛和田・弁財村が組合村であることが目を引く。一般に普請組合は利害が共通する村々で結成されるが、この組合では利害が相反するとみられる旛羅郡村々が、ともあろうに同一組合村である。それとも組合結成時の近世初期においては、中条堤以北と以南の村々で対立点はなかったということなのだろうか。この表からは、組合結成時の事情を窺うことはできない。ただここで確認できることの一つは、旛羅郡一五か村は、先に示した寛永十二年（一六三五）の老中証文で、「忍領在々御普請役」を申付けられた村々であることがあげられる。[16]忍領普請役村ということが、全てを優先していたということになろうか。慶安期（一六四八～五二）に作成された『武蔵田園簿』[17]は、村高や支配領主名等を記した帳簿であるが、ここでは村名の横に「水損場・日損場」の記述がある。水損・日損の記載基準が不明であるが、近世初期の郡域全体の災害状況を示した資料が少ないだけに、簡潔な記述だが大変貴重である。ここでは旛羅郡五三か村中、江原・男沼・出来島《できじま》・台《だい》・弁財・葛和田・日向村の七か村が水損場である。まだ俵瀬村は成立していない時代であるが、五三か村中の七か村は約一三％で大変高率である。因みに埼玉郡の水損場は古河川辺領（北川辺町）の十か村で、全郡三六三か村中の約二・八％である。大里郡には水損・日損場はなく、榛沢郡では六十九か村中で水損・日損場が二か村、日損場が一か村である。これら隣接の郡域からみると、旛羅郡の水損場は大変多いということになる。

表4も後年の資料であるが、善ケ島堤普請組合の構成村を示したものである。善ケ島堤は旛羅郡東北の利根川の川除堤であるが、全長四七〇〇間余の中規模の堤防である。普請組合村は十八か村と少なく、村高合計も一万二千石余と「利根川通堤川除普請組合」と比べると小さい。この組合村で、江原村が入っていないことが注目される。既に第二節で記したように、『武蔵国郡村誌』の江原村の項では堤長四一七間余の「善ケ島堤」が記入されている。明治初

表4　善ケ島川除普請組合構成村（天保6年）

No.	村　名	村　高	No.	村　名	村　高
1	肥　塚　村	石 201.085	10	間　々　田　村	石 573.829
2	妻　沼　村	1,603.999	11	小　嶋　村	327.706
3	台　村	424.213	12	太　田　村	1,412.086
4	男　沼　村	352.423	13	上　根　村	610.847
5	上　須　戸　村	664.465	14	弥　藤　五　村	1,390.249
6	江　波　村	405.582	15	八　ツ　口　村	558.841
7	八　木　田　村	862.649	16	江　袋　村	543.674
8	出　来　嶋　村	352.240	17	西　城　村	898.589
9	日　向　村	691.600	18	善　ケ　嶋　村	851.150
			合　計		12,725.227

注1．埼玉県立文書館保管「野中家文書」No.199より作成。
2．肥塚村は、日向村に代わり、691.6石分を中条堤普請組で勤める。
3．日向村は、肥塚村の代わりに勤める。但し、96.127石分は中条堤普請組勤め。
4．外に江原村449石がこの組合といわれるが、証文にはない。江原村に堤が延長されるのは、後年のことと推定される。

期に江原村に堤防は所在したが、表4では江原村の名はないので、堤防も所在しなかったことになる。このことからみると、普請組合結成後堤防延長の工事がなされていたものともみられる。

組合村中に肥塚《こいづか》村と日向村がみられることも注目され、両村とも中条堤の組合村でもある。また肥塚村は唯一の大里郡の村で、遠方からの参加となっている。この二つの村は普請負担を交換し合っているが、肥塚村にとっては遠方の善ケ島堤より、近接の中条堤の方が条件が有利であったとみられる。一方の日向村にとっては、近接はしているが利害の対立する中条堤の普請よりも、遠方でも善ケ島堤の普請の方が村民の共感が得られたものとみられる。両村の利害が一致しての普請負担の交換となったが、これも両村が二つの普請組合に所属していたという結果が生み出したものでもある。

近世の中条堤をめぐる争論の早期の事例に、貞享四年（一六八七）三月に裁許の出た事件がある。[18] この争論は、西野《にしの》・田嶋《たじま》・上奈良《かみなら》・中奈良《なかなら》・奈良新田《ならしんでん》の五か村が普請人足・

竹木を出さなかったため、組合の三十八か村が出訴したために起っている。双方が主張を譲らず、支配の錯綜で裁判は評定所扱《ひょうじょうしょ》いとなるが、貞享四年に五か村の名主は禁獄《きんごく》という重い裁許が出て決着している。五か村が人足・竹木を出さなかったのは、「江袋村堤普請」があるためとしているが、これは江袋《えぶくろ》村に所在する用水溜井の普請を指しているとみられる。ただ江袋用水溜井の普請組合には西野・田嶋村は加入しているが、上奈良村等三か村は加入していないので、三か村の人足不勤・竹木不差出しの明確な理由はここでは不明である。

資料は裁許状であるため詳細な記述に欠けるが、五か村は利根川堤（中条堤）普請組合結成以来五十年余も真面目に勤めを果たしてきたが、それが何年か人足・竹木を出さなかったために、名主は禁獄という厳しい刑である。旛羅郡村々にとっては、後世にまで語り継がれるほどの一大痛恨事となる。この裁許で注目されることは、忍領普請組合が厳然と機能し、幕府もこの体制を強力に後援していたことがあげられる。裁許状記載の「自今以後任古例五ケ村百姓人夫竹木可出之」という言葉が、それを象徴しているとも言えるであろう。

享保十四年（一七二九）に中条堤は四方寺村に四三五間延長されたため、それがまた新たな争論を生み出すことになる。[19]この享保期の普請は、先にも記したように幕府が忍領縁辺の用悪水路整備を推進したことに関連し、幕府の普請役人によって進められている。この四三五間の増設には旛羅郡村々は強く反対するが、結局は幕府の強硬策に押し切られてしまう。ところがこの後水害が頻発し、特に寛保二年（一七四二）の大水害での堤外地の被害は大きく、四方寺村増堤撤去の運動が盛り上がることになる。

天明二年（一七八二）九月に起った西城村等十四か村と四方寺村との争論も、堤増設後起った争論の典型である。[20]この争論は四方寺村等の堤内村が、上中条村古堤から四方寺村新堤の「めり窪」の箇所の修復を計画したために起っている。西城村名主の六兵衛が出訴一四か村の惣代であるが、この訴状では堤増設以前の村々のようすと、増設後に被害が増大したことが詳しく記されている点が注目される。堤延長以前の中条堤々外の水吐状況として、「此辺之水吐、葛和田村地内ニ相限堤中絶致有之、其上上中条村地内ニ而遠なだれニ御築留被成候段、大満水ニ至り而は前後共ニ無難ニ堤保方も宜敷を御工夫被遊、先年御築立被成下候由前代より申伝候」と記している。そして「則右堤御築止被遊候所を字水越と唱来、往古も満水御座候得共、水死人等不及承候」と、中条堤設置後の水害状況を記している。この記述で注目されることは、利根川堤防は葛和田村で中断しているが、中条堤が「遠なだれ」の構造で上中条村の「水越」で築止めになっており、洪水は福川沿いに流入するが、満水になっても堤防は無事で水死人も無く、被害が大変軽微と記されていることである。正に堤防の配置・形状・機能が理想的で、全く問題はないという記述である。

ところが四方寺村に堤防が増設された後の状況を、次のように記している。「右新堤出来之後は、私共存候以来前書両度之大水ニは、堤外上郷諸作水腐・家財等流失之儀は不及申、夥敷水死人馬等有之、剰堤内北河原村ニも袋水行当村ニ付大風大波打掛ヶ候故、一夜之内ニ忽然と堤打破り、右村ニ而人計百余人水死、人其外牛馬之類損候儀限りも無之」。記述中の「両度之大水」は、元文元年（一七三六）と寛保二年（一七四二）の大水害を示しているが、堤の延長後被害が増大したと記している。堤外村々はこの訴状で「堤外上郷は損失のみは疎成義ニ而、一命ニ抱《(拘)》り候義御座候」と記しており、この「一命」に拘る惨状を最も訴えたかったものとみられる。

この争論も結局は扱人の立入りもあり、天明三年四月に内済に終っている。「めり窪」の堤は「有形《ありがた》」に準じ補修され、出訴方の主張の通りに「定杭《じょうぐい》」は建てられるが、堤撤去は実現せず増堤は以前と同じく存続することになる。中条堤々外の旛羅郡村々にとっては厳しい状況が続くことになるが、この争論の訴状では、享保十四年（一七二九）以前の中条堤が、旛羅郡村々にとって全く被害をもたらしていないという記述が、特に目を引くことになる。これはあくまでも比較の問題でもあるが、このような認識が旛羅郡村々にあったことは特筆されるべきことであろう。

天明二、三年の争論以前に、安永七年（一七七八）三月には四方寺村増堤の圦樋の番人足の件で、上中条村・今井《いまい》村から訴状が出されている。[21] ここでは詳細は省くが、堤が増設されたために堤内村々間でも、人足負担等の件で利害の対立が発生したことを示している。中条堤々内村々は、堤外の旛羅郡村々との対立は続くが、組合内部でも矛盾を抱えていたことになる。

4　中条堤争論と国会建議案

近代の中条堤争論の推移を大きく規定したことに、明治政府の治水・河川施策の変化と、頻発した大水害の影響がある。明治の新政府は当初旧藩時代の治水・河川施策を継承し、大河の河道整備などは低水《ていすい》工事が主体である。[22] 明治初期には河川交通が重視されており、河川の流量を維持するために、江戸時代に設けられた河川の土出《つちだ》し・杭出《くいだ》し・河道の狭窄部・曲流部等はそのまま残されている。中条堤付近では酒巻村の利根川河身に、四本の強固な土出しが残されているのがその例である。[23] 低水工事では、渇水期でも通船可能にすることが目的になっており、河川の蛇行等も修正されることなく残される例が多い。

ところが国内の鉄道網の整備とともに河川交通は衰退して、河川整備も高水《こうすい》防御工事へと向うことになる。高水工事は大量の洪水を流下させる仕法であり、河道を直流化して、これまであった「水制」のための障害物が除去されることになる。この高水工事の進行の中で、江戸時代に不連続であった川除堤《かわよけづつみ》も修正され、強固な連続堤防の築造となっていく。

高水工事の進展は、明治二十九年（一八九六）の「河川法」制定後といわれている。淀川・筑後川は、河川法制定後直ちに国の直轄河川となり高水工事も進められたが、利根川は他の国内大河に比して遅れたといわれる。利根川はそれまで国庫負担で低水工事が行われ、河道の浚渫などが実施されているが、明治三十三年度に国の直轄河川になり、「利根川改修工事」が実施に移されている。利根川の低水工事はこの段階で打ち切られることになるが、利根川の河川法適用が遅れた理由は、当時発生していた渡良瀬川の「鉱毒問題」にも関係し、利根川の治水方針が混乱していたためといわれている。

利根川改修工事の具体的なことはここでは省くが、中条堤・福川の関連工事は、「第三期改修工事」の中で実施されている。(24)「第三期改修工事」は明治四十三年度着工、昭和五年度竣功と、大変長年月を要した大工事となっている。着工が遅くなった理由は、工事が河口から始められるという常道に従ったためであるが、後述するように明治後期に頻発した大水害の影響もあったと思われる。この工事の中で、大正十年（一九二一）に福川樋門が建設され、酒巻・瀬戸井《せどい》（群馬県側）の狭窄部は拡幅《かくふく》されている。そして烏川《からすがわ》合流点から酒巻まで乱流河川は整備され、流路は固定化されて、両岸に築堤が施されている。ここで江戸時代以来続いていた不連続堤が解消して、利根川治水体系が根本的に改変されたことになる。

近代の中条堤争論の推移に大きな影響を与えた要素に、頻発した大水害がある。直接的には水害を受けた流域住民が争論を激化させることになるが、先にも記したように大水害の頻発が利根川改修計画にも影響し、堤防の「有り様《あよう》」そのものが新たな論議を生んでいる。明治期の大水害の頻発は前代の江戸末期に河川管理を怠り、水害後の処置が不充分であったことに起因している。江戸末期には幕府・大名は財政難で、洪水後の復旧工事も村方の「自普請」に頼っていたという「付け」が、大水害の頻発になったとみられる。埼玉県域では幕末の弘化二、三年（一八四五〜四六）に比企郡の川島領《かわじまりょう》大囲堤では、川越藩主導で大掛りな補強工事が実施されており、ここでは明治期の水害は皆無に等しい軽微である。幕末期に水害後の補修が充分になされ、明治期の大水害を回避した好例である。(25)

表５　明治期中条堤付近の大水害概要

年月日	主要被災内容
明治23年８月22日～23日	23日下中条の利根川堤防59間決潰。見沼代用水路氾濫、流域に溢水。忍町内に浸水。
明治40年８月21日～28日	24日大洪水となり、仁手村・新会村・男沼村地先利根川堤破堤、洪水堤内に流入。中条村地先５間破堤。洪水堤内に流入。
明治43年８月１日～16日	11日上中条の水越堤８間・16間余破堤、同所八幡堤80間・100間破堤、洪水堤内に流入。利根川堤男沼・妻沼・秦村地先で破堤。洪水堤内に流入。荒川堤大麻生村で破堤、洪水堤内に流入。熊谷町浸水。

注１.『埼玉県北埼玉郡史　全』・『明治43年埼玉県水害誌　全』より作成。
　２.『新編埼玉県史　別編３　自然』を参照する。

表５は、明治期の中条堤付近の大水害の概要を記したものである。表では三回の大水害概要を記したが、この中で最も大きな水害は明治四十三年の水害である。明治二十三年水害も埼玉県域では大きな被害が出たことで知られている。八月二十三日、須加村（行田市）下中条の利根川堤防が五九間破堤して、見沼代用水路に沿って下流域に大被害が出ている。この水害後北埼玉郡民より埼玉県知事宛に復旧嘆願書が出されているが、この中で「利根川ノ流域ヲ疏シテ、之ヲ銚子港ニ注カシムル上策ナリ」と、高水防御に対する要望が出されていることが注目される。[26] そして後述するが、この年国会が開設され埼玉県選出の湯本義憲《ゆもとよしのり》が、明治二十四年（一八九一）一月に治水建議案を衆議院に提出し、その説明書の中で利根川や中条堤に触れていることも、二十三年に起った大水害と無縁ではない。[27]

明治四十年（一九〇七）八月の大洪水では男沼村地先の利根川堤が破堤し、旛羅郡の低地村は浸水して大被害を受けるが、中条堤も破堤し北埼玉郡内でも大被害が出ている。明治四十三（一九一〇）年八月の大水害は、関東一円の大水災となり江戸時代の「寛保《かんぽ》の大水害」に比するといわれるが、利根川堤・中条堤も長区間が破堤し、洪水は堤内に濫入し大被害をもたらしている。この大水害によりこれまでの治水策が見直され、高水防施策が強力に推進されることになる。明治末期の度重なる大水害が治水策の改変をもたらしたことになるが、中条堤の争論も利根川改修計画改変の中で大きく変容していくことが注目される。

明治中頃までの中条堤争論は、ほぼ近世と同様な原因で発生し騒動の展開も同じような様相をみせている。明治二十四（一八九一）年五月二十五日、旛羅郡奈良村外三か村十四字《あざ》総代の下奈良の吉田久弥外三名が、埼玉県知事久保田貫一に提出した「上申書」も、当時の争論の典型を示している。(28)

この上申書は、中条堤の修復が堤外村に無断で実施され、なお増築の計画もあることから、堤外村が知事宛に提出したものである。上申書の提出者総代の肩書きに「奈良村外三ケ村十四字」とあるので、「三ケ村」は「秦村《はたむら》・長井《ながい》村・太田《おおた》村」とみられ、「十四字」は既出の天明二年（一七八二）出訴村の「一四か村」と同様と推定される。(29)総代たちは上申書の中で中条堤修築の節は享和三年（一八〇三）・文政十二年（一八二九）の「両度ノ契約書モ有之」、下奈良村・日向村へ「必ス照会ノ上着手」することになっていたと記している。今日の修築は知事の「御命令ニ出テタルモノトハ雖モ」、工事監督は「上中条村組合村長」に委託されている。ところが同村長から何の連絡もなく、これまでの約束が守られていないと訴えている。「今回御増築ニ係ル部分ヲ、悉ク除切被成下」ことが、上申書の主意である。

ところで明治期のこの種の嘆願書は、漢文調の美辞麗句で綴られることが多いが、同時に堤外村の窮状が美事に表現されているという面もみられる。「私共旛羅郡人民ハ、未タ完全ナル治水ノ保護ヲ受ル能ハス」「此上中条堤ヲ御増築相成リ、益々堅牢強固ト相成候テハ、一朝利根川ノ汎濫《(ママ)》ニ際シテハ、恰カモ嚢中ヲ開テ凹所ニ坐シテ奔流ヲ迎ルカ如ク」「恰カモ望洋絶海ノ死地ニ身ヲ措クルト同シク」などがその例である。上申書だけでは争論の顚末は不分明であるが、近代になっても中条堤の争論が続いていたことの例にはなるであろう。

明治期の中条堤争論の希有な事例として、当時の代議士湯本義憲の治水建議案の国会提出に伴う、中条堤強化論がある。湯本義憲の建議案の主意は、利根川などの七大河川の治水策で、政府が専管して治水策にあたるべきであるという壮大な河川施策である。(30) この建議案は紆余曲折があるが採択され、後年の明治二十九年（一八九六）公布の「河川法」の基になっている。建議案が、日本の治水・河川施策の根幹となる「河川法」の公布に繋がっている点からみれば、この提議はそれなりに評価されなければならないであろう。湯本義憲は建議案に説明書・参考書を添えているが、中条堤強化論はその添付参考書の中で述べられている。

湯本義憲の中条堤強化論の論旨は、要約すると以下の六点である。㈠上中条村から今井村に至る堤防は、「烏川《からすがわ》其他諸川会流の衝に当る咽喉の地」で、治水の上で重要な地点である。㈡「埼玉県数郡の安危はこの一条の堤防に繋る、又甚しきは延て東京府にまで其害を波及」する。㈢「該堤防は頗《すこぶ》る脆弱となり、今日殆《ほとんど》と堤防なきと一般の観を呈するに至れり」。㈣「其対岸葛和田村外数ケ村には、堤防の存生《そんじょう》せ（ママ）ざるを以て、此上中条・今井間の堤防を堅牢にすれば、勢ひ対岸の水位を増高せざるを得ず」。㈤「此堤防を堅牢にせざるより生ずる損害は、実に六郡の広き（「に」脱）渉り、国家経済に大なる影響を及ぼすべし」。㈥これに反して「此の堤防を修築する為め生ずる損害は、僅々数村に止るのみならず、其害たる僅に浸水の度を増すに止（「ま」脱）り、甚しく田畝《でんぽ》を荒蕪《こうぶ》ならしむるに至らざるべきは、地勢に徴して明なり」（「　」内は原文のまゝ、傍注・ルビは筆者記入）。

この湯本義憲の論述に対して、「埼玉平民雑誌」の寄稿者は反論を加えている。寄稿者は「栃野、為稿」とあり、この「栃野」という人物については詳細は不明である。栃野氏の反論要旨は、以下の通りである。㈠上中条村より今井村に至る堤防は「烏川其他諸川会流の衝に当るの個所」ではない。「斯《かく》の如き懸隔太甚しき方角違の個所を指して、安危の繋る地となす、実に其妄言誣説《ぼうげんぶせつ》に驚かざるを得」ない。㈡中条堤は利根川大囲堤の支堤で、封建時代に忍藩主が、「時の閣老たる勢に乗じて自領を内に曲庇《きょくひ》し、他領を外に擯斥《ひんせき》し」て築造したもので、「人民の正理は暴虐《ぼうぎゃく》なる地頭の専制に敵する能《あた》はず、空しく血涙を呑んだ」ものである。「爾来《じらい》此《(ママ)》の一帯の小堤を隔て、禍福《かふく》地を異にし」ている。㈢旛羅郡村々は幕府旗本の所領で、「采地は犬牙錯綜《けんがさくそう》し、領主は深慮遠謀《しんりょえんぼう》に乏しく、徒《いたずら》に自衛自利に齷齪《あくせく》とし、互に連合して一定の方針を画し、治水の方案を施すを知らず」。㈣「西北利根川大囲堤は所在断続一ならざるが故に、堤外数十ケ村は地位敢て低きにあらずと雖《いえど》も、夏秋の候一夜の暴雨あれば、逆水上流して忽《たちま》ちにして田園変じて魚鼈《ぎょべつ》の棲所《せいしょ》と化」している。㈤中条堤がなければ、「水は低きに流るゝの原理に従ひ天然の地勢に流下し」、堤外数十か村は悲境に陥ることはない。堤外村が年々受ける災害は、「自然被《こうむ》るべきの理に由て被るにあらずして、強《(い)脱》て暴虐なる人為《じんい》を以て享《う》くべからざるを享くるに至」ったものである。㈥「支堤の刪除《さんじょ》を哀願し」、「大囲堤を強固ならしめんことを、請願して止まざる所」である。㈦「利根川水防の根源たる西北大囲堤は、未だ脆弱にして断続一ならず、然《しか》るに今却て此支堤を増策せんとするは、所謂《いわゆる》其源を顧みずして其末を治めんとするもの」である。大囲堤を堅牢強固にすれば、「上中条・今井間の堤防の如きは、終に無用の長物」となる(「　」内は原文のまま、傍注・ルビは筆者記入)。

湯本義憲の論述は、端的には江戸時代の中条堤々内の忍藩領村民側の主張である。堤外の旛羅郡村々の被害には一顧だにせず、中条堤を強化すれば埼玉県数郡の利益になると高唱している。代議士になるほどの教養人の主張としては暴言とも言えるが、ここでは高水対策の言辞は全くみられず、極めて江戸時代的な治水仕法で論議を展開していることが注目される。中条堤の強化のみがここでは主張され、利根川流域治水策の中での中条堤という意識が、この論旨の中では全く欠落している。中条堤の強化だけに拘泥する偏狭な論述ということが、第二の注目すべき点である。

湯本義憲に反論する栃野氏の論述は、旛羅郡の利根川堤を連続堤として築造して、中条堤を全て撤去するべきであるという主張が最終結論である。「大囲堤を堅牢強固にすれば」、中条堤は「無用の長物」となると述べているのがそれを示している。ここでは「高水防御」などの言葉が記されているわけではないが、「大囲堤の堅牢化」という言葉の中に、「水害の根源を断つ」という新しい治水仕法に対する期待が込められているとみられる。湯本義憲の論述に比して、利根川治水の根本を意識した広壮な提言ということになる。また旧幕時代以来、旛羅郡村々が一つにまとまらなかった点に触れていることも注目される。このことは新たな治水仕法に対して、郡民が一致団結してことに当ることを期待した言辞と受け取れる。なお栃野氏がどのような人物であるか不明であるが、中条堤や旛羅郡村々の治水・利水の状況を熟知した人物であることは、その論述からも明らかである。

5　旛羅郡低地村遊水池論と控堤

酒巻・瀬戸井の利根川狭窄部を扇形の要として、中条堤以北の旛羅郡低地帯は、近世以来人為的に造成された利根川洪水の遊水池であるという、河川工学者達による理論が展開されている。この旛羅郡低地村の遊水池によって利根川下流域の洪水被害は緩和され、そのために中条堤も維持されてきたという河川工学理論である。この理論に従えば、旛羅郡低地村は利根川中、下流域全域の治水のために、近世以来人為的に犠牲を強いられてきたことになる。

旛羅郡低地村遊水池論は、宮村忠氏がその著『水害』の中でも大きく取り上げている。[31]この著作で、宮村氏は次のように記している。「酒巻・瀬戸井の狭窄部を中心に両側にのびる二つの堤防は、ちょうど漏斗（逆八の字）の形を構成している。漏斗の内部、つまり狭窄部上流の利根川沿いには、妻沼をはじめ大小の集落がある。」「漏斗状の上流部は、常習的に氾濫するところであることが想像できる。実は江戸時代初期から、漏斗状の上流側は中規模以上の洪水時に意識的に氾濫させ、中条堤より下流側を守ってきた。狭窄部と二つの堤防が一対となって漏斗状の洪水制御施設が造られていたため、これより下流の利根川は非常に安定した流量におさえられていた」。そして流域開発や近代の河川改修に関連して次のように記している。「中条堤は、利根川が極端に狭窄部をつくっていた酒巻地点から、南西の熊谷扇状地につながる控堤で、論所堤の役目をもっていた。この控堤により利根川の洪水が調節されてきた点で、近世を通じて利根川治水の要の存在を保持してきた。中条堤を前提としてこそ、その下流に繰りひろげられた利根川東遷が可能であったことをとりわけ強調しておきたい」「中条堤とそれに付随した施設による洪水調節方式が、利根川治水を支え、流域の開発を容易にしてきた。その調節方式がとれなくなったために、現在の大規模な堤防や、渡良瀬・田中・菅生《すがう》・稲戸井《いなとい》(32)の遊水池建設、さらに上流ダム群による洪水調節が大幅に必要とされるようになってきたともいえよう」。

宮村氏が論述で強調している点は、旛羅郡低地村の遊水池が利根川中・下流域の洪水被害を緩和する役割を担っていたことと、近代になり遊水池の消長が利根川の治水・改修事業に大きな影響を与えてきたことの二点である。この二点についてはここではさて置くこととするが、中条堤の役割や機能を考察する上で注目されることに、「漏斗状の上流側」を「意識的に氾濫」させたという点があげられる。つまり中条堤は遊水池を造成するために人為的に築造されてきたという認識である。酒巻・瀬戸井の狭窄部は自然的な与件なので別にして、結果として遊水池化したということではなく、人為的に造成されてきたという理論の展開となる。このことは旛羅郡低地村の住人にとっては、決して容認できるものではないことが想像される。

ところで宮村氏は著書の中で、「利根川沿いの堤防は、その堤内地に多数の控堤（水除堤）群を付随させていた」と記している。宮村氏の指摘のように埼玉県域では数多くの「控堤」がみられ、熊谷市域やその周辺でもいくつかの所在が確認できる。中条堤もある意味では大囲堤内に所在する「控堤」であり、「控堤」の存在形態や機能を考察する中で、中条堤の姿も浮かび上がってくると思われる。そこでここでは三つの事例を上げて、考察を試みることとす

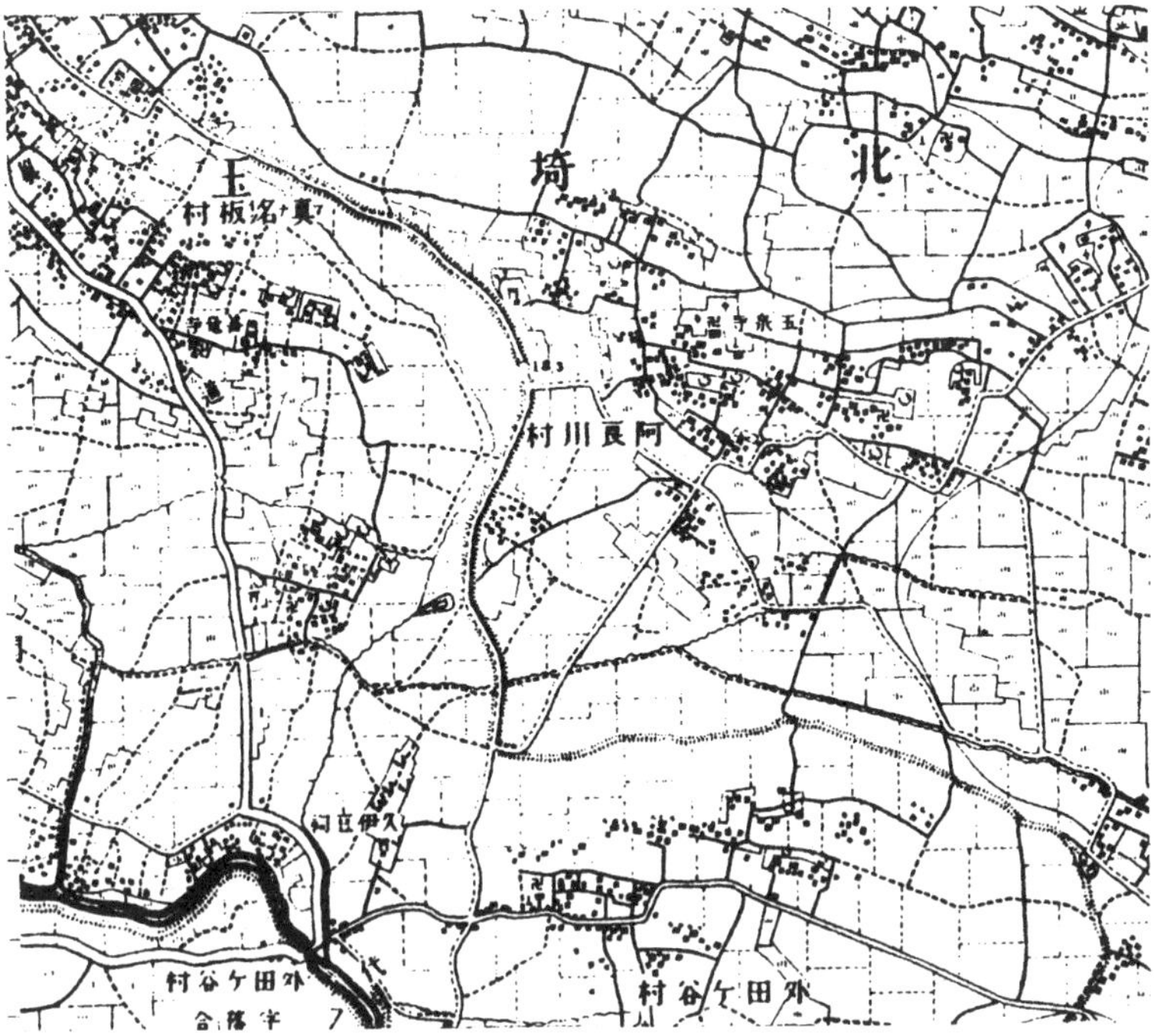

図2　明治初期の阿良川堤（迅速測図）

る。

図2は、明治初期の羽生領の阿良川《あらかわ》堤を示したものである。阿良川堤は忍領真名板《まないた》村（行田市）の東北から阿良川村（加須市）の西方を南下し、騎西領外田ケ谷《そとたがや》村（騎西町）北方では屈曲して東西に築堤されている。[33] 河川に沿った堤防ではなく、水田中に構築されている田畑・集落の囲堤で、典型的な控堤である。この堤は南北に設置された部分と東西にわたる部分があり、やや複雑な形状となっている。南北部分は、阿良川村・志多見《しだみ》村（加須市）等の羽生領村々の囲堤の役割を果たしているが、東西部分は外田ケ谷村・内田ケ谷村（騎西町）等の騎西領村の囲堤となっている。明治初期の阿良川村では、「請堤《うけつづみ》」として長さ十三町三十間・敷幅五〜六間と記されている[34]ので、長い距離にわたって築堤されているが、堤防の規模は大きいわけではない。

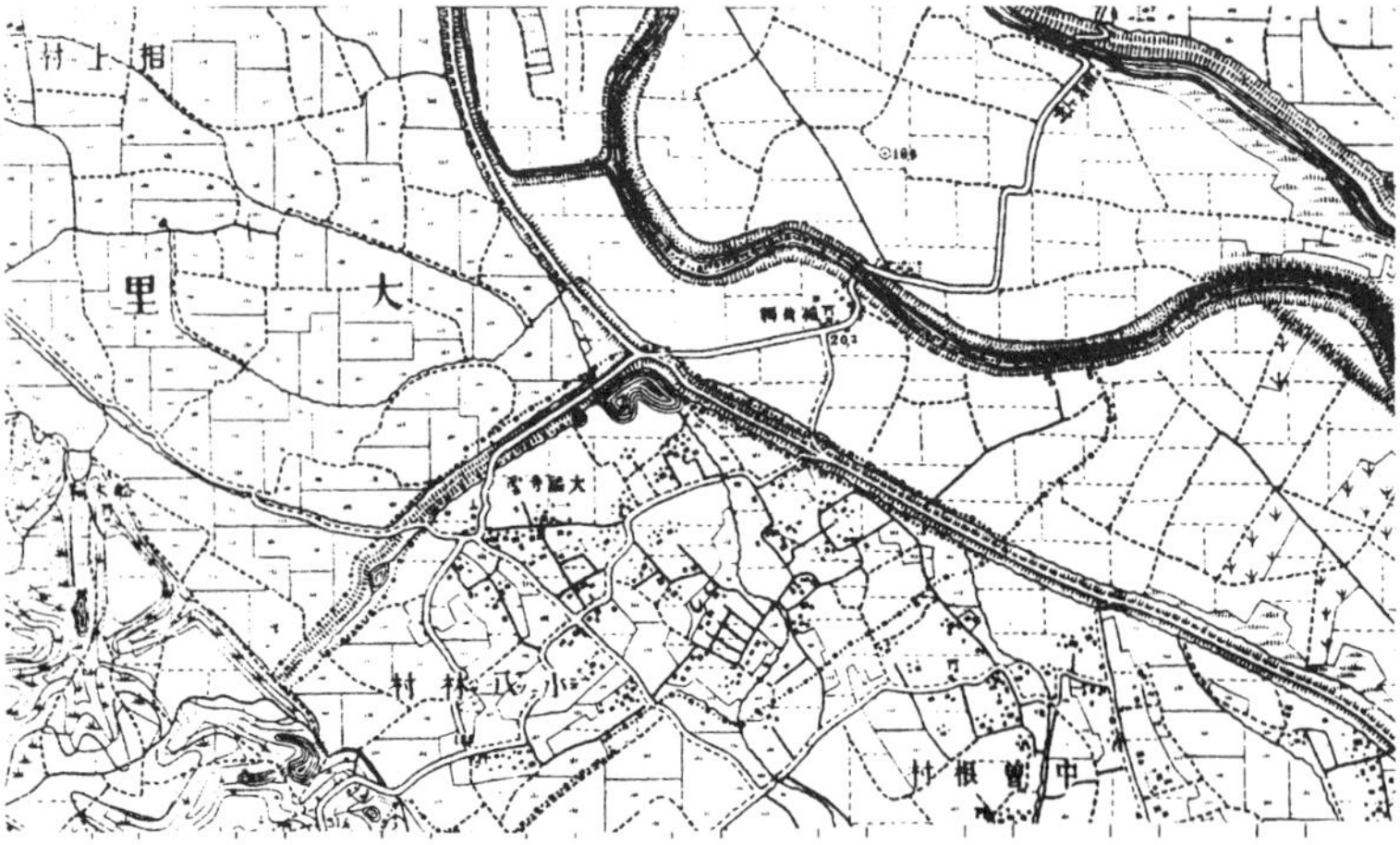

図３　明治初期の下吉見領横手堤（迅速測図）

寛保二年（一七四二）の大水害時に阿良川堤は破堤しているが、志多見村「松村家日記」では次のように記されている。(35)「八月朔日四ツ過より雨降、夜中大雨、二日小圦上土俵ニ而惣人足出上置、其時忍領（下）中条村新圦押抜候由ニ而あら《（阿良）》川堤之上ヲ水夥敷越、其上二三十間或四五拾間押切急ニ水入候得共平兵衛本家床上ヘハ水不上」。「新圦」は見沼代用水の取水口であるが、この時洪水は取水圦樋を押し抜いて阿良川堤に達している。この日は北河原村の大囲堤が四〇〇間も破堤しているので、大洪水は阿良川堤を二〜三十間、四〜五十間と押し破っている。この日記からみると、大洪水は見沼代用水路、元の星川沿いに流下しているので、阿良川堤は星川流域からの溢水防御のために設けられたものと推定される。しかし日記の記述にみられるように大洪水には抗しきれず、中、小洪水の防備機能しか持っていなかったとみられる。なおここでは、堤が羽生・騎西領の水除堤であることが注目される。

図3は、明治初期の下吉見領横手堤を示したものである。図中の北方中央から東南方向に描かれているのが、荒川大囲堤であるが、この大囲堤と西南の比企丘陵との間に築堤されているのが横手堤である。荒川大囲堤とはほぼ直角に築かれ、川に沿った堤で

はなく水田中に所在する堤防なので、典型的な控堤であることがこの図からも読みとることができる。ところでこの横手堤の所在は上吉見領小八ツ林村であるが、この堤の土地は下吉見領分で堤の補修・管理は下吉見領が行っている。[36]このことからみると、堤防は下吉見領の水除堤ということになり、たまたま堤内に他領の一か村が含まれていることになる。なお資料の上では、「横手堤」と記されているが、上吉見領小八ツ林村中に所在することから、本稿では堤防機能を明確にするため、「下吉見領横手堤」と記した。近世の下吉見領の洪水時破堤状況をみると、横手堤の破堤が群をぬいて多いといわれる。[37]これは上吉見領洪水が横手堤に集中するためであるが、堤の上流で和田吉野川が合流しており、丘陵地帯の降雨時排水が上吉見領南部に集中するためともいわれている。また上吉見領破堤が連鎖的に横手堤の破堤につながるため、横手堤の破堤頻度を押上げている。横手堤の破堤が多いことは、別の視点に立ってみれば、下吉見領側の水害防御の要ということになる。堤防は荒川と比企丘陵の最も狭まった地点にあり、寛永年中（一六二四〜四四）伊奈氏が五五八間にわたり築堤したといわれる。これらのことからみると、横手堤も阿良川堤同様下吉見領という「領」の水除堤ということになろう。

横手堤で注目されることの一つに、水論が繰り返されたことがあげられる。[38]その意味では、ここも、「論所堤」ということになる。破堤の頻度からも水論の多いことが想像されるが、堤防が上吉見領内にあることも水論を複雑化させ、争いを多発化させている面もみられる。天保四年（一八三三）の「地理直し普請」では堤防の高さは七尺とされているが、ここでも堤防の高さが毎回の争点になっていることが特色である。この項では具体的な水論事例は省くが、水論が頻発したことは中条堤と同様である。

図4は、明治初期の雉子尾《きじお》堤を示したものである。図の妻沼村の西方、台村からやや半円状に南下し、備前堀に達しているのが雉子尾堤である。「武蔵国郡村誌」弥藤吾《やとうご》村の項では、「村の西北隅にあり、利根川堤の枝にして北方

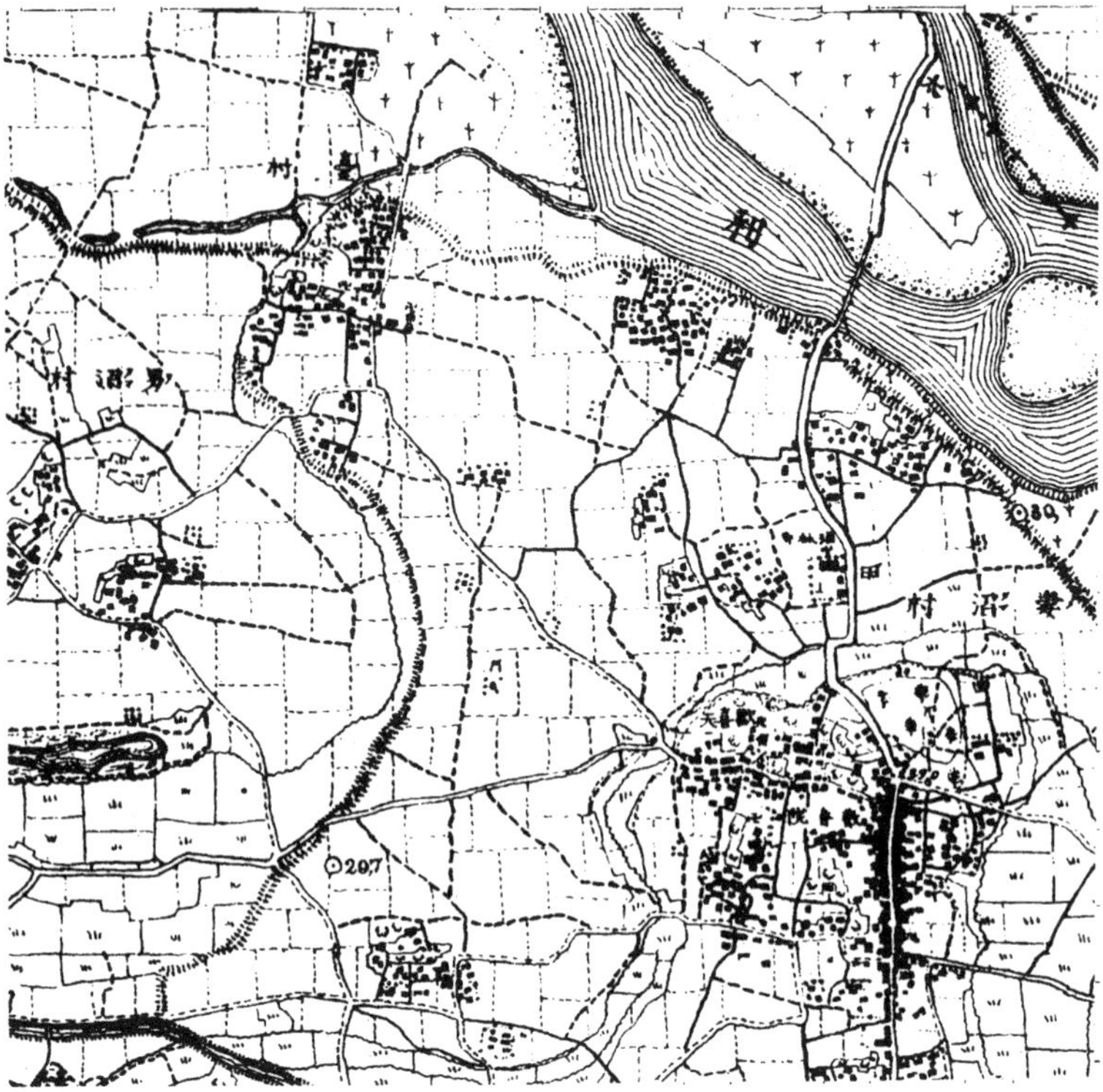

図４　明治初期雉子尾堤（迅速測図）

台村界より、恰も雉子の尾の如く、西北飯塚村界に至る、長六町廿間、馬踏三尺、堤敷二間」と記されている。また台村の項では、「西堀用水に沿ひ、南東弥藤吾村界より善ヶ島堤に至る、長五百五十三間、馬踏三尺、堤敷二間一尺、高五尺」と記されている。

雉子尾堤は、阿良川堤や下吉見領横手堤と異なり、「領」の水除堤ではない。地図でも明らかなように、旛羅郡低地村の中央に築堤された控堤である。築堤理由は資料の上では明示されていないが、小山川流入口の利根川堤防のない部分からの洪水の流入や、善ケ島堤の越流の防御堤であることは、その所在位置からも明らかである。中条堤で湛水・溢水の排出を阻まれた旛羅郡低地村が、その内部に控堤をもっていたことは注目に値する。幡羅郡低地村が、上流からの洪水流入に手を拱いていたわけではなく、それなりに対応していたことを雉子尾堤は示している。なおこの堤の位置からみると、上流からの洪水防御で、福川流入口からの逆流防御の役割はなかったとみられる。この点からみると、幡羅郡低地村の洪水流入の大部分は、上流の江原村・石塚村方面からということになる。

以上三つの控堤の事例を記したが、中条堤との共通点を探ると、まず第一に「領」の洪水防御の控堤であることが指摘できる。忍領だけが特別なのではなく、多くの領域内で控堤を築いていたことになる。忍藩が権力を行使して、自領の利益のために築堤したわけではない。控堤はどこでも「論所堤」で、どの領域でも水害防御の要の位置に築堤されており、当然水論が多発している。中条堤も、同様ということになる。また幡羅郡低地村の湛水は、中条堤の存在が主要な原因ではない。雉子尾堤の存在は、上流の小山川流入口付近からの洪水進入と善ケ島堤の越流を想定したものであり、中条堤だけが主要な湛水化の原因ではない。

6　まとめ

㈠、中条堤は、その存在形態の検証や類似堤防との比較検証からみると、忍領の「控堤」である。築堤始期は不明であるが、忍藩が藩権力を行使して築造・補強した堤防ではない。阿良川堤や下吉見領横手堤と同じく、「領」の水害防御を目的にした一般の控堤である。だがその所在位置や忍藩支配の関係から、他の控堤とは異なるいくつかの特性を持たされた堤防でもある。その一つは、中条堤が利根川大囲堤の延長として所在しているため、普請組合村も四十三か村という多数である。組合村も「利根川通堤川除普請組合」であり、中条堤を冠した普請組合名ではない。第二の特殊な点としては、中条堤の恩恵を受けていない堤外村が組合村になっていることがあげられる。この矛盾する事象は、忍藩が江戸初期に治水や河川施策で幕府の管理を受けない、特別な藩独自の自普請場体制を確立していたことに起因する。忍藩は十万石余の支配地で、当然川筋や村の利害を考慮して普請組合を構成したとみられるが、その中に後年矛盾を露呈した事象が含まれている。ただ当初から村の利害を無視して、普請組合を組織したとは考えられない。第三の特殊な点として、江戸中期に堤防が四方寺村に延長されていることがあげられる。享保十四年（一七二九）に四三五間築造されたものであるが、ただこの増築は忍藩が施工したものではなく、幕府の普請役の手で実施されたものである。幕府は享保十三年（一七二八）に見沼代用水路を開削しているが、それに関連して忍領やその周辺で排水路整備や新田開発を行っている。これらに関連して中条堤の延長がなされたもので、忍藩が独自に実施したものではない。なおこの堤の延長が、新たな争論を生みだすことになる。

(二)、中条堤の機能・性格は、堤外の旛羅郡低地村の治水要件に規定される。旛羅郡低地村は利根川沿いに善ケ島堤をもっているが、上流部に小山川の流出口があり下流部に福川の流出口もあり、そこで堤防は断絶している。そのため利根川増水時には、小山川流出口方面からの洪水が流入し、福川流出口から逆流が激しく濫入する。この逆流は下流の酒巻・瀬戸井間が狭窄部であるため、流入に一層拍車が掛かることになる。このように旛羅郡低地村は、常時湛水が起る条件下にある。福川に沿って、中条堤に平行する形で堤防が築かれていないことは、湛水を福川に流入させ、排水の便を計ったためとみられる。部分的には雉子尾堤があり水除の対策も試みているが、この地域の治水の主題は排水にあったとみられる。

後述もするが、旛羅郡低地村は江戸中期に中条堤が四方寺村に延長されてから、中条堤々内村と激しく争っている。この争論に関し、天明二年（一七八二）堤外村は訴状中で堤延長以前の状況を記しているが、再掲出になるが次のように記されている。「上中条村地内ニ而遠なだれニ御築留被成候段、大満水ニ至り而は前後共ニ無難ニ堤保方も宜敷を御工夫被遊、先年御築立被成下候由前代より申伝候、則右堤御築止被遊候所を字水越と唱来、往古も満水御座候得共水死人等不及承候」。ここでは堤延長以前の堤外村は、湛水しても中条堤の「水越」地点での排水もあり、満水しても死者がでるような被害はなかったという記述である。これをみると、幡羅郡低地村は湛水・満水は屡々起っているが、被害は大きくはなかったことになる。

㈢、中条堤をめぐる争論は、近世・近代を通じて数多く起っているが、両時代に共通することは中条堤のもつ役割が絶えず主題に上っていることである。もちろん近世と近代では利根川をめぐる治水施策の変化もあり、争論の展開も異なった様相を示している。

近世の争論は、享保十四年（一七二九）の四方寺村への堤防延長以降激化し、また多発化している。これは中条堤の改修・延長が幡羅郡低地村の湛水化を激増させたためである。享保十四年以前の中条堤は、「大満水ニ而は、堤内江連々越水廻り水いたし」という構造であったため、堤外村の湛水期間も短く被害も軽微であったと思われる。ところが堤防の改修・延長で堤外村の洪水は排出口を制限され、湛水化による被害が増大することになる。この幡羅郡低地村の水害の増大が、争論の激化・多発化になったとみられる。

ただ近世中期以降の水害の増大は、中条堤の改修・延長ばかりが主因ではない。利根川筋でも各地で水害が増大しているが、その原因の一つは江戸初期以来の新田開発である。これまで洪水時に遊水池となった池沼・湿地が、開発されて新田となったため、洪水は流出先を失い水害を起すことになる。もう一つの原因としては、河川の河床の上昇があげられる。特に関東では天明三年（一七八三）の浅間山噴火で、溶岩流や降砂で川底は一挙に上昇したといわれる。河床の上昇は河川の溢水を招くことになるが、これも水害頻発の主因の一つである。このように中条堤々外村の水害の増大は、全国的な河況や流域の変化に関係しており、中条堤の延長・改修ばかりが原因ではない。

近代の中条堤争論は、明治政府の利根川治水仕法が、「低水工事」から「高水工事」へと変更されたため、複雑な様相を呈することになる。また折からの国会開設もあり、地元選出議員湯本義憲は治水建議案を提出し、その説明の中で中条堤強化論を展開して波紋を広げている。国政の場に中条堤争論が登場したことになるが、近代国家整備の過程で争論の輪も広がったことになる。明治期は大水害が頻発しており、これが治水策の変更を促し、中条堤争論にも影響を与えていることが注目される。

明治中期までの中条堤争論は、概して江戸時代と同様であるが、埼玉県庁の役人の中には利根川治水について新しい動きをみせている。その一つが、善ケ島堤の延築であり、福川に逆留水門を設けて連続堤防化を計るという計画である。(39) この計画は明治四年（一八七一）という早い段階のものであるが、高水を防御しようと連続堤防建設を目指したことが注目される。湯本義憲の中条堤強化論に反論した栃野氏は、旛羅郡の利根川堤が連続堤になれば「中条堤は無用」であると記しているが、旛羅郡低地村には早くから連続堤建設論があったことが特筆される。

㈣、旛羅郡低地村遊水池論は、河川工学上の一つの理論であり、これより下流の流量が制限され、利根川治水の上で大きな役割を果たしていたという壮大な理論である。またこの地域を遊水池として機能させるため、中条堤も維持されてきたという考え方である。

利根川の酒巻・瀬戸井間は狭窄部であり、小山川・福川の利根川への流出口もあり、利根川堤防も不連続であったため、旛羅郡低地村が屢々湛水したことは事実である。これらは自然的な与件がもたらしたものであり、他の地域にもみられる事例である。だがここでは、「江戸時代初期から・・・意識的に氾濫させ、中条堤より下流側を守ってきた」のかどうかが問題である。筆者の資料の博捜も限られているが、少なくとも近世で「意識的に氾濫させた」という事実はみられない。また旛羅郡低地村の住人に、遊水池化されているという認識もない。中条堤の維持・強化を忍藩が進めたという記述は、水論時の相手側の言辞であり、このような事実は資料の上では確認できない。これらの事例からみると、「結果として」遊水池化したことになり、人為的に造成されたものではない。

「遊水池論」のポイントの一つは中条堤であるが、これは先記したようによくみられる「控堤」の一つである。忍藩が幕府の普請役人に同調して、「遊水池堤防」として強化したり、また維持したという事実はない。控堤については、どこでも堤内外で対立し争論を起している。この点に関しては中条堤も同様であり、ただ「遊水池堤防」としての争論はない。これらのことから、中条堤は普通の控堤という結論となるが、ただ存在位置や自然条件からみると、大規模な控堤であり影響する地域も広大な堤防ということになろう。

〔注〕

（1）国土交通省、埼玉県及び群馬県が作成した浸水想定区域図に基づき熊谷市市民部危機管理室が作成。

（2）国土地理院発行「妻沼」「深谷」等。

（3）「控堤」は、土木工学上の言葉でもあり、「二次堤防」とも称されている。河川に沿った堤防ではなく、「田畑囲堤」の機能をもつ。「畑囲堤」は、近世文書にもみられる言葉である。

（4）『新編埼玉県史資料編一三』（昭和五八年）所収、「忍領在々御普請役高辻帳」寛永十二年二月（行田市「中村和彦家文書」）。

（5）「埼玉平民雑誌第六号」外（埼玉県立文書館保管「湯本家文書」№五〇三六）。

（6）宮村忠『水害』（中央公論社刊、昭和六十年六月二十五日）等がある。

（7）第一軍管地方迅速測図「妻沼村・小泉村」（明治十七年測量）部分。

（8）第十三巻（埼玉県立図書館刊、昭和三十年三月）。同書の記載内容は、明治八年の政府の示達に基づき、村方で調査・作成したものである。

（9）『新編埼玉県史資料編一三』所収、「忍領高拾万八千石余御掛場御普請組合記全」天保六年九月（埼玉県立文書館保管「野中家文書」№一九九）では、上中条・北河原村等は「利根川通堤川除御普請組」に所属し、堤防は「六千三百三拾弐間　上新郷羽生堤より上中条村水越迄」とある。
(10)酒巻村・下中条村の利根川堤は馬踏は一間半から二間、堤敷は一四間～一六間である。
(11)前掲（9）野中家文書の「利根川通善ケ嶋川除御普請組」の項。
(12)土出の長さは五間余～十八間、横幅三間～五間、高さは一丈～一丈五尺と、規模は区々である。
(13)『新編埼玉県史資料編一三』所収、「諸国川除用水御普請国法仕来留」安政二年三月（国立国会図書館蔵「関東筋川々御普請御用留」一所収）。
(14)『新編埼玉県史資料編一三』所収、（『刑銭須知』七。）
(15)前掲書（14）所収「四川用水方定掛場村数組合等覚書」の項。
(16)前掲（4）の文書。
(17)北島正元校訂『武蔵田園簿』（近藤出版社刊、昭和五十二年九月三十日）。
(18)『新編埼玉県史資料編一三』所収、「忍領利根川通堤川除普請論争裁許状」貞享四年三月（埼玉県立文書館保管「中村（宏）家文書」No.二五八）。
(19)『新編埼玉県史資料編一三』所収、「中条堤圦樋増番人足難渋一件書物」安永七年三月（「中村（宏）家文書」No.三七二）。
(20)『新編埼玉県史資料編一三』所収、「差上申済口証文之事」外　天明三年六月二日（「中村（宏）家文書」No.一〇）。
(21)前掲（19）の文書。
(22)大熊孝『利根川治水の変遷と水害』（東京大学出版会刊、昭和五十六年二月二十八日）。以下同書参照。
(23)『武蔵国郡村誌』、酒巻村の項。前掲（12）参照。
(24)この項、前掲（22）。
(25)『川島町史通史編』中巻（平成二〇年）。
(26)「上書」、明治二十三年九月二十六日付の小松原知事宛嘆願書（「中村（宏）家文書」No.四四四六）。
(27)「湯本代議士の提出せる治水建議案を読む」（前掲（5）文書所載）。
(28)「上申書」、明治二十四年五月二十五日吉田久弥外三名の知事宛嘆願書（「中村（宏）家文書」No.七七）。
(29)前掲（20）の文書。
(30)この項、前掲（27）の文書。

(31) 前掲（6）。以下同書引用。
(32)「渡良瀬」は現谷中湖、「田中」は柏市所在、「菅生」は常総市・坂東市所在、「稲戸井」は取手市所在。
(33) 控堤については、彩の川研究会編著「埼玉県内に残る旧堤の調査研究報告書」（平成十四年五月）を参照した。
(34) 控堤の規模等の数値は、『武蔵国郡村誌』記載数値。
(35)『新編埼玉県史資料編一三』所収、「松村家日記」（加須市志多見「松村家文書」）。
(36)『新編埼玉県史資料編一三』所収、「差上申一札之事」（横手堤等普請出入裁許請書）寛政十二年正月十四日（吉見町「新井侊雄家文書」）。
(37) 大塚一男「近世における荒川中流域の水害と治水」（昭和六十年三月二十日　個人出版物）。
(38) 前掲（37）書。
(39)「利根川通堤防ニ関スル参考書」の綴中の「明治廿五年八月」付文書（「中村（宏）家文書」№三七三）。

八　弘化期川越藩の川島領大囲堤普請

1　はじめに

川島領大囲堤の弘化二・三年（一八四五・四六）の普請は、幕末の世情が緊迫した中で川越藩が主導した工事で、埼玉県域の大囲堤普請では特異なものである。既に幕末期になると幕府・諸藩の財政窮乏から大規模普請はみられなくなり、普請組合村の自普請に委ねられた普請が多くなるが、ここでは藩が主導して普請を実施するという珍しい事例となっている。

弘化期川島領大囲堤普請は後世にも伝えられるほどの大普請であったので、戦前地元で刊行の『川島郷土誌』(1)に取り上げられている。また戦後刊行の『川島郷土史』(2)でも、資料の掲載を含めて若干の記述がなされている。戦前から戦後にかけて編さんされた『埼玉県史』(3)でも記されているが、普請の実施に簡単に触れているに過ぎない。その後編さんされた『新編埼玉県史』では資料編に「治水」(4)を刊行し、本稿でも取り上げている資料を掲載しているが、通史

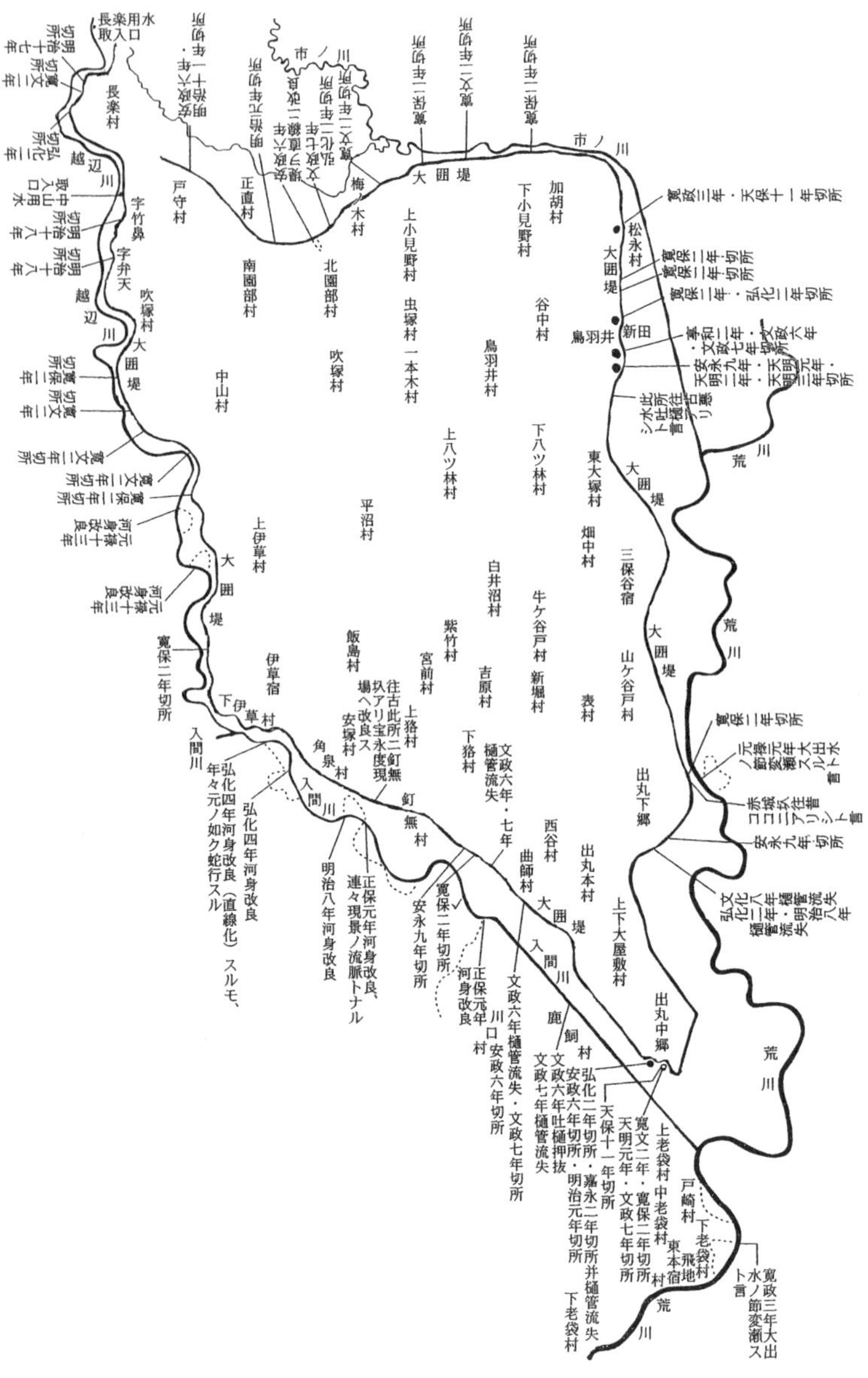

図１　川島領大囲堤切所絵図（略図、松本章家文書 No. 47より作成）

編(5)では若干記されているのみである。

弘化の大囲堤普請を本格的に取り扱った論考に、大塚一夫氏の『近世における荒川中流域の水害と治水―吉見領・川島領を中心に』(6)がある。この論考では弘化二・三年の普請の概要を記すとともに、「川越藩の事情と普請の意義」という項目を設けて、川越藩が工事に着手した理由についても論述している。大塚氏は普請の着手は荒廃した農村の復興策であり、領内村々の復興が窮乏した藩財政を救う道であったと論断している。しかしここでは、川越藩の「三方領知替」に伴う藩政の推移や、江戸湾防御で藩財政が極端に逼迫した情勢などについては全く触れていない。

本稿は弘化二、三年の大囲堤普請に焦点をあて、それまで川島領が置かれた治水状況を考察するとともに、川越藩が普請を主導した理由や目的について探ろうとするものである。幕末期の大規模な普請で、これまで例のない藩主導の普請という特異性がどこから生じたのかを視点に置いて、改めて解明を試みることとする。資料は地元に遺されたもので、これまでも引用されてきたものであるが、普請の特異性解明に新たに光をあてようとするものである。

2　大囲堤普請の背景

武蔵国比企郡川島領は、荒川中流右岸に位置し、四囲を河川に囲まれた低地である（図1）。近世期の村は四八か村で、村数は近世期を通じて変化のない珍しい地域である。『武蔵田園簿』の川島領の総石高は一二、八一一石余、『元禄郷帳』で一四、九二八石余、『天保郷帳』では一七、七〇一石余で約三割八分余の増加をみせている。『武蔵田園簿』での田高の割合は七一・六％で、埼玉県域全体の四九％に比して高い割合を示している。

川島領は東に荒川、南に入間《いるま》川、西に都幾《とき》川・越辺《おっぺ》川、北に市ノ川が流れ、文字通り川に囲まれた地域である。堤防は東西南北に築造されており、近世の洪水による破堤・越流はどの方向からも起っている。地形的には独立した形状で、川島領の村々だけで大囲堤を持っていることになり、他領の氾濫した洪水で連鎖的に直接被害を受ける地形ではない。洪水被害は、四囲の河川の増水による破堤・越流と領内の降雨時の湛水で、他領の氾濫は間接的な影響となる（図1参照）。

地形の高低差をみると、西北端が高く、東南の荒川・入間川合流地点に接する出丸《でまる》地区が低い。そのため用水の取水は、西北端の都幾川・越辺川であり、悪水の吐口は出丸地区に集中している。都幾川からの取水は長楽《ながらく》用水、越辺川からの取水は中山《なかやま》用水と称しているが、取水量は潤沢ではなく、末端の出丸地区では用水不足に悩まされ、水田の割合も低い地域になっている。出丸地区は、用水不足と悪水の湛水化の両面から悩まされた地域である。(7)

他領との水論は、東・西・北の村々との間で起っているが、東西の村々との水論は限定的であるのに対し、北の下吉見領との争論は長期にわたり、また熾烈である。これは北方から荒川という大河が流下し、比企丘陵から流出する市ノ川が下吉見領と川島領の境をなし、川島領東北端で荒川に合流するという河況のためである。荒川中流域は近世初期には広大な河川敷を持っていたが、寛文・延宝期（一六六一〜八一）以降その河川敷も新田開発され、多くの堤外新田村が成立している。この新田村の成立は、降雨時の滞流化を助長することになるが、川島領に北接する下吉見領でも多くの新田村が成立し、荒川溢水化の遠因となっている。(8)

下吉見領は荒川を境にして忍領・石戸領と接するが、河川敷は広大で、近世初めには徳川家康・秀忠・家光が頻繁に遊猟した地である。ところがこの広大な河川敷も、寛文・延宝期以降多数の新田村が成立している。新田村は堤外村で、荒川の滞流化で自領も堤内越流で度々水害を受けるが、下流域の川島領も荒川溢水で大被害を受けることになる。(9)それればかりでなく、荒川の滞流化は合流する中河川の市ノ川の溢水化をもたらし、荒川から逆流もあり益々被害を甚大化させている。

近世初期の市ノ川は、下流は東流してほぼ直角状で荒川に合流していた。ところが下吉見領の地形をみると東南方向が低地になっているため、東流している流路には無理があり、合流口より上流で切所する危険が高い河川となっている。下吉見領と川島領の度々の水論地点になっている「馬瀬口」という箇所があるが（略図中では下小見野村・加胡《かこ》村地先）、下吉見領村々は既に延宝七年（一六七九）からこの馬瀬口付近から新市ノ川を開削して、市ノ川の溢水化防御の主張をしている。東流している市ノ川を、荒川合流口より上流部から東南流させて、新市ノ川を開削する計画である。荒川と市ノ川の溢水で水災を受ける下吉見領は、この新市ノ川開削計画を執拗に嘆願する。[10]

ところが、下吉見領が計画している新市ノ川の流路敷は全て川島領の地である。そればかりでなく、川島領の村々も早くから河川敷分の耕地化を進めており、特に柳沢吉保が領主であった時代には堤外地の新田開発が積極的に進められ、河川敷の住家も数多くなっている。新市ノ川の流路はこの新田地を縦断することになり、川島領としては絶対に容認できない計画である。しかし結局は下吉見領の主張は通り、新市ノ川は享保八年（一七二三）に開削される。新流路は一五六〇間、河川の上口幅二〇間・河底幅一〇間、新河川用地による潰地は一六町一反七畝余である。潰地は全て川島領で、河川敷の新田村は分断され、「川向う」に川島領の飛地ができたことになる。[11]

新市ノ川の開削で下吉見領の水害は緩和されるが、川島領は逆に水害への危機感を一層募らせることになる。新川開削後、新川の廃川を何回にもわたって嘆願しているのはその顕れである。新市ノ川開削直後の享保八年、元文六年（一七四一）に嘆願しているのがその例であるが、ここでは川島領側は市ノ川は川幅拡大で充分であり、直ちに新川を取り潰すべきであると主張している。[12]これらの嘆願書にみられる川島領村々の主張の特色は、新市ノ川開削によって土地は奪われ、水害は自領だけが受けるという強い被害者意識である。この被害者意識は、弘化の大囲堤修復まで続くことになる。客観的にみれば、水勢を徐々に弱めて、合流口を下流に移す仕法は近代でも行われており、幕府普請役の裁定は正しいと考えられるが、川島領村々にとっては受け入れ難い普請と認識されている。

新市ノ川の管理は下吉見領が担当しており、川幅や土置場のことなどで争論は続くことになるが、幕末期に川島領村々が危機感を高揚させたのは、下吉見領の「地理直し」普請に基く荒川・市ノ川の堤防強化である。下吉見領でも文政末期から堤防強化の嘆願を度々行っているが、地理直し普請が実施されたのは天保四年（一八三三）である。幕府普請役が主導する大規模な普請で、人足一〇万余・賃永一、七三四貫余で堤防の上置・腹付等の工事がなされている。この堤防強化で下吉見領は、以後一部の例外はあるが、大正二年まで荒川堤防決潰による水害はなかったと言われる。この天保四年の地理直し普請は、川島領村役人によっても詳細に記録されている。これらの記録をみると、川島領の村民が増々危機感を募らせていた状況を窺うことができる。(13) 川島領村々は、新市ノ川開削と下吉見領の地理直し普請という二つの面から、自領が大きなハンディキャップを背負っていたことを知らされたことになる。

3　川越藩政の推移と財政窮乏

川島領は、寛永十六年（一六三九）に松平信綱が藩主となった段階で大部分川越藩領となるが、一部の村は天領・旗本領等である。『武蔵田園簿』の村数四〇か村中、松平信綱の所領村は相給二村を含めて三一か村で、他の九か村は天領・旗本領である（寺社領は除く）。下って宝永元年（一七〇四）秋元喬知が川越藩主となり、川島領は大部分の村が秋元氏領となるが、一部の村は旗本領である。秋元氏は涼朝《すけとも》が藩主であった明和四年（一七六七）に出羽山形へ移封となるが、武蔵国内に多くの村が秋元氏領として残されることになり、この山形藩領の中に川島領の多くの村々が含まれている。秋元氏は武蔵国内の領地村々統治のために在地役所を設けるが、この役所は川島領中山村に置かれ、資料上は「中山小屋場」と称され役人が置かれている。秋元氏に替り川越城主になったのは松平大和守朝矩《とものり》で、この時川島領の一部の村が川越藩領となっている。この段階では川島領の大部分は山形藩領であるが、一部に川越藩領・旗本領が混在していたことになる。(14)

松平氏藩政推移の上での大きな出来事に、「三方領知替騒動」がある。松平氏は、既に文政期に藩財政逼迫から旧領姫路への移封を出願しているが、天保九・十一年（一八三八・四〇）には前橋帰城を願い出ている。こうした中で天保十一年十一月、藩主斉典《なりつね》に幕府から出羽庄内への移封が通知される。庄内の酒井氏が越後長岡への転封、長岡城主牧野氏の川越への転封で「三方領知替」と称されている。川越藩は内福豊かな庄内への転封を強く希望するが、庄内藩領民の強い反対運動もありこの転封は中止される。転封中止と共に斉典には二万石が加増され、天保十三年八月に加増高合せて一七万石の知行高となる。この加増地二万石のうちに、これまで山形藩秋元氏領であった川島領村々が含まれており、川島領は一部の天領・旗本領はあるが大部分が川越藩領となっている。(15)

幕末期の川越藩政の大きな負担となったことに、外国船渡来に伴う海岸警備・台場警備がある。この海防負担は、藩士だけでなく領民を巻きこんだものであり、中断があるとは言え、寛政五年（一七九三）から慶応三年（一八六七）という長期にわたったことが特色である。そして幕府からの出金はあるが、藩庫から膨大な支出を余儀なくされ、極端に藩財政を圧迫したことも特徴の一つである。本稿の弘化の大囲堤普請が、川越藩の海防出動と同時期に行われたことは、本論の展開に最も重要な要素となっている。(16)

川越藩主松平大和守家は前橋在城時代から相模国三浦郡等に分領があったが、寛政五年三月幕府から海防強化を命ぜられている。前年九月に、根室にロシアのラクスマンが来航したことに伴う措置である。川越藩相模分領は文化七年（一八一〇）に上知されるので一旦海防役から解放されるが、文政三年（一八二〇）には再び一万五千石分が三浦郡に知行替され、再度海岸警備の任についている。当初は浦賀奉行の補助的な役割であったが、その後三浦半島に陣屋も設置され、文政四年には陣屋詰は武者奉行以下一三六名、領地村々からも多数の人馬が動員されている。天保十三年には幕府は川越藩と房総警備の忍藩に海防強化を命じているが、川越藩はこれまでの浦賀奉行補助体制が改められ、三浦半島防備の一手引受けとなる。そのため浦賀奉行配下にあった砲台等が川越藩に引き渡され、同藩の防備の区域も一挙に広がっている。天保十四年には陣屋も大津（横須賀市）と三崎（三浦市）の二陣屋体制で、藩の相州詰は家老以下五〇三人となり、領地の城付村々からも武士付の多数の仲間《ちゅうげん》動員も行われている。弘化二年（一八四五）にはアメリカ船の浦賀入港があるが、藩では大津陣屋に四二〇人、三浦陣屋に一五一人の藩士を動員している。翌年にもアメリカ軍艦の来航があるが、この時は家臣千人が動員され、藩主斉典が自ら観音崎で指揮をとり、相模分領だけでも人足動員は三千人となる。[17]

弘化四年以降の海防役については略記するが、この年幕府は江戸湾の防備を強化し、三浦半島の担当は川越藩・彦根藩、房総半島は忍藩・会津藩となっている。三浦半島は江戸湾側が川越藩、相模湾側が彦根藩担当である。こうした防備体制の中で嘉永六年（一八五三）のペリーの来航となるが、川越藩は多数の藩士の動員と共に、領国からも膨大な人馬の動員をしている。六月からの城付村々の出動人足は、一万三四〇〇人余という大量動員である。幕府はペリー来航後防備体制を変更し急遽品川沖の台場建設となるが、川越藩はこの年十一月「一の台場」の防備を命ぜられている。嘉永七年一月のペリー再来航時は台場は未完成で、防備の引き継ぎも終っていない段階で横浜表への警備を命ぜられ、国表と相州陣屋から多数の藩士と人足が出動している。台場警備のために高輪（東京都港区）に陣屋が設けられるが、文久三年（一八六三）には藩主直克が政事総裁職に就いたため一時警備担当は中断され、直克辞任後同年八月に二の台場・五の台場の担当を再び命ぜられる。慶応二年（一八六六）十月に藩主松平直克は前橋帰城となり、松平康英が棚倉（福島県）より入封し藩領域も変るが、川島領村々の大部分は今度は前橋藩領となっている。松平直克に台場警備が免ぜられるのは、慶応三年三月のことである。

川越藩は海防のために莫大な出費を余儀なくされるが、要した費用のうち幕府からの出金は僅かで、大部分は藩庫からの出金である。天保十三年から嘉永二年までの八年間の海防出費は一〇万六八〇〇両という多額であるが、このうち幕府の出金は一万五〇〇〇両で、その割合は約一四パーセントである。残りの九万一八〇〇両が藩の負担ということになるが、通常の財政でこれだけの大金を出せるわけがなく、結局は領民の出金に頼ることになる。後述するが、川越藩は藩士への禄高支給も儘ならず、藩士の家族数に応じて扶持を支給する「面扶持《めんぶち》」を試行するほど、藩の財政は極端に窮乏している。このような財政逼迫の中で、海防の負担をしていたことになる。

藩領村々の海防負担は、大きく労力提供と金銭上納の二つに分れる。いずれも村々にとっては重い負担であるが、労力の提供は藩士の出動に伴う荷物の運搬や、相模陣屋・高輪陣屋での勤務である。荷物の運搬等は比較的短期間で終るが、陣屋勤めは長期間にわたることが多く、それだけに重い負担となっていることが特徴である。人足の動員は村高割が基本であるが、外国船の突然の渡来で藩士の急遽増派も多く、そのため人足動員も急に行われることが特徴となっている。金銭負担は「高掛金」として村高割が基本であるが、人足動員に関連して急に出金を命ぜられるのが特色でもある。村高割の上納金の外に、「寸志上納」として特別寄付を徴収していることが注目される。これは本来個人や村々の自由意志に基づくものであるが、藩では頻繁に上納触れを出しているところをみると、半ば強制的な性格をもつ上納要請である。「寸志上納」は金銭が主体であるが、嘉永七年一月の川越城下の上納では、米・味噌・醤油・大砲・砲弾などの物品もみられる。同年十月には川島領村々でも「寸志上納」を出しているが、個人で一〇両・一五両と大金を上納している者もいるが、「村分」としてまとめて上納した金銭もある。村方としてまとめて「寸志上納」していることは、やゝ「高掛金」と同様な性格も持っていたことになる。

海防に伴う藩財政や領民の負担についてはここでは具体的な事例は省いたが、藩が海防役を命ぜられたために、領民共々大変重い負担をしていたことは明らかである。このような異常な事態の中で「弘化大囲堤普請」が実施されたことになるが、藩が主導した異例の普請だけに、当時の藩財政の窮乏や領民たちも苦しい立場にあったことは、普請の意義を知る上で重要なポイントになるであろう。

4　普請嘆願と川越藩の対応

近世中期以降川島領村々は大囲堤普請を度々嘆願しているが、弘化の大普請の嘆願は弘化二年（一八四五）の二度にわたる大水害の復旧を目指したものである。この年七月二十七・二十八日稀なる大水で、谷中《やなか》村堤四六間余・正直《しょうじき》村堤五間・長楽《ながらく》村堤二二間余が破堤し、領内一円に洪水が流入し住家床上六尺に達するという大水災となる。直ちに炊出しと被災者救恤金の支給が行われ、破堤箇所の修復に取り掛かるが、切所留切り普請が半ば完成となった八月二十九日、又々大出水となり修復中の堤防が押し切られ、領内に大洪水が流入している。二度にわたる破堤で大被害を受けた川島領村々は、川越藩に対し切所の復旧と堤防補強の嘆願書を出すことになる(18)。

弘化二年七月の川越藩城付村々の水害を一覧したものが、表1である。表にみられるように被災箇所は広範囲にわたるが、中でも市ノ川・都幾川の三口の破堤で、領内一円に洪水が押入った川島領の被害が注目される。記載資料は「八月八日付」の担当役人の藩当局への報告で、「田畑荒所等之義は、未相分不申候」と記されているところをみると、水害直後の被災の大略を記したものと推定される。後出の資料からみても田畑の湛水期間は長期にわたり、また住家の浸水期間も長く「貯蔵夫食」を失った農民も多い(19)。この表は七月の水害状況を示したものだが、八月の水災もあり被害の甚大さが窺われる。

表1　弘化２年７月川越藩城付村々の水害一覧

No.	河川名	被災箇所村	被災規模	備　　考
1	市ノ川	鳥羽井新田堤	切所60間余	３口より洪水領内流入 民家床上５尺水上り 田畑荒所不明
2	都幾川	長楽村堤	切所32間余	
3	市ノ川	正直村堤	切所10間余	
4	越辺川	赤尾村堤	切所20間余	床上３尺水上り・田畑荒所不明
5	柳瀬川	針ヶ谷村堤	切所20間余 半欠40間余	床上３尺水上り 田畑荒所不明
6	同上	水子村堤	半欠65間余	
7	小畔川	小堤村堤	切所20間余 半欠７間余	民家水入り・田畑荒所不明
8	入間川	下広瀬村堤	半欠30間余	
9	同上	同村	蛇籠大締切 70間押切	

No.	被　災　名	被災規模	No.	被　災　名	被災規模
10	田畑石・砂・水入り	130村	14	堤半欠所	４か所
11	潰　家	25軒	15	蛇籠大締切　切所	長70間余
12	民家石・砂・水入り	1947軒	16	川除杭出・籠出流失	123か所
13	堤切所	６か所	17	人馬怪我	なし

注１．前橋市立図書館蔵松平大和守家文書「藩日記」（埼玉県立文書館蔵 複製本Ｃ－1280）より作成。
２．資料は弘化２年８月８日付の「小笠原源次」の報告書である。
３．表中の「鳥羽井新田堤」は、別記では「谷中村持口」である。
４．この資料では川島領民家水上りは、「床上５尺」となっている。

弘化大水害の復旧嘆願は、それまでの嘆願と異なる二つの特徴を持っている。一つは、川島領四十二か村という領内大部分の村が一体となり嘆願したことである。

第二には勘定所普請役ではなく、川越藩宛に嘆願したことである。川島領の普請組合は、村々の連合である「組」が単位になっており、七〜二〇か村と少ない村々で構成されている。それぞれの「組」単位の持場堤防は明確であり、小見野《おみの》組十一か村・三保谷《みおのや》組七か村・出丸組七か村・入間川越辺川《おっぺがわ》川除普請組十三か村等がその例である。[20]

普請の嘆願は「組」単位で行うのが普通であるが、被災状況によっては二～三の組が連合して行う例もみられる。しかし弘化二年の普請嘆願のように、川島領のほぼ全体の村々で嘆願した例はない。この時点で川島領の大部分の村が行動を共にしたことは、新市ノ川開削以後領内一体意識が醸成されてきた結果とみられる。なお弘化二年の嘆願に加わらなかった六か村の中に出丸組五か村があり、これは旗本領の村々である。また残り一村の正直村は被災も少ない村で、どの普請組にも所属しない特殊な村である。

延享三年（一七四六）に幕府の治水機構が整備され、関東の主要河川に四川用水方普請役の担当する「定掛場」が設定されるが、この中に荒川水系は含まれていない。[21] 荒川中流域に係る忍藩領域が幕初以来の仕来りもあり、忍藩が管理する地域に認定されていたことと関係するとみられる。忍藩領域より下流筋にあたる荒川中・下流域の近世前期の普請が、どのような仕法で実施されていたのか資料の上では明らかでない。近世中期以降は国役普請制の確立もあり、大規模災害の復旧には幕府普請役が主導し、川越藩などはそれに協力する形で普請が実施されている。天明三年（一七八三）三月の鳥羽井村地内大囲堤切所の復旧では、領主の復旧費負担は四分の一余で、普請役主導の国役普請で行われている。文化十三年（一八一六）の入間川堤国役普請でも普請役が主導するが、この時川越藩役人は見分の案内役を勤めている。[22] 国役普請という大規模普請の事例であるが、ここでは幕府普請役が主導し、川越藩は完全に脇役となっている。

これまで大規模災害復旧には脇役的存在である川越藩に、今回川島領村々が普請の嘆願をした理由は、資料の上では必ずしも明確ではない。当然弘化二年の水害は大規模であり、幕府普請役の動きもあったとみられるが、遺された資料の上では不明である。ただ川越藩の「藩日記」をみると水害後の藩役人の対応は迅速であり、「郷目付」は直ちに水害状況を見分しており、「水難手当金」も二回にわたり支給している。一回目の川島領水難手当金の支給は八月で一四三両一分二朱、二回目は九月で一五四両三分（内一分は寺院宛）である。水害後の被災民への炊出しや、破堤防の応急処置に活躍した村役人等に対する褒賞も迅速であり、八月に中山・上伊草・三保谷等の名主に酒代が与えられている。ここでは藩役人の迅速な行動と共に、藩役人たちの川島領水害に対する深い認識のほどが注目される。[23]

二度にわたる「水難手当金」支給を上申した藩役人は、文書中で川島領の被害は甚大で、しかも去る天保十一年・十五年と、二回にわたって水害や田畑凶作被害があったと記している。そして、「近来打続田畑凶作ニ有之所より、村々一統殊之外相疲れ罷在」「此度水入ニ付而ハ、格別之手当も不成下候而は行立申間敷」と、川島領民が苦難の局面に立っていることを指摘している。当時川越藩は相州での海防もあり、財政は困迫の極にあり、担当役人も「御時節柄多分之御入箇（費）ニ相成候而は奉恐候」と、藩財政窮乏は承知済みである。[24] 藩財政窮乏中にも拘らず敢えて「水難手当金」支給を上申したことは、担当役人に被害の甚大さと村民の今後の暮し向きに対する強い配慮があったためと考えられる。このような背景があって、川島領の多数の村々が一つとなり普請の嘆願書を藩に提出することになる。

普請の嘆願書提出は弘化二年十一月とみられるが、注目されることは川島領村役人に対して川越藩の家老好田筑後から、従来の川島領普請に対する厳しい叱責が浴びせられたことである。[25] 家老好田筑後の言は、「従来村々悪風ノ人気故丈夫ノ普請出来致間敷、人気直り不申テハ手堅普請成就致間敷」である。[26] ここでの「悪風ノ人気」は、狭義には川島領民の持つ「普請取組み姿勢の悪さ」を指すとみられるが、好田筑後の指摘は、従来の普請の「体制の不統一」「村役人層の指導力欠如」「村請普請に伴う村役人の不正」等であったとみられる。村役人不正があったのかどうか不明であるが、「是迄他領組合秋元家主立取計ニテ、村請負ニ為任普請致候故私欲ノ取計有之、諸雑費而已多掛リ普請ノ手薄不埒ノ仕方故ニ再々切所出来、村々人気悪敷一和不致、区々ニテ普請ノ節々公事出入出来ス、畢竟出役ノ者取計不宜故ナリ」という、川越藩役人の判断である。秋元藩政時代の批判ともとれるが、既に記したように川島領の普請体制は小さな「組」単位で組織されており、非効率で諸雑費の支出も多く、支配の相違から意思の疎通も不充分であったとみられる。幕府普請役の指導もあり、これまでの普請が杜撰であったとはみられないが、支配の相違と小さな組単位の普請組織から、不統一で非効率的であったことは否定できない。いずれにしても、ここでは川越藩が従来の普請仕法に批判的であったことが注目される。

川越藩では在方奉行ではなく、藩の最高位にある家老が直接対応したことが注目されるが、家老好田筑後は二つの重要事項を指示している。一つは、普請巧者の安井与左衛門政章を普請に当らせたことである。そして二つ目は、海防役等で藩財政窮乏の中で普請の実施を確定したことである。好田自身、前年の六月には海防のための相州陣屋に出陣しており、超多忙な立場にあったとみられる。(27)家老自ら乗り出したことは、川越藩が今回の普請を重視していた証左でもある。

好田筑後は「大普請ノ事ニ付同役月番持ニテハ行届間敷」と述べ、「与左衛門義ハ前橋表ニテモ度々大普請手掛候ニ付、此度モ掛可相勤旨被仰間候」と、安井政章の名をあげている。(28)安井政章は既に川越藩の前橋領において治水・利水の普請で実績をあげており、好田筑後も熟知していたものとみられる。後年のことになるが、大正七年に政章の遺功が彰され「正五位」が政府から贈られており、これを機に旧領民から功績碑の建立が発議される。「安井与左衛門功績碑」は大正十一年十月建立されており、篆額は旧藩主の子孫の伯爵松平直之、撰文は群馬県知事大芝惣吉で、現在も前橋市内の前橋公園の一角に見ることができる。(29)功績碑では政章の利根川治水や用水路開削の功を記しているが、川島領大囲堤普請にも触れている。碑文には、「君先聴郷民所欲、衆密以為、求十得五則望足、作計簿而進、君見曰、此工闔郷民命所繫、求之何其微也哉、衆驚其言出意表、欣喜従命、未十旬而工竣、堅牢倍旧闔郷安堵」と記されている。この碑文によると政章は先ず郷民の望みを聞き、普請仕様書（計簿）を見て、郷民の命に繋がる堤防普請なのに、この様な微小規模の計画ではだめだと述べている。これを聞いて郷民は欣喜するが、十旬して工事は竣るが、堤防は旧に倍する堅牢なものになったという記述である。この碑文では、住民の立場を思い、重厚長大な堤防普請を提議していることが注目される。

家老好田筑後の指示の第二は、藩財政窮乏の中で大囲堤普請を強行したことである。普請実施に先立って、藩では村々役人と小前惣代を呼び出して申し渡しをしているが、その中には次のように記されている。「近年相州御備場御引請相成候ニ付、莫大ノ御物入有之、当春中異国船渡来ニ付多分御物入有之、覃御下屋敷御類焼、其外臨時御物入差湊ヒ如何トモ被成方無之折柄、当田方違作御収納不少御損毛有之、御家中御扶助モ不被成御届、不被得止扶持方御擬作ニ被仰付候程ノ御振合ニ有之[30]」。藩財政が極端に窮乏している状況を示したものであるが、既に藩では藩士への扶持を「面扶持」にすることを試行するほどの窮乏である。このような財政の中では、藩が莫大な普請費を出すことは到底できない状況にある。これまでの普請事例からみれば、村方の自普請で当座を糊塗させることになる。藩財政が極限状況の中で、普請が強行されていることが注目される。

ところで、好田筑後など藩当局が普請実施を決定した理由は、資料の上では必ずしも明確ではない。川島領村役人や小前惣代たちへ申し渡した中に、「其村々当夏中度々水難ヲ一同水中ニ佇、艱難程深御心痛思召」とあるが、水難に対する「心痛思召」だけで普請を決定したとは考えられない。財政難の中で莫大な出費をするからには、藩政施策上の大きな要因があったとみられるが、この申し渡しではそれを窺うことができない。ただここで考えられることは、川島領が支配の変遷と地政学的にも特別な位置を占めていたことである。まず第一に、川島領の大部分の村は新規に川越藩領になったこと、第二に川島領村々は川越城に近い「城付村」であることが指摘される。川越藩にとっては「新規城付村」の安定は、藩政の最重要課題であったとみられる。川島領の村々は「三方領知替騒動」の結果得た「新規城付村」であり、この村々が疲弊し騒動が起れば藩政の根幹が揺ぐことになる。川越藩が財政難を押してまで普請を決定したことは、藩政根幹の動揺を未然に防ぐためであったとみられる。幕府普請役を頼むことなく、藩自ら乗り出したのはこの点にあったと考えられる。水害後の迅速な「水難手当金」の支給、家老好田筑後の自らの復旧指示等は、このような藩政の基本方針と符合している。

川越藩は今回の普請を「御救普請」と規定しているが、村方にも過大な負担を命じている。その一つが人足動員の規定で、村高百石に百人の差出しを命じている。幕府の享保十七年（一七三二）の規定だと、村高百石につき五〇人までが村負担、五一人以上は扶持米支給になっているので[31]、百石百人の村負担は重い負担である。川越藩では百石百一人以上の勤めは、一人一日、永十七文を支払う旨を示している。「永十七文」の賃金は、当時の幕府の仕法に従ったものである。

なお川越藩は、普請の基本計画は安井政章に当らせているが、直接の担当者としては元締田崎太兵衛を任命している。その外普請方の原田克治・鈴木金六郎・小林半五郎等を普請掛に任命し、いよいよ大囲堤の普請に取り掛かることになる。

5　大囲堤普請と桜堤

弘化二年十二月七日、川越藩は名主・組頭・百姓惣代各四人ずつを呼び出して普請を申し渡している。この時村役人の中から一八人が選ばれ、「世話方」を申し付けられる。この一八人が村方の普請執行の責任者で、人足賃の支払いも担当することになる。普請実施に当っては現地に藩の普請方役所が設けられるが、普請現場には仮番所も設置さ

れることが申し渡されている。普請役所で使役される「釜屋中間《ちゅうげん》」も、村方差し出しが命ぜられる。(32)

十二月九日、藩役人の切所箇所の見分があり、村方では普請の目論見帳の作成に取り掛かっている。村方の目論見では惣入用が永五、四八三貫九四〇文八分となるが、この目論見帳は十二月二十五日には好田筑後宛に提出される。当初藩では大普請なので六～七千両は必要であろうと予測しており、川島領の村々の目論見をみて「存外ニ小サク申出」とコメントしている。しかし村方の目論見に対しては厳しい査定もあり、結局は金四、四〇〇両の普請総額の見積りで工事が開始される。

工事は十二月中に一部着手されるが、本格的な工事は翌弘化三年正月九日に開始されている。堤防の復旧工事で注目されることに、村方の当初の計画より遥かに大規模な築堤が、藩役人から指示されていることがあげられる。既に安井政章の指導で堅牢堤防の建設が提議されているが、この政章の築堤計画が実施に移されたことになる。今回の被災で最大箇所である谷中村持口堤では、村方目論見は「腹付厚九尺、所々上置」であったが、藩役人は「三尺増、厚一丈二尺ニ増目論見致、其外法先沼埋立目論見致、早々普請取掛候積」と申し渡している。大幅な増加工事となるが、村方にとっては「うれしい悲鳴」ということになる。

正月十日、普請方役所は下小見野村法鈴寺に置くが、ここでは工事に先立ち普請成就の祈祷がなされ、「お札」が各村に配布されている。藩役人は村役人一同を普請方役所に呼び出し、既に見分して出来上った目論見帳を渡し工事を申し付けているが、普請箇所も多いため、後から申し付けられる工事箇所もでることになる。この時工事現場での細かい「法度書」が示され、厳守することを村役人は命ぜられている。工事は普請作業量に基づき村割りになっているが、実際の作業は「宰領」に率いられた小組単位で行われている。宰領は「何村宰領」と目印を付け、仮番所へ出頭し届けを済し役人の指示を受けるが、作業の開始は毎朝「明け六つ」に打たれる盤木《ばんぎ》が合図である。作業途中の休

表２　谷中村持口堤切所急破御普請目論見（弘化２年12月）

No.	場　所	普請名	普請の規模	普請の仕様	土坪(坪) １坪当たり人足数	人足数(人)	入用材料	備　考
1	鳥羽井新田地先	堤築立	長さ82間	高４間１尺・敷13間・馬踏２間	2,558.4 （８人）	20,467	２～３間杭1,482本・ ２～３寸廻り竹29,520本 ・山芝2,460束	・山芝１両で380束買
2	同　所	川表杭簓	長さ48間				２～４間杭435本・２～３寸廻り竹6,640本	・人足数は記入なし。集計欄で記入か
3	同　所	川表埋立	長さ40間	深平均２尺・幅２間	26.6 （９人）	239ほか土俵作り８人	２間杭302本・２～３寸廻り竹3,000本・土俵240俵・縄60房	
4	同所中程	押堀埋立	長さ８間	深平均８尺・横２間	21.9 （９人）	197	２～2.5間杭85本・２～３寸廻り竹2,400本・４～５寸廻り竹80本・土俵384俵・縄96房	・土俵作り人足数記入なし。集計欄で記入か
5	同所上	押堀埋立	長さ８間	深平均６尺・横５間	40 （９人）	360ほか土俵作り６人	２間杭85本・２～３寸廻り竹2,000本・土俵192俵・縄48房	
6	（同　所）	川表押堀埋立	長さ19間	深平均４尺２寸・横1.5間	20 （８人）	160	２間杭232本・２～３寸廻り竹3,040本・４～５寸廻り竹114本・土俵570俵・縄14房	・土俵作り人足、上に同じ
7	（同　所）	川表敷下埋立	長さ10間	深平均２尺・横９尺	5 （８人）	40	２間杭31本・２～３寸廻り竹450本・４～５寸廻り竹10本	
8	松永村地内（下小見野村預り）	堤半欠築立	長さ19間 長さ３間	法2.5間・厚３尺・高1.5間・厚３尺	23.75 2.25 （８人）	208	２間杭232本・２～３寸廻り竹3,040本・４～５寸廻り竹76本・明俵456俵・縄114房	・土俵作り人足、上に同じ

（１）諸材料数量・代金額・所要人足数集計

No.	入用材料名	数　量	買入単価・所要人足	代　金　額	所要人足数
1	４間杭	145本	１両　38本・１本３人打	永　3,815文１分	435人
2	３間杭	392本	１両　62本・1本1.5人打	永　6,322文５分	588
3	２間杭	2,008本	１両　130本・(1本1人打)	永　15,446文１分	2,008
4	２～３寸廻り竹	49,090本	１両　1,250本	永　39,272文	28
5	４～５寸廻り竹	280本	１両　331本	永　845文９分	28
6	明俵	1,842俵	１両　412俵	永　4,470文８分	61
7	縄	332房	１両　1,800房	永　184文４分	
8	山萱	2,460束	１両　380束	永　6,473文６分	

（２）土坪・人足数合計(3)総費用

項　目	数　量
総土坪数	2,697.9坪
築立総人足数	21,671人
(杭打等人足数)	（3,950人）
総人足数	25,621人
上記のうち組合村役引人足	3,370人
賃永人足数	22,251人

（３）総費用

項　目	金　額
諸材料費用	永　81,474文９分
人足賃永	永　378,267文
計	永　459,741文９分
杭木等特別運送費	永　21,998文２分
総　計	永　481,740文１分

注１．埼玉県立文書館保管　鈴木庸夫家文書 No.539より作成。
２．集計・合計欄の（　）内は、表作成者の記入。
３．集計表には、２間半杭の項目は記されていない。
４．「入用材料」中の杭木数と、集計の杭木数は一致しない。
５．「入用材料」中の２～３寸廻り竹の本数と、集計の本数は一致しない。
６．集計欄の所要人足数と、合計欄の杭打等人足数は一致しない。
７．合計欄の「組合村役引人足」は、公金の賃永が支払われない人足で、村の負担となる。

憩は拍子木《ひょうしぎ》が打たれることになっているが、二番拍子木で作業開始と、全て一斉行動をとっている。作業中の飲酒は禁止、作業への遅参・不参は厳しく取調べられ、作業中の人足の精・不精は宰領が取調べ、背いた者は藩役人に届けるという厳しさである。人足賃は仮番所へ作業終了後一同を呼び出し、村の世話方役人が一同の眼前で支払うことになっている。

表2は、今回の工事で最大規模の谷中村持口堤の目論見を示したものである。一覧して明らかなように、大変大規模な復旧工事がなされていることが注目される。普請の規模は扱う「土坪量」に明確に顕われるが、ここでは二、六九七坪余と大量である。これは堤防の切所の規模が大きかったこともあるが、堤防が以前の規格より強化されたためである。表中に記されているように、馬踏二間・高さ四間一尺・敷一三間と堅牢な堤防となっている。土坪量の多いことは人足数の多数化につながるが、特に築立土は土の運搬もあるので多数の人足を要することになる。杭木・竹材・明俵・縄・山萱が大量に使われていることも、この工事の特徴の一つである。切所の堤防復旧にも杭木や竹材が大量に使われるが、ここでは川表の押堀箇所もあり、これらの復旧にも大量の材料を要している。本堤防の復旧と重なったために、大量の諸材料になったとみられる。全体としては人足数の多さが目立つことになるが、この人足賃も多額になっていることも特徴の一つである。

大囲堤の普請は、先にも記したように弘化三年正月から本格的に開始されているが、この年四月十四日に全て終了している。本格的な工事開始から、ほぼ三か月間で完了したことになる。順調な工事の終了は川越藩役人の強力な指導もあるが、川島領村々の普請推進体制が充分に機能できたためとみられる。家老の好田筑後が懸念した「悪風ノ人気」が、ここでは顕在化しなかったことになる。表3は、普請終了後の出来形を集計したものである。

表を一覧して明らかなように、川島領という狭い地域の普請にしては大きな数値が並んでおり、それだけに大規模

表３　弘化２～３年大囲堤普請出来形集計（弘化３年５月）

項目	普請規模高
堤防間数	6,268間２尺３寸
堤防先埋立間数	1,094間５尺６寸　幅員５間～10間・深さ１尺５寸～６尺
堤外悪水堀浚間数	1,973間２尺５寸　幅員９尺～３間・深さ２尺～６尺
補強・埋立土坪合計	25,841坪７分８厘
人足数合計	173,069人　２分
内訳　賃永人足	140.243人（６分）
内訳　郡役人足	15,793人
内訳　村々寸志人足	17,032人　６分
諸色代金合計	永70貫469文（賃永諸色代計2,454両２分　永113文７分）

注１．埼玉県立文書館保管　鈴木庸夫家文書 No.508より作成。
　２．土坪１坪は、１間立方の土の量。
　３．郡役人足は、各村々が義務的に出動させる人足。費用は村負担となる。
　４．村々寸志人足は、今回の普請で各村が特別に出動させた人足。費用は村負担。
　５．諸色代金は、杭・竹・莚・明俵等の諸材料代金。
　６．「永」は、計算上の金額。永１貫文が１両の換算。
　７．普請参加村数は42か村。
　８．（　）内の数は、ほかの資料から補ったものである。

な工事であったことになる。堤防の長さも六、二六八間余、切所の復旧だけでなく大変長い距離にわたり補強されたことが示されている。堤防の補強の外に、川表の押堀の埋立てや悪水路の浚い工事もあり、工事は一層大規模化している。堤防の「上置・腹付け」に使われた土坪量も膨大となり、その量は合計で二五、八四一坪余と大変な量である。土坪量の大量化は人足動員に連動するが、要した述べ人足数も一七三、〇六九人余と膨大な数値となっている。この人足動員で注目されることに、「村々寸志人足」一七、〇三二人余がある。これは村方で提供した奉仕人足で、賃銭は村方で負担している。今回の普請で川越藩の熱意に応えたものとみられるが、規定の百石百人の人足動員（表中では郡役人足）もあり、村方も大変重い負担を強いられたことになる。人足賃は表には記さなかったが、一人永一七文の規定なので、合計で永二、三八四貫余が支払われている。諸色代永七〇貫文余と合せると、合計二、四五四両二分・永一一三文七分が普請の総支出となる。川越藩では当初金四、四〇〇両の普請見積額で工事を開始しているので、大変安い金額で普請は終了したことになる。予算額に対する実支出高は、約五五・八パーセントという低さである。

工事は天候にも恵まれ順調に進捗したようであるが、最終期にやや大きな気象災害が起っている。四月二日巳の刻より大風雨と共に龍巻が起り、山ケ谷戸村等四か村で人家十三軒が吹潰れ、小破も数十軒発生している。普請現場もこの大風雨に曝され、人足たちは土取穴等に避難するが、普請の堤防等は完成した箇所も多く、大事には到らなかったようである。なお普請の完成祝いは普請箇所ごとに行われており、龍巻が起る前に既に祝いを済せた所もみられる。谷中村持口堤等の一、四七二間余の箇所では三月二十七日に完成祝いがあり、水神への神酒の献上の後、人足たち一、六三七人に酒が出されている。肴には「香ノ物」一樽、「田作」二斗が供されている。

川島領大囲堤普請で特筆されるべきことに、堤防に桜の苗が植えられたことがあげられる。藩役人の発議であるが、桜を植えれば開花期に多くの花見客が訪れ、堤防が踏み固められ丈夫な堤防になると申し伝えている。村側もこの発議を受け入れ、苗木は村方の「寸志」で購入して植樹するので、桜樹を「御用木」に指定することを藩側に提案している。藩役人もこれを承知して植樹となるが、当初は桜の苗木が充分に用意できなかったようで、五百本の苗木が関根堤から愛宕坂迄の一、四七二間余の堤防に植えられている。三保谷組持口の一、九〇〇間余の堤防は追々植付ということが決められ、堤防には「御用木」の制札が建てられることになる。こうして、地方の堤防では珍しい一大桜堤が誕生する。

川越藩役人が、なぜ桜の植樹を勧めたのか、その発議の経緯は明らかでない。藩では古くは松平信綱が堤防に竹を植えることを指示しており、村方の記録にも「杉並木」の伐木願もあるので、堤防に多くの樹木が植えられていたとみられる。しかし桜の事例は皆無で、今回の植樹は初例ということになる。また五百本の桜の苗木がどのようにして調達されたのか、これまた一切不明である。杉苗ならば近郷でも栽培している農民もみられるが、桜となると近在で調達するのは不可能であったと考えられる。

桜は成長が早いが、安政の末年には開花期に多くの花見客が押し寄せ、大変な賑わいを見せている。江戸は別にして地方では桜並木などなかったので、一躍して新名所になったものとみられる。文人墨客も往来し桜堤で遊ぶが、これらの人々は詩歌の作品を数多く遺している。その例に、井上淑蔭《よしかげ》編の歌集「めぐみの花」があり、安政六年（一八五九）に編まれたもので多くの歌人が寄稿している。(33) 同年には、同人により漢詩集「桜華帖」も編まれている。(34) また文久元年（一八六一）には井上亀友が俳句集「つゝみの花」を編集しており、ここでは二二二人の俳人が句を寄せている。(35) これらの例をみると、一般花見客と共に多くの文人たちも来遊したことになる。

大囲堤の落成式は四月十五日三保谷堤地先の芝原で行われているが、儀式の後に功労者の表彰や村役人・小前惣代への申し渡しもなされている。藩役人の申し渡しは、今後の堤防保持についての指示である。落成式は神酒頂戴や歌舞などがあって終るが、川島領村々は翌日川越へ帰城する藩役人を見送ることを決めている。軒別の出役の見送りで、女性は領境の釘無橋迄、男性は川越迄の見送りとなっている。ところが同夜戌の刻に川越の武家屋敷に大火が発生し、役人は同夜急ぎ帰城し、翌日の見送りは中止という幕切れになっている。(36)

6　まとめ

弘化二〜三年（一八四五〜四六）の川島領大囲堤普請は、川越藩が主導して成就した希有な事例である。近世後期・末期においては、幕府・諸藩の財政逼迫から村方自普請に委ねる例が多い中で、川越藩が二、四四五両余の大金を叩いた大普請である。普請は弘化二年の二度にわたる破堤の復旧だけでなく、既存の堤防を大幅に強化する大掛りな工事であることが注目される。なお付属的だが堤防に桜樹が植えられ、「桜堤」という新名所が誕生したことも珍しい事例である。

幕末期はどこの藩でも財政窮乏の極にあるが、とりわけ川越藩は三浦半島の海防を幕府から命ぜられ、膨大な出費を余儀なくされている。川越藩は庄内への移封を画策する「三方領知替」騒動を起すが、この画策は失敗に終り、家臣の扶持を「面扶持」にするほど財政は窮乏する。「三方領知替」騒動後、天保十三年（一八四二）に川越藩は二万石の加増を受けるが、この加増地に旧山形藩領の川島領の多くの村々がある。川島領の村々は、川越城に近接した「新城付村」である。この「新城付村」の政情の安定は、「三方領知替」騒動後の藩政の最重要課題である。藩財政窮乏の中で敢えて川島領大囲堤普請を主導したことは、藩政最重要課題の遂行であったとみられる。「新城付村」の政情安定化は、藩政の根幹に係わる課題であったためである。

享保八年（一七二三）に、川島領に隣接する下吉見領水災を緩和するため新市ノ川が開削される。新河道は川島領内に通されたため川島領は多くの耕地を失うが、大きな犠牲を払った上に、洪水時の被害は川島領側が大きいという根強い村民感情が遺されることになる。その上幕府の「地理直し」の普請施策で、天保四年（一八三三）には下吉見領堤防は大幅に強化される。以後下吉見領の大水害は断たれるが、川島領は危機感を一層募らせることになる。新市ノ川の開削・地理直し普請はそれなりに合理性のある施策であったが、川島領村々にとっては下吉見領への対抗意識と、水災危機感を一層高めるという結果をもたらす。しかしこのことが領内村々を大同団結させ、大囲堤強化の普請嘆願という行動を生み出していく。一方川越藩は、三方領知替騒動後二万石の加増を得て、藩政の新展開の転機を迎えている。川島領村々の普請嘆願の動きは、川越藩政新展開と結びつくことになる。

大囲堤普請を通じて川島領村々が一つにまとまったことは、大きな成果でありこの普請の特徴でもある。それまでの川島領は同一の自然環境にありながら、普請は小組単位で行われ、一つにまとまった村落体制ではない。ところが水害への危機感の高まりと、大部分の村が川越藩領になったことが結びつき、川島領として一体化が醸成される。小普請組合が、大規模普請を目指して大普請組合へ転化していく例として注目される。

弘化の川島領大囲堤普請は、幕末の異常な政情の中で川越藩が主導した大掛りな工事で、川島領の村落組織統一を生み出した、この期の希有な普請事例ということになろうか。

〔注〕

（1）比企郡教育会川島部会編『川島郷土誌』（一九二六年）。なお本書は、二〇〇一年に川島町より復刻刊行されている。

（2）鈴木誠一編『川島郷土史』（一九五六年　川島村郷土研究会）

（3）埼玉県『埼玉県史』第六巻　江戸時代後期（一九三七年埼玉県）

（4）埼玉県『新編埼玉県史資料編13』近世4治水（一九八三年埼玉県）

（5）埼玉県『新編埼玉県史通史編4』近世2（一九八九年埼玉県）

（6）大塚一夫（一九八五年三月刊）。本書は大塚氏が、昭和五十九年度埼玉県教育委員会長期研修教員として研修した期間に、その研究成果をまとめて、自費出版したものである。

（7）川島町『川島町史資料編近世1』第七章（二〇〇五年）。以下同書参照。

（8）拙稿「低湿地の開発」（『新編埼玉県史通史編3』所収一九八八年埼玉県）

（9）拙稿「荒川と吉見領大囲堤」（『荒川　人文Ⅰ』所収一九八七年埼玉県）

（10）享保元年「市ノ川通り馬瀬口堤出入りにつき、小見野組村々返答書」清水武治家文書№14他。前掲『川島町史資料編近世1』所収。

（11）長谷部清一家文書№394他、前掲書所収。

(12) 長谷部清一家文書No.424他、前掲書所収。
(13) 大塚一夫『近世における荒川中流域の水害と治水』(一九八五年)
(14) 『川越市史第三巻近世編』(一九八三年　川越市)。前掲『川島町史資料編近世1』
(15) 前掲書。
(16) 前掲『川越市史第三巻』・『川島町史資料編近世2』(一九九九年川島町)
(17) 前掲書。以下同書。
(18) 鈴木庸夫家文書No.535「川嶋大囲堤普請并小畔川新堀割普請一件大略」(埼玉県立文書館保管)
(19) 前橋市立図書館蔵「松平大和守家文書、藩日記」(埼玉県立文書館蔵、複製本C一二八〇)
(20) 長谷部清一家文書No.23他。
(21) 『刑銭須知七』
(22) 関芳治家文書No.70他。
(23) 前掲「松平大和守家文書、藩日記」
(24) 前掲書。
(25) 天保十二年「松平斉典家中分限帳」では、好田筑後は家老で、禄高は千石である(埼玉県史編さん室『分限帳集成』一九八七年　埼玉県)。
(26) 前掲注(18)。以下同書。
(27) 埼玉県立文書館蔵「猪鼻家文書」No.843。
(28) 前掲注(18)。以下同書。
(29) 「安井与左衛門功績碑」は、前橋市立図書館『前橋藩松平家記録　解説　第四十巻』(二〇〇七年)にも掲載されている。
(30) 前掲注(18)。
(31) 荒井顕道『牧民金鑑　上巻』(校訂瀧川政次郎　一九六九年　刀江書院)
(32) 前掲注(18)。以下同書。
(33) 埼玉県『新編埼玉県史資料編12「文化」』(一九八二年埼玉県)所収。
(34) 前掲書。

(35) 前掲書。
(36) 前掲注(18)。

黒須茂著作目録（＊印は本書に収録）

論文・研究ノート・史料紹介

＊「上尾の紅花商人について―紅花商人の日記を中心に―」（『埼玉地方史』二　昭和五一年）
＊「上尾紅花問屋の仕入れ地について」（『埼玉史談』二三―四　昭和五二年）
＊「武州の紅花」（『埼玉民俗』七　昭和五二年）
＊「江戸紅花問屋と在郷商人の抗争について」（『埼玉地方史』三　昭和五二年）
『武州の紅花―上尾地方を中心として』（上尾市文化財調査報告第三集　昭和五三年）
＊「武州における紅花の生産―幕末の商品作物生産の事例―」（『信濃』三一―六　昭和五四年）
＊「上金崎村の家守小作」（『埼玉地方史』一七　昭和五九年）
＊「備前堤の築堤目的とその機能について」（『浦和市史研究』一　昭和六〇年）
＊「近世初期の綾瀬川上・中流域の開発」（『浦和市史研究』二　昭和六二年）
「近世期上尾地方における荒川氾濫土の客土について」（『上尾市史調査概報』一　平成二年）
＊「近世中・後期埼玉県域における畑作地の作付形態（上）」（『埼玉地方史』二六　平成二年）
＊「近世中・後期埼玉県域における畑作地の作付形態（下）」（『埼玉地方史』二七　平成三年）
「農書『行説記』にみる近世後期の綾瀬川下流域の農業について」（『八潮市史研究』一一　平成四年）
＊「近世後期関東への甘藷栽培の普及と上尾地方」（『上尾市史調査概報』三　平成四年）
＊「元禄期見沼への新用水路開削計画について」（『利根川文化研究』八　平成六年）

「庄内領中島用水と瓦曽根溜井」
（利根川文化研究会編『利根川・荒川流域の生活と文化』 平成七年 国書刊行会）
＊「近世文書にみる埼玉南部の農民住居」（『埼玉地方史』三三 平成七年）
「近世中期南村須田家の農業経営―畑作地の農業経営事例―」（『上尾市史調査概報』八 平成九年）
＊「武州羽生領の悪水処理と幸手領用水」（『利根川文化研究』一五 平成一〇年）
「旗本横田氏の財政改革」（『上尾市史調査概報』一〇 平成一一年）
「近世後期の武州向川辺領の悪水処理」（『利根川文化研究』一九 平成一二年）
「羽生領太郎四郎堀と悪水処理の変遷」（『埼玉地方史』四四 平成一二年）
＊「宝暦期南村須田家の経営改革」（『上尾市史調査概報』一四 平成一五年）
＊「近世初期の元荒川上流部河況」（『利根川文化研究』二四 平成一五年）
＊「近世埼玉の田畑囲堤について」（『埼玉地方史』五二 平成一六年）
「近世在郷商人の店卸帳（上）―久保村須田家を中心にして―」（『埼玉地方史』五八 平成一九年）
「近世在郷商人の店卸帳（下）―久保村須田家を中心にして―」（『埼玉地方史』六〇 平成二〇年）
＊「中条堤の機能について」（『熊谷市史研究』一 平成二一年）
「史料紹介 入間川筋釘無河岸史料」（『利根川文化研究』三三 平成二一年）
「だるま石と「百間出争論」」（『熊谷市史研究』四 平成二四年）
＊「弘化期川越藩の川島領大囲堤普請（上）」（『武蔵野』三五一 平成二四年）
＊「弘化期川越藩の川島領大囲堤普請（下）」（『武蔵野』三五二 平成二五年）

執筆した自治体史・編纂物・事典等

『新編埼玉県史　通史編近世』　『川島町史』
『新編埼玉県史　自然』　『蓮田市史』
『荒川　人文Ⅰ』　『桶川市史　近世』
『中川』　『鴻巣市史　近世』
『羽生領用水史』　『神泉村史』
『上尾市史』　『上尾百年史』
『浦和市史　近世』　『荒川下流誌』　他

小野文雄編『図説　埼玉県の歴史』（平成四年　河出書房新社）
黒須茂他監修『人づくり風土記　埼玉』（平成七年　農山漁村文化協会）

『角川日本地名大辞典　埼玉県』（昭和五五年　角川書店）
『日本歴史地名体系　埼玉県の地名』（平成五年　平凡社）
『朝日日本歴史人物事典』（平成六年　朝日新聞社）
地方史研究協議会編『地方史事典』（平成九年　弘文堂）
利根川文化研究会編『利根川荒川辞典』（平成一六年　国書刊行会）
その他、研究発表要旨、及び文書目録解説・文化財報告等は省略した。

黒須茂略年譜

昭和　八年（一九三三）　一二月二九日埼玉県足立郡上平村（現上尾市）に生まれる
昭和二一年（一九四六）　三月、上平村立上平尋常高等小学校卒業
昭和二二年（一九四七）　三月、上平村立上平国民学校高等科卒業
昭和二四年（一九四九）　三月、上平村立上平中学校（新制）卒業
昭和二七年（一九五二）　三月、埼玉県立熊谷高等学校卒業
昭和三一年（一九五六）　三月、埼玉大学教育学部卒業
　　　　　　　　　　　　四月、上尾町立上平中学校教諭
昭和三五年（一九六〇）　四月、上尾市立太平中学校教諭
昭和三七年（一九六二）　四月、上尾市立上尾中学校教諭
昭和五〇年（一九七五）　四月、上尾市教育委員会指導主事（上尾市図書館勤務）
昭和五三年（一九七八）　四月、埼玉県総務部県史編さん室主査
昭和五六年（一九八一）　四月、埼玉県県民部県史編さん室室長補佐兼編さん第二係長
昭和六二年（一九八七）　四月、埼玉県県民部県史編さん室長
平成　四年（一九九二）　四月、埼玉県立博物館長
平成　六年（一九九四）　三月、定年退職
　　　　　　　　　　　　七月、埼玉県地方史研究会副会長
平成　七年（一九九五）　六月、利根川文化研究会評議員
平成二五年（二〇一三）　一二月三〇日、逝去

あとがき

埼玉県の地方史研究や埼玉県史編さん事業の中心として活動してこられた黒須茂先生は、二〇一三（平成二十五）年十二月三十日に享年七十九歳で逝去された。

先生は数年前に喉頭癌の摘出手術を受けられたが、その後は病状も安定し、ご遺族によれば補助器具の扱いや筆談にも慣れて、コミュニケーションのとり方もスムーズになってこられたという。しかし、最近息切れしやすくなってきたので、十二月二十四日にご自分でクルマを運転して検査のために病院に行ったところ、進行性の肺癌がみつかり、そのまま入院されることになったという。そしてそれからわずか一週間足らずのちに、帰らぬ人になられたのである。ただし、先生ご自身は、最後まで末期の肺癌に侵されていたことは知らないまま、眠るように亡くなられたとのことである。

黒須先生は、大学卒業後、埼玉県内の中学校で長く教鞭をとられたあと、一九七八（昭和五十三）年から始まった埼玉県史編さん室の主査に転じられ、以後、室長補佐・副参事を経て編さん室長になられた。ついで一九九二（平成四）年からは埼玉県立博物館（現、埼玉県立歴史と民俗の博物館）の館長を務められ、一九九四年に県職員を定年退職された。

その後、先生は『上尾市史』『蓮田市史』『川島町史』などの監修者として、それらの自治体史の資料編や通史編の編さんに中心的な役割を果たされたほか、『羽生領水利史』の刊行などにも尽力された。さらに近年は、新しく始まった『熊谷市史』の現代専門部会の部会長として部会を取りまとめ、亡くなる直前までみずからクルマを運転して熊谷市内の資料調査などを行われていたという。

また先生は、埼玉県地方史研究会の発足当初からの最古参の会員のひとりとして、総務担当の常任理事や副会長を務められたほか、『埼玉県史料叢書』の編集企画委員などを歴任されてきた。

黒須先生は、こうしたさまざまな役職を務められるかたわら、近世の武蔵国に関する数多くの論文を精力的に執筆され、その旺盛な研究意欲とたゆみない努力、積極的な調査・執筆活動は目を見張るものがあった。しかし、さまざまな研究誌や雑誌などに掲載されたそれらの論文は、これまで一書にまとめられることがなかったため、それらを参照したり利用しようとする場合、おおいに不便を感じるところであった。

そこで、今年十二月に黒須先生の三回忌を迎えるにあたり、先生が遺された数多くの論文のなかから主要なものを選んで、遺稿集を刊行するという計画が関係者のなかから生まれ、ご遺族からもご了解をいただくことができた。こうして生前、黒須先生とさまざまな立場でかかわりが深かった方々に発起人になっていただいて「黒須茂先生論文集刊行会」を発足させるとともに、多くの方々に呼びかけて刊行協賛金を募り、黒須先生の遺稿集を刊行することになったのである。そして最初に相談しあった七人のものが編集委員となって、収録すべき論文の選定や編集・校正作業などを分担することになった。

黒須先生が遺された業績は多岐にわたるが、ひとつには上尾における紅花の生産・流通などを核とした近世の農業経営に関する諸論稿、もうひとつには埼玉県内における河川改修などにかかわる諸論稿に大別されると考えられるので、論文集は「第一部　近世武蔵の農業経営」「第二部　近世武蔵の河川改修」という二部構成とし、書名を『近世武蔵の農業経営と河川改修』とすることにした。

近世《きんせい》武蔵《むさし》の農業経営《のうぎょうけいえい》と河川改修《かせんかいしゅう》

2015年12月30日　初版第１刷発行

著　　者　黒《くろ》須《す》茂《しげる》

発 行 所　株式会社　さきたま出版会
〒336-0021　さいたま市南区白幡3-6-10
電話 048-711-8041　振替 00150-9-40787

印刷・製本　関東図書株式会社

ISBN 978-4-87891-426-3 C1021